범용금속의
리사이클링

Recycling of Common Metals

범용금속의 리사이클링

손호상 지음

경북대학교출판부

지은이 | 손호상(Sohn, Hosang)

1983	경북대학교 금속공학과 학사
1985	경북대학교 금속공학과 석사
1993	일본 Kyoto대학 야금학과 박사
1985~1988	현대자동차 기술연구소
1993~1994	(주)영풍 석포제련소 기술연구소
1994~2001	포스코 기술연구소
2001~현재	경북대학교 신소재공학부 교수
2013~2015	경북대학교 공과대학 학장
	경북대학교 산업대학원 원장
2017~2018	한국자원리싸이클링학회 회장
2018~현재	포스코 석좌교수

범용금속의 리사이클링

Recycling of Common Metals

초판 1쇄 2020년 10월 30일 | **초판 2쇄** 2024년 1월 31일
지은이 손호상 | **펴낸이** 홍원화 | **펴낸 곳** 경북대학교출판부
출판등록 1973년 10월 10일 ㉺97호 | **주소** 대구광역시 북구 대학로 80
전화 053-950-3830 | **팩스** 053-953-4692 | **E-mail** press@knu.ac.kr
Homepage www.knupress.com
ISBN 978-89-7180-543-5 93580

정가는 뒤표지에 있습니다.
파본은 바꾸어 드립니다.

머리말

지구상에 존재하는 천연자원은 그 양이 한정되어 있으므로 무한정 사용할 수 없는 것이 현실이다. 1972년 Donella H. Meadows 등이 『성장의 한계(THE LIMITS TO GROWTH)』를 발표하여 이러한 자원 고갈에 대해 경종을 울린 후 벌써 반세기 가까이 흘러왔다. 그동안 '도시광산(Urban Mine)'이란 신조어가 생겨나면서 천연자원인 지하자원에서 지상자원으로 관심을 돌리게 되었다. 또 『성장의 한계』가 발표되고 약 40년이 경과한 2013년과 2014년에 연이어 다보스 포럼에서 선형경제(linear economy)에서 순환경제(circular economy)로의 전환이 핵심 의제로 등장하여 우리의 관심을 모았다. 늦은 감은 있으나 이러한 움직임은 지속 가능한 사회 형성에 공헌할 수 있는 새로운 대안이 제시되었다는 점에서 매우 고무적인 현상이다.

그동안 인류는 천연자원을 채취(resource extraction)하여 제품을 생산(production)하고 사용(consumption) 후에 폐기(dispose)하는 선형경제 구조 속에서 살아왔지만, 이러한 경제 모델에서는 성장의 한계에 도달할 수밖에 없을 것이다. 천연자원으로부터 금속을 추출하는 과정에서 다량의 에너지가 소비될 뿐만 아니라 지구 온난화의 주범인 CO_2가 다량으로 배출된다. 또 제품의 수명이 다하면 필연적으로 막대한 양의 폐기물(waste)이 발생하는데, 더 이상 이러한 폐기물을 처분할 장소조차 구하지 못하는 실정이 되었다. 따라서 이러한 선형경제의 대안으로 순환경제 모델이 주목을 받게 되었다. 순환경제는 제품 생산부터 사용 이후까지의 전체 과정에서 상품의 사용 기간을 늘리고, 자원을 효율적으로 사용하여 폐기물 배출을 최소화하는 것이다. 또 제품의 수명이 다하여 배출되는 폐기물을 재자원화하여 지속 가능한 경제 구조를 구축하는 것이다. 다행스럽게도 금속은 리사이클링에 의해 원재료와 동등한 품질의 소재로 재생할 수 있는 장점이 있다. 또 금속을 리사이클링하면 제품 생산에 필요한 에너지와 CO_2 발생량을 현저하게 줄일 수 있다. 따라서 스크랩으로부터 금속을 생산하는 것은 선택이 아닌 필수가 되었다.

한편 이러한 순환경제를 위한 자원 리사이클링으로 새로운 비즈니스 모델을 창출하기 위해서는 체계적인 기술의 정립이 필요하다. 그러나 자원 리사이클링 기술에 관한 전문서적이 부족하여 교육현장이나 산업현장에서 제대로 된 교육을 하지 못하여 왔다. 필자는 이러한 현실을 인식하여 그동안의 연구와 강의 경험을 바탕으로 천연광석을 대상으로 하는 제련공학을 자원 리사이클링 관점에서 도시광물(urban ore)을 원료로 사용하는 첨단제련공학으로 새롭게 정리하여 『자원 리사이클링 공학』을 출간한 바 있다. 전작인 『자원 리사이클링 공학』에서는 리사이클링의 가장 기본이 되는 물리화학과 파쇄 및 선별 등의 물리적 전처리, 배소 등의 화학적 전처리, 그리고 건식제련과 습식제련의 기본에 대하여 설명하였다. 그리고 범용금속과 희소금속으로 구분하여 각 원소의 관점에서 본 리사이클링 기술에 대해 간략하게 소개하였다.

이 책에서는 전작인 『자원 리사이클링 공학』에 이어 다양한 리사이클링 원료 중에서도 생산량과 폐기물 발생량이 가장 많은 범용금속(common metals)인 철강, 알루미늄, 구리, 아연 및 납의 제련 기술과 주요 발생원에 따른 리사이클링 기술에 대해 상세하게 정리하였다. 물론 금속 리사이클링에는 매우 다양한 기술들이 있기 때문에 이 책에서 다루지 못한 내용들도 있을 것이다. 그러나 기존의 여러 참고 서적들과 함께, 필자의 전작인 『자원 리사이클링 공학』과 이 책 『범용금속의 리사이클링』을 활용한다면 지구 환경보호는 물론 순환경제 시대의 새로운 비즈니스 모델 구축에 크게 기여할 수 있을 것으로 기대된다.

2020년 8월

소야(蘇爺) 손 호 상

차 례

---

6 제6장

구리의 리사이클링

---

7 제7장

아연의 리사이클링

제1장 자원 리사이클링의 개요

1.1 서론

선사시대를 흔히 구석기, 신석기, 구리기, 청동기, 철기 시대로 구분하고 있는 것으로부터, 인류의 역사는 '자원' 이용의 역사이기도 하다. 인류는 각각의 시대에 필요로 하는 자원을 확보하여 사회활동을 영위하고 문명을 구축하여 왔다. 여기서 이야기하는 자원(資源, resources)은 '원재료나 광물과 같이 인류에게 유용한 물질의 저장원'으로, '지하자원'이나 '천연자원'을 의미하였다.[1] 그러나 최근에는 순환경제(circular economy)의 등장과 함께 도시광산인 '지상자원'까지 포함하게 되었다. 따라서 인류에게 필요한 자원을 얻는 데는 두 종류의 광산이 있다. 하나는 자연에서 광물을 채취하는 전통적인 지질학적 광산이며, 또 다른 하나는 지상자원으로도 불리는 도시광산(都市鑛山, urban mine)이다. '도시광산'이란 용어는 1988년 일본 Tohoku대학의 Nanjo 교수가 만들어 낸 말로, 지상에 축적되어 있는 공업 제품을 재생 가능한 자원으로 간주하여, 이러한 자원이 축적된 장소를 도시광산으로 명명하면서 사용되기 시작하였다.[2] 지금은 자원 재활용 분야는 물론이고 사회 전반에서 일반적인 용어로 쓰이고 있다.

사실 이러한 금속자원의 재활용 역사는 아마 인류가 금속을 사용하면서부터 시작되었을 것이다. 재활용에 관한 문헌상의 기록도 꽤 오래되었다. 기원전인 진시황 시절에 무기를 모아 녹여 동상을 만들었다는 이야기가 있다. 또 667년 한반도의 삼국통일을 이룬 신라의 문무왕은 "무기를 녹여 농기구를 만들었고, 백성을 어질고 오래 살게 하였다."라는 이야기가 전해지고 있다.* 그리고 고려시대에도 성종 6년에 개혁의 일환으로 칼을 녹여 농기구를 만들었다고 전해진다.† 특히 무기를 녹여서 농기구인 쟁기를 만들었다는 내용은 성경에도 쓰여 있다. 인류 역사의 그 수많은 전쟁에도 불구하고 금속제 무기(武器) 유물이 그다지 많이 남아 있지 않은 것은 이러한 재활용 때문이 아닌가 하는 생각이 들기도 한다. 이러한 기록들은 전쟁과 무기의 상징인 칼을 평화적인 생산의 상징인 농업용 쟁기로 바꾸었다는 내용으로, 통치의 수단으로 금속을 리사이클링했다는 것이지만,‡ 옛사람들도 금속재료의 재활용 가치를 알고 실천해 왔음을 뜻한다.

한편 자원 리사이클링이라 하면 3R(Reduce, Reuse, Recycle)이라는 용어가 널리 알려져 있다. 3R은 발생되는 폐기물의 양을 줄이는 것(Reduce), 소비자로부터 폐기된 것을 손질하여 재사용할 수 있게 하는 것(Reuse), 그리고 폐기되는 제품 등으로부터 새로운 제품을 만드는 원재료로 재활용하는 것(Recycling)을 의미한다. 그러나 이 책에서는 수명이 다하거나 어떠한 사정으로 소비자로부터 폐기된 EoL(End of Life) 제품과 각종 산업의 제조 공정에서 필연적으로 발생하는 부산물 등을 새로운 제품을 생산하기 위한 원재료의 형태로 재활용하는 부분을 다룬다. 즉, 수명이 다한 자동차나 컴퓨터, 휴대전화는 물론 다양한 종류의 전기·전자 제품, 산업 부산물 등을 수거해 폐기하면서 제품에 사용되었던 자원을 새로운 제품의 원소재로 사용할 수 있도록 재생시키는 것이다.

표 1.1에는 대표적인 도시광산과 도시광물, 그리고 그것에 함유되어 있는 금속원소를 나타내었다. 일반적으로 천연광석에는 목적으로 하는 금속의 함유량이 가장 많고 여기에 몇 가지 불순물 또는 유가의 금속원소들이 함유되어 있다. 그러나 표 1.1을 보면 도시광물에는 다양한 금속원소들이 함유되어 있는 것을 알 수 있다. 특히 이러한 금속원소 중에는 국내에서 직접 제련하여 대량으로 생산되는 Fe, Cu, Zn, Pb 등도 있지만, 나머지는 대부분이 수입에 의존하고 있는 원소들이다. 국내에서 생산되는 이러한 금속들도 원료인 천연광석은 거의 대부분을 수입에 의존하고 있다. 우리 주위를 둘러보면 도시광산을 쉽게 찾아볼 수

---

* 문무왕(文武王, 626~681)은 신라 제30대 왕(재위: 661~681)이다. 『삼국사기』 문무왕본기 문무왕 21년 조에 수록된 문무왕 유조 중.

† 성종(成宗, 960~997)은 고려 제6대 왕(재위: 981~997)으로, 성종 6년에 지방 호족을 해체시키기 위해 지방의 무기를 몰수해 농기구를 제조하였다.

‡ 반면에 쟁기를 무기로 만든 사례도 있다. 일제강점기인 1940년대에 태평양 전쟁 발발 이후 전쟁에 필요한 무기를 만드는 원료 조달을 위해 구리와 고철 등의 금속류를 강제로 공출하면서, 학교의 철문, 사찰과 교회의 종, 농기구, 놋그릇, 수저, 제사 도구 등 금속으로 된 것이면 모두 강탈해 갔다.(한국민족문화대백과사전, 국사편찬위원회 홈페이지 참조)

있다. 특히 도시광산의 경우, 지하자원과 달리 탐사와 채굴이 필요 없을 뿐만 아니라, 수집 후에 적절한 처리를 거치면 사용 가능한 원재료로 탈바꿈할 수 있는 장점이 있다. 또 금속자원의 경우 천연광석을 환원하여 만들 때보다 훨씬 적은 에너지를 들여 도시광물로부터 재자원화가 가능하다. 따라서 지상자원인 도시광물로부터 유가자원을 회수하는 것은 자원 절약은 물론 지구환경 보전을 위해서도 더 이상 선택의 문제가 아닌 필수적인 과제가 되었다.

[표 1.1] 도시광산과 도시광물의 함유 금속원소(국가 청정지원센터)

도시광산	도시광물	함유 금속원소
이동 수단	자동차, 전동차, 선박, 항공기 등	Fe, Al, Ti, Cu, Zn, Co, V, Mo REE 등
전기·전자 제품	PC, 전자레인지, 냉장고, 세탁기, 복사기, 휴대폰, 의료기기 등	Cu, Ag, Au, Pt, Pd, Fe, In, W, Zr, Co, Ti, Mo, Ga, Ta, Nb, REE 등
전동기, 공구류	모터류, 절삭공구	Fe, Cu, W, Co, V, Mo, Ti, REE 등
전지	1, 2차 전지, 수소연료전지, 태양전지	Pb, Li, Ni, Mn, Fe, Zn, Hg, Cd, Co, Sb, REE 등
촉매	촉매스크랩, 석유화학촉매, 자동차용 촉매	Pt, Pd, Ni, Mo, V, Co
설비, 구조물	건물, 교량, 철로, 송전선, 통신케이블, 기계설비류 등	Fe, Al, Cu, Zn, Ni, Sn, Mn, Cr
기타	도금 슬러지, 도금 폐액, ASR	Cu, Zn, Sn, Cr, Fe, Ni, Ag, Au, Pt, Pd

한편 도시광물로부터 금속자원을 회수하는 기술은 천연광석으로부터 금속을 추출하는 기술에서 출발한다. 따라서 전작인 『자원리사이클링공학』에서는 이러한 리사이클링을 위한 기초적인 내용을 중심으로 다루었다. 이 책에서는 다른 금속에 비하여 사용량이 현저하게 많아 자원적으로는 물론 지구 환경에 막대한 영향을 미치는 5대 범용금속인 철강, 알루미늄, 구리, 아연, 납의 리사이클링 기술을 천연광석의 제련 기술과 함께 상세하게 설명한다.

1.2 범용금속(Common metals)

주기율표에는 86개의 금속원소가 실려 있는데, 그림 1.1에는 이러한 금속원소들을 범용금속(汎用金屬, common metals), 희소금속(稀少金屬, rare metals), 귀금속(貴金屬, precious metals), 희토류금속(稀土類金屬, rare earth metals)으로 구분하여 나타내었다. 수많은 금속 중에서도 철(Fe), 알루미늄(Al), 구리(Cu), 아연(Zn), 납(Pb)은 다른 금속과 비교하여 생산량이 압도적으로 많을 뿐 아니라, 일상생활에서 다양한 분야에 널리 사용되고 있다. 따라서 이 다섯 가지 금속을 범용금속 또는 양산금속이라 부른다.

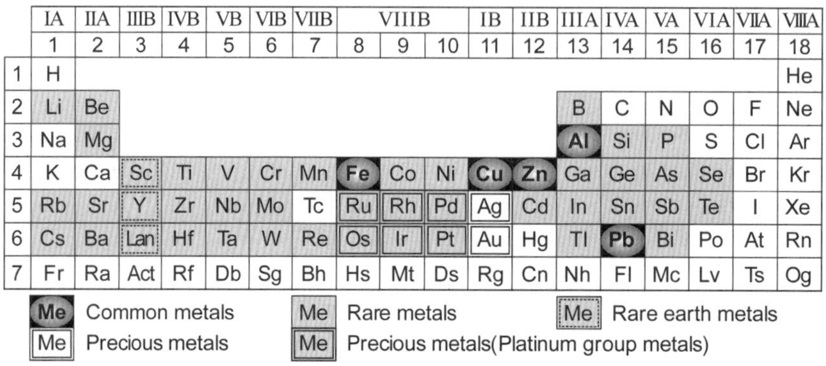

그림 1.1 주기율표상의 범용금속과 희소금속, 귀금속, 희토류금속

희소금속은 상기한 범용금속과는 상대적인 용어로, 희토류금속 17종과 백금족(PGMs: Platinum Group Metals)을 비롯한 귀금속을 모두 포함한다. 희소금속이라 해서 자원 자체가 적은 것은 아니며, 또 범용금속이라 해서 자원이 풍부한 것은 아니다. 고대금속*이자 범용금속인 납은 지각 중 원소 존재도 순위가 36위이지만, 희소금속에 속하는 타이타늄은 9위이다. 희소금속이란 자원이 편재되어 있거나, 제련이 어렵고 생산량이 적은 금속을 일컫는다. 따라서 희소금속은 상기한 범용금속을 제외한 모든 금속으로 생각할 수 있는데, 우리나라에서는 니켈, 크로뮴, 타이타늄 등을 포함한 약 40개의 원소를 희소금속으로 분류하고 있다. 그러나 범용금속 중에서도 철과 알루미늄을 제외한 나머지 금속들은 지각 중 원소 존재도를 볼 때 희소금속이라 불러도 과하지 않을 정도이다.

그림 1.2에는 1900년부터 5대 범용금속의 생산량 변화를 희소금속에 속하는 니켈(Ni)과 비교하여 나타내었다. 이러한 금속의 생산량은 제2차 세계대전이 끝난 후 경제 부흥기에 급속하게 증가하였다. 석유 위기(1970년대) 등에 따른 정체기가 있었지만 1996년부터 시작

---

* 고대금속(metals of antiquity): 구리(Cu), 납(Pb), 은(Ag), 금(Au), 주석(Sn), 철(Fe), 수은(Hg) 등 일곱 가지의 금속.

된 중국 특수에 힘입어 모든 금속들의 생산량이 다시 기하급수적으로 증가하였다. 특히 철강의 경우 전 세계 생산량의 절반 이상을 중국에서 생산하고 있다.

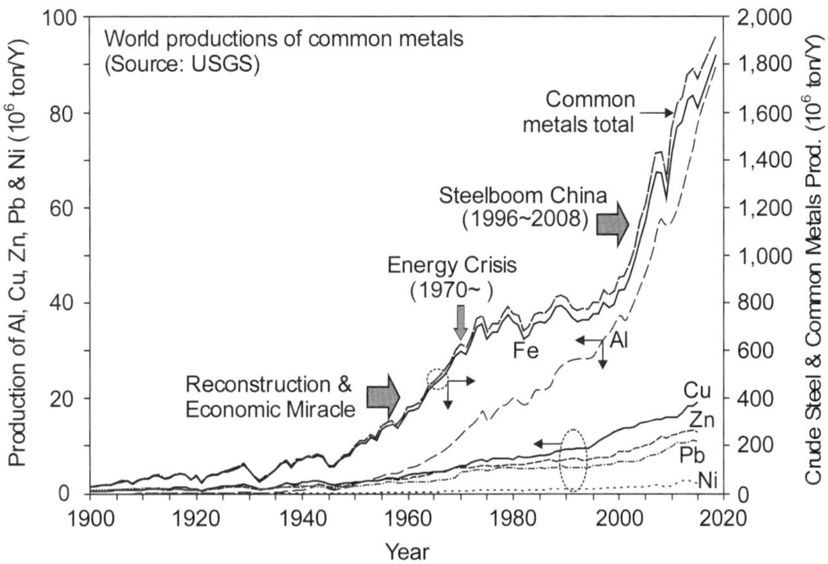

그림 1.2 범용금속의 생산량 변화

고대금속인 철은 2019년 기준으로 연간 18억 톤 이상을 생산하여[3] 그림에서와 같이 전 세계 범용금속 생산량의 95 % 이상을 차지한다. 알루미늄은 고대금속은 아니지만, 기원전 5세기경의 역사책인 *Histories Apodexis*에 명반(明礬, alum)이 등장할 정도로 오래전부터 그 화합물을 사용해 왔다.[4] 금속 알루미늄은 18세기에 만들어졌으나 연간 9000만 톤 정도를 생산하여 우리 일상생활에서 다양하게 사용되고 있다. 또 인류가 최초로 사용한 금속인 구리는 연간 2400만 톤 가까이 생산되어 여전히 우리의 사랑을 받고 있는 금속이다. 아연은 고대금속은 아니지만, 기원전 4000년경부터 황동의 합금원소로 사용되어 왔으며, 지금도 연간 1300만 톤 정도를 생산하여 철강 재료의 부식 방지 등에 널리 사용되고 있다.* 납은 인류가 두 번째로 사용한 금속으로, 아직까지도 연간 1100만 톤 정도를 생산하고 있지만, 인체에 유해하여 납축전지 등의 한정된 용도로만 사용되고 있다.

* 에펠탑에 사용된 철강재가 아연 도금이 되어 있었다면, 1889년 이후 보수 작업을 17번이 아니라 7번만 하면 됐을 것이라고 한다.(IZA, 고려아연 홈페이지 참조)

1.3 자원 리사이클링의 필요성

1.3.1 자원적인 측면

표 1.2에는 지각 중 원소의 존재도* 순위를 나타내었다.[5] 산소, 규소, 알루미늄, 철의 순서로 풍부하지만, 상위 10위까지의 원소가 전체의 99.8 %를 차지한다. 다행히 금속 생산량의 대부분을 차지하는 철은 원소 존재도에서 4위이며, 알루미늄은 3위를 차지하는 등 매우 풍부한 자원이다. 그러나 같은 범용금속이면서 고대금속인 구리는 26위로, 지각 중 존재량이 60 ppm에 불과할 만큼 풍부하지 못한 자원이다. 특히 구리는 인류가 약 1만 1000년 전부터 사용하여 왔으며, 지금도 연간 2400만 톤 정도를 소비하고 있다. 또 구리는 사용량이 많아 다른 금속으로 대체하기도 곤란하다. 따라서 구리를 리사이클링하지 않는다면 언젠가는 고갈되어 더 이상 천연광석으로부터 구리를 추출하는 것이 불가능할지도 모르겠다. 지각 중 원소의 존재도가 각각 24위, 36위인 아연(70 ppm)과 납(14 ppm) 역시 마찬가지일 것이다.

그림 1.3에는 1972년에 Meadows 등이 세계 표준 모델의 계산으로 미래를 예측하여 『성장의 한계(The Limits to Growth)』에 발표한 자원 변화량 등을 나타내었다.[6] 또 비교를 위해 그림 1.2에 나타낸 5대 범용금속 전체 생산량의 변화를 중첩하여 나타내었다. 1970년까지는 실제 데이터(범용금속 생산량은 전부 실제 데이터)이며, 이후의 것은 컴퓨터로 시뮬레이션한 결과이다. 지구상의 채굴 가능한 자원의 경우 1970년까지는 전체의 90 % 이상이 남아 있지만, 그 이후에는 기하급수적으로 감소하는 것으로 예측하고 있다. 5대 범용금속 생산량의 95 % 정도가 철강이지만, 최근까지의 실제 범용금속 생산량† 변화를 보면 Meadows 등이 1972년에 예측한 결과가 과장이 아니라는 것을 알 수 있다.

---

* 지각 중 원소의 존재도(Abundance of elements in Earth's crust): 1924년 미국의 클라크(Frank Wigglesworth Clarke)가 해수면 이하 16 km까지의 지각 중에 존재하는 원소들의 양을 추정하여 중량 백분율로 나타낸 후 클라크 수(Clarke 數, Clarke Number)로 불러 왔다. 1980년대에 들어와서는 클라크 수가 지표만이 아닌 지구 전체의 원소 존재도와 혼란을 일으키기도 하여 현재는 '지각 중 원소 존재도'로 나타내고 있다.

† 범용금속 생산량에는 스크랩으로 생산된 2차 지금의 양이 포함되어 있다.

[표 1.2] 지각 중 원소의 존재도(Abundance of elements in Earth's crust)

No.	Z	Element	Symbol	ppm	No.	Z	Element	Symbol	ppm
1	8	Oxygen	O	46.10%	40	62	Samarium	Sm	7.05
2	14	Silicon	Si	28.20%	41	64	Gadolinium	Gd	6.2
3	13	Aluminium	Al	8.23%	42	66	Dysprosium	Dy	5.2
4	26	Iron	Fe	5.63%	43	68	Erbium	Er	3.5
5	20	Calcium	Ca	4.15%	44	70	Ytterbium	Yb	3.2
6	11	Sodium	Na	2.36%	45	72	Hafnium	Hf	3.0
7	12	Magnesium	Mg	2.33%	46	55	Caesium	Cs	3.0
8	19	Potassium	K	2.09%	47	4	Beryllium	Be	2.8
9	22	Titanium	Ti	0.57%	48	92	Uranium	U	2.7
10	1	Hydrogen	H	0.14%	49	35	Bromine	Br	2.4
11	15	Phosphorus	P	0.105%	50	50	Tin	Sn	2.3
12	25	Manganese	Mn	0.10%	51	63	Europium	Eu	2.0
13	9	Fluorine	F	0.0585%	52	73	Tantalum	Ta	2.0
14	56	Barium	Ba	0.04%	53	33	Arsenic	As	1.8
15	38	Strontium	Sr	0.04%	54	32	Germanium	Ge	1.50
16	16	Sulfur	S	0.04%	55	67	Holmium	Ho	1.30
17	6	Carbon	C	0.02%	56	74	Tungsten	W	1.25
18	40	Zirconium	Zr	0.02%	57	42	Molybdenum	Mo	1.20
19	17	Chlorine	Cl	0.0145%	58	65	Terbium	Tb	1.20
20	23	Vanadium	V	0.01%	59	81	Thallium	Tl	0.85
21	24	Chromium	Cr	0.01%	60	71	Lutetium	Lu	0.80
22	37	Rubidium	Rb	90	61	68	Thulium	Tm	0.52
23	28	Nickel	Ni	84	62	53	Iodine	I	0.45
24	30	Zinc	Zn	70	63	49	Indium	In	0.25
25	58	Cerium	Ce	66.5	64	51	Antimony	Sb	0.2
26	29	Copper	Cu	60	65	48	Cadmium	Cd	0.15
27	60	Neodymium	Nd	41.5	66	80	Mercury	Hg	0.085
28	57	Lanthanum	La	39	67	47	Silver	Ag	0.075
29	39	Yttrium	Y	33	68	34	Selenium	Se	0.050
30	27	Cobalt	Co	25	69	46	Palladium	Pd	0.015
31	21	Scandium	Sc	22	70	83	Bismuth	Bi	0.0085
32	3	Lithium	Li	20	71	78	Platinum	Pt	0.0050
33	41	Niobium	Nb	20	72	79	Gold	Au	0.0040
34	7	Nitrogen	N	19	73	76	Osmium	Os	0.0015
35	31	Gallium	Ga	19	74	52	Tellurium	Te	0.0010
36	82	Lead	Pb	14	75	44	Ruthenium	Ru	0.0010
37	5	Boron	B	10	76	77	Iridium	Ir	0.0010
38	90	Thorium	Th	9.6	77	45	Rhodium	Rh	0.0010
39	59	Praseodymium	Pr	9.2	78	75	Rhenium	Re	0.0007

※ CRC Handbook of Chemistry and Physics의 데이터를 기준으로 정렬

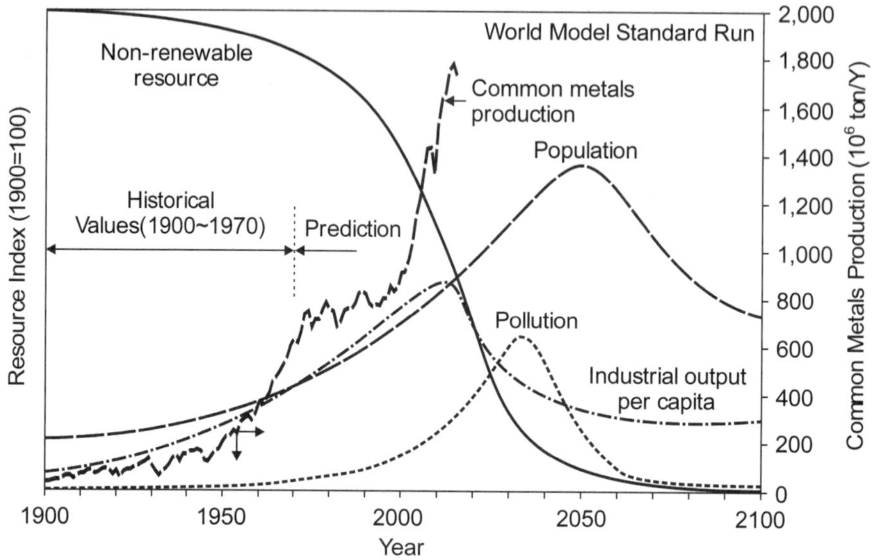

그림 1.3 표준 모델에 의한 자원량 변동 등의 계산 결과

표 1.3에는 Meadows 등이 1972년에 『성장의 한계』를 발표하고 난 뒤 약 30년 후인 2005년에 보고한 8개 금속의 확인된 매장량과 기대 수명을 나타내었다.[7,8] 생산량이 연간 2 % 증가할 때 당시 확인된 매장량으로 생산을 유지할 수 있는 기간이 15년에 불과한 은(Ag)부터 81년까지 가능한 알루미늄(Al)까지 넓은 폭을 가지고 있다. 그러는 동안에 금속의 가격이 상승하고, 진보된 기술로 새로운 지역을 탐사하여 새로이 채굴 가능한 자원을 발견할 수 있다. 따라서 이러한 변화를 고려하여 지각 중에 존재하는 추정 매장량(표 1.2 참조)으로부터, 연간 생산량이 2 % 증가한다고 가정하여 계산한 기대 수명은 530년(Ni)에서 1,070년(Al)까지라고 보고하였다. 물론 이러한 계산 결과는 실제로 얼마만큼을 채굴하여 사용할 수 있는지와는 별개의 문제이다. 단순히 당시에 확인된 매장량으로만 생각하면 철과 알루미늄을 제외한 금속들의 수명은 최대 30년에 불과하다. 특히 우리나라는 범용금속인 철강, 구리, 아연, 납을 생산하기 위한 천연광석들을 전량 수입에 의존하고 있으며, 일부를 제외하면 경제성 있는 국내 지하자원은 거의 전무하다고 할 수 있다. 따라서 지속가능한 사회를 유지하기 위해서는 지상자원을 활용하는 리사이클링 기술의 개발이 시급한 실정이다.

[표 1.3] 8개 금속의 확인된 매장량과 기대 수명

Metal	연간 생산량 평균 (1997~1999)	연간 생산량 평균 성장률 (1975~1999)	1999년 확인 매장량	확인된 매장량 수명*	지각 중 매장량**	자원 수명***
	100만 톤/년	%/년	10억 톤	년	1조 톤	년
Fe	560	0.5	74,000	65	1,400,000	890
Al	124	2.9	25	81	2,000,000	1,070
Cu	12	3.4	0.34	22	1,500	740
Zn	0.8	1.69	0.19	20	2,200	780
Pb	3.1	-0.5	0.064	17	290	610
Ni	1.1	1.6	0.046	30	201	530
Sn	0.21	-0.5	0.008	28	40.8	760
Ag	0.016	3.0	0.00028	15	1.8	730

* 매년 성장률을 2 %로 가정하여 계산했을 때 확인된 매장량의 수명
** 지구의 지각 내에 존재하는 것으로 추정한 매장량(표 1.2 참조)
***연간 생산량이 2 % 증가한다고 가정하여 계산했을 때 지각 중 매장량 기준의 수명

1.3.2 폐기물 발생 측면

그림 1.4에는 미국에서 채굴된 구리광석의 품위 변화를 Meadows 등이 발표한 자료[9]에 최근의 데이터를 추가하여 나타내었다. Meadows 등에 따르면 1910년 이전의 광석 품위는 2~2.5 wt%Cu인 것으로 보고하였다. 이후 1930년에 최댓값을 보인 후, 지속적으로 하락하였으며, 특히 1990년대에는 0.4 % 이하까지 낮아진 것을 알 수 있다. 이러한 현상은 구리광석에만 국한된 것은 아니며, 일부를 제외한 대부분의 금속광물도 유사한 경향을 나타낼 것이다.

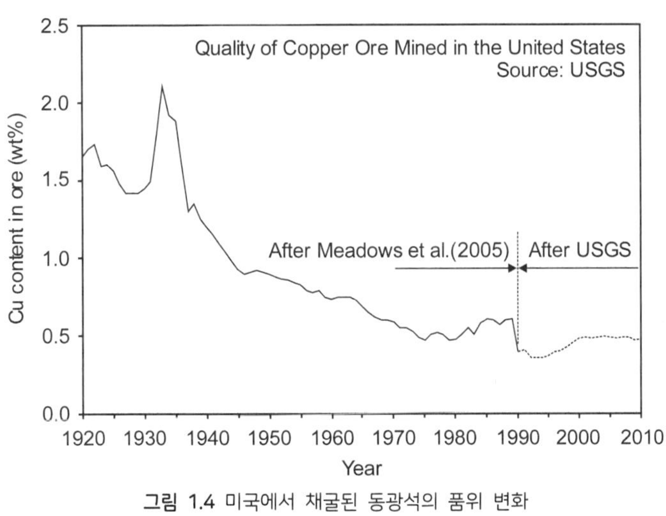

그림 1.4 미국에서 채굴된 동광석의 품위 변화

그리고 광석의 품위가 낮아져 2 % 이하가 되면 광미(tailing)* 발생량이 기하급수적으로 증가하여 환경 문제가 심각해진다. 예를 들어 광석의 품위가 2 %이면 금속 1톤을 생산할 때 발생하는 광미의 양은 약 50톤이지만, 1 %이면 약 150톤, 0.5 %이면 약 250톤, 0.25 %이면 약 400톤의 광미가 발생하여 새로운 환경 문제를 일으키게 되므로 더 이상 채굴할 수 없는 지경에 이를 수도 있을 것이다.

한편 그림 1.2에 나타낸 바와 같이 알루미늄의 연간 생산량은 9000만 톤 수준이다. 알루미늄은 보크사이트†로부터 순 알루미나(Al_2O_3)를 추출하여 용융염 전해에 의해 제조되고 있다. 보크사이트로부터 바이어법(Bayer process)으로 알루미나를 추출하는 과정에서 산화철이 주성분인 다량의 적니(赤泥, red mud)가 발생하여 새로운 환경 문제를 일으키고 있다. 2019년 기준 연간 알루미나 생산량이 1억 3235만 톤 정도이므로 적니 발생량은 약 1억 6000만 톤(알루미나의 1~1.5배)일 것이다.[10] 이러한 적니는 알칼리성이므로 심각한 환경오염을 일으키는 것으로 알려져 있다. 물론 우리나라에서는 알루미늄이나 알루미나 제련을 하지 않지만, 지구환경 측면에서는 매우 심각한 문제이다. 당연히 알루미늄 스크랩을 재활용하면 더 이상 금속 알루미늄용 알루미나에 기인하는 적니는 발생하지 않을 것이다.

한편 최근에 폐플라스틱이 수거되지 못하여 곳곳에 산더미처럼 쌓이는 사태가 발생한 적이 있었다. 만일 폐자동차나 폐가전이 리사이클링되지 못하고 방치된다면 우리가 감당할 수 있는 수준을 넘어설 것이다. 특히 생산량의 약 80 %가 납축전지로 사용되는 납을 리사이클링하지 않는다면 납은 물론이고 전해질에 의한 심각한 환경오염이 초래될 것이다.

1.3.3 대기환경 및 에너지 측면

표 1.4에는 범용금속 등의 1차 지금(광석으로부터 생산)과 2차 지금(스크랩으로부터 생산) 생산 시의 CO_2 발생량과 절감률을 비교하여 나타내었다.[11] 스크랩을 이용한 2차 지금 생산에 따른 CO_2 발생량의 절감률을 보면 납은 98.8 % 수준이며, 알루미늄, 아연, 구리, 철의 순으로 CO_2 발생량을 대폭 감소시킬 수 있다. 특히 철강의 CO_2 절감량은

---

* 광미(tailing): 채굴한 광석에서 선광으로 목적금속이 다량으로 함유된 광물(정광, concentrate)을 분리하고 남은, 맥석을 포함한 무가치한 부분.

† 보크사이트(bauxite): Gibbsite $Al(OH)_3$, boehmite AlO(OH), diaspore, AlO(OH)의 혼합물. 주성분은 중량비(wt%)로 45~60 Al_2O_3, 2~20 Fe_2O_3, 1~4 TiO_2, 1~10 SiO_2 등이며, 기타 미량성분(Mn, Ga, Ca, V, P, As)이 함유되어 있다.

58.1 %로 다른 범용금속에 비하여 낮은 수준이지만, 연간 생산량을 생각하면 지구환경에 미치는 영향이 막대함을 알 수 있다. 또한 납이나 주석의 경우 1차 지금 생산과 비교하면 CO_2가 거의 발생하지 않는 수준임을 알 수 있다.

[표 1.4] 광석으로부터 1차 지금과 스크랩으로부터 2차 지금 생산 시의 CO_2 발생량과 절감률 비교(CO_2 kton/10^5 ton)

금속	1차 지금	2차 지금	절감량	절감률(%)
철 Fe	167	70	97	58.1
알루미늄 Al	383	29	354	92.4
구리 Cu	125	44	81	64.8
아연 Zn	236	56	180	76.3
납 Pb	163	2	161	98.8
니켈 Ni	212	22	190	89.6
주석 Sn	218	3	215	98.6
종이 Paper	0.17	0.14	0.03	17.7

표 1.5에는 1차 지금과 2차 지금 생산에 필요한 에너지 원단위를 비교하여 나타내었다.[11] 그림 1.5에는 범용금속의 리사이클링에 의한 에너지 원단위 절감률을 시각적으로 나타내었다.[12] 철강과 납의 경우 두 데이터 사이에 차이가 있으나 나머지는 값이 거의 일치한다. 표를 보면 생산량이 가장 많은 철강의 경우, 스크랩을 리사이클링하면 광석으로부터 철강재

[표 1.5] 광석으로부터의 1차 지금과 스크랩으로부터의 2차 지금 생산을 위한 에너지 원단위 비교((TJ/10^5 ton)

금속	1차 지금	2차 지금	절감량	절감률(%)
철 Fe	1,400	1,170	230	16.4
알루미늄 Al	4,700	240	4,460	94.9
구리 Cu	1,690	630	1,060	62.7
아연 Zn	2,400	1,800	600	25.0
납 Pb	1,000	13	987	98.7
니켈 Ni	2,064	186	1,878	91.0
주석 Sn	1,820	20	1,800	98.9
종이 Paper	3,520	1,880	1,640	46.6

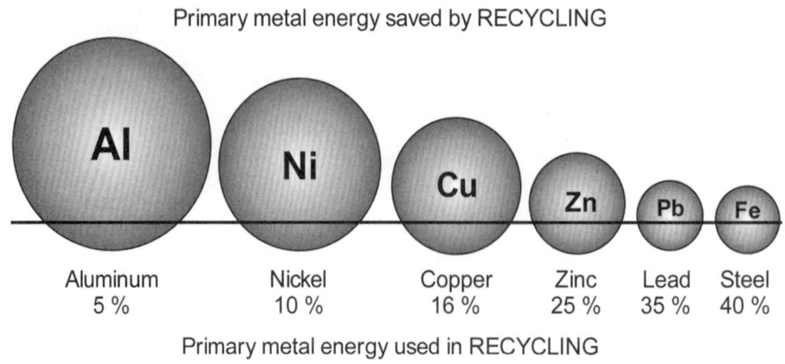

그림 1.5 1차 지금과 2차 지금(리사이클링) 생산에 필요한 에너지 비교

를 생산하는 데 필요한 에너지의 16.4 %를 절약할 수 있다. 반면 납은 98.7 %를 절약할 수 있으며, 알루미늄은 약 95 %를 절약하여 불과 5 %의 에너지로도 알루미늄을 리사이클링할 수 있는 장점이 있다. 특히 알루미늄은 표 1.2에 나타낸 바와 같이 지각 중 원소 존재도(8.23 %)는 3위로, 매우 풍부한 자원이지만, 금속 알루미늄은 전기를 이용하는 용융염 전해로 만들어진다. 따라서 스크랩으로부터 2차 지금을 생산할 때 엄청난 에너지 절감 효과가 있다. 실제로 우리나라에서는 제련 비용이 높아서 1차 지금을 생산하지 않으며, 수입한 1차 지금과 스크랩을 재용융하여 알루미늄 제품을 생산하고 있다.

1.3.4 지속 가능한 사회 형성

범용금속의 자원, 폐기물, 대기환경 및 에너지 측면에서 리사이클링이 필요한 이유에 대해 알아보았다. Meadows 등의 『성장의 한계』에서 예측한 것이 정확하지 않을 수도 있지만, 금속 생산량의 변화를 보면 자원적으로 점점 더 고갈 상태에 가까워지고 있는 것은 분명한 사실이다. 오히려 당시의 계산에서는 그림 1.2에 나타낸 바와 같은 중국 특수에 의한 기하급수적인 생산량 급증이 고려되지 않은 것을 감안하면 오히려 더 빠른 시기에 한계에 봉착할지도 모른다. 그리고 표 1.5와 그림 1.5에 나타낸 바와 같이 1차 지금 생산에 필요한 에너지에 비해 스크랩으로부터 2차 지금을 생산하는 데 필요한 에너지는 매우 낮은 수준이다. 또 스크랩으로부터 금속을 생산할 때 CO_2 발생량이 현저하게 감소한다. 특히 이러한 범용금속의 생산량은 전체 금속 생산량의 약 99 %이므로, 지구환경 보존과 지속 가능한 사회를 위해서는 리사이클링이 꼭 필요하다. 이제 금속자원의 리사이클링은 더 이상 선택의 문제가 아니라 필수적인 과제가 되었다.

최근 전 세계적으로 4차 산업과 함께 순환경제(circular economy)란 용어가 새로운 화두로 회자되고 있다. 일부 자원에 대해서는 예전부터 재활용하여 왔으나, 환경과 에너지 문제와 맞물려 1970년대부터 순환경제의 개념이 등장하였다. 특히 1972년에 『성장의 한계』가 발표되고 40년이 지난 후인 2013년과 2014년에는 순환경제가 다보스 포럼의 핵심 의제로 등장하면서 전 지구적인 자원 고갈과 환경 문제를 해결할 수 있는 새로운 대안으로 떠올랐다.

그림 1.6에는 자원 리사이클링 관점에서의 선형경제(linear economy)와 순환경제의 개념을 비교하여 나타내었다. 순환경제와 대비되는 선형경제는 천연자원을 채취(resource extraction)하여 제품을 생산(production)하고, 사용(consumption) 후에 폐기(dispose)하는 경제 구조이므로 한정된 천연자원은 점점 사라지면서 대량의 폐기물(waste)이 발생한다. 이러한 문제점을 해결할 수 있는 대안으로 유럽에서 '자원 고갈이나 환경 부하의 저감에 대응하는 자원순환 촉진을 위한 정책'으로 나온 것이 순환경제 개념이다. 지금까지 대량 생산, 대량 판매, 대량 이용, 대량 폐기의 한 방향으로의 '선형경제'에서 리사이클링, 재이

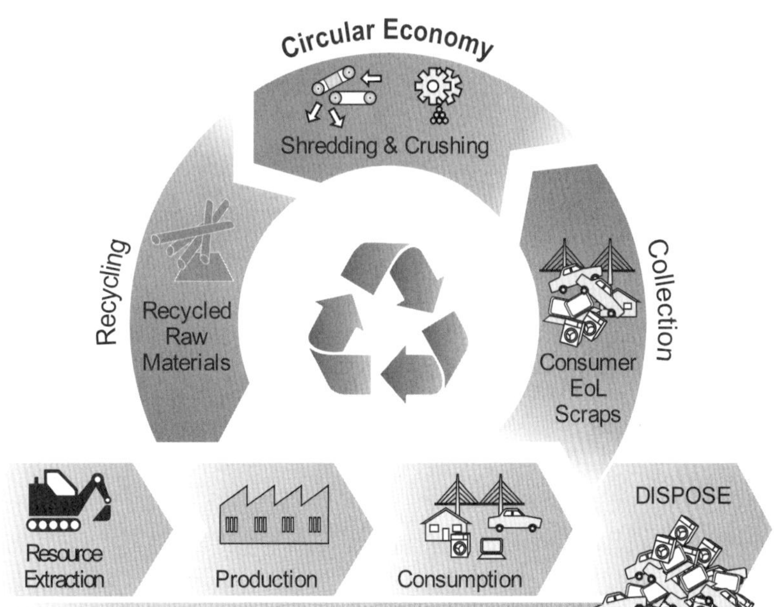

그림 1.6 자원 리사이클링 관점에서의 선형경제와 순환경제

용, 재사용, 공동 사용 등으로 자원을 최대한으로 순환시켜 새로운 천연자원의 투입과 폐기물 발생을 최소화하는 '순환경제'로 경제의 본질을 바꾸는 것이다. 따라서 순환경제는 단순한 환경보호의 차원을 넘어 새로운 비즈니스 모델로서도 주목받고 있다. 특히 자원 리사이클링 관점에서는 경제적·기술적으로 한 단계 도약할 수 있는 새로운 기회가 되었다.

한편 자원 리사이클링 입장에서는 선형경제든 순환경제든 폐기물이 발생할 수밖에 없다. 따라서 성장의 한계를 극복하여 지속 가능한 사회를 만들기 위해서는 순환경제 개념 중에서 EoL(End of Life) 제품 등을 재활용하여 자원을 순환할 수 있도록 하는 것이 중요하다. 또 생산자와 소비자의 인식 전환은 물론이고, 자원을 재활용하는 기술을 개발하고 실용화할 필요가 있다. 그러나 현실을 살펴보면 기술 개발은 많이 이루어지고 있으나 실용화는 매우 부족한 실정이다. 이것은 엔지니어의 몫이라 할 수 있다. 초심으로 돌아가 자원 리사이클링을 위한 새로운 학문 체계를 구축하여 인력을 양성하고 실용화가 가능한 기술을 개발하여야 한다. 즉 자원 고갈과 환경 부하를 해소하면서, 경제성 있고 우리 사회가 지속적인 성장을 할 수 있는 리사이클링 기술을 개발하여 새로운 비즈니스 모델의 창출에 기여하여야 할 것이다.

1.4 리사이클링의 요소기술

지상자원의 리사이클링 프로세스는 원료가 되는 도시광물을 어떻게 간단한 공정과 적은 에너지로 고부가가치 물질로 재생하고, 환경 보전을 도모할 것인가가 관건이다. 천연광산에서 광석을 채굴하여 자원화하기 위해서는 탐사, 채굴, 선광, 제련 등을 거쳐야 한다. 도시광물을 유가물로 재자원화하기 위해서는 천연광산에서와 같은 탐사와 채굴은 할 필요가 없을 것이다. 그러나 물리적인 전처리 기술인 선광 기술은 지상자원의 선별 기술로 응용하여 사용할 수 있다. 화학적인 전처리 기술도 기본적으로 동일한 원리에 기초하여 적용할 수 있다. 금속으로 추출하는 최종 공정인 제련 기술의 원리 또한 동일하며, 원료는 다르지만 천연광석의 제련 기술을 응용하면 충분히 대처할 수 있다. 그림 1.7에는 천연광석과 도시광석을 이용하여 금속을 추출하고 다시 리사이클링하는 공정과 그것에 필요한 기술을 종합하여 나타내었다.

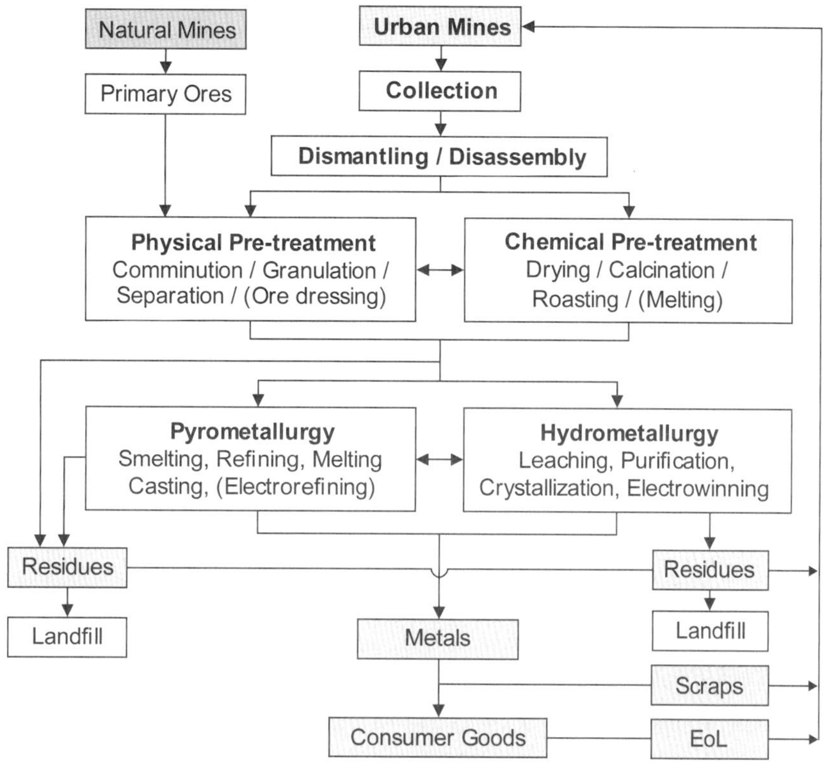

그림 1.7 천연광석과 도시광석으로부터 금속을 추출하는 공정과 그에 필요한 요소기술

도시광산으로부터 금속을 추출하기 위한 몇 가지 요소기술을 정리하면 다음과 같다.[13]

① 수집: 천연광산의 채굴과 같은 개념으로 생각할 수 있다. 다만 광산이 아닌 제조 공정이나 소비자에게 확산되어 있는 원재료를 어떻게 효율 좋고 순도가 저하하지 않으면서, 더욱이 오염을 최소화하여 수집할 것인가가 중요하다.

② 파·분쇄: 천연광물의 경우에도 채굴한 상태로 바로 사용할 수 없지만, 특히 도시광물의 경우에는 취급을 용이하게 하고 무가치한 물질을 분리하기 위해서 파·분쇄가 필요하다. 천연광물의 파·분쇄에 대해서는 많은 기술들이 축적되어 있으나, 도시광물은 그 종류가 다양할 뿐만 아니라 시대에 따라서도 종류가 바뀌기 때문에 아직 기술적으로 정리되어 있지 못하다. 그러나 주변 기술의 발달에 따라 새로운 파쇄 기술이 속속 등장하고 있다.

③ 선별: 기본적으로는 천연광물의 선광에 활용하여 온 수선별, 비중 선별, 자력 선별, 부유 선별, 정전기 선별 등을 활용하고 있다. 한편으로는 IT 등 주변 기술의 발전에 따라 성분 분석기, 광학기 등을 이용하는 기술까지 실용화되어 있다.

④ 전처리 기술: 상기한 파쇄, 선별과 함께 화학적 전처리로 하소, 배소, 소결 등의 기술을 도시광물에도 동일하게 적용하고 있다.

⑤ 제련: 도시광물에는 금속 상태의 것이 많으나 대부분 여러 종류의 금속이 혼합되어 있으므로 목적금속을 추출하기 위해서는 제련 공정을 거쳐야 한다. 제련법에는 건식과 습식이 있다. 천연광물의 건식제련은 산화, 환원 등의 반응이 필요한데, 도시광물의 경우에도 단순한 용융에서부터 용융환원, 고체환원, 휘발제련 등을 동일하게 적용할 수 있다. 습식제련에는 침출, 여과, 정액, 용매추출, 이온교환, 세멘테이션, 전해채취 등이 있으며, 도시광물의 처리에 적용하고 있다.

⑥ 정제: 도시광물은 여러 종류의 원소가 혼합되어 있으므로 필수적으로 정제를 하여야 하지만, 목적에 따라서는 고순도화까지 하지 않아도 되는 경우가 있다. 그러나 필요에 따라서는 건식정제, 습식정제, 전해정제 등의 기술을 적용하여 고순도화를 실현하고 있다.

⑦ 가공: 판재화, 선재화, 분말화 등이 있다.

이러한 요소기술 중에서 파·분쇄나 선별은 재료의 물리적인 성질을 파악하는 것이 필요하다. 그리고 화학적 전처리나 건식제련, 습식제련을 위해서는 물리화학, 열역학, 전기화학, 반응속도론 등의 지식이 필요하다. 이러한 기본 지식을 토대로 상기한 자원 리사이클링을 위한 여러 가지 요소기술을 응용하여 대상(도시광물)에 따라 조금속을 얻는 단순한 폐기물 처리법에서부터 보다 고부가가치의 고순도 금속을 얻는 기술까지 발전하고 있다.

고대금속 이야기

인류가 금속을 사용하기 시작한 것은 약 1만 1000년 전으로 거슬러 올라간다. 인류가 최초로 사용한 금속은 구리(Cu)이며, 뒤이어 납(Pb), 은(Ag), 금(Au), 주석(Sn), 철(Fe), 수은(Hg)의 순서로 사용하였는데, 이 일곱 가지 금속을 고대금속(metals of antiquity)이라 부른다. 이러한 고대금속은 표 1.6에 나타낸 바와 같이 금, 은, 철, 수은, 주석, 동, 납의 순서로 일주일의 일요일~토요일을 의미하기도 한다. 그리고 각각의 금속은 태양, 달, 화성, 수성, 목성, 금성, 토성을 나타내기도 할 정도로 우리 인류와 밀접한 관계를 가지고 있다.[14]

[표 1.6] 고대금속과 천상계

Metal	Day of week	Celestial body	Characteristics	Symbol
Gold(Au)	Sunday	Sun(태양)	Perfection bright yellow	⊙
Silver(Ag)	Monday	Moon(달)	Near perfection silvery	☽
Iron(Fe)	Tuesday	Mars(화성)	Warriors' metal shield and spear	♂
Mercury(Hg)	Wednesday	Mercury(수성)	Moves quickly messenger of gods	☿
Tin(Sn)	Thursday	Jupiter(목성)	Lower form of silver	♃
Copper(Cu)	Friday	Venus(금성)	Resembles gold looking-glass of Venus	♂
Lead(Pb)	Saturday	Saturn(토성)	Least desired tarnished/dark	♄

제1장 | 참고문헌

1 손호상, 2019: 자원리사이클링공학, p. 11, 경북대학교출판부.

2 Michio Nanjo, 1987: Urban Mine, New Resources for the Year 2,000 and Beyond, Bulletin of the Research Institute of Mineral Dressing and Metallurgy, Tohoku University 43(2), pp. 239-251. (실제 발행은 1988년 3월 25일)

3 World Steel Association, 2020: World crude steel Production-Summary, WSA, Brussels, Belgium.

4 Herodoutus, translated by George Rawlinson, 2013: The Histories, Book II 180, p. 174, Roman Roads Media, LLC, Idaho.
헤로도토스 저, 천병희 역, 2017: 역사, II 에우테르페 180, p. 268, 도서출판 숲.

5 W. M. Haynes, 2014: ABUNDANCE OF ELEMENTS IN THE EARTH'S CRUST AND IN THE SEA, CRC Handbook of Chemistry and Physics, 97th edition(2014-2015), pp. 14-19.
Clarke, F. W. and Washington, H. S., 1924: The composition of the earth's crust, US. Geol. Surv. Prof. Paper: 127.

6 Donella H. Meadows, Dennis L. Meadows, Jorgen Randers, and William W. Behrens III, 1972: THE LIMITS TO GROWTH: A REPORT FOR THE CLUB OF ROME'S PROJECT ON THE PREDICAMENT OF MANKIND, p. 56, Universe Books, NEW YORK.

7 Donella Meadows, Jorgen Randers, and Dennis Meadows, 2005: LIMITS TO GROWTH: The 30-Year Update, p. 105, Earthscan, London.

8 오재현, 2013: 도시광산 자원과 리싸이클링, pp. 30-31, (주)한국철강신문.

9 Donella Meadows, Jorgen Randers, and Dennis Meadows, 2005: LIMITS TO GROWTH: The 30-Year Update, p. 107, Earthscan, London.

10 http://www.world-aluminium.org/statistics/alumina-production/

11 Sue Grimes, John Donaldson, and Gabriel Cebrian Gomez, 2008: Report on the Environmental Benefits of Recycling, p. 4, Bureau of International Recycling(BIR), Brussels, Belgium.

12 Terry Norgate, 2013: Metal recycling: The need for a life cycle approach. EP135565, p. 2, CSIRO, Australia.

13 손호상, 2019: 자원리사이클링공학, p. 16, 경북대학교출판부.

14 Fathi Habash, 2008: The Seven Metals of Antiquity, Mineral Processing and Extractive Metallurgy IMM Transactions section 117(3), pp. 190-191.

제2장 원료의 전처리

2.1 전처리의 개요

자원 리사이클링의 원료가 되는 도시광물에는 각종 폐이동수단(자동차, 선박 등)을 비롯하여 폐전기·전자 제품, 폐공구류, 폐전지, 폐촉매, 설비나 구조물, 그리고 금속 제조 프로세스에서 발생하는 중간 산물이나 부산물 등 매우 다양한 것들이 있다. 천연광물과 달리 단일 도시광물에는 매우 다양한 금속원소들이 함유되어 있으며, 금속의 존재 형태와 크기도 다르다. 따라서 이러한 원료를 리사이클링 공정에서 경제적이면서 높은 실수율로 회수하기 위해서는 미리부터 적용할 프로세스에 적합한 조성과 형상으로 만들어 두는 것이 필요하다. 이와 같이 리사이클링 공정에서 처리하기 쉽도록 만드는 것을 전처리 또는 예비처리라 부른다.

전처리에는 물리적인 방법과 화학적인 방법이 있다. 물리적인 전처리는 원료의 화학적 변화가 없는 파쇄, 분쇄, 선별, 조립성형 등을 의미한다. 특히 목적금속의 농도가 낮은 경우에는 물리적 전처리인 파쇄와 분쇄 및 선별을 통해 품위를 높일 수 있다.

한편 리사이클링 원료는 금속상으로 존재하기도 하지만 화합물상으로 존재하는 경우도 있으며, 금속상으로 존재하는 원료에서도 다양한 성분을 함유하고 있는 경우 이들을 분리하여 정제하기 위해서는 물리적 처리만으로는 그 목적을 달성하기 힘든 경우가 있다. 따라서 대상 원료의 화학적 조성을 바꾸는 배소(roasting) 등의 화학적 전처리가 필요하다. 본 장에서는 리사이클링 원료의 물리적 전처리와 화학적 전처리에 대해 설명한다.

2.2 원료의 파쇄와 분쇄

자원 리사이클링 공정의 원료는 대부분 액체와 고체이며, 고체물질을 원료로 사용하기 위해서는 그 크기에 따라 파쇄하고 분쇄하거나 필요에 따라서는 압축하여야 한다. 분쇄(粉碎, comminution)란 재료의 파괴 현상을 이용하여 그림 2.1과 같이 덩치가 큰 고체를 잘게 부수는 것으로, 기계적인 단위조작의 일종이다.

특히 자원 리사이클링에서 사용하는 원료는 폐자동차, 폐가전 등과 같이 다양한 물질의 집합체로 이루어져 있으므로, 천연광석 중에서 유용한 성분을 분리하여 정광(concentrate)으로 만드는 공정과 마찬가지로 선별 효율을 높이기 위해 반드시 파쇄와 분쇄가 필요하다. 천연광석은 개별 광물에 대한 물성이 잘 정리되어 있으나, 도시광물은 천연광석과는 달리 금속상, 비금속상들이 혼합되어 있으므로 적용할 공정에 알맞은 파·분쇄에 대해 많은 검토가 필요하다.

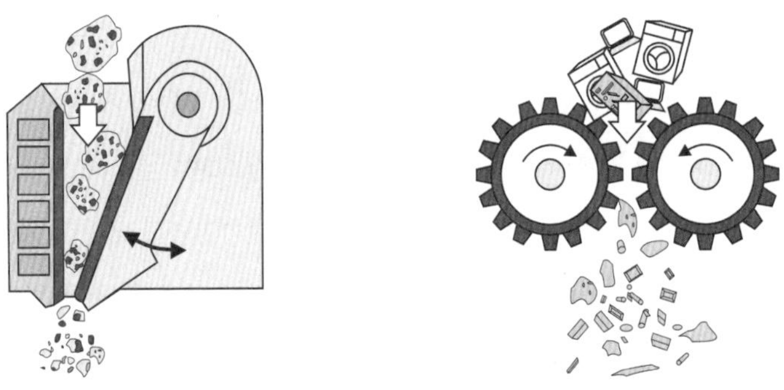

(a) 천연광석 (b) 도시광물

그림 2.1 천연광석과 도시광물의 분쇄 과정 모식도

2.2.1 분쇄의 목적과 분쇄 기구

분쇄는 외력을 가하여 고체를 파괴해 입자 크기를 감소시키고, 표면적을 증대시키는 기계적 단위조작이다. 특히 도시광물을 침출(leaching) 등의 습식 공정으로 처리하기 위해서는 파·분쇄가 필요하며, 건식으로 처리하기 위해서도 원료의 장입과 용해가 쉽도록 어느 정도의 파·분쇄를 한다. 일반적인 분쇄의 주된 목적은 다음의 네 가지를 들 수 있다.[1]

① 원료의 크기를 줄여서 취급이 용이하도록 하는 것
② 원료를 정해진 입도 분포가 되도록 하는 것
③ 원료의 비표면적을 증가시켜 반응성을 높이는 것
④ 다성분으로 되어 있는 물질의 단체분리를 하는 것

한편, 폐기물 처리나 처분을 위해 파·분쇄를 하는 경우의 목적은 다음과 같다.

① 매립을 위한 부피 축소: 매립지의 수명 연장이나 매립 후적지의 유효 이용에 적합하도록 폐기물을 파쇄하여 안정화시키는 것
② 소각을 위한 전처리: 목제 가구 등 대형 가연성 쓰레기를 소각 시설에서 용이하게 소각할 수 있도록 파쇄
③ 재생 이용: 복합 제품 중의 필요 성분을 적절하게 선별 회수할 수 있는 입도로 분쇄하고, 선별을 용이하게 하여 유가물의 회수 정밀도를 높이는 것
④ 대형 물질 처리: 대형 가전제품, 자동차, 피아노, 보트 등을 처리하기 쉽도록 파쇄하는 것

자원 리사이클링 입장에서는 ③, ④항이 해당될 수 있다.

분쇄에는 건식분쇄, 습식분쇄, 저온분쇄가 있으며, 특수한 분쇄로 건조분쇄, 가열분쇄 등이 있다. 건식분쇄는 분쇄 대상물을 공기 중이나 비활성 가스 중에서 분쇄하는 방식으로, 파쇄에서부터 미립자까지 넓은 범위에서 처리할 수 있다. 고체에 대해 곧바로 분쇄력을 가할 수 있으므로 분쇄 비용이 낮은 장점이 있다. 그러나 미립자는 응집되기 쉬우며, 1차 입자가 작아도 분체 입자는 3 μm 이하가 되기 힘들다.

습식분쇄는 물이나 그 외의 다른 액체 중에서 분쇄 대상물을 분쇄하는 방식으로, 초미립자를 만들 수 있다. 그러나 분쇄물이 액체 중에 있으므로 처리량이 많고, 건식분쇄보다 분쇄 비용이 높다. 습식분쇄는 분쇄 매체에 따라 전단력이나 마찰력 등으로 분쇄하는 방법과 분쇄물끼리의 전단력이나 마찰력으로 분쇄하는 방법, 고압유체를 충돌시켜서 분쇄하는 방법, 좁은 간격을 통과시켜서 분쇄하는 방법 등이 있다. 이러한 방식으로는 미립자나 초미립자까지 만들 수 있으며, 건식분쇄보다 더 작은 입자까지 만들 수 있다.

저온분쇄는 분쇄 대상물을 냉각하여 분쇄하는 방법으로, 플라스틱과 같이 상온에서 열가

소성이 있는 강인한 재료나 상온에서는 탄성체인 고무 등을 냉각시켜 취성 영역이 되면 쉽게 분쇄할 수 있다.

분쇄 기구에는 그림 2.2와 같이 다섯 가지가 있으나, 실제로는 이러한 것들의 복합 작용에 의해 분쇄가 일어난다.

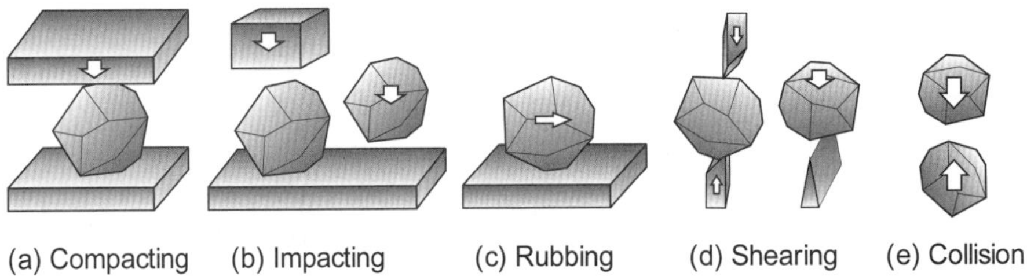

그림 2.2 분쇄 기구(Grinding mechanism)

① 압축(compacting): 입자가 힘을 받아 짓눌러져 파괴되는 것

② 충격(impacting): 볼 밀이라면 입자에 볼이 부딪혀서 분쇄되는 것이며, 제트 밀이라면 입자가 어떤 속도를 가지고 벽이나 물체에 부딪히면 입자는 관성력을 갖고 있기 때문에 부딪힐 때의 충격력에 의해서 입자가 깨트려지는 것

③ 마찰(rubbing): 입자가 벽이나 물체의 표면을 활주하게 되면 마찰력이 작용하고, 이 마찰력에 의해 입자가 마모되어 입자 표면이 떨어져 나가게 되는 것으로, 미분쇄에 매우 유효한 분쇄 작용

④ 전단(shearing): 미분쇄와는 그다지 큰 관계가 없으나 에지(edge)와 같은 것으로 입자의 양 끝을 누를 때 생기는 전단력에 의한 분쇄

⑤ 충돌(collision): 분쇄 입자끼리의 충돌에 의한 분쇄

이러한 분쇄는 체적분쇄와 표면분쇄로 구분하기도 한다. 분쇄가 충격력이나 압축력에 의해 일어나는 경우를 체적분쇄라 하는데, 고체에 기계적 에너지가 가해지면 입자 전체가 파쇄되는 현상이다. 표면분쇄는 마찰력이나 전단응력(shear stress) 등에 의해 분쇄되는 경우로, 고체에 기계적 에너지가 가해지면 고체의 표면부터 떨어져 나가는 현상이다.

2.2.2 분쇄 이론

도시광물에 대해서는 분쇄 이론이 정립되어 있지 않으므로 천연광석의 분쇄 이론에 대해 알아본다. 천연광석을 분쇄하면 대부분 작은 입자가 생성되므로 분쇄 이론은 생성되는 입자에 대해 검토하고 있다. 그러나 분쇄 과정 중 생성되는 입자 1개에 작용하는 응력의 측정은 불가능하다. 따라서 분쇄 이론은 재료 전체에 가해지는 일량(에너지, E)과 분쇄량과의 관계를 구한 것이다.

분쇄에 필요한 에너지는 고체의 변형과 새로운 표면적 생성 등에 소비되지만, 대부분은 열로서 손실된다. 따라서 실제 분쇄기에서는 기계적 손실을 포함하여 실제 표면적 생성에 필요한 에너지의 100~1,000배의 값이 필요하므로 분쇄 효율이 매우 낮다. 도시광물에는 연성인 물질도 함유되어 있어서 판상의 생성물 등이 만들어지기도 하므로 분쇄 효율이 매우 낮을 것이다.

우선 Lewis(1937)는 어떤 크기 x_1의 입자를 x_2까지 분쇄하는 데 필요한 에너지 E에 관해 다음과 같은 일반식을 제안하였다.

$$dE = -C\frac{dx}{x^n} \tag{2.1}$$

여기서 E는 단위 입자에 대한 순수한 에너지, x는 생성물(분쇄된 것)의 특정 크기값, n은 지수, C는 상수이다. 식 (2.1)의 n에 2, 1, 1.5를 대입하여 적분하면 Rittinger, Kick, Bond의 식이 된다.

(1) Rittinger의 법칙

Rittinger의 법칙은 분쇄 전후에 표면적이 증가한다는 것에 바탕을 둔 법칙으로, 식 (2.1)을 $n=2$로 두고 적분한 것이다.

$$E = K_R\left(\frac{1}{x_p} - \frac{1}{x_f}\right) = K_R'(S_p - S_f) \tag{2.2}$$

여기서 K_R과 K_R'은 분쇄할 물질에 따라 결정되는 상수이며, x_f와 x_p는 각각 분쇄 전후의 입자직경, S_f와 S_p는 각각 분쇄 전후의 비표면적(m^2/kg)이다.

(2) Kick의 법칙(1885)

Kick의 법칙은 기하학적으로 흡사한 두 가지 물체가 유사한 변형을 받을 때 필요한 에너지는 입자직경과는 무관하며 두 물체의 부피에 비례하고, 단위 질량당 일량은 분쇄비에 의해 결정된다는 것이다. 식 (2.1)을 $n=1$로 두고 적분한 것으로, 다음 식과 같다.

$$E = K_K \ln\left(\frac{x_f}{x_p}\right) \tag{2.3}$$

여기서 K_K는 상수이며, x_f와 x_p는 각각 분쇄 전후의 입자직경을 나타낸다.

(3) Bond의 이론

Bond(1952)는 모든 파쇄를 무한히 큰 입자(고체)가 입자직경이 제로인 무한개의 입자로 파쇄되는 도중의 현상으로 간주하여, 식 (2.1)을 $n=1.5$로 두고 적분하여 다음 식으로 나타내었다.[2]

$$E = K_B\left(\frac{1}{\sqrt{x_p}} - \frac{1}{\sqrt{x_f}}\right) \tag{2.4}$$

또한 Bond는 위의 식을 실용성 있는 다음 식으로 제안하였다.

$$W = W_i\left(\frac{10}{\sqrt{P_{80}}} - \frac{10}{\sqrt{F_{80}}}\right) \tag{2.5}$$

여기서 F_{80}(μm), P_{80}(μm)은 각각 분쇄 전후 80 % 통과 입자의 크기를 나타낸다. 즉, 분쇄에서 얻어지는 분체는 입자직경의 분포가 넓기 때문에, 대표하는 입자직경(80 % 통과 입자직경)을 사용하고 있다. Bond의 이론은 식 (2.5) 중의 W_i(kWh/ton)를 시료의 파쇄저항을 나타내는 Work index로 정의하고, 많은 시료에 대해 측정하여 얻어진 실험식이므로 널리 이용되고 있다.[3] Bond의 식은 현재 대부분의 분쇄기 설계에 적용되고 있으며, 특히 볼 밀이나 로드 밀에서 양호한 결과를 얻을 수 있는 것으로 보고되어 있다.[4]

2.2.3 분쇄기

분쇄는 분쇄된 입자의 입도에 따라 조분쇄(粗粉碎, 수 cm), 중분쇄(中粉碎, 수 mm~수백 μm), 미분쇄(微粉碎, 100 μm~수십 μm), 초미분쇄(超微粉碎, 수 μm~μm 이하)로 분류한다. 그러나 분쇄기의 원리는 입자의 크기와는 큰 관계가 없고, 오히려 여러 가지 힘을 병용하여 목적으로 하는 입도의 분말을 얻는 쪽으로 개발되어 있다.[5] 현재 도시광물에 특화된 분쇄기로는 슈레더(shredder) 등이 있으며, 나머지는 일반적으로 천연광석이나 암석, 기타 물질을 위한 파·분쇄기이지만, 도시광물의 파·분쇄에도 잘 활용되고 있다. 표 2.1에는 폐기물 처리에 이용되는 대표적인 분쇄 기구와 분쇄기, 주요 대상물 그리고 생성물의 입도를 종합하여 나타내었다.[6]

[표 2.1] 폐기물 처리에 이용되는 분쇄기와 대상물

분쇄 기구	주요 분쇄기*	주요 대상물	생성물 입도
압축	조 크러셔 롤 크러셔	경질의 대형 물질, 폐콘크리트 등	10 cm~100 μm
충격	해머 밀 임팩트 밀	유리, 기와, 대형 목제품	1 mm~10 μm
전단	기요틴 파쇄기 커터 밀	대형 폐기물, 목재, 전선, PCB 등	10 cm~1 cm
압축전단	롤 밀	광물, 복합 재료	1 mm~10 μm
충격전단	슈레더	다양한 고형 폐기물, 자동차 차체, 대형 가전 등	10 cm~1 mm
저온파쇄	해머 밀	플라스틱, 고무, 금속	1 mm~10 μm
기타	박리분쇄	복합 재료, 케이블(전선) 등	

큰 덩어리의 고체를 기계적으로 잘게 부수는 것을 분쇄라고 하는데, 큰 덩어리를 잘게 부수는 조작을 파쇄 또는 조분쇄, 미분을 만드는 조작을 분쇄로 구별하여 사용하기도 한다. 일반적으로 큰 원료를 미분말로 만드는 경우, 어떤 특정한 분쇄기 단 한 대로 분쇄의 목적을 달성할 수 없다. 설사 가능하다고 하여도 매우 비경제적인 방법이므로 단계적 분쇄를 반복하여야만 한다. 따라서 일반적으로는 그림 2.3과 같이 파쇄기(1차 파쇄), 중분쇄기(2차 파쇄), 미분쇄기(3차 파쇄) 순으로 사용하고 있다.[7]

이러한 파·분쇄기의 선택이나 설계를 위해서는 다음 조건들을 파악해야 한다.

① 어떤 재료를 파쇄할 것인가

② 시간당 얼마만큼을 파쇄할 것인가

③ 어떤 분쇄비(원료입도/제품입도)로 파쇄할 것인가

④ 어떤 입도 분포로 만들 것인가

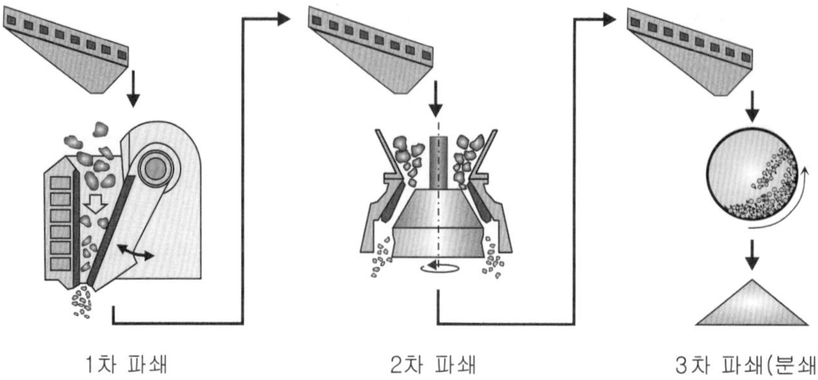

그림 2.3 전형적인 3단계 파쇄 공정도

이러한 정성적·정량적 평가에 따라 기종, 크기, 조작 조건을 설계하고 마지막으로 필요한 동력까지 결정하여야 한다. 이하 몇 가지 파·분쇄기의 특징에 대해서 알아본다.

(1) 1차 파쇄기

수십 cm의 원료를 십 수 cm 단위의 큰 입자로 파쇄할 때 사용하며, 대형의 원료를 1차적으로 파쇄할 때 적용한다. 그림 2.4에는 주로 1차 파쇄에 사용되는 조 크러셔(jaw crusher)와 자이로터리 크러셔(gyratory crusher, 선회운동 크러셔)의 모식도를 나타내었다.[8] 그 외에 콘 크러셔(cone crusher) 등을 사용하기도 한다. 이것을 다시 좀 더 작은 입자로 파쇄할 때는 2차 크러셔를 사용한다.

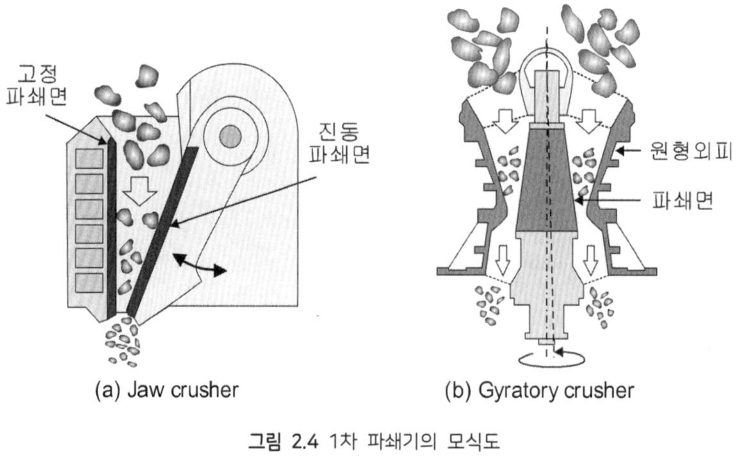

(a) Jaw crusher (b) Gyratory crusher

그림 2.4 1차 파쇄기의 모식도

(2) 중분쇄기(2차 파쇄기)

1차 파쇄기에서 나온 것을 더 작게 분쇄할 때 사용한다. 투입 입자는 주먹만 한 크기이며, 분쇄된 입자는 모래알 정도의 mm 단위가 보통이다. 종류로는 롤 크러셔, 임팩트 크러셔, 콘 크러셔, 해머 크러셔 등이 있으며, 그림 2.5에 모식도를 나타내었다.[8]

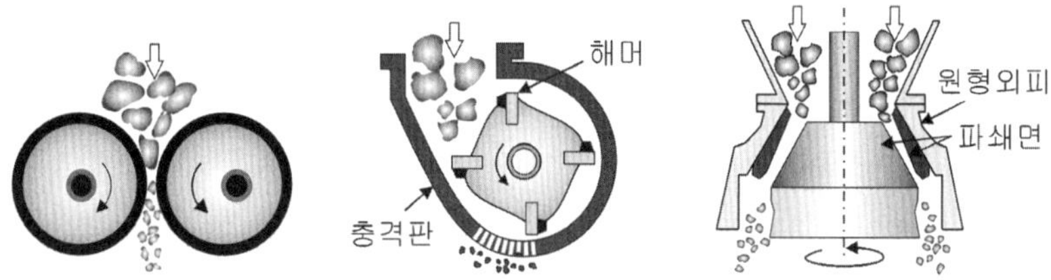

그림 2.5 2차 파쇄기의 모식도

(3) 미분쇄기(3차 파쇄기)

1, 2차 파쇄기에서 분쇄된 것을 더 잘게 분쇄할 때 사용한다. 투입 입자의 크기는 보통 밤톨 정도부터 모래알 정도까지이며, 분쇄된 입자의 크기는 보통 메시 단위(밀가루 정도) 수준이다. 종류로는 해머 밀, 로드 밀, 볼 밀, 레이몬드 밀, 버티칼 롤 밀, 핀 밀, 슈퍼 밀, 제트 밀, 코니칼 볼 밀, 진동 밀 등이 있다. 그림 2.6에는 볼 밀(ball mill)과 로드 밀(rod mill)의 모식도를 나타내었다. 볼 밀은 특수강이나 니켈판으로 내장된 원통 속에 여러 개의 강(steel)으로 만든 볼(강구)을 재료와 함께 넣어 회전시켜 강구 운동에 의한 충격으로 재료를 분쇄하는 장치이다. 로드 밀은 장치 내면의 길이보다 약간 짧은 강봉(steel rod)을 분쇄 매체로 사용하는 회전식 분쇄기이다. 거친 입자부터 선택적으로 분쇄하며, 입도(粒度)가 비교적 가지런한 분말을 얻을 수 있는 특징이 있다.

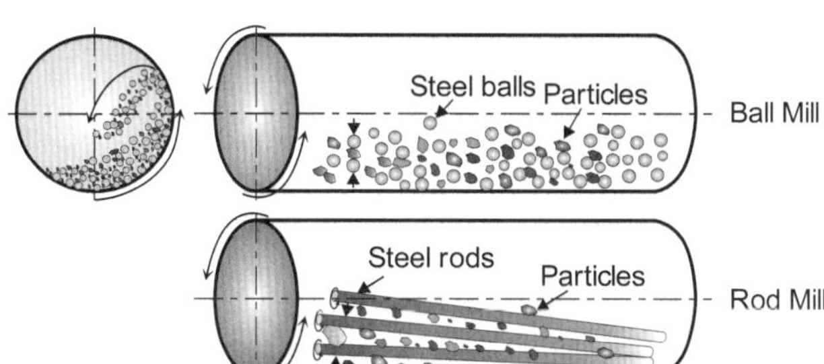

그림 2.6 볼 밀과 로드 밀의 모식도

미분쇄를 할 때 볼 밀과 유사한 교반형 볼 밀인 아트라이터(attritor, 마모 분쇄기)를 사용하기도 하는데, 그림 2.7에 아트라이터의 모식도와 사진을 나타내었다. 분쇄 탱크는 수냉하고 있으며, 내부의 교반기에 교반 날개가 부착되어 있고, 교반 매체로 steel ball이나 세라믹 ball 등을 사용할 수 있다. 특히 입도 분포가 매우 양호하고, 건·습식이 가능하며, 분쇄나 분산 속도가 볼 밀의 수십 배에 달하여 초경합금 스크랩의 분쇄에도 사용되고 있다.

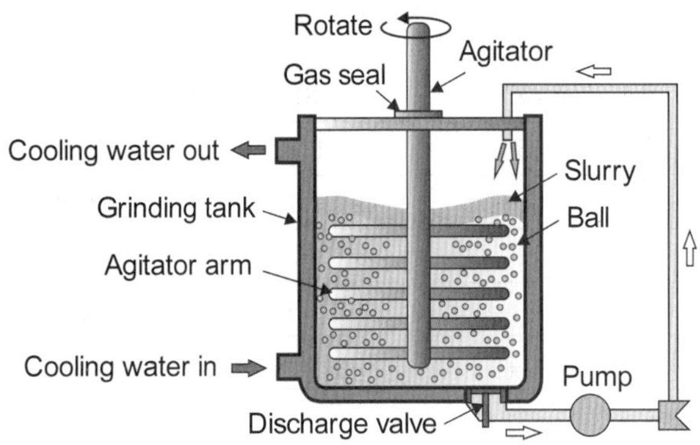

그림 2.7 교반형 볼 밀인 attritor의 모식도(좌)와 실제 장치 사진(우)

2.2.4 슈레더(Shredder)

슈레더는 금속이나 비금속(플라스틱, 고무 등 금속 이외의 것)이 혼용되어 있는 폐자동차와 대형 폐가전제품을 처리할 때 유용하게 사용되고 있다. 특히 철 이외에 비철금속, 비금속으로 구성되어 있는 복합 스크랩으로부터 유가물 회수 및 불순물 제거에 효과적이며, 대량 발생에 따른 대량 처리의 필요성에 따라 많이 보급되었다.

그림 2.8에는 슈레더의 모식도를 나타내었다. 금속 제품 중 박판으로 제작된 대형 폐기물을 고속으로 회전하는 원통형 드럼에 설치된 여러 개의 해머(날의 일종)로 주먹만 하게 파쇄한다. 파쇄된 것은 별도로 설치된 선별기(자력, 중력, 와전류 등)를 통해 철, 비철금속, 분진 등을 분리·회수한다.

특히 철 스크랩은 발생한 형태 그대로 제강에서 사용되는 경우는 거의 없으며, 대부분 구입 회사의 규격에 맞게 선별하고 가공하여야 하므로 자동차나 대형 가전제품은 일정수준까지 분해한 후에 슈레더에서 처리한다. 슈레더에서 처리한 것은 다시 프레스 가공기에

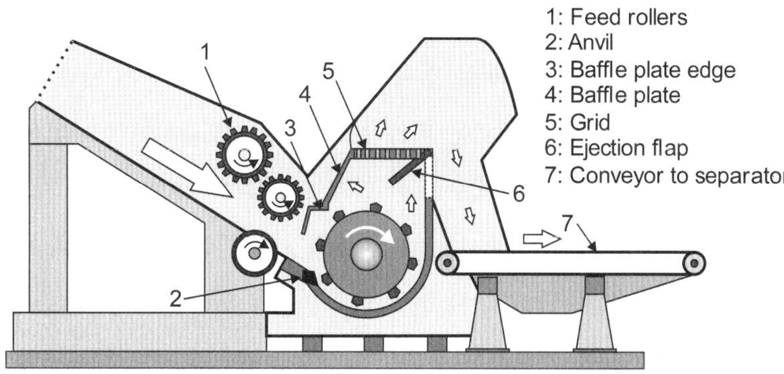

그림 2.8 슈레더의 단면 모식도

서 압축, 부피 감소, 압밀화를 한다. 그 외에도 철근이나 철도 레일과 같이 장대한 스크랩의 경우 절단 가공을 하기도 한다. 그러나 슈레더는 설치 비용이나 처리 과정에서 발생하는 더스트인 ASR(Automobile Shredder Residue) 처리 등이 문제점으로 남아 있다.

2.3 입자 크기별 분류(Size control)

파·분쇄한 입자를 크기별로 나누는 것을 분립(分粒, size control or sizing)이라 하며, 고체 입자를 두 가지 이상의 크기로 분리하는 것이다. 공업적인 분립에는 체질(screening)과 분급(classification) 두 가지가 있다. 일반적으로 체질이 분급보다 간단하고 정확하여 편리하게 사용하지만, 입자 크기가 작아지면 공업적인 체질이 불가능하다. 일반적으로 거친 체질은 10~20 mesh(1 mm 정도)이며, 입자 크기가 그 이하가 되면 분급을 하게 된다. 분급은 유압이나 공기에 의한 분리(hydraulic and air separation)이다.

2.3.1 체질(screening)

체질은 파·분쇄한 원료를 체(sieve) 면 위에 장입한 다음, 원료와 체 면에 상대적 운동을 가해 체 면 위에 남는 oversize의 것과 체 구멍(screen opening, screen aperture)을 통과하여 나오는 undersize의 것으로 나누는 분립 방법이다.

체질의 목적은 다음과 같다.

① 파쇄 산물의 최대 크기를 엄격하게 관리하여 능률을 올리기 위해 중분쇄기와 연결하여 폐회로(closed circuit) 파쇄를 함
② 과분쇄를 줄이고 처리량을 늘리기 위하여 파쇄기의 전 단계에서 미리 작은 입자를 분리해 냄(by-passing)
③ 분쇄회로에서 분쇄기의 산물을 분립하는 일의 일부를 맡아서 분급기의 대역을 함
④ 선별의 관점에서는 1~2 mm나 그 이상 크기의 원료를 중력 선별하는 경우, 원료를 적당한 크기의 여러 단계로 나누어 좁은 범위의 크기로 공급하여 선별 효율을 높이기 위함
⑤ 후속 공정에 알맞은 크기로 공급하기 위함

체의 처리 능력을 결정하는 요소로는 ① 체의 종류와 운동 방법, ② 체 면의 넓이와 경사, ③ 구멍의 크기, ④ 원료의 비중, ⑤ 입자 크기의 비율, ⑥ 수분과 원료의 함유율 및 온도 등이 있다.

체의 형상은 일반적으로 균일한 지름을 가진 강선을 정방형 구멍을 가지도록 만든 그물형의 것을 가장 효율적으로 사용하고 있다. 체 구멍의 크기는, 큰 것은 inch나 mm 등의 단위를 사용할 수 있으나 작은 것은 복잡하기 때문에 메시(mesh)를 사용한다. 메시는 1 inch 길이에 있는 사각형의 개수를 의미하며, 메시와 체 구멍 크기의 관계를 표 2.2에 나타내었다.

[표 2.2] 표준체의 mesh와 체 구멍 크기의 관계(Tyler Standard Sieve)

mesh	micron(μm)	mesh	micron(μm)	mesh	micron(μm)
$2^{1/2}$	8,000	14	1,180	80	180
3	6,700	16	1,000	100	150
$3^{1/2}$	5,600	20	850	115	125
4	4,750	24	710	150	106
5	4,000	28	600	170	90
6	3,350	32	500	200	75
7	2,800	35	425	250	63
8	2,360	42	355	270	53
9	2,000	48	300	325	45
10	1,700	60	250	400	38
12	1,400	65	212	500	25

2.3.2 분급(classification)

원래 분급은 입자를 성질별로 분류하는 것이지만, 일반적으로는 액체 매체 중을 이동하는 입자의 속도에 따라 크기별로 분리하는 것을 말한다. 분급기에는 입자 크기별로 나누는 것과, 입자 밀도에 따라 분리하는 비중 선별기가 있으나 기본적으로 같은 구조를 갖는 장치이다.[9]

건식 분급기에는 입자의 낙하 속도나 낙하 위치의 차이를 이용하는 중력 분급기와, 입자의 관성력을 이용하는 관성 분급기, 사이클론과 같은 원심분리기 등이 있다. 습식 분급기에도 슬러리 중에 있는 입자의 침강 속도 차이를 이용하는 중력 분급기와 액체 사이클론과 같은 원심분리기가 있다.

2.4 선별

2.4.1 선별법의 종류

자원 리사이클링 원료의 경우 목적금속이 다른 금속이나 비금속 물질과 혼합되어 있는 경우가 대부분이다. 따라서 이러한 원료를 파쇄하거나 분쇄한 후에 종류별로 선별할 필요가 있다. 그러나 선별 대상이 되는 고체 입자는 형상 등이 완전히 다른 것들로 이루어져 있으므로 기본적으로 선별은 불균일계의 분리 조작이다.

선별 방법은 목적성분을 분리·회수하기 위해 물리적 및 물리화학적 성질, 예를 들면 밀도, 경도, 자성, 도전율, 표면의 습윤성(젖음성) 등의 차이를 이용한다. 대표적인 선별 기술을 분류하면 표 2.3과 같다.

한편 전체 입도 범위에서 적용할 수 있는 선별법은 없으며, 이용하는 물성이나 장치, 대상물에 따라서 그 범위가 결정된다는 점에 주의하여야 한다. 따라서 공장을 설계할 때, 분쇄에 의해 얻어진 입도 분포가 넓은 분쇄물을 그대로 선별 공정에 제공하지 않도록, 사전에 분포가 좁은 분쇄물을 얻기 위한 분쇄 조건을 설정하거나 분쇄물의 입도를 조정할 필요가 있다.

[표 2.3] 대표적인 선별 기술

분류 1	분류 2	적용 예
(1) 수선별		
(2) 중력 선별	건식 중력 선별	풍력 선별, 지그재그 선별 유동층 선별, 사이클론 선별
	습식 중력 선별	수력 선별, 지그(jig) 선별, 테이블 선별
	중액 선별	
	자성유체 선별	
(3) 자력 선별	건식 자력 선별	
	습식 자력 선별	
	고자력 선별	
	습식 고자력·고구배 선별	
(4) 전기적 선별	와전류 선별	리니어모터 방식 선별, 영구자석 방식 선별, 드럼 방식 선별
	정전기 선별	정전기 선별, 코로나 방전형 선별, 혼합형 선별, 마찰 대전형 선별
(5) 광학적 선별		
(6) X-선 이용 선별		
(7) 부유 선별		

2.4.2 주요 선별 기술

선별 기술은 표 2.3과 같이 여러 종류가 있으나 리사이클링에서 많이 사용하는 몇 가지 기술에 대해 설명한다.

(1) 수선별(hand picking)

조파쇄한 것이나 슈레더로 잘게 부순 대상물의 색상이나 외관, 광택 등의 차이를 육안으로 관찰하여 사람의 손으로 분류하는 작업을 수선별이라 한다. 원시적인 방법이지만 리사이클링에서 유용하게 이용되고 있다. 다만 중량물에는 적용할 수 없고, 처리 능력이 낮다는 단점이 있다. 그림 2.9는 실제 리사이클링 공정에서 수선별하는 모습을 보여 준다. 슈레더 등으로 파쇄한 고형물을 컨베이어 벨트에 올려서 수송하는 도중에 작업자들이 종류별로 선별하여 배출하고 있다. 최근에는 색도 인식 장치 등을 이용하여 자동으로 선별하는 방법이 실용화되어 있다.

그림 2.9 일본 아오모리의 Seinan Syouji(靑南商事)에서의 수선별

(2) 중력 선별(gravity separation)

유체 중에서 밀도가 다른 입자에 중력과 같은 외력을 작용시키면 밀도 차이가 있는 입자들은 서로 다른 운동을 한다. 이러한 원리에 따라 물질별로 선별하는 것을 중력 선별이라 한다. 특히 선별하고자 하는 물질(입자) 사이에 다음 식과 같이 충분한 밀도 차이가 있으면 이에 따른 대상물의 낙하 속도 차이를 이용하여 선별할 수 있다.

$$\mathrm{Gr} = \left| \frac{\rho_{\mathrm{heavy}} - \rho_{\mathrm{fluid}}}{\rho_{\mathrm{light}} - \rho_{\mathrm{fluid}}} \right| > 2.5 \tag{2.6}$$

다만 효과적인 선별을 위해서는 입도 분포를 제어할 필요가 있다.

그림 2.10(a)에 관성 중력 선별기(inertia gravity)의 원리를 나타내었다.[10] 회전 로터(rotor)로 고형 폐기물을 날려서 거리에 따라 종류별로 선별하는 방법이다. 물을 매체로 사용하여 분리할 때는 밀도 차이가 1 이상이면 중력 선별이 가능하다. 중력 선별의 적용 입도는 조립의 경우 2~20 mm, 세립의 경우 200 mesh 정도이고, 중액 선별에서는 8~50 mm 정도이다. 풍력 선별은 측면이나 하부에서 바람을 불어서 가벼운 물질을 날려 보내는 방법으로, 그림 2.10(b)에 지그재그(zigzag) 선별기를 나타내었다.[11] 물을 사용하지 않기 때문에 폐수 처리와 건조가 필요 없는 장점이 있으나, 송풍기 등의 에너지 소비량이 크고 선별 정밀도가 낮은 단점이 있다.

유동층 선별은 원통형 용기 하부의 다공판으로부터 상승하는 공기류나 진동에 의해 유동화된 분립체 층을 만들어 선별하는 방법이며, 원심력을 이용한 사이클론 분급기 등도 있다.

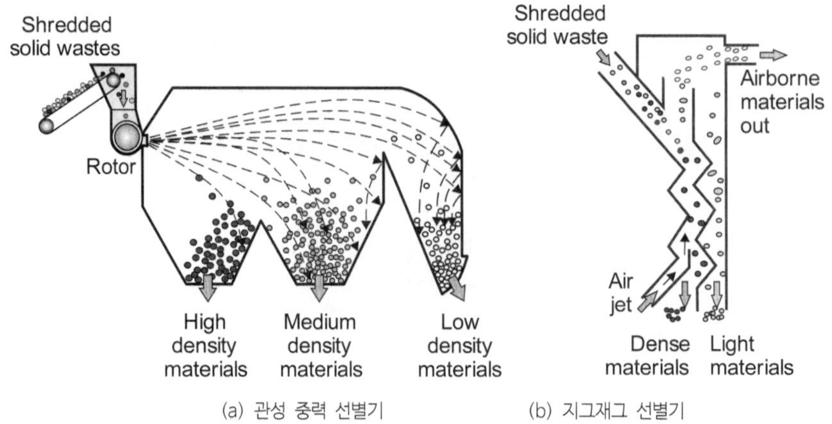

그림 2.10 관성 중력 선별기와 지그재그(zigzag) 선별기의 원리

(3) 자력 선별(magnetic separation)

자력 선별은 자성 물질과 비자성 물질의 자성 차이를 이용하는 것이며, 단순하면서도 효과적인 분리 기술 중 하나로 오늘날 가장 보편적인 선별 기술의 하나가 되었다. 재활용 분야에서 자력 선별기는 제련 슬래그에서 철의 농축이나 폐건전지 및 폐전자 제품 재활용 시 철분의 회수, 폐플라스틱 재활용을 위한 품위 향상, 고철 집하장에서 철 스크랩의 분리, 부산물 중의 자성 불순물을 제거하는 공정 등에 폭넓게 사용되고 있다.

자기장 내에서 입자는 입자물질의 고유 특성에 따라 자석과의 인력 혹은 척력이 작용하며, 입자물질은 자기장의 영향을 받아 자화된다. 자력 선별은 식 (2.7)에 나타낸 물질의 자화율(S, magnetic susceptibility) 차이를 이용하는 것이다.

$$S = \frac{M}{H} \tag{2.7}$$

여기서 M은 물질이 외부 자기장에 의해 자화되는 정도인 자화세기(intensity of magnetization)이며, 단위면적에서 1 V의 기전력을 1초 동안 발생시키는 자속의 변화량으로, 단위는 T(Tesla, Wb/m^2)이다. H(A/m)는 외부 자기장 세기(magnetic field strength)이다. 물질에 따라 자화율 S가 다르며, 자화율에 따라 강자성(強磁性, ferromagnetism),* 상자성(常磁性, paramagnetism)† 및 반자성(反磁性, diamagnetism)‡체로 구분할 수 있다.

* 강자성(ferromagnetism): 물질에 외부 자기장이 가해지지 않은 상태에서도 스스로 자화되어 자석이 될 수 있는 성질. 강자성 물질은 철산화물인 페라이트, 크롬산화물을 비롯하여 단일 원소로 이루어진 철(Fe), 코발트(Co), 니켈(Ni)이나 희토류원소인 가돌리니움(Gd), 디스프로슘(Dy) 등 그 종류가 다양하다.

자화율이 매우 작은 수치(보통 1 이하)로 음의 값을 보이면 반자성체이다.[12]

자력 선별기는 혼합 금속류에서 철 스크랩을 분리하는 조립자용과, 3 mm 이하의 미립 강자성체를 농축하기 위한 미립자용으로 구분된다. 또 표 2.3에 나타낸 것처럼 자력의 세기에 따라 저자력과 고자력 선별기, 사용하는 매질에 따라 건식과 습식 선별기로 구분하고 있다. 그림 2.11에는 리사이클링에 많이 사용하고 있는 자력 선별기의 원리와 구조를 나타내었다.[13, 14]

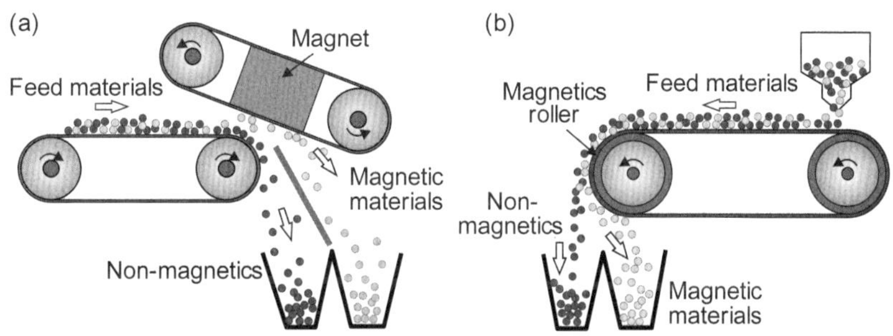

그림 2.11 자력 선별기의 원리와 구조

한편 철 스크랩용 습식 자력 선별기는 영구자석이나 전자석을 사용한다. 영구자석 습식 자력 선별기에서는 영구자석이 고정되어 있고, 선별할 물질들이 유체와 함께 영구자석을 통과하는 방식으로 되어 있다. 이 방식은 영구자석을 통과하는 물질 내의 철 스크랩 농도가 낮을 때 사용한다.[12]

(4) 와전류 선별(eddy current separation)

와전류 선별은 전기적 선별 방법의 일종으로, 물질 자체의 특성인 전기 전도성을 이용하는 것이며, 물질에 따라 와전류의 크기가 서로 다른 성질을 이용하여 물질을 분리하는 방법이다. 도체에 변화자계를 작용시키면 전자유도에 의해 그 물질 중에 와전류가 발생하

---

† 상자성(paramagnetism): 외부에서 자기장을 걸어 주면 자화되어 자석처럼 되었다가 외부 자기장을 제거하면 자성이 사라지는 자기적 성질. 상자성 물질에는 나트륨 등 알칼리 금속, 알루미늄, 주석, 이리듐 등이나 백금 등의 귀금속이 있으며, 공기나 액체산소 등도 상자성을 나타낸다

‡ 반자성(diamagnetism): 외부 자기장에 반대되는 방향으로 약한 자화가 형성되는 자성의 한 종류로서, 거의 모든 물질이 이 같은 반응을 나타낸다.

며, 작용시킨 변화자계와의 사이에 반발력이 발생한다. 이 반발력(F)의 크기는 다음 식과 같이 나타낸다.

$$F = \frac{1}{2} m \frac{\sigma}{\rho} S \left(\frac{B}{h} \right)^2 Q \cdot v_x \tag{2.8}$$

여기서 m은 입자 질량, σ는 전기전도도, ρ는 밀도, S는 입자의 형상계수, I는 자기장 강도, h는 자석과의 거리, v_x는 입자와 자석 사이의 상대속도, 그리고 Q는 장치계수(상수)를 나타낸다. 따라서 반발력 F는 σ/ρ에 비례한다. 표 2.4에는 주요 금속의 전기전도도, 밀도 및 σ/ρ를 나타내었다.

이 와전류의 크기는 물질의 전기 전도성에 의해 결정되므로 전기전도도($\Omega^{-1} \cdot m^{-1}$)가 다른 물질을 분리할 수 있다. 특히 플라스틱류나 유리 등은 σ/ρ 값이 거의 0에 가까우므로 기본적으로 금속과 비금속의 분리는 물론, 혼합된 금속의 상호분리도 가능하다. 특히 와전류의 반발력은 비자성 금속의 종류에 따라 결정되므로 낙하 위치도 각각 미묘하게 달라서 강력한 자석을 이용하면 동, 알루미늄, 아연 등의 비자성 금속을 종류별로 선별할 수 있다.

[표 2.4] 주요 금속의 전기전도도, 밀도 및 σ/ρ

Material	Conductivity σ (S/m)/10^6	Density ρ (g/cm^3)	σ/ρ
Lithium(Li)	10.8	0.535	20.19
Aluminium(Al)	37.7	2.7	13.96
Magnesium(Mg)	22.5	1.74	12.93
Copper(Cu)	59.6	8.94	6.67
Silver(Ag)	63	10.5	6.00
Zinc(Zn)	16.9	7	2.41
Gold(Au)	41	19.32	2.12
Tin(Sn)	9.17	7.31	1.25
Tungsten(W)	17.9	19.3	0.93
Titanium(Ti)	2.38	4.54	0.52
Platinum(Pt)	9.43	21.45	0.44
Lead(Pb)	4.55	11.34	0.40
Nichrome(NiCr)	0.67	8.4	0.08
Germanium(Ge)	2.17×10^{-6}	5.323	4.08×10^{-7}
Silicon(Si)	1.56×10^{-9}	2.33	6.70×10^{-10}

와전류 선별기에서 와전류를 발생시키기 위해서는 기본적으로 자계나 선별 대상물의 위치가 시간적·공간적으로 변화되어야 하므로 이에 따라 여러 가지 선별 방식이 있다. 최초로 고안된 것은 경사판식 선별기이며, 직교형 벨트 컨베이어식, 회전원통식, 회전자석식 등이 있다. 그림 2.12에는 이러한 선별기의 원리와 구조를 나타내었다. 그림 2.12(d)의 자석이 들어 있는 회전 드럼을 사용하는 경우 자력 선별기와 형상이 동일하다. 예를 들어 폐기물 중 자성이 있는 철은 드럼 부분에 오게 되면 자석에 흡착된 상태로 이동하고, 비자성의 플라스틱이나 고무 등은 중력에 의해 수직으로 낙하한다. 그러나 동, 알루미늄, 아연 등의 비자성 금속은 낙하할 때 자석의 자계 작용에 의한 와전류가 발생하여 수평 방향으로 반발력이 작용한다. 반발력을 높이기 위해 자석의 극을 교대로 배치하고 드럼을 고속으로 회전시키면 이때 발생한 반발력에 의해 동, 알루미늄, 아연 등 비자성 금속은 튕겨 나가는 것처럼 수직 방향을 벗어나 낙하하므로 철, 플라스틱, 고무 등과 분리할 수 있다.

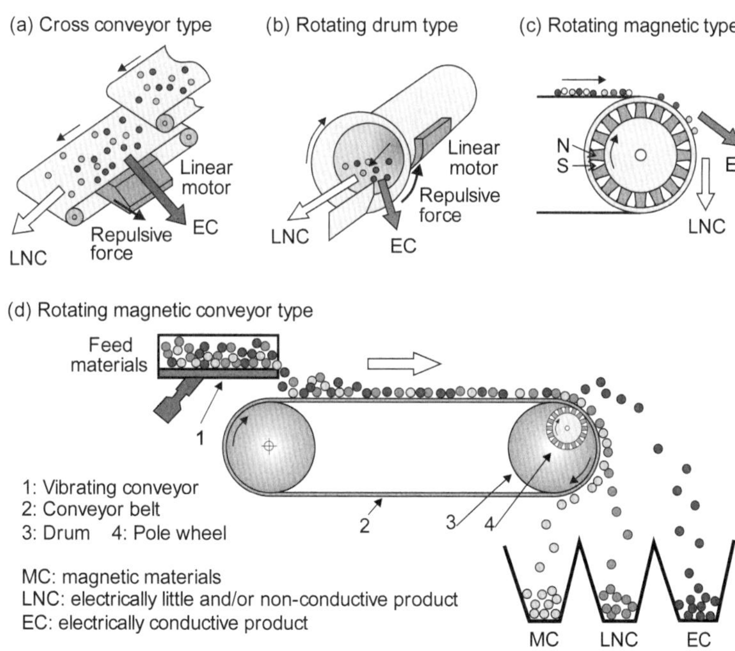

그림 2.12 와전류 선별기의 종류별 원리와 구조

와전류 선별에서는 강자성체가 혼입되면 장치에 부착될 뿐만 아니라 자계 변화가 큰 장치에서는 고열이 발생하므로 이러한 물질은 사전에 자력 선별 등으로 제거하여야 한다.

그리고 자력 선별할 수 있는 입자의 최소 크기는 5 mm 정도이지만 강력한 영구자석을 개발하면 보다 세립에도 적용할 수 있을 것이다.

(5) 정전기 선별(electrostatic separation)

정전기 선별도 와전류 선별과 마찬가지로 전기적 선별 방법의 한 가지이지만 표면물성으로서의 전기 전도성을 이용하는 것이다. 선별 대상인 입자를 수만 볼트의 높은 전기장(electric field) 내에서 하전(荷電, electrification, electric charge)*시켜 전기장 내에서의 정전기적 성질, 주로 방전특성의 차이를 이용하여 물질을 분리하는 방법이다. 입자를 정전기장 내에 두면 그 입자에 작용하는 전기적인 힘은 입자의 하전량과 전기장 강도의 곱으로 주어진다. 정전기 선별의 기본은 이 힘의 차이를 이용하는 것이다. 반경 r의 하전입자에 작용하는 정전기력은 하전량과 전기장의 강도에 비례하므로, 하전량의 비로 정의되는 다음의 파라미터가 분리의 지표가 된다.

$$\alpha_E = \left(\frac{q_A}{q_B}\right)^m \tag{2.9}$$

여기서 q_i는 하전량이며, 전기장 E_0의 코로나 방전에 의해 하전된 경우 다음과 같다.

$$q = \epsilon_0 E_0 \left[\frac{3\epsilon_s}{\epsilon_s + 2}\right]\pi r^2 \tag{2.10}$$

여기서 ϵ_0는 진공 중에서의 유전율(permittivity)†이며, ϵ_s는 물질의 유전율이다. 또 첨자 m은 스토크 영역에서는 1, 뉴턴 영역에서는 1/2이며, α_E의 하전량 의존성으로부터 정전분리는 미립자에서 유효하다. 또 마찰대전을 이용하면 유전율이 큰 플라스틱류의 상호분리도 가능하다.

입자를 하전시키는 방법은 정전유도, 이온·전자 등의 입자 충돌, 마찰전기, 집전효과, 광전효과 이용 등 여러 가지가 있으나, 일반적으로 정전유도나 마찰전기를 이용한다. 실용화되어 있는 정전기 선별기는 입자의 하전 방법에 따라 정전·코로나 방전 병용식과 마찰하전식 두 가지로 분류되는데, 그림 2.13에 이러한 정전기 선별기의 개요를 나타내었다.[15]

---

* 하전(荷電, electrification, electric charge): 어떤 물체가 전기를 띠는 현상.
† 유전율(permittivity): 유전체에 전기장이 작용하면 안에서 전하의 변위가 일어나 내부의 전기장이 강화되는데, 이 내부 전기장의 세기(전기 변위라 한다)와 가해진 전기장의 세기의 비율을 나타내는 양.

정전·코로나 방전 병용식(a)은 회전하는 실린더 모양의 접지 롤(접지전극, 회전드럼전극)과 평행하게 봉상의 정전 전극과 침상의 코로나 전극이 세트로 되어 있으며, 이 두 전극 사이에 정전기장과 코로나 방전장이 형성된다. 양도체 입자는 접지전극 롤(grounded rotating roll electrode)에서 정전 전극측(static electrode)으로 튀어나가고, 불량도체 입자는 접지 롤에 부착되었다가 브러시에 의해 낙하한다.

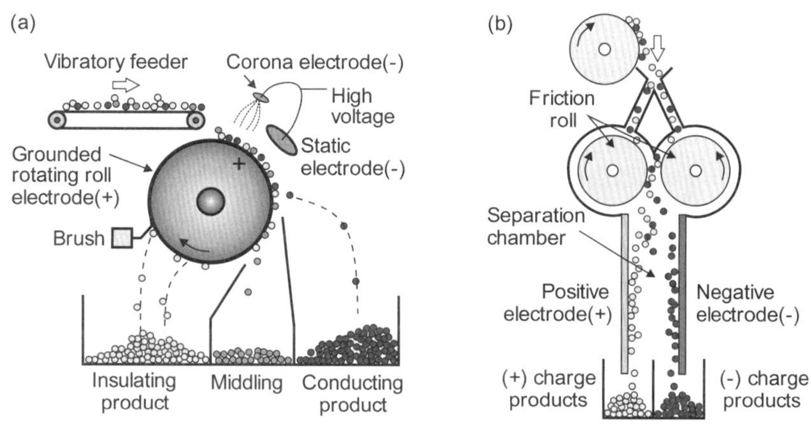

그림 2.13 정전기 선별기의 원리와 구조. (a) 정전·코로나 방전 병용식, (b) 마찰 하전식

마찰 하전식(b)은 입자를 하전시킬 때 마찰을 이용하는 방식이다. 공급된 입자는 부도체로 만들어진 마찰 롤을 통과할 때 물질에 따라 다른 부호로 하전되어 아래쪽의 전기장 내에서 각각 다른 부호의 전극에 흡입되어 분리된다. 이 방법은 목적으로 하는 성분을 얼마만큼 선택적으로 충분히 하전시키느냐가 중요하므로 여러 가지 방법들이 고안되어 있다.

(6) 광학적 선별

광학적 선별법은 사람의 육안으로 식별하여 수선별하는 작업을 광학적 수단에 의해 자동적으로 판단하는 방법이다. 물체로부터 가시광(visible light, 400~700 nm)의 반사광이나 투과광을 CCD(Charge Coupled Device)* 등의 이미지 센서로 검지하여 물체의 명도, 채도,

* CCD(Charge coupled device): 렌즈에 들어온 빛을 전하로 변환시켜 이미지를 얻어 내는 장치.

색상, 크기, 기하학적 형상 등의 차이를 식별하여 선별한다. 색채의 차이를 검지하는 color sorter는 폐자동차나 폐가전을 파쇄 처리한 리사이클링 원료에 혼합되어 있는 구리 합금과 기타 금속(납, 아연 등의 회색 금속)의 선별이나 색채가 다른 광물의 선별에도 이용된다.

(7) 형광 X-선 및 투과 X-선 선별

X-선(0.001~80 nm)을 물체에 조사할 때의 투과율(X-ray transmittance)은 물질의 밀도에 따라 다르므로, X-선 투과율의 차이를 검지하면 물체의 두께나 내부 구조 등을 분석할 수 있다. 따라서 투과 X-선 선별법은 물체 표면의 오염이나 도장의 영향을 받지 않고 물체를 선별할 수 있는 장점이 있다. 특히 단체로 분리되어 있지 않은 물체의 검지가 가능하지만, 부정형 물체에 대해서는 별도의 처리가 필요하다.

한편 X-선을 물체에 조사할 때 발생하는 형광 X-선(X-ray fluorescence)을 분광하여 물체 표면 근방에 존재하는 원소를 정성·정량하는 것이 형광 X-선 분석이며, 그림 2.14에 X-선 선별기의 모식도를 나타내었다. 투과 X-선 선별기보다 사용하는 X-선 원의 출력이 작으므로 장치의 동력은 작으나 측정하는 데 시간이 걸려 처리 속도가 느려서 1 m/s 정도의 벨트 스피드로 처리하고 있다. 또 표면 분석이므로 선별 대상물의 오염이나 도장의 영향을 받을 수 있다. 형광 X-선 선별기는 원소 분석에 기초한 식별이므로 혼합 금속의 선별이 가능하다. 특히 미량으로 함유된 첨가 원소의 함유량을 검지할 수 있으므로 구리 합금이나 알루미늄 합금별로 선별할 수 있다.

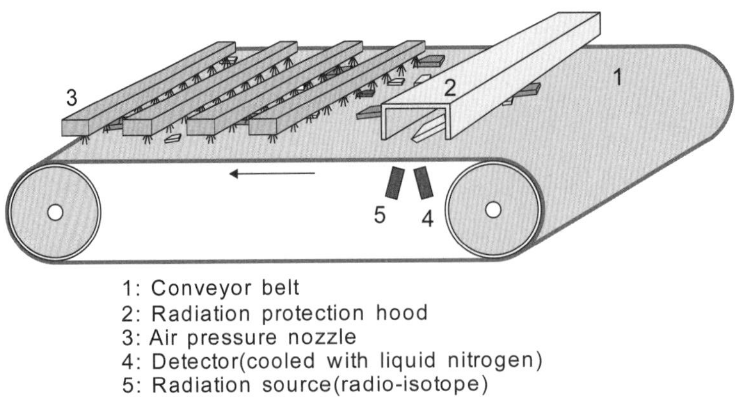

그림 2.14 X-선을 이용한 자동 선별기의 모식도

(8) 부유 선별(flotation)

부유 선별은 천연광석의 선광에서 많이 사용하는 방법이지만, 자원 리사이클링에서도 공정 부산물 중의 유가물 분리에 활용하기도 한다. 그림 2.15에는 부유 선별기의 모식도를 나타내었다. 부산물 중에 함유되어 있는 유가물들 사이에 습윤성(濕潤性, wettability) 차이가 크거나, 적당한 처리로 차이를 줄 수 있으면 특정한 성분이나 물질만 기포에 부착시켜 부상·분리할 수 있다. 대표적으로 철강제련에서 고로 부산물인 고로 슬러지 중의 탄소와 철산화물 또는 아연 산화물(일부는 황화물)을 부유 선별로 분리하기도 한다.

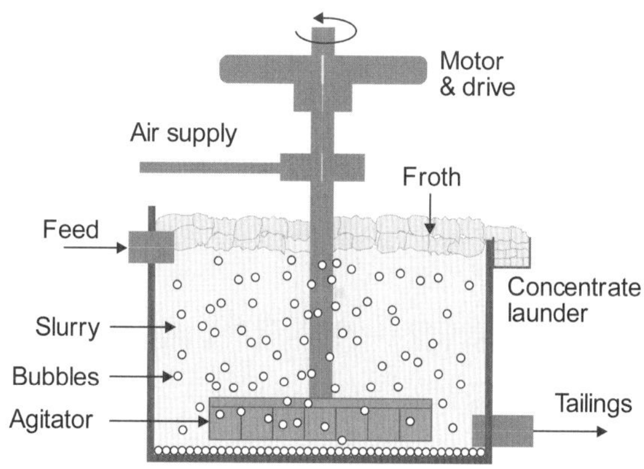

그림 2.15 부유 선별기의 원리와 구조

2.5 성형·조립

원료의 선별을 위해 분쇄한 경우 취급이 쉽도록 성형·조립(造粒, granulation)을 하고 있다. 특히 성형·조립을 하면 취급이 곤란한 미분말의 성상을 개선(유동특성 개선, 배출특성 개선, 편석 방지, 친수성이나 분산성 향상, 용해성 제어, 겉보기 밀도 개선, 작업환경 개선, 분진 폭발 방지 등)할 수 있다. 각종 산업에서 성형·조립하는 목적은 다음과 같다.[16]

① 최종 제품의 사용 조건에 알맞은 조립물의 형태를 만들기 위한 직접적인 목적
② 중간 공정에서 조립물을 만들어 고체 처리를 쉽게 하기 위한 간접적인 목적

조립 기구는 크게 셀프 조립과 강제 조립으로 구분하고 있다. 셀프 조립은 전동(진동이나 혼합 등), 유동층(분류층), 교반혼합 등에 의한 것으로, 재료 자체가 원하는 응집(피복)

조립의 상태가 될 때까지 장치 내에 체류시켜야 한다. 이때 분체의 응집에 적절한 바인더(전분, 벤토나이트 등)의 첨가가 필요하고, 고체-액체-기체의 응집·부착 현상이나 화학 반응에 관련한 장치의 조작설계가 필요하다. 강제 조립은 압출, 압축, 해쇄, 분사 등에 의한 조립으로 다이스, 몰드, 롤, 블레이드, 노즐 등을 이용하는 기계적인 요인에 따른 재료의 역학적 거동이 주체가 된다.

이하 몇 가지 리사이클링 공정에서 적용하고 있는 조립법에 대하여 알아본다.

2.5.1 단광(briquetting)

단광법은 분말 원료에 적당한 수분과 점결제를 첨가하여 압축 성형하는 것으로, 그림 2.16에 단광장치의 작동 원리를 모식적으로 나타내었다. 그림에서와 같이 요(凹)면을 가진 2개의 roll을 반대 방향으로 회전시키는 롤 프레스(roll press)가 많이 이용된다. 점결제로는 소석회, 벤토나이트(bentonite), 시멘트, 아황산 폐액, 황산염 수용액, 당밀, 전분 등 공정에 적합하면서도 얻기 쉬운 것을 이용한다. 1,000 K 가까운 고온의 분말 원료를 롤 프레스에서 단광으로 만드는 hot briquetting법도 실시하고 있다.

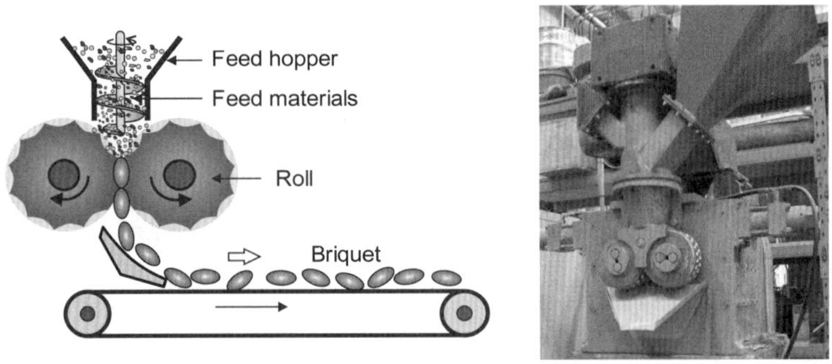

그림 2.16 브리케팅기의 모식도(좌)와 실험용 브리케팅기(우)

2.5.2 펠레타이징(pelletizing)

펠레타이징은 미분의 원료에 적당한 수분, 경우에 따라서는 점결제를 첨가하여 펠레타이저(pelletizer) 중에서 운동시켜 성형·조립하는 방법이다. 펠레타이저 중에서는 운동하는 입자 사이에 있는 수분의 모세관 현상에 의해 생기는 수막의 표면장력으로 분말 입자가 서로 부착·응집하고, 진동에 의해 서서히 단단하게 성장하여 구상으로 된다.

펠레타이저는 회전 원통형과 원반형이 있다. 전자는 회전로와 마찬가지로 약간 경사져서 회전하는 긴 원통의 한쪽 끝에서 원료를 공급하면 그것이 원통 내를 구르면서 떨어져 성장하고, 다른 한쪽 끝으로 배출된다. 이 방법은 조작이 간단하지만 펠릿이 일정하지 않아서 강도가 약하게 되는 경향이 있다.

원반형 펠레타이저는 그림 2.17처럼 경사진 얕은 회전 원반에서 장입된 원료가 원반의 회전에 따라 낙하 운동에 의한 와상(渦狀, 소용돌이처럼 빙빙 도는 형태) 운동을 반복하면서 서서히 성장한다. 성장한 펠릿은 움직이기 쉬우므로 상층으로 옮겨 가고 급광량에 상당하는 양만 원반의 가장자리에서 넘쳐서 배출된다. 이와 같이 원반형은 분급 효과가 있으므로 회전 원통형보다도 일정한 크기의 펠릿이 얻어진다. 수분, 급광량, 원반의 각도, 회전수 등을 변화시켜 펠릿의 크기를 일정 범위 내에서 선택할 수 있다. 소성은 연속식의 DL식 소결기와 같은 평형로나 견형로 혹은 회전로 등을 이용하고 있다.

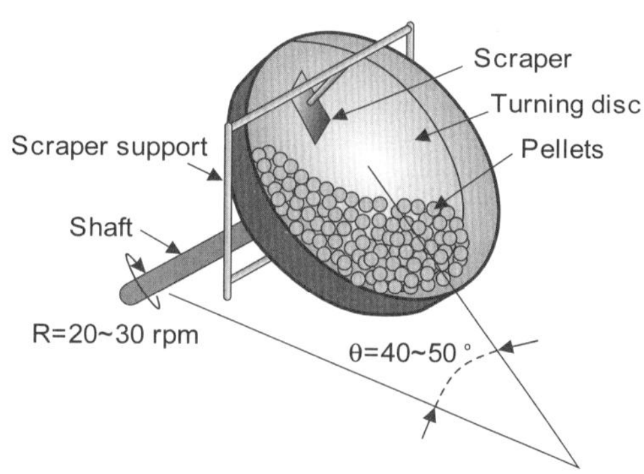

그림 2.17 원반형 펠레타이저의 모식도

2.5.3 소결(sintering)

소결(燒結, sintering)은 분말 원료의 조성에 따라서 CaO, SiO_2 등 적당한 용제(flux), 분말 코크스 등의 연료와 수분을 첨가하여 잘 혼합하고, 화격자(fire grate)상에서 원료층에 점화하고, 통풍에 의해 연소시켜 원료를 구워서 단단하게 하는 방법이다. 연소는 착화한 원료층의 상단으로부터 아래쪽으로 향하여 진행하고, 미연소 부분은 고온의 가스에 의해 건조 예열되며, 일부 용융한 연소 완료 부분은 통풍에 의해 냉각된다. 그림 2.18에는 소결기와 소결 진행 과정을 모식적으로 나타내었다. 소결기에는 그리나월트 소결기(Greenawalt sintering machine)와 연속식의 DL식 소결기(Dwight-Lloyd sintering machine, traveling grate라고도 함) 등이 있다.

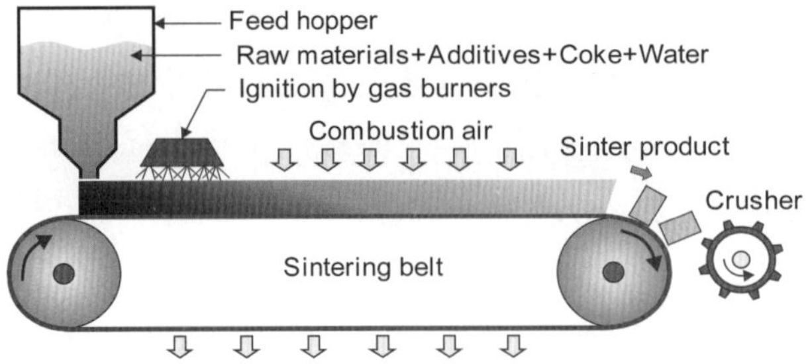

그림 2.18 소결기와 소결 진행 과정의 모식도

2.6 원료의 건조와 하소

습식으로 원료를 파·분쇄한 경우와 같이 원료가 수분을 함유하고 있을 때는 건식 처리 공정에 이용되는 열에너지를 절감하고 운반이나 취급이 쉽도록 하거나, 수분에 의한 반응성 저하를 방지하기 위해 건조(drying)를 한다. 특히 제조 공정에서 발생하는 더스트 등을 습식으로 집진한 경우 오니상으로 발생하므로 다량으로 함유된 수분은 필터프레스 등으로 제거한 후에 필요에 따라서는 건조를 하여야 한다. 또 부착된 오염물질(기름 등)을 제거하기 위해 세척한 경우에도 건조가 필요하다.

건조 장치로는 로터리 킬른과 동일한 형태의 회전 건조기(rotary dryer), 유동층 건조기 등을 많이 사용하고 있다. 만능 건조기는 존재하지 않으므로 원료의 특성이나 건조 목적에 적합한 건조기를 선택하여야 할 것이다. 그림 2.19에는 로터리 킬른과 유동층 건조기의 모식도를 나타내었다.

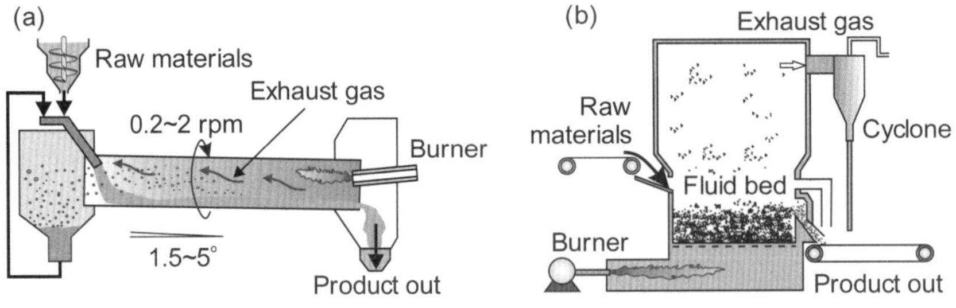

그림 2.19 Rotary kiln(a)과 유동층 건조기(b)의 모식도

하소(煆燒, calcination)는 단순히 부착 수분을 제거하는 건조보다 높은 온도에서 수화물이나 결정수처럼 화학적으로 결합되어 있는 수분을 제거하는 조작이다. 또 수산화물이나 황산염, 탄산염 등을 가열 분해하여 화학적으로 결합되어 있는 가스 성분을 제거하는 조작이다. 일반적으로 부착 수분은 200 ℃ 이하에서 제거되지만, 탄산염은 600~800 ℃, 또 황산염 등은 600~1,000 ℃에서 하소에 의해 가스 성분이 제거된다

하소를 하는 목적은 원료 중에 함유되어 있는 불필요한 성분을 미리 제거하여 에너지를 절감하고, 후속 공정에 적합한 특성을 부여함과 동시에 발생하는 가스에 의한 불필요한 희석을 피하여 반응 효율을 높이기 위한 것이다. 예로서 탈수 공정은 다음과 같은 반응에 의해 일어난다.

$$FeSO_4 \cdot 7H_2O = FeSO_4 \cdot H_2O + 6H_2O \tag{2.11}$$

$$Al_2O_3 \cdot 3H_2O \xrightarrow{225\ ℃} Al_2O_3 \cdot H_2O \xrightarrow{500\ ℃} \gamma - Al_2O_3 \xrightarrow{950-1200\ ℃} \alpha - Al_2O_3 \tag{2.12}$$

한편 탄산염의 하소 반응은 다음과 같다.

$$MeCO_3 = MeO + CO_2 \tag{2.13}$$

그림 2.20에는 몇 가지 탄산염의 해리에 대한 $\log p_{CO_2}$와 $1/T$의 관계를 나타내었다. 그림에서 각 직선의 좌하측에서는 탄산염의 해리가 진행되고, 우상측에서는 탄산염이 안정하게 존재한다. 평형론적으로는 해리압이 대기 중의 CO_2압(3×10^{-4} atm)보다 크면 해리

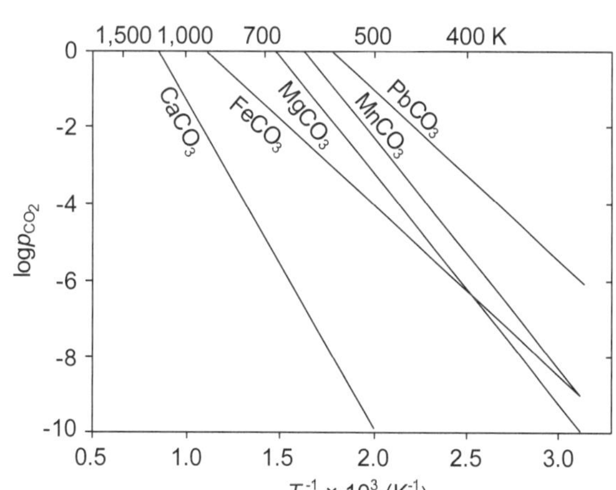

그림 2.20 몇 가지 탄산염의 해리압

반응이 진행되지만 실제로는 대기압의 1/10 정도에서도 느리게 진행되고, 공업적으로 충분한 속도로 해리를 진행하기 위해서는 대기압 이상의 해리압이 필요하다. 탄산염의 분해온도는 해리되어 나온 CO_2 가스 압력이 1 atm이 되는 온도를 의미한다. 하소 반응에 사용되는 노는 건조로와 유사하며, 직접 가열식 회전로, 간접 가열식 회전로, 수직형 킬른, 유동층 하소로 등이 있다.[17]

2.7 배소

배소(焙燒, roasting)는 원료를 후속하는 건식이나 습식 처리에 적합하도록 화학적·물리적 특성을 부여하기 위해 가열하는 조작이다. 따라서 건조나 하소와는 달리 배소를 하면 원료의 화학 조성이 바뀐다. 이때 어떤 원소는 여러 가지 화합물이나 가스상이 되어 제거된다.

배소는 일반적으로 원료가 용융하지 않을 정도의 온도를 선택한다. 따라서 배소 반응은 반응 기체와 고체 원료 사이의 기체-고체 반응인 불균일 반응이며, 노의 분위기가 큰 영향을 미친다. 배소 반응에는 노의 분위기에 따라 산화 배소, 황산화 배소, 염화 배소, 환원 배소 등이 있다. 특히 황화물을 환원에 적합한 산화물로 바꾸는 것을 산화 배소, 혹은 S를 제거하므로 탈황 배소라 부른다. 또 산화물 등을 휘발제련하기 위하여 황화물로 바꾸는 황화 배소를 하기도 한다.

특히 리사이클링 원료를 습식으로 처리하기 위한 전처리로서, 수용성 화합물로 바꾸기 위해 황산화 배소, 할로겐화 배소, 소다 배소 등을 한다. 또 폐탈황촉매와 같이 유황 성분이 많은 경우 산화 배소에 의해 S를 미리 제거하기도 한다. 그리고 특정 성분의 분리나 불순물 제거를 위해 적극적으로 휘발시키는 기화 배소를 하기도 한다. 어떤 배소 방법을 선택할 것인지는 후속 공정의 요구 특성에 의해 결정된다.

2.7.1 산화 배소

황화물의 산화 배소(oxidizing roasting)는 유황을 산소와 반응시켜 SO_2로 제거하는 것이다. 황화물의 경우 S의 농도가 높아서 곧바로 제련에 사용하기 곤란하므로 산화에 의해 산화물로 바꾸는 산화 배소를 하며, 반응식은 다음과 같다.

$$2/3MS + O_2 = 2/3MO + 2/3SO_2 \quad (2.14)$$

특히 아연 정광은 황화물(ZnS)이므로 산화 배소를 하여 산화물로 만든 후 건식제련이나 습식제련을 하고 있다. 그림 2.21에는 산화 배소 반응의 온도에 따른 표준 자유에너지 변화를 나타내었다. 일반적으로 그림의 아래쪽에 있는 황화물일수록 반응이 진행하기 쉽다.

폐탈황촉매 등과 같이 유황 성분이 많은 경우에는 1차적으로 산화에 의해 S를 제거한 후에 2차 배소를 하기도 한다. 황화물의 산화 배소에서는 어떤 경우에도 S는 SO_2로 제거되고, 대신에 산소가 금속과 결합한다. 그리고 이 과정에서 일부 성분은 휘발되어 제거되기도 한다. 황화물의 산화 배소는 발열 반응이므로 연료를 필요로 하지 않는다. 또 금속은 유황보다 산소와의 친화력이 크므로 황화물 중의 유황이 산화되면서 금속까지 산화되기도 한다.

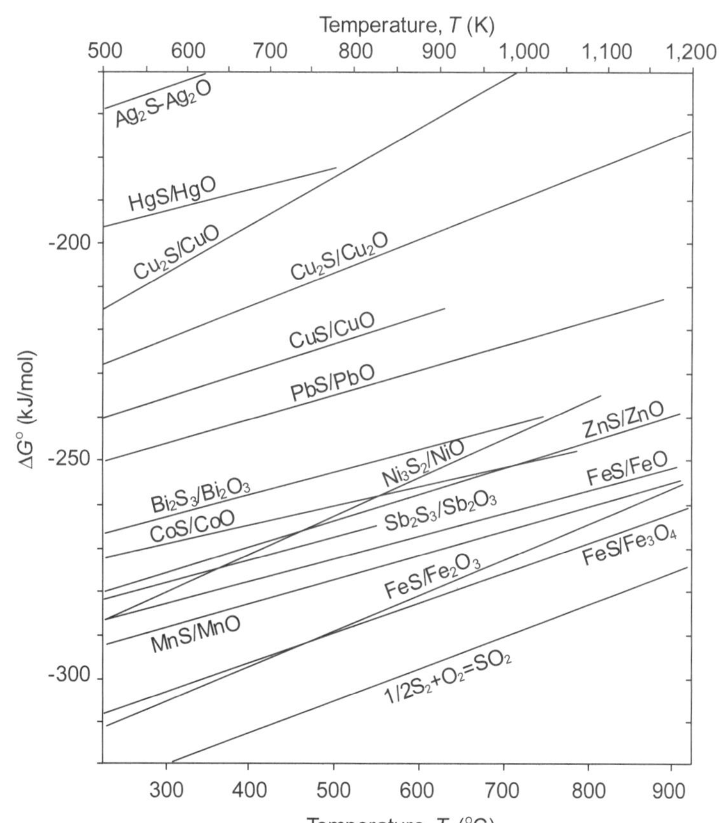

그림 2.21 황화물 산화의 표준 자유에너지 변화(O_2 1 mol당) $(2/3MS+O_2=2/3MO+2/3SO_2)$

2.7.2 황산화 배소

황산화 배소(sulfating roasting)는 원료의 습식 처리를 위한 전처리로서, 물이나 묽은 산에 용해되기 어려운 황화물, 산화물, 금속 등을 수용성의 황산염으로 바꾸는 방법이다. 이러한 황산화 배소는 황화물을 산화 배소하는 과정에서 부수적으로 일어나기도 하는데, 생성 반응은 다음과 같다.

$$MS + 3/2O_2 = MO + SO_2 \tag{2.15}$$

$$SO_2 + 1/2O_2 = SO_3 \tag{2.16}$$

$$MO + SO_3 = MSO_4 \tag{2.17}$$

한편 황산화 배소에서는 황산염의 생성에 적합한 온도, 가스 분위기 등의 조건을 부여하여야 한다. 이러한 조건은 식 (2.17)의 산화물과 황산염 사이의 평형 관계로부터 검토한다.

$$K = a_{MSO_4}/(a_{MO} \cdot p_{SO_3}) \tag{2.18}$$

이 식에서 p_{SO_3}가 황산염의 해리압이며, 황산염이 만들어지기 위해서는 분위기 중의 p_{SO_3}가 해리압보다 높아야 한다. 그리고 반응 조건에 따라서는 다음 식과 같이 염기성 황산염(mMO·MSO_4)이 생성되기도 한다.

$$(m+1)MO + SO_3 = mMO \cdot MSO_4 \tag{2.19}$$

염기성 황산염에는 CuO·$CuSO_4$나 ZnO·$2ZnSO_4$ 등이 있으며, 이러한 것은 물에 용해되기 어려우므로, 침출을 위한 전처리일 때는 가능한 한 생성되지 않도록 하여야 한다. 이러한 황산화 배소의 조건을 설정하기 위해서는 M-S-O 퍼텐셜도가 유용하다.[18]

2.7.3 할로겐화 배소

할로겐은 각종 금속에 대해 O나 S보다 친화력이 높으며, 저용점이고 증기압이 큰 화합물을 만들므로 환원이 힘든 산화물 등을 처리할 때 자주 이용되고 있다. 금속과 산화물의 할로겐 화합물 생성 반응은 다음과 같다.

$$2/yM + X_2 = 2/yMX_y \tag{2.20}$$

$$2/ryMO + X_2 = 2/yMX_y + 1/yO_2 \tag{2.21}$$

특히 Cl_2, NaCl, $CaCl_2$, $MgCl_2$ 등을 염화제로 사용하는 염화 배소(chloridizing roasting)가 많이 이용되고 있다. 일반적으로 대부분의 금속은 염화되기 쉬우며 Al_2O_3, TiO_2,

Fe_2O_3, SnO_2 등은 염화되기 어렵지만, 주요한 비철금속의 산화물은 비교적 염화되기 쉽다.[19] 이러한 원리를 이용하여 철 스크랩 중의 구리를 선택적으로 염화시켜 제거하기도 하였다.[20]

불화 배소(fluoridizing roasting)는 금속이나 산화물, 그 외의 화합물들을 불화물로 만들어, 금속 열환원 반응이나 습식제련으로 처리하기 위해 실시한다. 특히 희토류금속의 경우 용융염 전해를 위해 불화물로 만들기도 한다. 그리고 생성된 불화물은 휘발성이 강하기 때문에 금속을 정제하거나 합금으로부터 특정 금속을 분리할 때도 사용한다. 금속의 불화 반응에는 F_2를 사용하며, 산화물이나 염화물은 HF를 불화제로 사용한다.

2.7.4 기타 배소

(1) 소다 배소

산에 잘 용해되지 않는 산화물을 침출하기 위해 소다회(Na_2CO_3)를 첨가하여 수용성으로 만드는 소다 배소를 한다. 특히 폐촉매 중에 함유되어 있는 V_2O_5나 MoO_3, 그리고 WO_3 등은 일반적인 산 침출로는 추출하기 어려우므로 아래와 같이 소다회를 첨가하여 수용성 화합물을 만드는 소다 배소를 한다.[21]

$$V_2O_5 + Na_2CO_3 = 2NaVO_3 + CO_2 \tag{2.22}$$

$$WO_3 + Na_2CO_3 = Na_2WO_4 + CO_2 \tag{2.23}$$

$$MoO_3 + Na_2CO_3 = Na_2MO_4 + CO_2 \tag{2.24}$$

(2) 황화 배소

저품위 산화 주석광은 FeS_2를 첨가하여 황화휘발 배소를 하면 증기압이 큰 SnS로서 휘발·농축되므로, 이것을 산화시킨 후 다시 환원하여 금속 Sn을 만들고 있다.

$$SnO + FeS = SnS + FeO \tag{2.25}$$

이러한 반응을 이용하면 철 스크랩 중에 함유되어 있는 주석을 황화물로 휘발시켜 제거하거나 회수할 수 있다.

(3) 환원 배소

환원 배소(reducing roasting)는 산화물 원료를 C, CO, H_2, CH_4 등의 환원제와 함께

반응시켜 산화물의 산화 정도를 낮추거나(부분 환원) 금속 상태까지 환원하는 처리이다. 리사이클링 원료 중 복합 산화물인 경우, 산화물의 환원력이 다르므로 개별 산화물이나 일부분만을 선택적으로 환원 배소할 수 있다. 이러한 선택적 환원 배소는 원료의 선택적 침출이나, 자력 선별을 위한 전처리로서도 활용된다.

2.7.5 배소로

배소로에서는 모든 장입물이 배소 가스와 완벽하게 접촉할 수 있도록 하여야 한다. 이러한 배소 반응을 위한 노에는 회전로(rotary kiln), 다단 배소로(multiple hearth or rack roaster), 유동 배소로(fluidized bed roaster) 등이 있다.

(1) 회전로

회전로(rotary kiln)는 그림 2.19(a)와 같이 약간 경사져서 회전하는 원통형의 노이다. 내부는 내화물로 내장되어 있고, 한쪽 끝에서 장입물을 공급하면 반대쪽으로 이동한다. 회전로는 약 1.5~5도의 각도를 가지고 0.2~2 rpm의 속도로 회전하며, 고체 장입물의 체류 시간을 제어하기 위해 회전 속도를 조절한다. 배출구 쪽에 버너를 설치해 가열하여 장입물과 열이 향류(counter-current)하는 방식과, 장입물과 열이 장입구에서 배출구 쪽으로 흐르는 co-current 방식도 있다.

회전로는 구조가 간단하고 교반이 잘 되기 때문에 분말이나 덩어리 또는 다소의 융체가 있어도 처리가 가능하며, 비교적 열전달이 잘 되기 때문에 황화철광의 산화 배소는 물론, 소다 배소, 습식 아연제련 잔사의 환원, 제강 분진 중의 아연 회수, 장입물의 건조 등에 널리 사용되고 있다. 산화 배소의 경우 대부분 유동 배소로를 사용한다.

(2) 다단 배소로

그림 2.22에는 다단 배소로의 모식도를 나타내었다.[22] 다단 배소로(multiple hearth roaster)는 내화물로 내장된 직립 원통형의 노이며, 내부는 많은 단으로 구분되어 있다. 중심의 회전축이 0.2~5 rpm 정도로 회전하며 필요에 따라 속도를 조절한다. 회전축에는 여러 개의 교반용 arm이 부착되어 있다. 노 내부가 고온이므로 회전축과 교반용 arm은 공냉(air cooling)을 한다. 원료는 최상단에서 공급되고, 교반 arm에 의해 중심에서 가장자리

쪽으로 이동하고, 지그재그로 서서히 아래쪽 단으로 이동되면서, 배소되어 최하단으로 배출된다.

황화광(황화철, 황동광, 아연황화광 등)의 산화 배소는 대부분 유동로로 대체되었으나, MoS_2는 다단 배소로를 이용하고 있다. MoO_3는 약 700 ℃ 근처에서 승화하는 특징이 있고, 산화 배소는 발열 반응이기 때문에 노의 측벽에서 공기를 이용하여 공냉하면서 배소를 한다.[23]

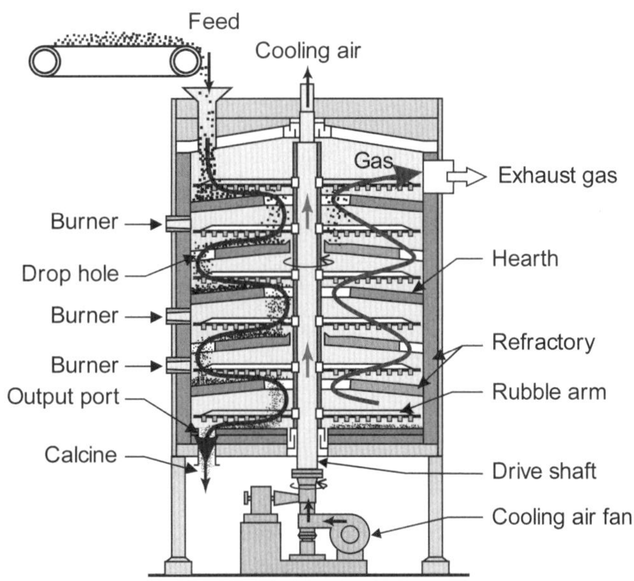

그림 2.22 다단 배소로의 모식도

(3) 유동 배소로

그림 2.23에는 유동 배소로의 모식도를 나타내었다. 유동 배소로(fluidized bed roaster)는 바닥에 일정한 간격으로 작은 구멍을 만들어 놓은 노이며, 여기에 분체 등을 장입하고 하부에서 기체를 불어넣어 노 내에서 유동층을 형성시켜서 배소를 하는 것이다. 노 하부로 공급된 기체는 분체층을 통과하여 노의 상부로 상승하면서 분체와의 사이에 기체-고체 반응을 일으킨 후, 배소로 상부의 출구로 배출된다. 이러한 과정에서 분체는 흡사 액체와 같은 거동을 보이고, 격한 혼합 및 교반을 하므로 열 및 물질의 이동이 쉬워 층 내가 균일하게 유지된다.

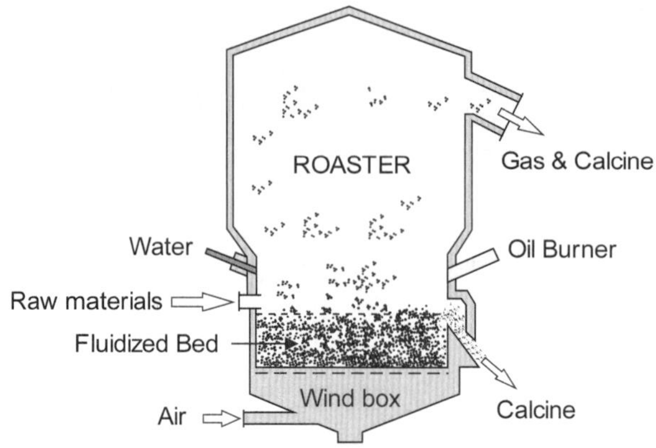

그림 2.23 유동 배소로의 모식도

하부의 유동층부는 원통형, 중간부는 원추형으로서 위쪽으로 넓어지고, 상부는 유동층부보다 직경이 큰 원통형으로 되어 있다. 유동층의 하부에는 원추형의 wind box가 설치되어 있고, tuyere를 통하여 공기를 유동층으로 송입하여 균일한 유동이 되도록 하고 있다.

제2장 | 참고문헌

1 H. Sakamoto, 1997: Comminution, Shigen-to-Sozai 113(12), pp. 899-903.

2 F. C. Bond,, 1952: The Third Theory of Comminution, Trans. AIME, Min. Eng. 193, pp. 484-494.

3 Yoshiteru Kanda, 2006: Estimation of Fine Grinding Energy, Bull. Yamagata Univ. (Eng.) 29(1), pp. 7-15.

4 A. Jankovic, H. Dundar, and R. Mehta, 2010: Relationships between comminution energy and product size for a magnetite ore, The J. Southern African Inst. Mining and Metallurgy 110(3), pp. 141-146.

5 Tatsuo TANAKA, 1979: Recent Techniques and Theories of Comminution, Journal of JSCM 52(9), pp. 486-493.

6 S. Endoh, H. Ohya, and S. Koyanaka, 1999: Key Technology to Create a Recycling Oriented System-Powder Processing, Mineral Processing and Environmental Impact Assessment, J. Soc. Powder Technol., Japan 36, pp. 772-779.

7 Metso Mining and Construction, 2015: Basics in Minerals Processing, Metso Corporation, www.metso.com

8 http://met-solvelabs.com/library/articles/mineral-processing-introduction

9 손호상, 2019: 자원리사이클링공학, p. 84, 경북대학교출판부.

10 http://mytutorial.srtcube.com/waste-processing-techniques/environment-science/693-451 #7477

11 https://www.globalspec.com/reference/34921/203279/z-zeolite-zymosis

12 이상훈, 양인재, 최승진, 박제현, 2018: 자력선별장비의 유형과 활용, 자원리싸이클링 27(6), pp. 11-22.

13 https://www.mineralsed.ca/learning-resources/student-resources/mining/

14 http://www.mstworkbooks.co.za/natural-sciences/gr7/gr7-mm-02.html

15 大和田秀二, 1997: 電気的選別, Shigen-to-Sozai 113(12), pp. 920-923.

16 Isao SEKIGUCHI, 1997: Granulation Techniques for Controlling Forms of Particulate Materials, Japanese J. Multiphase Flow 11(4), pp. 362-369.

17 손호상, 2019: 자원리사이클링공학, p. 110, 경북대학교출판부.

18 손호상, 2019: 자원리사이클링공학, p. 50, 경북대학교출판부.

19 손호상, 2019: 자원리사이클링공학, p. 117, 경북대학교출판부.

20 이소영, 손호상, 2018: 염소가스에 의한 철스크랩 중 Cu의 선택적 제거, 자원리싸이클링 27(5), pp. 54-60.

21 김혜림, 이진영, 김준수, 2012: 소다배소 및 수침출법에 의한 탈질용 폐SCR 촉매로부터 바나듐과 텅스텐 침출, 자원리싸이클링 21(6), pp. 65-73.

22 http://www.adelaidecontrolengineering.com/?q=content/multi-hearth- furnace

23 손호상, 박종일, 최승덕, 2010: 고순도 몰리브덴 제조기술 현황, 재료마당 23(3), pp. 15-23.

제3장 금속 제련의 개요

3.1 서론

금속자원의 리사이클링 원료는 폐자동차(ELV), 폐전기·전자 제품(WEEE), 폐촉매 등의 EoL(End of Life) 제품과 공정 스크랩을 비롯하여 공정 부산물이나 폐기물 등 그 종류가 매우 다양하다. 이러한 것은 금속 상태의 것도 있지만 화합물 상태로 존재하는 것도 많다. 따라서 이러한 원료를 물리적·화학적으로 처리하여 순금속이나 합금 또는 새로운 화합물 상태로 회수하는 경우가 대부분이다. 원료를 물리적·화학적으로 처리하는 것은 천연광석으로부터 금속을 추출하는 제련 공정을 응용하여 적용하고 있다. 특히 리사이클링 원료는 발생원도 다양하지만 함유된 금속의 종류도 다양하여 각 원료에서 회수하는 금속의 종류도 다양하므로 천연광석으로부터 금속을 추출하는 다양한 프로세스의 원리를 파악할 필요가 있다.

일반적으로 천연광석으로부터 금속을 추출하는 것은 주 금속과 부수적인 금속의 회수로 구분할 수 있다. 대표적인 예로 구리 제련에서는 구리가 주 금속이며, 금, 은 등의 귀금속을 부수적으로 추출하고 있으며, 아연 제련에서는 아연이 주 금속이며 구리, 은, 인듐, 카드뮴 등을 부수적을 추출하고 있다. 그러나 리사이클링의 경우에는 두세 가지 이상의 금속을 추출하기도 하므로 이러한 구분이 곤란한 경우가 많다. 따라서 금속재료의 전반적인 제조 프로세스와 개별 금속에 대한 제련 기술의 원리를 이해하여 주 금속이나 부수적인 금속의 종류에 따라 적용할 프로세스를 선택하여야 한다. 본 장에서는 금속의 분류와 금속 제조 프로세스의 일반적인 원리, 그리고 적용 예에 대한 개요를 설명한다.

3.2 금속의 분류

주기율표에는 100여 개의 원소가 실려 있지만, 그중에서 80여 개의 원소가 금속이나 반금속으로 불리는 원소들이다. 금속 중에서 다수의 원소가 금속재료로 실용화되어 있다. 이러한 금속들을 생산량의 관점에서 범용금속과 희소금속, 귀금속으로 구분하고 있다. 또 희소금속 중에는 희토류와 백금족이 포함되어 있다. 표 3.1에는 산업용 금속을 학문적으로 분류하여 나타내었다.

[표 3.1] 산업용 금속의 분류

구분		원소 수	원소
철계금속		1	Fe
비철금속	범용금속	4	Al, Cu, Zn, Pb
	귀금속	2	Au, Ag
	희소금속 (40)	6	백금족 원소: Ru, Rh, Os, Pd, Ir, Pt
		6	알칼리/알칼리토금속: Li, Mg, Cs, Be, Sr, Ba
		1	REE(희토류금속: 17종(란타나이드 15종+Sc, Y))
		11	고융점금속(Ti, Zr, Hf, V, Nb, Ta, Cr, Mo, W, Mn, Re)
		2	철족 원소: Co, Ni
		4	13족 원소: Cd, Ga, In, Tl
		10	반금속원소: As, B, Bi, Ge, P, Sb, Se, Si, Sn, Te

그림 3.1에는 산업용 금속을 범용금속, 희소금속, 귀금속 등으로 분류하고 제련 및 리사이클링 관점에서 주기율표에 구분하여 나타내었다. 또 상당한 양이 부산물로부터 생산되는 금속과 리사이클링이 중요한 금속들을 구분하여 나타내었다.

Fe(철강)은 연간 18억 톤 이상을 생산하여[1] 전체 금속 생산량의 95 % 이상을 차지하며, 이어서 Al(9000만 톤), Cu(2400만 톤), Zn(1300만 톤), Pb(1100만 톤)의 순으로 생산량이 많다.* 따라서 이러한 금속을 통틀어 범용금속(common metals)이라 부르고 있다. 그러나

* 제1장 「자원 리사이클링의 개요」의 그림 1.2 참조.

Fe과 Al을 제외하면 지각 중의 원소 존재도는 그다지 높지 않은 편이다.* 귀금속에는 Au, Ag와 백금족인 Ru, Rh, Pd, Os, Ir, Pt가 있다.

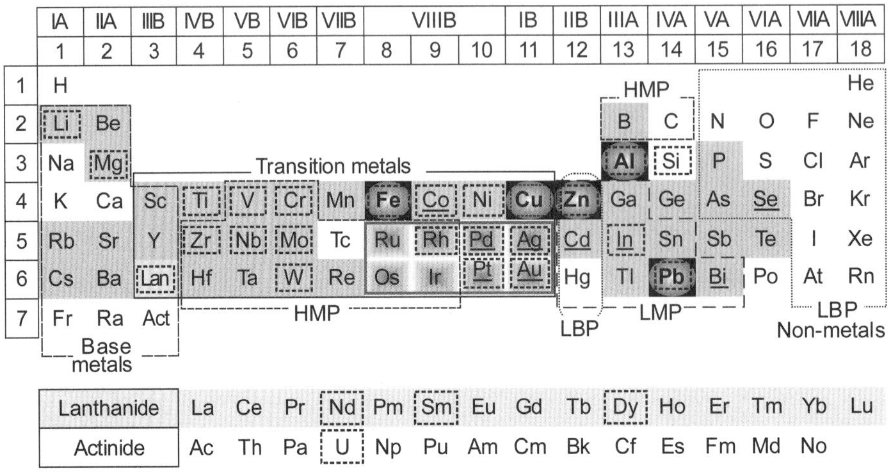

그림 3.1 금속의 분류와 리사이클링 관점에서의 주기율표

희소금속이란 지각 내에 존재도가 낮거나 지역적으로 편재되어 있고, 금속으로의 추출이 어려운 금속을 말한다. 특히 지각 중의 존재도는 높아도 널리 분포되어 있어서 광석의 품위가 낮아 경제적으로 채산성이 없는 원소들도 희소금속에 속한다. 다만 희소금속으로 분류되는 금속의 종류는 국가별로 차이가 있으며, 우리나라에서는 희토류(한 종류로 간주)를 포함하여 40개의 원소를 희소금속으로 분류하고 있다. 희소금속은 일부를 제외하면 소량만 첨가해도 금속 소재에 다양한 기능을 부여할 수 있는 핵심 물질이다.

제련의 관점에서는 그림 3.1에서 좌측 끝의 점선으로 둘러싸인 1~3족 원소는 금속 중에서도 반응성이 풍부한 비(卑, base)한 금속들이므로 용융염 전해 등을 이용해 제조하고 있다. 천이금속 중 4~10족은 일반적으로 융점이 높고, 특히 Mo, W 등은 수소환원 등에

* 제1장 「자원 리사이클링의 개요」의 표 1.2 참조.

의해 제조하고 있다. 천이금속들의 오른쪽 하부에는 귀금속인 Au, Ag와 백금족들이 배열되어 있다. 이러한 귀금속은 상당한 양이 비철금속 제련의 부산물로서 생산되며 리사이클링도 중요한 금속들이다. 또 12~15족에 걸쳐서 긴 점선으로 둘러싸인 Zn, Pb, Bi 등의 원소들은 융점이 700 K 이하인 저융점 금속들로서, 금속 및 화합물의 증기압도 높다. 따라서 12족의 Zn, Cd, Hg는 증류 제련으로 만들기도 한다. 우측 끝의 점선으로 둘러싸인 15~18족 원소들은 비금속(non metals)으로 반금속, 반도체 원소군이다.

점선 사각형으로 표시된 원소들은 리사이클링이 중요한 금속들이다. 특히 희토류 중 Nd, Sm, Dy 등은 최근 전기자동차와 관련한 자성 재료로 사용되지만 안정적인 수급을 위해 리사이클링이 필요한 원소들이며, 용융염 전해 등을 이용하여 제조하거나 리사이클링하고 있다. 또 Me는 상당한 양이 다른 비철금속의 제조 과정에서 부산물로 생산되는 금속이다.

3.3 금속 제련의 개요

3.3.1 천연광석

금속원소 중에는 주기율표의 11족인 Cu, Ag, Au와 같이 자연금속으로 산출되는 것도 있으나 대부분은 황화물, 산화물, 탄산염, 규산염, 황산염, 비화물 등의 광물(mineral)로 산출된다. 지각을 구성하는 광물 중에서 경제적으로 채굴, 선광, 제련할 수 있는 양의 유가광물과 무가치한 맥석(gangue)의 혼합체를 광석(ore)이라 부른다. 광석 중에서도 금속 제련의 대상이 되는 주된 자원은 ① 복합산화물+맥석류, ② 복합황화물+맥석류로 구분할 수 있다. 일부 탄산염이나 규산염, 황산염 형태의 광석을 사용하기도 한다. 표 3.2에는 이러한 광석들의 종류를 나타내었다.[2]

철강 제련의 원료가 되는 철광석에는 철분 함량이 높은 적철광(hematite, Fe_2O_3)과 자철광(magnetite, Fe_3O_4)이 있으며, 그 외에 갈철광(limonite, $Fe_2O_3 \cdot nH_2O$), 능철광(siderite, $FeCO_3$) 등도 있다. 이러한 철광석 중에는 SiO_2, Al_2O_3 등의 맥석류가 함유되어 있다. 그리고 알루미늄 광석은 보크사이트(bauxite, gibbsite $Al(OH)_3$, boehmite AlO(OH), diasporc, AlO(OH)의 혼합물)이며, Al_2O_3는 45~60 wt%를 함유하고, 나머지는 2~20 wt% Fe_2O_3, 1~4 wt% TiO_2, 1~10 wt% SiO_2 등이다.

[표 3.2] 광석의 종류와 성분

Type of ore	Elements or compounds
Native metals	Cu, Ag, Au, As, Sb, Bi, Pt(Os, Ir, Pd), Mn(nodules on ocean floor)
Oxides	Al_2O_3, Fe_2O_3, Fe_3O_4, SnO_2, MnO_2, TiO_2, $FeO \cdot Cr_2O_3$, $FeO \cdot WO_3$, Cu_2O, ZnO, ThO_2, Bi_2O_3, $(Fe, Mn)(Nb, Ta)_2O_6$
Sulfides	Ag_2S, Cu_2S, CuS, PbS, ZnS, HgS, $FeS \cdot CuS$, FeS_2, Sb_2S_3, Bi_2S_3, MoS_2, NiS, CdS, $FeAs_2 \cdot FeS_2$, $(Fe, Ni)_9(S, Te)_8$, (Tl, Pb)S
Carbonates	$CaCO_3$, $CaCO_3 \cdot MgCO_3$, $MgCO_3$, $FeCO_3$, $PbCO_3$, $BaCO_3$, $SrCO_3$, $ZnCO_3$, $MnCO_3$, $CuCO_3 \cdot Cu(OH)_2$, $2CuCO_3 \cdot Cu(OH)_2$, K_2CO_3, $(BiO)_2CO_3 \cdot H_2O$
Silicates	$Be_3AlSi_6O_{18}$, $ZrSiO_4$, $Sc_2Si_2O_7$, $NiSiO_3 \cdot XMgSiO_3$, $ThSiO_4$, $LiAlSi_2O_6$
Sulfates	$BaSO_4$, $SrSO_4$, $PbSO_4$, $CaSO_4 \cdot 2H_2O$, $CuSO_4 \cdot 2Cu(OH)_2$
Fluorides	CaF_2
Halides	NaCl, KCl, AgCl, $KCl \cdot MgCl_2 \cdot 6H_2O$, NaCl and $MgCl_2$ in sea water
Phosphates	$LiF \cdot AlPO_4$, $Th_3(PO_4)_4 \cdot X(Re)(a)PO_4$*
Miscellaneous	$(Fe, Mn)WO_4$, $CaWO_4$, $(Co, Ni)As_2$, $(Co, Fe)As_2$, NiSb, $PtAs_2$, $(Cu, Tl, Ag)_2Se$

* (a) Rare earth metal such as Ce, Nd etc. or La.

구리 자원의 대부분은 복합 황화물인 황동광 $CuFeS_2$(chalcopyrite)에 SiO_2, CaO, Al_2O_3 등의 맥석류가 광물학적으로 조합된 황화광이다. Cu의 함유량은 광상에 따라서 다르지만 대부분 1 wt% 전후로 품위 1 %이다. 아연 제련의 원료가 되는 천연광석에는 여러 가지 종류가 있으나, 그중 가장 중요한 것은 섬아연광인 zinc blende(sphalerite, ZnS)이다. 섬아연광은 이론적으로는 67 %의 아연을 함유하고 있으나, 광석 중의 품위는 4~5 % 정도이다. 납 제련의 원료가 되는 천연광석에는 방연광(galena, PbS), 황산연광(anglesite, $PbSO_4$), 백연광(cerussite, $PbCO_3$), 녹연광(pyromorphite, $Pb_5Cl(PO_4)_3$) 등이 있으며, 섬아연광, 황철광, 황동광과 공존하는 경우가 많다. 따라서 부유 선광법을 통해 Pb 정광(Pb 60 % 전후)과 Zn 정광(Zn 50 % 전후)으로 선별한다. 제련을 하기 전에 미리 맥석류를 가능한 한 분리하여 유가 성분을 농축하는 조작을 선광(ore dressing)이라 하며, 황화광은 부유 선광법에 의해 품위 30 % 정도까지 농축된다.

3.3.2 금속 제련법의 분류

금속 제련의 대상이 되는 천연광석은 상기한 바와 같이 주로 산화물이나 황화물로 존재한다. 이러한 광석을 분쇄하여 선광 공정을 거치면 목적성분이 농축된 정광(精鑛, concentrate)이 얻어진다. 이러한 정광을 제련하여 금속으로 추출하는 환원 공정을 제련이라 한다. 금속의 제련 공정은 크게 건식제련(pyrometallurgy), 습식제련(hydrometallurgy), 전해제련(electrometallurgy)으로 구분한다.*

건식제련을 보다 세분하면 표 3.3과 같으며, 조금속을 만드는 환원제련과 순금속까지 정제하는 건식정제로 구분하고 있다.[3] 환원제련에는 고온의 노 내에서 원료와 용제(flux) 등이 용융·융합되어 몇 가지 상(phase)으로 나누어지는 용융제련과, 원료나 생성물의 융점이 높아 고체 상태에서 기체와 반응하여 환원되거나, 목적금속이나 그 화합물을 기체 상태로 회수하는 휘발제련 등이 있다. 용융제련에서는 광석(정광), 환원제, 연료 및 쉽게 용융시키기 위한 용제 등을 노 내에 넣어서 용융하고, 정광 중의 맥석을 슬래그로 분리하여 목적금속을 조금속(crude metal) 등으로 만든다. 건식제련은 인류가 선사시대부터 금속을 채취할 때 사용한 방법인데, 현재도 철, 구리, 아연, 납, 주석, 니켈 등의 많은 금속을 이 방법으로 생산하고 있다.

[표 3.3] 건식제련의 상세한 구분

<table>
<tr><td rowspan="15">건식제련</td><td rowspan="5">환원제련</td><td rowspan="2">고체 금속을 만드는 환원제련</td><td>광석의 환원에 의해 고체의 순금속을 얻는 경우
(고융점 금속, 예: W, Mo의 제조)</td></tr>
<tr><td>환원된 금속이 불순물인 경우(Ti, Zr의 제조)
(융점이 높고, 그 산화물이 안정하여 환원되기 어려우며, 또 안정한 탄화물을 만들어서 탄소질 환원제를 사용할 수 없는 것)</td></tr>
<tr><td>환원 용련</td><td>광석의 환원에 의해 금속을 액체로 얻는 방법
고체 금속을 얻는 방법에 비하여 미환원의 잔류물이나 유해한 성분의 분리가 용이</td></tr>
<tr><td>황화물 용련</td><td>Cu, Ni 등은 매트, 즉 황화물로서의 특성을 기본으로 하여 제련</td></tr>
<tr><td>휘발제련</td><td>증기압이 비교적 큰 것을 대상으로 한다.
(Hg, Zn, Cd, 알칼리, 알칼리토류금속 등)</td></tr>
<tr><td rowspan="10">건식정제</td><td>휘발정제</td><td>진공용해</td></tr>
<tr><td rowspan="2">상태도 성질을 이용한 정제</td><td>용리법</td></tr>
<tr><td>대용정제(zone-refining)</td></tr>
<tr><td rowspan="7">화학 반응을 이용한 정제</td><td>산화에 의한 정제</td></tr>
<tr><td>환원에 의한 정제</td></tr>
<tr><td>황화물로서 제거하는 정제</td></tr>
<tr><td>할로겐화 정제</td></tr>
<tr><td>열해리에 의한 정제</td></tr>
<tr><td>금속간화합물로서 제거하는 정제</td></tr>
<tr><td>기타 방법</td></tr>
</table>

습식제련은 고체 원료 중의 목적금속을 적당한 용매(수용액 등)에 녹여 이온의 형태로 만들고, 화학적으로 환원하여 목적금속을 얻거나, 순화합물로서 침전시켜 회수하는 상온

* 전해제련을 습식제련의 범주에 포함하기도 한다.

근처에서의 제련법이다. 특히 습식제련은 원료를 적당한 용매에 용해시키는 침출(leaching)에서 출발하므로 고체 원료는 파쇄와 분쇄, 선별 등의 전처리가 필요하다. 그리고 용액 중에는 원료 중의 다양한 성분이 용해되어 있으므로 이러한 원소를 제거하고, 목적금속별로 분리한다. 이러한 습식제련 기술은 다양한 도시광물로부터 유가 금속을 회수하는 공정에도 효과적으로 적용되고 있다. 특히 이온교환수지, 용매추출 등의 새로운 분리 기술이 도입되어 범용금속은 물론이고 귀금속이나 희토류를 포함한 희소금속의 추출에도 적극적으로 적용되고 있다.

천연광석으로부터 습식제련법으로 금속을 채취하기까지의 공정은 다음과 같다.[4]

① 광석의 예비처리: 광석의 물리적 처리(파쇄, 선광)와 화학적 처리(배소 등)를 통해 맥석을 제거하고 반응 표면적을 증대시키며 침출하기 쉬운 화합물로 바꾸는 공정
② 침출: 광석 중의 목적금속을 수용액 중에 이온으로 용출시키는 공정
③ 고액 분리: 침출액으로부터 미용해 잔사 등의 고형물을 제거하는 공정
④ 정액·농축: 침출액 중의 불순물을 화학적으로 제거하고, 필요에 따라 목적금속 이온의 농도를 높이는 공정
⑤ 금속 회수, 화합물 침전: 수용액으로부터 목적금속을 환원(전해채취, 가스 환원)하여 회수하는 공정. 또 pH 조정, 침전제 첨가에 의해 목적금속을 순수한 화합물로서 회수하는 공정

전해질 수용액 또는 용융염 등의 이온 전도체(ionic conductor)에 전류를 통하여 화학변화를 일어나게 하여 물질을 분리하거나 물질을 제조하는 프로세스를 전해(electrolysis)라 하며, 전해를 이용한 금속 제련을 전해제련(electrolytic metallurgy)이라 부른다. 전해제련에는 전해채취법과 전해정제법이 있다. 또 수용액 중에서의 전해제련법과 용융염 전해법이 있다. 아연의 습식제련에서는 수용액 중에서의 전해제련법으로 금속 아연을 채취하고 있다. 용융염 전해법은 수소 과전압이 작아서 수용액 전해를 할 수 없는 경우에 금속염을 가열·용융하여 이온 전도성의 액체로 만들어 전해채취하는 제련법이다. 예를 들면 Na, Al, Mg 그리고 희토류금속 등 반응성이 풍부한 비(卑, base)한 금속들은 용융염 전해를 이용하여 제조하고 있다. 다만 아연(Zn)은 건식제련과 습식제련이 양립하고 있다. 또 구리(Cu) 제련의 경우, 조금속까

지는 건식제련법으로 만들고, 전해정제법을 사용하여 고순도의 전기동을 얻고 있다.

건식 혹은 습식제련의 어떤 공정을 채택할 것인가는 후속 공정을 포함한 공정의 경제성에 의해 결정된다. 예를 들면 ① 저품위 광석이나 난용융성의 광석은 침출하는 편이 경제적이다. 건식으로 처리하면 많은 연료가 필요할 뿐만 아니라 슬래그양이 많아진다. ② 화학적으로 반응성이 강한 금속은 건식제련으로 금속 상태를 얻기가 곤란하고, 산화제련으로는 불순물을 제거할 수 없으므로 습식제련으로 처리한다.

3.3.3 금속 제련의 형태

제련은 원료를 환원하여 금속상으로 분리하는 것이 주 공정이지만, 금속상은 목적금속 외의 여러 성분이 불순물로 함유되어 있는 다원계 용체의 조금속(crude metal)이다. 따라서 불순물을 제거하거나 회수하는 공정이 부수적으로 필요하다. 또 원료 중의 불순물을 미리 제거하여 순수에 가까운 금속 화합물이나 그 수용액을 만드는 부수적인 처리를 먼저 한 후에 금속으로 환원하기도 한다. 이러한 주 공정과 부수적인 공정의 양자가 기능하여 비로소 제련 공정이 성립된다. 따라서 편의상 각 공정의 기술 내용을 기간 프로세스와 부속 프로세스로 구분하여 생각하면, 많은 금속의 복잡한 제련 프로세스를 이해하는 데 도움이 된다.[5]

기간 프로세스는 제련의 중심을 차지하는 금속으로의 환원으로, 각 금속에 적용하는 환원법은 평형론(예: 열역학)을 기반으로 하며, 환원 방법에 따라 다음과 같이 분류할 수 있다.

① 탄소에 의한 열환원: Fe, Ferro-alloy(Fe-Si, Fe-Mn, Fe-Ni 등), Zn, Pb, Sn, Si 등

② 산소에 의한 열환원: Cu, Pb, Ni 등

③ 수소에 의한 열환원: W, Mo, Ni 등

④ 활성금속에 의한 열환원: Ti, Zr, Nb, Ta, V, U, Th, Fe-Mo, Fe-V, 희토류(rare earth)

⑤ 전해채취(수용액 전해와 용융염 전해)

　수용액 전해: Zn, Ni, Co, Cr 등

　용융염 전해: Al, Mg, Na, V, 희토류 등

②의 산소에 의한 열환원은 모순된 표현이지만, 금속 황화물을 산소 가스와 반응시켜서 유황을 SO_2로서 제거하면 금속상이 생성되는 것으로, 구리나 납, 그리고 니켈 제련이 대표

적인 예이다. Ni의 경우 황화광은 산소에 의한 열환원으로 금속Ni을, 산화광은 탄소에 의한 열환원으로 합금철을 만들고 있으며, NiO는 수소로 환원하여 금속 Ni을 만들고 있다. 이러한 분류에 따라서 각 환원법의 개요에 대해 설명한다.

(1) 탄소에 의한 열환원

고체 상태의 탄소(C)는 고온에서 강력한 환원제로 작용하므로, 이러한 탄소를 환원제로 사용하여 고융점이나 난환원성 산화물을 환원하는 것을 탄소 열환원(carbo-thermic reduction)이라 한다. 철강의 대부분은 고로(용광로)에서 탄소에 의한 열환원으로 얻어지며, 적용 예는 다음과 같다.

Fe: Fe_2O_3 → 고로(과잉환원) → 전로(부분산화) → 조강

페로알로이(Fe-M합금, M: Ni, Cr, Si, Mn): (Fe, M)Ox → 전기로 → 조Fe-M합금

Pb: PbO → 용광로 → Pb(l), Zn: ZnO → 용광로 → Zn(g)

Si: SiO_2 → 전기로 → 조Si, Sn: SnO_2 → 전기로 → 조Sn

이러한 금속 중에서 납과 아연 광석은 황화물이지만 전처리로 정광을 고온에서 산화배소시켜 산화물로 만들고(배소), 이때 발생하는 SO_2 가스는 전부 황산으로 만든다. 아연과 납의 배소광(cinder)을 동일한 용광로에 장입하여 환원된 납은 노저로부터, 아연 증기는 노정으로부터 뽑아내는 동시 제련법도 있다. 합금철(ferro-alloy)에는 스테인리스강의 원료가 되는 페로니켈이 중요하며, 산화광으로부터 직접 Fe-Ni 합금으로 환원시킨다. 그리고 순수한 Ni은 황화광으로부터 여러 가지 환원법을 적용하여 환원한다.

금속-산소계에서 산화·환원 반응의 지표는 평형산소 퍼텐셜이지만, 금속-산화물의 평형산소 퍼텐셜인 p_{O_2}가 아래의 부도아(Boudouard) 반응의 p_{O_2}보다 높은 경우에만 산화물의 탄소 열환원이 가능하다.

$$C(s) + CO_2(g) = 2CO(g) \tag{3.1}$$

탄소(or CO)에 의해 쉽게 환원할 수 있는 금속은 슬래그 제련이 가능하다. 슬래그는 정광 중의 목적금속 원소 외에 제련 과정에서 SiO_2, CaO, Al_2O_3 등의 맥석 성분이 혼합되어 용융되고, 용융금속의 위층에 분리상을 형성하는 복합 산화물이다.

(2) 산소에 의한 열환원

황화물의 용융제련은 기본적으로는 산소에 의한 열환원 반응을 이용하는 것이다. 구리 제련의 경우 황동광($CuFeS_2$)을 용제(flux)와 함께 노 내에 장입하고 산소에 의한 열환원 용융제련을 하여, 목적금속인 Cu를 매트(matte, Cu_2S-FeS)로 농축한다. 정광 중의 Fe는 산화되어 FeO가 생성되고 첨가한 플럭스와 나머지 불순물이 슬래그를 형성하여 분리된다. 뒤이어 매트는 전로에서 산화 용련하여 Fe분을 슬래그로 제거하고, 남은 Cu_2S를 다시 산화시켜 목적금속을 얻는다.

$$\text{Cu: } CuFeS_2 \rightarrow \text{Flash smelting} \rightarrow Cu_2S\text{-}FeS \rightarrow \text{PS converting} \rightarrow \text{Blister Cu}$$

특히 이 프로세스는 Fe를 우선적으로 산화시켜 정광 중의 SiO_2와 플럭스로 첨가하는 규사로 용융 슬래그($2FeO \cdot SiO_2$)를 만들어 분리 제거하는 슬래그 제련이다. 이러한 열환원은 유황(S)이 연소하여 SO_2를 생성하는 발열 반응이며 구리 정광 그 자체가 연료이므로 별도의 열원은 필요하지 않다.

일반적으로 황화물의 산소 열환원은 M-S-O 퍼텐셜도로부터 검토할 수 있으며,[6] 황화물을 산화물로 만든 후 다시 환원하는 방법과, 산화에 의해서 곧바로 금속을 얻는 방법으로 구분할 수 있다.

① 산화-환원으로 금속을 얻는 방법: $MS+3/2O_2=MO+SO_2$

공기 중의 O_2로 황화물 중의 S를 제거하여 황화물을 산화물로 변화시킨 후 환원하는 방법이며, Fe, Zn, Pb, Ni 등에 해당한다.

② 직접 산화에 의해 금속을 얻는 방법: $MS+O_2=M+SO_2$

황화물의 공기산화에 의해 산화물을 거치지 않고 직접 금속을 얻는 방법으로, $Cu_2S \rightarrow Cu$의 전환이 대표적인 예이다. 그리고 Pb의 황화물도 열역학적으로 직접 용련할 수 있기 때문에 QSL 프로세스와 같은 직접 용련법이 실용화되었다.

(3) 수소에 의한 열환원

일반적인 용융 온도보다 융점이 높은 고융점 금속의 경우 용융환원으로는 조금속을 얻기 힘들다. 이 경우에는 기체 환원제인 수소를 이용하여 고체 상태의 조금속을 얻을 수 있다. 대표적인 예는 다음과 같다.

$$Mo: MoO_3 \rightarrow Mo\ powder,\ W: WO_3 \rightarrow W\ powder$$

일반적으로 수소환원은 수소 가스 기류 중에서 산화물 분체를 고온으로 가열하는 과정에서 이루어진다. 수소는 산화물의 산소와 결합하여 물이 되므로 깨끗한 환원 매체이지만, 일반적인 금속의 제련에서는 거의 사용하지 않는다. 그러나 Mo이나 W과 같이 고가이면서 융점이 높아 환원이 어렵거나, C과 반응하여 안정한 탄화물을 만드는 등의 특수한 경우에 사용하고 있다. 이러한 반응에서는 다단계 환원 반응에 의해 금속상을 얻고 있다. Mo의 경우 MoS_2 정광을 산화 배소하여 MoO_3를 만든 후 $MoO_3 \rightarrow MoO_2 \rightarrow Mo$의 환원 반응이 단계적으로 일어난다.[7]

$$MoO_3 + H_2 = MoO_2 + H_2O,\ \Delta G^0 = -74{,}775 - 28.685T\ (J/mol) \tag{3.2}$$

$$1/2MoO_2 + H_2 = 1/2Mo + H_2O,\ \Delta G^0 = 38{,}580 - 27.53T\ (J/mol) \tag{3.3}$$

(4) 활성금속에 의한 열환원

산소와의 친화력이 높은 금속은 탄소나 수소로 환원할 수 없지만, 할로겐 원소(Cl, F 등)와의 친화력이 높은 성질을 이용하여 염화물이나 불화물로 만든 후, 다시 활성금속을 이용하여 금속상으로 환원하고 있다. 대표적인 예는 다음과 같다.

$$Ti:\ TiCl_4(g) + 2Mg(l) = Ti(s) + 2MgCl_2(l) \tag{3.4}$$

$$Zr:\ ZrCl_4(g) + 2Mg(l) = Zr(s) + 2MgCl_2(l) \tag{3.5}$$

$$Nb:\ Nb_2O_5(s) + (10/3)Al(l) = 2Nb(l) + (5/3)Al_2O_3(l) \tag{3.6}$$

$$Ta:\ K_2TaF_7(s) + 2Na(g) = Ta(s) + Na_2K_2F_7(l) \tag{3.7}$$

$$V:\ VCl_3(g) + (3/2)Mg(l) = V(s) + (3/2)MgCl_2(l) \tag{3.8}$$

$$U:\ UF_4(l) + 2Mg(l) = U(s) + 2MgF_2(l) \tag{3.9}$$

$$Th:\ ThF_4(l) + 2Ca(l) = Th(s) + 2CaF_2(l) \tag{3.10}$$

$$\text{희토류}:\ 2RF_3(l) + 3Ca(l) = 2R(l,s) + 3CaF_2(l) \tag{3.11}$$

$$Sm_2O_3(s) + 2MM(l) = 2Sm(g) + MM_2O_3(s)^* \tag{3.12}$$

---

* MM: 미시메탈(misch metal). Ce, La, Nd 등 희토류의 혼합 염화물을 용융염 전해에 의해 석출시킨 합금.

이러한 금속은 환원제가 되는 금속의 용해도가 없고, 또 환원된 금속은 정제가 곤란하므로 원료가 되는 각 금속의 화합물(할로겐 화합물 등)이 고순도여야 하는 점이 중요하다. 그리고 이 환원 프로세스를 위해 환원제인 금속의 제조에 많은 에너지를 소비하고 있다. 예를 들면, 타이타늄의 마그네슘 환원에 이용되는 마그네슘은 환원 생성물인 염화마그네슘을 전기 에너지를 소비하는 용융염 전해에 의해 재생하고, 타이타늄 제련 공정으로 순환하고 있다.[8]

실례로서 Ti은 산소와의 친화력이 커서 산화물로부터 곧바로 금속 Ti으로 환원하기 힘들다. 따라서 TiO_2를 $TiCl_4$로 염화시켜 정제한 후에 Na이나 Mg으로 환원하고, 얻어진 스펀지상 금속을 진공 중에서 아크 용융(VAR, Vacuum Arc Remelting)하여 잉곳(ingot)으로 만든다. $TiCl_4$의 환원제로 Mg을 사용하는 것을 크롤법(Kroll process)이라 하며, Zr도 이 방법에 의해 얻어진다. 환원제로 Mg 대신에 Na을 사용하는 방법은 헌터법(Hunter process)이라 부르는데, 최근에는 헌터법을 개량한 암스트롱법(Armstrong process)이 제안되어 있다.[9]

(5) 전해채취-수용액 전해

전해채취는 용액 중의 금속이온을 전기분해에 의해 환원하여 금속상을 얻는 것이다. 천연광석은 물론이고 도시광물을 적당한 용매에 침출한 후, 전해를 방해하는 불순물을 정액 공정에서 제거하고, 전기분해를 하면 cathode 상에 금속상이 석출된다. 전해에 의해 용매는 재생되어 다시 침출 공정 등에 사용되며, 대표적인 예는 다음과 같다.

$$\text{Zn}: \ +O_2, \text{불용성 양극} \mid ZnSO_4 - H_2SO_4 \mid Zn- \qquad (3.13)$$

$$\text{Ni}: \ +Ni_3S_2 \mid NiSO_4 - H_2SO_4 - Na_2SO_4 \mid Ni- \qquad (3.14)$$

$$\text{Co}: \ +\text{crude Co} \mid CoSO_4 - H_2SO_4 - (NH_4)_2SO_4 \mid Co- \qquad (3.15)$$

$$\text{Cr}: \ +O_2, \text{불용성 양극} \mid Cr_2(SO_4)_3(NH_4)_2SO_4 - H_2SO_4 \mid Cr- \qquad (3.16)$$

이러한 금속 이외에 Cd, Cu, Mn 등 많은 비철금속에 대해서 수용액 전해채취를 적용하고 있다. 또 귀금속인 금, 은도 수용액 화학 프로세스로 채취하고 있다.

(6) 전해채취-용융염 전해

건식제련법으로 용융제련을 하면 산소와의 친화력이 높은 활성금속들은 불순물과도 반응하여 고순도의 금속을 얻기 힘든 경우가 많다. 또 전기화학적으로 수소보다 현저하게 비(base)하고, 수소 과전압이 작으면 수용액 전해법을 적용할 수 없다. 따라서 이러한 활성

금속들은 금속염을 만들어 정제한 후, 수용액 전해법과 같은 원리로 전기분해를 하여 금속을 채취하거나 정제하는데, 이러한 방법을 용융염 전해라 한다.

용융염 전해는 고온으로 용융된 상태의 염(용융염)을 전해질로 사용하는 전기분해이며, 용융염계 구성성분에는 환원할 금속의 염이 포함되어 있다. 알루미늄이나 나트륨의 전해에서는 도전성 탄소 양극의 표면에서 산소 이온이 방전하여 산소 가스가 발생하고, 곧바로 탄소와 반응하므로 소모형 양극이 된다. Mg이나 V의 전해에서 발생하는 것은 탄소 양극과 반응하지 않는 Cl_2 가스이므로 비소모형 양극이다.

용융염 전해를 하는 대표적인 금속은 Al, Mg, Be, Ce, Li, Na, K, Ca 등이 있으며, 그 외에도 각종 희토류(La, Ce, MM, Nd-Fe, La, Ce, MM, Pr-Fe, Nd-Fe, Di-Fe, Dy-Fe, Al-Y)도 용융염 전해에 의해 제조하고 있다. 대표적인 예는 다음과 같다.

$$\text{Al}: \ +C \mid Al_2O_3 - NaAlF_6 - AlF_3 - CaF_2 \mid Al(l) - \tag{3.17}$$

$$\text{Mg}: \ +C \mid MgCl_2 - KCl - NaCl \mid Mg(l) - \tag{3.18}$$

$$\text{Na}: \ +C \mid NaOH - Na_2CO_3 \mid Na(l) - \tag{3.19}$$

$$\text{V}: \ +C \mid VCl_2 - LiCl - KCl \mid V - \tag{3.20}$$

$$\text{희토류}: \ +C \mid RCl_3 - CaCl_2 \mid R(l, s) - \tag{3.21}$$

표 3.4에 주요 금속의 제련법 개요를 종합하여 나타내었다.[10]

[표 3.4] 주요 금속의 제련법 개요

금속	원료	예비처리	금속으로의 환원	금속의 정제
Al	산화광	알칼리 침출, 화학 분리(Al_2O_3)	용융염 전해	3층식 용융염 전해
Ag	자연은, 황화은, 전해 슬라임 귀연	청화법($NaAg(CN)_2$) 화학 분리 Zn에 의한 용융 분리	Zn 세멘테이션 회취 증류·회취	전해
Au	자연금 Ag 전해 슬라임	청화법($NaAu(CN)_2$) 화학 분리	Zn에 의한 세멘테이션	전해
Bi	황화광 제련 중간물	배소(Bi_2O_3) 화학 분리(BiOCl)	탄소환원	플럭스 처리, 전해
Cd	연회, 정액재	화학 분리($CdSO_4$, CdO)	Zn 세멘테이션	전해, 증류
Co	Ni, Cu 광에 수반	Ni 제련과 동일하지만, 그 외 황산화 배소·침전·용해 분리·용매추출	수소에 의한 가압환원	전해
Cr	산화광	정광 알칼리 배소·화학 분리(Cr_2O_3) 화학 분리($NH_4Cr(SO_4)_2 \cdot 12H_2O$)	Fe-Si 환원(Fe-Cr) Al 환원 전해	수소 처리 침화법

계속 ▷

금속	원료	예비처리	금속으로의 환원	금속의 정제
Cu	황화광 산화광	배소·매트 용련($Cu_2S \cdot FeS$) 황산 침출($CuSO_4$), 용매추출	전로 제동 Fe에 의한 세멘테이션, 전해	전해
Ge	제련 중간물	염산 처리·화학 분리(GeO_2)	수소환원	대용융
Hg	황화광		증류(탈황)	재증류
Na	염화물	화학 분리(NaCl)	용융염 전해	
Mg	해수, 염화물 탄산염광	화학 분리($MgCl_2$) 가소($MgO \cdot CaO$)	용융염 전해, 감압하에서 Fe-Si로 환원	
Mn	산화광	정광 황산 처리·화학 분리($MnSO_4$)	탄소환원(Fe-Mn) 전해	
Mo	황화광	산화 배소·화학 분리(MoO_3)	탄소환원(Fe-Mo) 수소환원	
Ni	황화광 산화광 혼합황화광	배소·매트 용련·배소(NiO) 황화광과 용련·환원 배소-침출 암모니아 가압침출·용매추출	탄소환원(Ni, Fe-Ni) 전해 수소 가압환원	전해 $Ni(CO)_4$의 생성· 분해
Pb	황화광 제련 중간물	배소·소결(PbO)	탄소환원 상호 반응에 의한 환원	전해 용리, 선택 산화, 제3원소 첨가
Sb	황화광	용리(Sb_2S_3) 휘발 배소(Sb_2S_3)	Fe에 의한 환원 탄소환원	플럭스 처리 전해
Se	연회, 전해 슬라임	화학 분리(SeO_2) 휘발 배소(SeO_2)	SO_2에 의한 환원	증류
Si	산화광	화학 분리($SiHCl_3$) 화학 분리(SiH_4)	탄소환원(Fe-Si) 수소환원, 열분해	대용융
Sn	산화광	배소	탄소환원	전해
Ti	산화광	염화처리·화학 분리($TiCl_4$), 화학 분리(TiO_2)	Mg 환원, Na 환원 Al 환원(Fe-Ti)	
W	산화광	정광 알칼리 배소·화학분리(WO_3)	탄소환원(Fe-W) 전해	
Zn	황화광 제강 더스트	배소·소결(ZnO) 배소·황산 침출($ZnSO_4$)	탄소환원(증류) 전해	증류 정제

3.4 금속 제련과 퍼텐셜도

금속 제련의 궁극적인 목표는 대상으로 하는 반응이나 반응에 관여하는 물질의 특성을 파악하고, 최적의 반응 장치를 설계·운전함과 동시에 이러한 여러 장치의 최적 구성을 실현하는 것으로 규정할 수 있다. 이 중에서 반응이나 반응 물질의 특성을 파악하려면 화학 열역학, 물성론 및 반응속도론 등을 포함한 물리화학의 체계를 기초로 한 해석이 필요하다. 그리고 실제의 제련 공정에서는 대량의 고체, 액체 및 기체의 집합체나 열의 흐름이 수반되고 이러한 물질이나 열의 이동을 해석하기 위한 반응공학적 수법도 현상 파악에 필요하다. 이러한 기초분야에 대해서는 각각의 전문서적을 참고하여야 할 것이다.

한편 금속 제련의 대상이 되는 광석에는 산화물이나 황화물이 많으며, 황화물이라도 산화물로 만든 후에 다시 금속 상태로 환원하기도 한다. 각 금속에 적용하는 환원법은 기본적으로 평형론(예: 열역학)을 기반으로 한다. 특히 제련 반응에서는 반응이 평형에 도달한 상태를 정량적으로 파악하는 것이 필요하다. 당연히 열역학적 수치를 비교해야 하는데, 그림으로 표시하면 유용하게 활용할 수 있으며, 대표적으로 산화물의 표준 생성 자유에너지-온도도(Ellingham diagram)가 가장 많이 알려져 있다. 그리고 이와 유사한 $\log p_{O_2} - 1/T$과 일정한 온도에서 $\log p_{O_2} - \log p_{S_2}$의 관계를 그래프로 나타낸 퍼텐셜도가 널리 이용되고 있다.

3.4.1 표준 생성 자유에너지-온도도(Ellingham diagram)

화학 반응의 자유에너지나 평형상수는 온도에 따라서 변화하고, 각각 온도의 함수로서 나타낼 수 있다. 이러한 관계를 실제 화학 반응에 대해서 그래프로 나타내 두면 열역학적 제 특성을 직관적으로 파악할 수 있어서 매우 편리하다. 따라서 다음의 식 (3.22)에 나타낸 금속의 산화-환원 반응을 예로 들어 설명한다.

$$\frac{2m}{n}\mathrm{M} + \mathrm{O}_2 = \frac{2}{n}\mathrm{M}_m\mathrm{O}_n \tag{3.22}$$

이 반응의 자유에너지 변화는 다음과 같다.

$$\Delta G = \Delta G^0 + RT\ln\left(\frac{a_{\mathrm{M_mO_n}}^{2/n}}{a_{\mathrm{M}}^{2m/n} \cdot p_{\mathrm{O_2}}}\right) \tag{3.23}$$

여기서 ΔG^0는 표준 자유에너지 변화이며, 평형상태에서는 $\Delta G = 0$이 되므로 평형상수 K를 이용하여 다음과 같이 나타낼 수 있다.

$$\Delta G^0 = -RT\ln K = -RT\ln\left(\frac{a_{\mathrm{M_mO_n}}^{2/n}}{a_{\mathrm{M}}^{2m/n} \cdot p_{\mathrm{O_2}}}\right) \tag{3.24}$$

여기서 M과 $\mathrm{M_mO_n}$을 순수한 물질이라 두면 $a_{\mathrm{M}} = a_{\mathrm{M_mO_n}} = 1$이 되므로 다음과 같이 나타낼 수 있다.

$$\Delta G^0 = RT\ln p_{O_2} \tag{3.25}$$

따라서 ΔG^0는 온도와 p_{O_2}에만 의존하며, 식 (3.25)에서 $RT\ln p_{O_2}$를 산소 퍼텐셜(oxygen potential)이라 한다.

그림 3.2는 제련 반응에서 각종 산화물의 표준 생성 자유에너지와 온도의 관계를 나타낸 것으로, ΔG^0는 T에 대하여 직선으로 나타나 있다. 이와 같은 표준 자유에너지-온도 그래프를 Ellingham diagram이라 부르고 있으며, 그림은 식 (3.22)와 같이 산소(O_2) 1몰을 기준으로 나타내어야 한다.

ΔG^0는 정의에 의해 다음과 같다.

$$\Delta G^0 (= RT\ln p_{O_2}) = a + bT = \Delta H^0 - T\Delta S^0 \tag{3.26}$$

여기서 상수 a는 반응의 표준 엔탈피 변화(생성열) ΔH^0이며, 그림 3.2에서 각 직선을 절대 0도(T=-273 ℃)까지 외삽하였을 때의 ΔG^0와 같다. 그림 3.2에서 직선이 아래쪽에 위치하는 금속일수록 산화되기 쉽고, 그 산화물은 안정하다. 또 상수 b는 그림 3.2에서 직선의 구배($\partial \Delta G/\partial T$)를 나타내고, 반응의 표준 엔트로피 변화(생성 엔트로피)의 음의 값($-\Delta S^0$)에 상당한다. 응축상의 엔트로피 변화는 기상의 엔트로피 변화보다 작으므로 상변화가 일어나는 온도에서 기울기가 바뀐다. 그림의 Ellingham 선에는 반응에 관여하는 물질의 변태점, 융점, 비등점 등에서 이러한 상태 변화에 따른 엔트로피 변화에 상당하는 꺾이는 점도 같이 나타내었다.

그림 3.2의 종축에 O, H, C 점이 표시되어 있다. 우선 O는 해리 산소압을 구하는 기준점이 된다. 예를 들어 1,400 ℃에서 2Fe(s)+O_2=2FeO(l) 반응의 평형 산소분압(해리 산소압)을 구하기 위해서는 FeO에 대한 Ellingham 선상의 1,400 ℃의 점 a와 절대 0도에서의 종축(좌측 축)상의 O점을 연결하는 직선을 P_{O_2}축(우측 축)까지 외삽하면 된다. 1,400 ℃에서 FeO의 해리 산소압(a′ 점)은 $10^{-9.8}$ atm이다. 즉 1,400 ℃에서 $P_{O_2}>10^{-9.8}$ atm에서는 Fe가 산화하여 FeO가 존재한다.[11] H와 C는 각각 수소와 CO 가스에 의한 산화, 환원의 평형을 나타내는 기준점이고, 구하는 방법은 동일하며, 그림 우측의 H_2/H_2O와 CO/CO_2 축까지 외삽하여 비율을 구할 수 있다.[12]

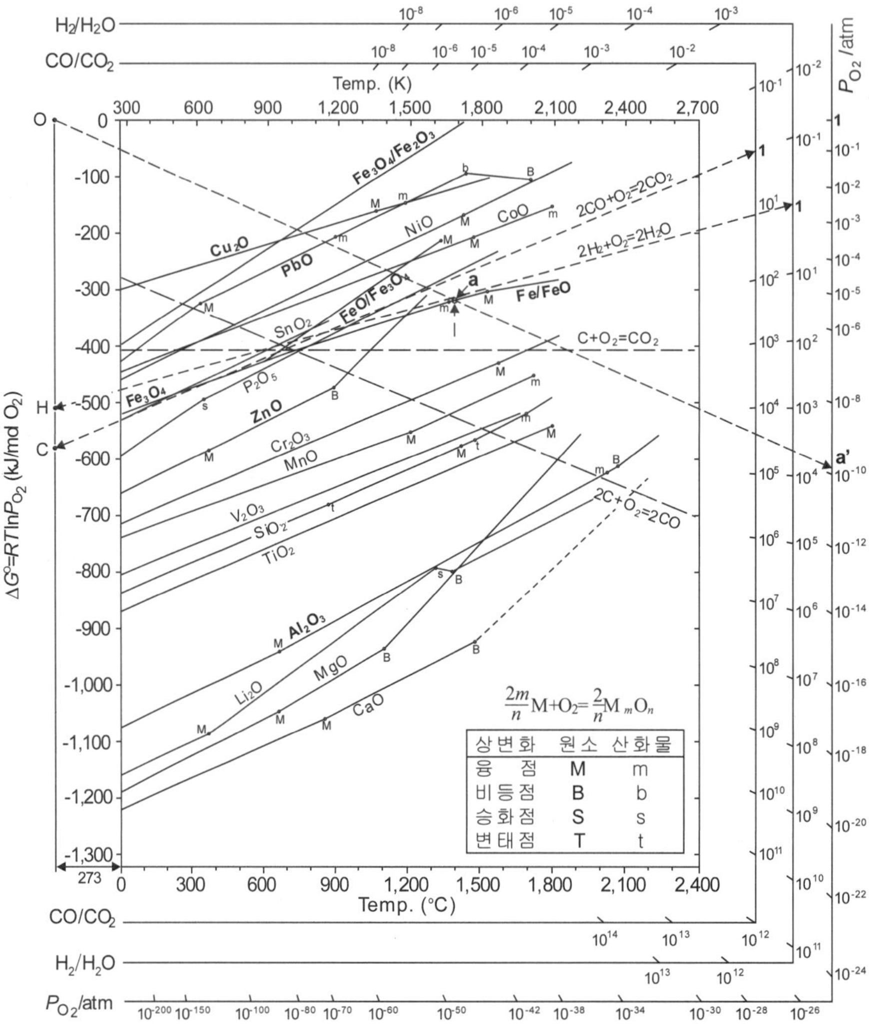

그림 3.2 산화물의 표준 생성 자유에너지 변화-온도도(Ellingham Diagram)

3.4.2 $\log p_{O_2} - 1/T$ 도

금속 M이 산화하여 산화물 M_mO_n이 되는 반응에서 식 (3.24)의 평형상수를 상용대수로 바꾸어 풀어 쓰면 다음과 같다.

$$\log K = \frac{2}{n}\log a_{M_mO_n} - \frac{2m}{n}\log a_M - \log p_{O_2} = -\frac{\Delta H^0}{2.303RT} + \frac{\Delta S^0}{2.303R} \qquad (3.27)$$

Ellingham도에서와 마찬가지로 $a_M = a_{M_mO_n} = 1$이라 두고, $\log p_{O_2}$를 $1/T$에 대해 그래프로 나타내면 그림 3.3과 같이 각각의 금속에 대해서 기울기가 $\Delta H^0/(2.303R)$인 직선이

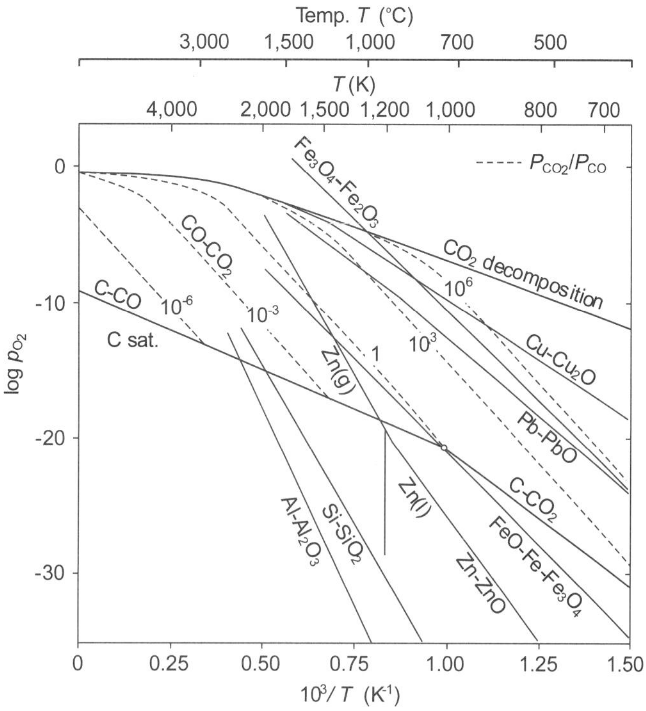

그림 3.3 주요 산화물에 대한 $\log p_{O_2} - 1/T$도

얻어진다. 이 그림은 산화물 생성에 관한 $\Delta G^0 - T$도와 동일한 의미를 갖는 것으로, 금속에 대한 산소의 친화력은 위쪽 금속일수록 약하며, 아래쪽 금속일수록 강하다. 따라서 아래쪽의 금속을 환원제로 사용하여 위쪽의 산화물을 환원하여 금속을 얻을 수 있다. 엄밀한 의미에서는 식 (3.25)의 $RT\ln p_{O_2}$를 산소 퍼텐셜(oxygen potential)이라 하지만, 일정한 온도하에서 $\log p_{O_2}$가 여기에 대응하는 양이므로 그림 3.3도 산소 퍼텐셜과 온도의 관계도라 할 수 있다.

다음은 산화물의 환원제로 많이 사용되는 탄소와 관련하여 C-O 사이의 반응에 대해 알아본다.

$$2CO(g) + O_2(g) = 2CO_2, \quad \Delta G^0 = -565,160 + 172.03T \text{ (J)} \tag{3.28}$$

이 식의 평형상수는 다음과 같이 나타낸다.

$$K = \frac{p_{CO_2}^2}{p_{CO}^2 \cdot p_{O_2}} = \exp\left(-\frac{\Delta G^0}{RT}\right) \tag{3.29}$$

따라서 식 (3.28)과 식 (3.29)로부터 정리하면 다음과 같다.

$$\log p_{O_2} - 2\log\left(\frac{p_{CO_2}}{p_{CO}}\right) = -\frac{29,500}{T} + 8.98 \tag{3.30}$$

식 (3.30)에서 p_{CO_2}/p_{CO} 에 따른 $\log p_{O_2}$와 $1/T$의 관계를 그림 3.3 중에 $CO-CO_2$의 선(점선)으로 나타내었다.[13] 그림에서와 같이 $p_{CO_2} > p_{CO}$ 라면 이 선은 위쪽으로, $p_{CO_2} < p_{CO}$ 라면 아래쪽으로 이동한다.

이러한 관계를 PbO의 환원에 적용해 본다. 그림 3.3으로부터 PbO의 환원에는 Pb-PbO 선보다 낮은 $\log p_{O_2}$가 필요하다. 노 내의 p_{CO_2}/p_{CO}를 100 정도로 한 $\log p_{O_2}$의 분위기가 만들어지면 환원이 진행되어 PbO는 금속 납으로 되며, 이때의 평형 반응은 다음 식과 같다.

$$PbO(s) + CO(g) = Pb(l) + CO_2(g), \quad \Delta G^0 = -98,140 + 16.23T \ (J) \tag{3.31}$$

그러나 납 광석 중의 불순물인 철에 대해서도 고려하여야 한다. FeO는 p_{CO_2}/p_{CO}가 1 정도에서 금속철로 환원된다. 따라서 불순물인 철을 산화물로 남겨서 슬래그로 분배하여야 하므로 납 제련에서는 $1 < p_{CO_2}/p_{CO} < 100$ 정도의 $\log p_{O_2}$ 분위기에서 PbO를 환원하고 있다.*

3.4.3 M-S-O 퍼텐셜도

비철금속은 황화물로 산출되는 경우가 많으므로 황화물의 산화 반응에 대해서 고찰하는 경우 금속 M의 O와 S에 대한 친화력을 동시에 평가하는 것이 필요하다. 금속 M의 산화 및 황화 반응은 다음과 같다.

$$2M + O_2 = 2MO, \quad \log K = 2\log(a_{MO}/a_M) - \log p_{O_2} \tag{3.32}$$

$$2M + S_2 = 2MS, \quad \log K = 2\log(a_{MS}/a_M) - \log p_{S_2} \tag{3.33}$$

여기서 $a_M = a_{MO} = a_{MS} = 1$로 두면, 일정 온도에서 $\log p_{O_2}$와 $\log p_{S_2}$, 즉 산소 퍼텐셜과 유황 퍼텐셜에 대응하는 값을 종축과 횡축에 잡은 그림 3.4를 그릴 수 있다. 이 그림 중에서 식 (3.32)와 식 (3.33)의 평형 관계는 각각 수평, 수직의 선으로 나타나고, 또 좌하에서 우상으로의 사선은 다음의 평형 관계를 나타낸다.

$$2MS + O_2 = 2MO + S_2, \quad \log K = 2\log(a_{MO}/a_{MS}) + \log p_{S_2} - \log p_{O_2} \tag{3.34}$$

---

* 제8장「납의 리사이클링」참조.

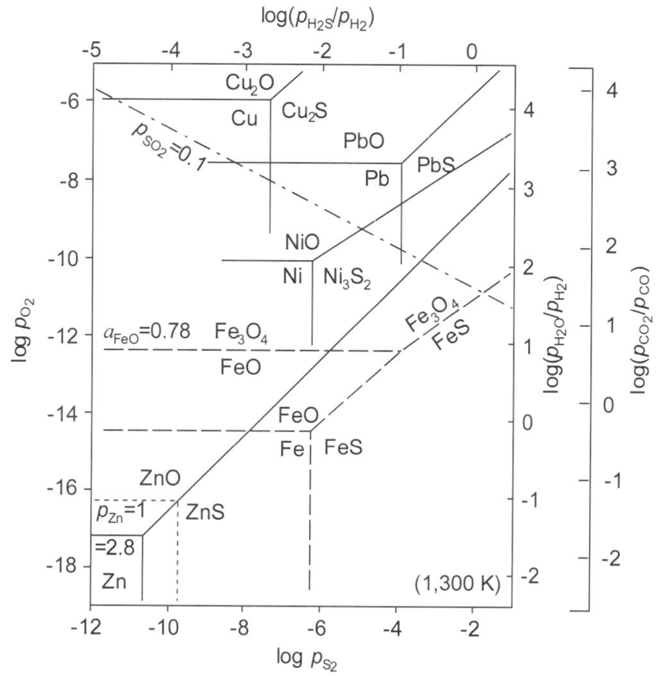

그림 3.4 M-S-O계 유황-산소 퍼텐셜도(1,300 K)

따라서 이 그림으로부터 일정한 온도에서 M, MS, MO의 안정영역을 구분하여 나타낼 수 있게 된다. 또 그림의 상단에 나타낸 p_{H_2S}/p_{H_2}, 우측에 나타낸 p_{H_2O}/p_{H_2}, p_{CO_2}/p_{CO} 등에 의해서도 각각 S, O의 퍼텐셜이 표시되고, H_2나 CO 등과의 반응 가능성에 대하여 검토할 수 있다.

또 그림에는 아래 식으로부터 p_{SO_2}= 0.1 atm일 때의 값을 나타내는 등압선을 일점쇄선의 사선으로 나타내었다.

$$1/2S_2(g) + O_2(g) = SO_2(g), \quad \Delta G^0/J = -361,660 + 72.48T \tag{3.35}$$

$$\log K = \log p_{SO_2} - 1/2\log p_{S_2} - \log p_{O_2}$$

이 p_{SO_2} 등압선은 공기 중의 산소를 이용하여 황화물을 산화시킬 때, O_2의 반응률을 50 %로 보고 그린 것이지만, 산소 농도가 높아져도 그 위치는 크게 바뀌지 않는다. 제련 공정에서는 황화물에 대한 p_{S_2}를 감소시키는 방법으로 공기 중의 O_2를 이용하여 SO_2로서 제거하여 가는 것이므로 일정한 p_{SO_2}하에서 서서히 p_{S_2}를 감소시키고 p_{O_2}를 증가시켜 가는 과정으로 생각할 수 있다. 따라서 분위기는 SO_2의 등압선에 따라서 그림의 우하에서 좌상으로 변화한다.

이 그림으로부터 ZnS, FeS, Ni_3S_2는 산화물이 되며, Cu_2S와 PbS는 산화물이 되기 전에 금속상이 만들어지는 것을 알 수 있다. 따라서 아연 제련의 경우 ZnS를 산화시켜 ZnO로 만든 후에 C으로 환원하는 건식제련이나, 황산으로 침출하는 습식제련을 하고 있다. 다만 이러한 관계는 온도에 따라서 바뀔 수 있으므로, 공정 온도에서 이러한 M-S-O 퍼텐셜도를 그려서 검토할 필요가 있다.

제3장 | 참고문헌

1 World, Steel Association, 2020: World crude steel Production - Summary, WSA, Brussels, Belgium.

2 A. C. Reardon, editor, 2011: Ch. 4 Discovering Metals—A Historical Overview, Metallurgy for the Non-Metallurgist, 2nd Ed., p. 76, ASM International.
G. Carter, Principles of Chemical and Physical Metallurgy, American Society for Metals, 1979.

3 大谷正康, 1971: 鉄冶金熱力学, p. 2, 日刊工業新聞社, 東京.

4 安座上竹四, 粟倉泰弘, 1999: 金屬製錬工學(Extractive Metallurgy), p. 109, 日本金屬學會.

5 K. Ono, 2004: Extractive Metallurgy III: Physicochemical Classification of Reduction Processes and Steelmaking, Materia Japan 43(8), pp. 680-685.

6 손호상, 2019: 자원리사이클링공학, p. 50, 경북대학교출판부.

7 손호상, 박종일, 최승덕, 2010: 고순도 몰리브덴 제조기술 현황, 재료마당 23(3), pp. 15-23.

8 손호상, 2020: Kroll법에 의한 타이타늄 제조기술, 자원리싸이클링 29(3), pp. 3-14.

9 손호상, 정재영, 2016: 타이타늄 제련기술 현황, 자원리싸이클링 25(4), pp. 68-79.

10 安座上竹四, 粟倉泰弘, 1999: 金屬製錬工學(Extractive Metallurgy), p. 4, 日本金屬學會.

11 손호상, 2019: 자원리사이클링공학, p. 49, 경북대학교출판부.

12 S. Banya, 1996: Physical Chemistry of Metals, p. 83, The Japan Institute of Metals.

13 Katsunori Yamaguchi, 2009: Utilization of Thermodynamics in Extractive Metallurgy, Netsu Sokutei 365, pp. 255-262.

제4장 철 스크랩의 리사이클링
Recycling of Ferrous Scraps

4.1 서론

철(鐵, iron, Fe)은 구조용 금속으로는 알루미늄(Al) 다음으로 지각 중 원소 존재도가 높은 금속이면서, 인류가 가장 많이 사용하는 금속으로, 전 세계에서 연간 18억 톤 이상이 생산되고 있다. 철은 차량, 선박 등의 운송 수단, 교량, 철도 등의 사회기반시설은 물론 각종 건축물과 생활용품에 이르기까지 다양한 분야에서 사용되고 있으므로 철이 없는 세상은 상상하기 힘들 정도로 중요한 금속이다.

인류가 철을 처음 사용하게 된 것에 대해 '채광 착오설'과 '산불설' 등 두 가지 설이 있다. 채광 착오설은 적철광(Fe_2O_3)을 청동의 원료인 황동광($CuFeS_2$)으로 오인하여 채취한 뒤, 청동 제조로에서 용해시키다가 철 성분만 남은 덩어리를 얻었다는 것이다. 산불설은 지표면에 드러나 있던 철광석이 산불 때문에 환원되어 철 덩어리로 변한 것을 가지고 철을 만들었다는 것이다.[1]

철강 제련의 기원은 불분명하지만, 전 세계적으로 가장 오래된 철기는 서남아시아의 아나톨리아(Anatolia)를 중심으로 한 주변 지역에서 발견되었다. 최초의 철기들은 기원전 3000~기원전 2000년경의 것이며, 주로 운철(隕鐵, meteorites)로서 운석(隕石)으로부터 추출되는 자연철(自然鐵)이므로 수량이 매우 적고 제작도 산발적이었다. 또한 제작된 도구의 종류도 장신구나 칼[刀子] 정도에 지나지 않는다. 인류가 철광석을 제련하여 본격적으로 철을 만들어 사용함으로써 청동기를 대체하기 시작한 것은 히타이트 제국(Hittite, 기원전 1450~기원전

1200)부터이며, 제국이 멸망하는 기원전 1200년경부터는 서남아시아 각지로 전파되었다. 대체로 메소포타미아 지방에는 기원전 13세기, 이집트와 이란 지역은 기원전 10세기, 유럽은 기원전 9세기~기원전 8세기에 들어서 철이 보급되었다.[2]

동아시아 철기 문화는 기원전 8세기 무렵 흑해 연안의 스키타이 문화(Scythian culture)와 철기 제조 기술이 동쪽으로 이동하여 발생하였다. 중국의 경우 은·주(殷·周)시대에 운철로 제작된 철기가 몇 개 발견되기는 했으나 제련한 철의 제작은 춘추(春秋)시대 말에서 전국(戰國)시대 초기(기원전 400년경)*에 이르러서야 이루어진다. 전국시대 후반이 되면 철기가 많이 보급되지만, 대부분은 주조(鑄造, casting)에 의해 만들어진 농기구류이다. 중국에서 본격적으로 철기가 보급된 것은 진(秦), 한(漢)대에 이르러서이다.

우리나라의 철기 문화는 중국 전국시대 철기의 영향을 받아 성립되어 초기에는 중국과 마찬가지로 주조철부(鑄造鐵斧, 쇠도끼)†를 비롯한 농공구류가 많았다. 우리나라의 철기 문화는 기원전 1세기에서 기원을 전후한 무렵부터 본격적으로 자체 생산이 가능하고 원재료를 수출할 정도의 단계에 이르렀으며, 이때부터는 단조철기(鍛造鐵器)가 제작되기 시작하였다. 한편 『삼국지(三國志)』「위서(魏書)」 동이전(東夷傳)을 보면 서기 3세기경 영남 일대에서 철이 많이 생산되어 마한, 동예, 왜 등과 철을 교역한 기록이 남아 있다.‡ 따라서 서기 3세기 이전부터 교역이 있었던 것으로 보인다. 이러한 한반도의 철기 문화는 가야에 이르러 찬란한 금자탑을 이룬다. 가야에서는 철기를 사용하여 벼농사를 발달시켰으며, 쇠도끼, 쇠창, 쇠화살촉, 쇠침, 철검, 철주, 철갑옷은 물론 덩이쇠(철정, 鐵鋌)§를 만들어 화폐로도 사용하였다.

이처럼 오랜 역사를 가지고 있는 고대금속인 철강은 수집하여 용해하고 성분 조정을 거치면 곧바로 재사용할 수 있으므로 리사이클링하기 쉬운 재료이다. 따라서 그동안 스크랩이 된 철강의 약 90 % 이상은 리사이클링하여 왔다. 『삼국사기』의 문무왕(661~681) 본기

---

* 춘추전국(春秋戰國)시대: 중국에서 기원전 770년부터 기원전 221년까지의 약 500년간을 말하며, 극도의 혼란을 비유하여 이르는 말로도 쓰인다. 춘추(春秋)는 공자가 엮은 노(魯)나라의 역사서인 『춘추(春秋)』에서 유래되었고, 전국(戰國)은 한(漢)나라 유향(劉向)이 쓴 『전국책(戰國策)』에서 유래되었다.

† 주조철부(鑄造鐵斧): 용융한 쇳물을 거푸집에 부어 제작한 도끼 모양의 도구.

‡ 『삼국지(三國志)』「위서(魏書)」 동이전(東夷傳)의 기록은 다음과 같다. "國出鐵, 韓濊倭皆從取之. 諸市買皆用鐵, 如中國用錢. 又以供給二郡.[나라(변한)에 철이 나는데, 韓(마한)·濊(동예)·倭(왜) 모두 와서 가져간다. 모든 시장에서 물건을 사고 팔 때 철을 사용하는데 중국에서 화폐를 사용하는 것과 같다. 그리고 二郡에 공급한다.]"

§ 덩이쇠(철정, 鐵鋌): 위아래가 넓고 가운데가 잘록한 직사각형 모양의 철(쇠)판.

그림 4.1 국립중앙박물관에 전시되어 있는 덩이쇠(출처: 나무위키namu.wiki)

문무왕 21년 조에 수록된 문무왕 유조에는 "무기를 녹여 농기구를 만들었고, 백성을 어질고 오래 살게 하였다."라는 이야기가 실려 있다. 고려시대에도 성종(981~997) 6년에 개혁의 일환으로 칼을 녹여 농기구를 만들었다고 전해진다.[3] 이러한 내용은 비록 통치의 수단으로 철을 리사이클링한 것이지만, 옛사람들도 철강 재료를 리사이클링하여 온 것을 의미한다.

한편 우리 생활과 밀접한 부분에서 다양하게 사용된 철강 재료는 수명이 다하면 리사이클링할 수 있는 매우 환경친화적인 금속이다. 특히 철 스크랩으로부터 철강재를 생산하는 경우 철광석으로부터 환원하여 철강재를 얻는 것에 비해 CO_2 발생량은 약 58 % 줄일 수 있고, 에너지는 약 16 % 절약할 수 있다.[4,5]* 알루미늄의 리사이클링에 따른 에너지 절감률(95 %)과 비교하면 적은 값이지만, 2019년의 전 세계 조강(crude steel) 생산량이 약 18.7억 톤[6]인 점을 고려하면 전체 절감량은 다른 금속과 비교할 수 없을 정도이다. 전 세계 조강 생산량의 약 28 %는 철 스크랩을 주원료로 사용하는 전기로법에 의한 것이지만, 고로법에서도 전로에 일정량의 철 스크랩을 투입하므로 리사이클링에 의한 생산량은 이보다 많다.

표 4.1에는 이러한 철(Fe)의 기본적인 물리적·화학적 성질을 나타내었다. 철강을 대량 생산하여 사용하게 된 것은 철이 다음과 같은 특징을 가지고 있기 때문이다.

---

* Norgate의 계산 결과에 따르면 약 60 %를 절감할 수 있는 것으로 보고되어 있다.

[표 4.1] 철(Fe)의 물리적·화학적 성질

원소기호/원자번호		Fe/26
원자량		55.854 g/mol
녹는점		1,538 ℃ (1,811 K)
끓는점		2,861 ℃ (3,134 K)
밀도	상온	7.874 g/cm^3
	액체(at m. p.)	6.98 g/cm^3
용융열		13.81 kJ/mol
증발열		340 kJ/mol
몰비열 C_P(at 293 K)		25.10 J/(mol·K)
열전도도		80.4 W/(m·K)
전기저항도(at 20 ℃)		96.1 nΩ·m (at 20 ℃)
결정구조		·body-centered cubic(bcc) ·face-centered cubic(fcc) (1,185~1,667 K)

① 지각 중 원소의 존재도가 5.63 %이며 네 번째로 풍부한 원소이다.

② 금속 중에서 생산량이 압도적으로 많으며 가격이 싸다.

③ 강도가 높고 인성이 있으며, 기계 가공, 용접 등 각종 가공이 가능하다.

④ 조성이나 열처리, 가공 등에 의해 더욱더 우수한 성질을 얻을 수 있다.

⑤ 피복성, 도장성 등이 양호하여 부식을 방지할 수 있다.

⑥ 합금원소의 첨가에 의해 내식성, 내마모성, 내열성, 강도, 인성 등을 향상시킬 수 있다.

⑦ 수명이 다한 철강재는 재용해 및 정련에 의해 리사이클링할 수 있다.

본 장에서는 이러한 철강재의 리사이클링을 이해하기 위한 철강 제조 공정과 철 스크랩의 리사이클링 기술 및 철강재 생산 과정에서 발생하는 더스트 등의 처리 기술에 대해 설명한다.

4.2 철강 생산량과 용도

인류가 1900년부터 생산한 물질 가운데 가장 많이 생산한 것은 시멘트로서 2019년에만 약 41억 톤을 생산하였다.[7] 그다음으로 대량 생산한 것이 철강이며, 2019년에는 18.7억 톤을 생산하여 전체 금속 생산량의 약 95 %(중량 기준)를 차지하였다. 그림 4.2에는 1900년부터 2019년까지의 조강 생산량 변화를 나타내었다. 제2차 세계대전이 끝나고 경제 재건기인 1950년대에 들어서면서 2억 톤을 돌파한 후 생산량이 지속적으로 증가하였다. 특히 이 시기에 순산소 전로법(BOF: Basic Oxygen Furnace)이 실용화되어 철강의 대량 생산에 기여하였다. 이후 1980년대 말까지 8억 톤 미만을 생산하였으나, 1990년대에 들어와서 중국의 철강 특수에 힘입어 전 세계 조강 생산량이 현저하게 증가하기 시작하여 지금에 이르고 있다. 2019년 현재 중국의 조강 생산량은 약 9.96억 톤으로 전 세계 조강 생산량의 53.3 %를 차지하고 있다.[6]

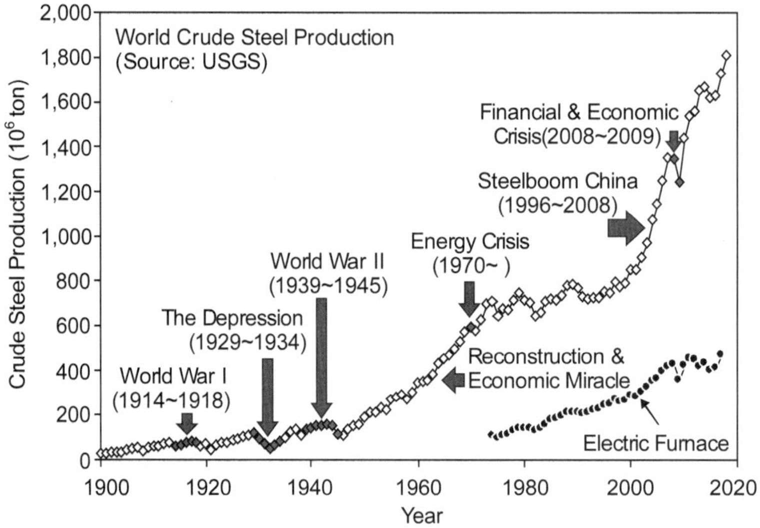

그림 4.2 전 세계 조강 생산량의 변화

한편 전기로(EF: Electric Furnace) 제강법에 의한 조강 생산량은 꾸준히 증가하고 있으며, 전체 조강 생산량의 증가에 따라 1990년대 말까지는 거의 35 % 수준을 유지하였다. 그러나 2000년대에 들어서면서 중국의 BOF법 조강 생산량(조강 생산량의 약 90 %)이 급격히 증가함에 따라 EF법의 생산 비율은 약 25 % 수준까지 감소하였는데, 최근에 다시 증가하는 추세이며, 2017년에는 전체 조강 생산량의 약 28 % 수준인 약 4.7억 톤을 EF법으로 생산하였다. 그러나 BOF법에서도 조강 생산량의 약 15 %는 철 스크랩을 사용하므로 실제 철 스크랩 사용량은 6억 톤을 초과하는 것으로 추산하고 있다.

그림 4.3에는 BOF법과 EF법에 따른 우리나라의 조강 생산량을 비교하여 나타내었다. 우리나라의 조강 생산량도 꾸준히 증가하여 2019년에는 약 7140만 톤을 생산하여 중국, 인도, 일본, 러시아, 미국에 이어 세계 6위이며,[8] 국민 1인당 생산량은 1톤을 초과하여 세계 1위의 생산 대국이다. EF법에 의한 조강 생산량은 1990년대 초반 약 35 % 수준에서 꾸준히 증가하여 2000년대에는 약 45 %까지 증가하였다. 그러나 현대제철이 본격적으로 가동되면서 약 30 % 수준까지 감소하였으나, 최근에는 다시 증가하여 2019년 기준 약 33 %인 2300만 톤을 EF법으로 제조하였다. BOF법의 약 10 % 이상은 철 스크랩을 원료로 사용하므로 약 2800만 톤 이상의 철 스크랩을 사용하는 것으로 추정할 수 있다.

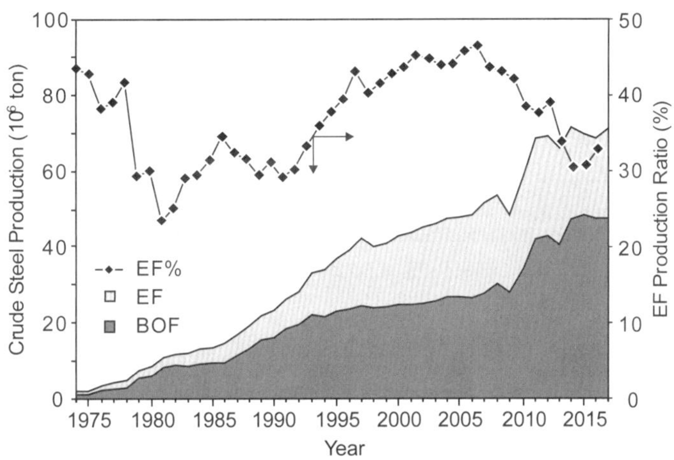

그림 4.3 우리나라의 조강 생산량과 EF법 생산 비율의 변화

그림 4.4에는 2019년 기준 철강의 용도별 사용 비율과 내구성을 시각적으로 나타내었다.[9,10] 그리고 표 4.2에는 철강재의 용도별 수명과 리사이클링률을 나타내었다.[11] 전 세계 조강 생산량의 약 51 %는 건설 등의 인프라 구축에 사용되는데, 개발도상국일수록 그 비율이 높아지며, 선진국의 경우 약 30 % 수준인 것으로 알려져 있다. 그다음으로 기계설비, 자동차 등의 수송기기 제작에 사용되고 있다. 이러한 용도별 사용량의 추세에는 큰 변화가 없을 것으로 생각된다.

철강 제품의 수명은 사회기반 시설과 건축물 등이 가장 길며, 스틸캔 등이 가장 짧은 것을 알 수 있다. 그리고 그림 4.4와 표 4.2로부터 비교적 내구 연수가 짧은 가전제품, 자동차, 전기기기, 스틸캔 등의 리사이클링이 중요한 것을 알 수 있다. 철강의 리사이클링률

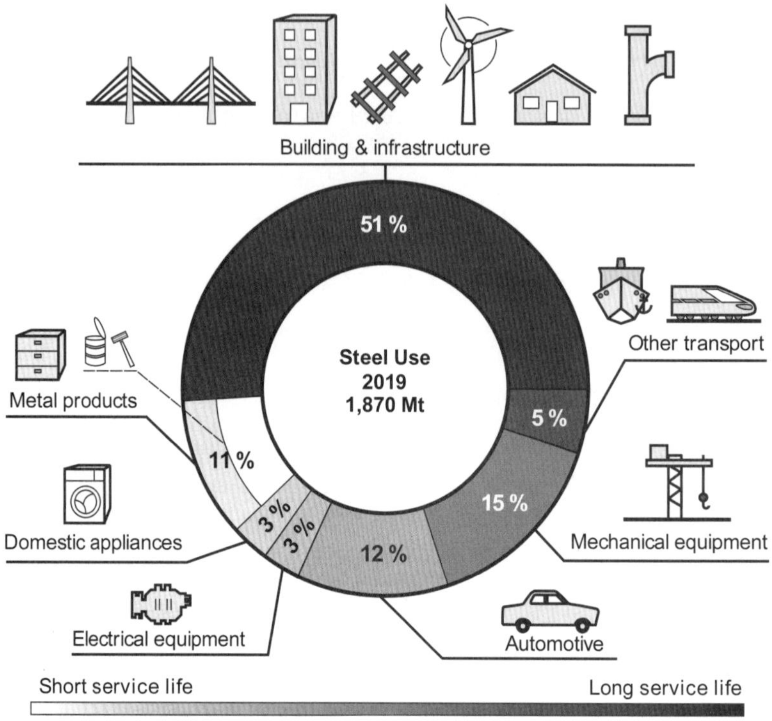

그림 4.4 2019년 기준 철강재의 용도별 사용 비율과 내구성

[표 4.2] 철강재의 용도별 수명과 리사이클링률

Product	Lifetime (years)	Recycling rate(%)	
		2007	2050*
Construction	40~70	85	90
Automotive	7~15	85	90
Machinery	10~20	90	95
Appliances	4~10	50	65
Steel Cans	<1	69	75
Global Ave. (weight)	-	83	90

*세계철강협회의 목표

은 비교적 높은 편이지만, 일반 소비재와 스틸캔의 경우 50 % 및 69 %로 낮은 편이다. 세계철강협회에서는 2050년까지 기계류는 95 %, 건설 및 수송기기는 90 % 이상의 리사이클링률을 목표로 하고 있다. 한편 이러한 내구 연수와 리사이클링률을 고려하면 향후 10년 이내에 중국에서 다량의 철 스크랩이 발생될 것으로 예상된다.

4.3 철강 제조 프로세스의 개요

그림 4.5에는 철강 제조의 주류를 이루고 있는 고로 일관 철강 제조 프로세스와 전기로 제강 프로세스를 같이 나타내었다.[12] 우선 철광석으로부터 선재, 판재 등의 제품까지 일관하여 생산하는 공장을 고로 일관 밀(mill), 전기로에서 주원료인 철 스크랩을 용해하여 제품을 만드는 공장을 전기로 밀, 슬래브(slab), 블룸(bloom), 빌릿(billet) 등의 반제품을 가열·압연하여 제품으로 만드는 공장을 압연 밀이라 한다. 철 스크랩은 전기로 제강의 주원료로 사용되지만, 전로(BOF)에서도 잉여 열량을 이용하기 위해 일정 비율의 철 스크랩을 사용하고 있다.

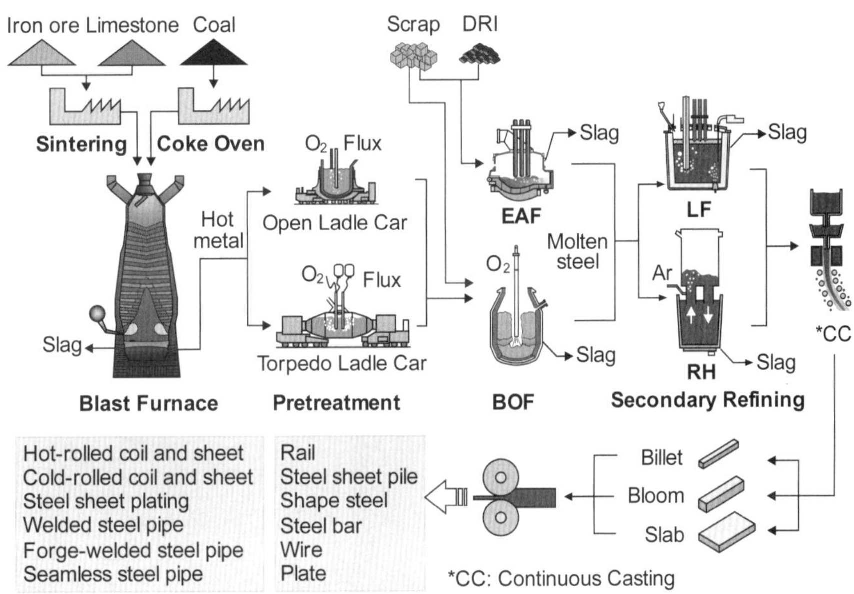

그림 4.5 철강 제조 프로세스의 예

고로(용광로)-예비처리(탈황, 탈린 등)-전로(전기로)-2차 정련(LF, RH 등)의 공정을 거쳐서 목표로 하는 성분과 온도로 제어한 용강을 연속 주조(CC) 설비에서 슬래브(slab), 블룸(bloom), 빌릿(billet) 등으로 연속 주조하고 소정의 길이로 절단한다. 이것을 가열로에서 압연 온도로 재가열한 후, 제품으로 열간가공한다. 후판의 경우 가역식의 후판 압연기로, 열연 박판은 hot strip mill을 이용하여 가공한다. 열연 박판은 산세 후 한 번 더 가역식 압연기 또는 탠덤 압연기를 사용하여 냉연 박판으로 가공한다. 필요에 따라서 냉연 박판을 산세 처리한 후, 주석 및 아연 등으로 도금하여 여러 가지 표면처리 강판을 제조한다. 강관은 박판이나 후판을 성형·용접하는 방법 또는 빌릿이나 블룸을 열간에서 천공(穿孔)한 후에 용접하지 않고 최종 크기까지 압연하는 방법 등으로 제조한다.

4.3.1 고로 제선법

고로(BF: Blast Furnace)-전로(BOF: Basic Oxygen Furnace) 프로세스에서의 철강 제조 공정은 고로에서의 철광석 환원, 전로에서의 산화-탈탄, 연속 주조 공정으로 구성되어 있다. 고로에서는 코크스 중의 탄소(C) 및 이것이 산화하여 발생한 일산화탄소(CO)가 환원제이므로 환원과 동시에 침탄 반응이 일어나서 약 4.5 %의 탄소를 함유하는 용융선철(용선, hot metal)이 얻어진다. 그림 4.6에는 고로 조업의 예를 나타내었다.

Charging raw materials		
Material	Charge (kg/t)	Dia. (mm)
Coke	369	50
Sinter	1200	20
Lump ore	337	25
Pellet	25	12

Blast conditions	
Blast volume(Nm^3/t)	1,052
Pulverized coal(kg/t)	120
Moisture(g/Nm^3)	25
Temperature(°C)	1,150
Pressure(MPa)	0.42
O_2 enrichment(vol.%)	1.7

Furnace top gas	
Dust(kg/t)	15
Gas vol(Nm^3/t)	1,580
Temperature(°C)	152
CO(vol.%)	19.3
CO_2(vol.%)	23.8
H_2(vol.%)	3.3
H_2O(vol.%)	2.2
N_2(vol.%)	51.5

Pig iron & Slag			
Hot metal temp.(°C)		1,504	
Slag ratio(kg/t)		304	
Pig iron(wt%)		Slag(wt%)	
C	4.60	CaO	44.3
Si	0.45	SiO_2	34.7
Mn	0.30	Al_2O_3	15.0
P	0.11	MgO	4.2
S	0.02	MnO	0.3
		(S)	0.7

그림 4.6 고로 조업의 예

철강 재료의 주원료가 되는 철광석에는 철분 함량이 높은 적철광(hematite, Fe_2O_3)과 자철광(magnetite, Fe_3O_4)이 있으며, 그 외에 갈철광(limonite), 능철광(siderite) 등이 있다. 따라서 고로에서는 산화철인 Fe_2O_3, Fe_3O_4가 다음과 같이 순차적으로 환원된다.[13]

<833 K: $Fe_2O_3(s) \rightarrow Fe_3O_4 \rightarrow Fe$

833 K~1,650 K: $Fe_2O_3(s) \rightarrow Fe_3O_4 \rightarrow FeO \rightarrow Fe$

산화철의 CO(g)에 의한 간접 환원 반응은 다음과 같다.

$$3Fe_2O_3(s) + CO(g) = 2Fe_3O_4(s) + CO_2(g) \tag{4.1}$$

$$\Delta H^0_{298} = -52.46 \text{ kJ}, \quad \Delta G^0 = -19{,}105 - 69.13T \text{ (J)}$$

$$Fe_3O_4(s) + CO(g) = 3FeO(s) + CO_2(g) \tag{4.2}$$

$$\Delta H^0_{298} = 40.54 \text{ kJ}, \quad \Delta G^0 = 10{,}610 - 17.80T \text{ (J)}$$

$$FeO(s) + CO(g) = Fe(s) + CO_2(g) \tag{4.3}$$

$$\Delta H^0_{298} = -18.56 \text{ kJ}, \quad \Delta G^0 = -18{,}150 + 21.29T \text{ (J)}$$

833 K 이하에서는

$$Fe_3O_4(s) + 4CO(g) = 3Fe(s) + 4CO_2(g) \tag{4.4}$$

$$\Delta H^0_{298} = -15.14 \text{ kJ}, \quad \Delta G^0 = -43{,}840 + 46.06T \text{ (J)}$$

한편, 고체탄소에 의한 산화물의 환원 반응을 직접환원(direct reduction)이라 부르며, 반응식은 다음과 같다.

$$3Fe_2O_3(s) + C(s) = 2Fe_3O_4(s) + CO(g) \tag{4.5}$$

$$\Delta H^0_{298} = 119.96 \text{ kJ}, \quad \Delta G^0 = 152{,}555 - 244.2T \text{ (J)}$$

$$Fe_3O_4(s) + C(s) = 3FeO(s) + CO(g) \tag{4.6}$$

$$\Delta H^0_{298} = 212.96 \text{ kJ}, \quad \Delta G^0 = 182{,}270 - 192.8T \text{ (J)}$$

$$FeO(s) + C(s) = Fe(s) + CO(g) \tag{4.7}$$

$$\Delta H^0_{298} = 153.9 \text{ kJ}, \quad \Delta G^0 = 154{,}610 - 153.7T \text{ (J)}$$

833 K 이하에서는

$$Fe_3O_4(s) + 4C(s) = 3Fe(s) + 4CO(g) \tag{4.8}$$

$$\Delta H^0_{298} = 674.54 \text{ kJ}, \quad \Delta G^0 = 642{,}800 - 654.02T \text{ (J)}$$

직접환원은 모든 반응이 흡열 반응이므로 노 내의 열보상 관점에서는 바람직하지 않은 반응이다. 고로 내에서는 CO(g)에 의한 간접환원이 70~80 %, 직접환원이 20~30 % 정도인 것으로 알려져 있다. 그리고 고로 내에서 열풍 중의 수분이 분해되어 발생한 수소에 의해 철광석의 환원 반응이 일어나기도 한다.

고로에서 생성된 용철은 노의 바닥 부분에 모이며, 고로 중에는 항상 과잉의 탄소가 존재하므로 용철은 탄소 포화 용해도에 도달해 있다. 철-탄소계 상태도에 따르면 공정점은 1,426 K, [%C]=4.26이다.

철광석 중의 Si, Mn 등의 원소도 아래와 같이 환원되어 용철 중으로 들어간다.

$$(SiO_2)+2C(s) = [Si]+2CO(g), \quad \Delta H^0_{298} = 689.4 \text{ kJ/mol Si} \tag{4.9}$$

$$(MnO)+C(s) = [Mn]+CO(g), \quad \Delta H^0_{298} = 274.5 \text{ kJ/mol Mn} \tag{4.10}$$

여기서 [ ]는 용철 중에 용해되어 있는 원소를 나타내며, ( )는 슬래그 중의 성분을 나타낸다. 이러한 반응은 전부 흡열 반응이므로 고온일수록 반응이 촉진된다.

고로 내에 장입된 S의 85~90 %는 다음 식과 같은 반응에 의해 슬래그로 분배된다.

$$(CaO)+[S]+C(s)=(CaS)+CO(g) \tag{4.11}$$

그러나 P는 고온, 고환원성 분위기인 고로의 노상(hearth)에서 아래 식과 같은 직접환원 반응에 의해 용선 중으로 흡수된다.

$$1/2(P_2O_5)+5/2C(s)=[P]+5/2CO(g) \tag{4.12}$$

4.3.2 용선 예비처리

고로에서의 환원 반응에 의해 제조된 용선 중에는 철강 5대 원소인 C, Si, Mn, P, S가 함유되어 있다. 이러한 용선은 필요에 따라 탈규, 탈황, 탈린을 위한 예비처리를 한 후, 전로에서 필요 탄소량까지 산화-탈탄하여 용강으로 만든다. 그림 4.7에는 토피도 레이들을 이용하는 예비처리 공정의 예를 나타내었다.[14]

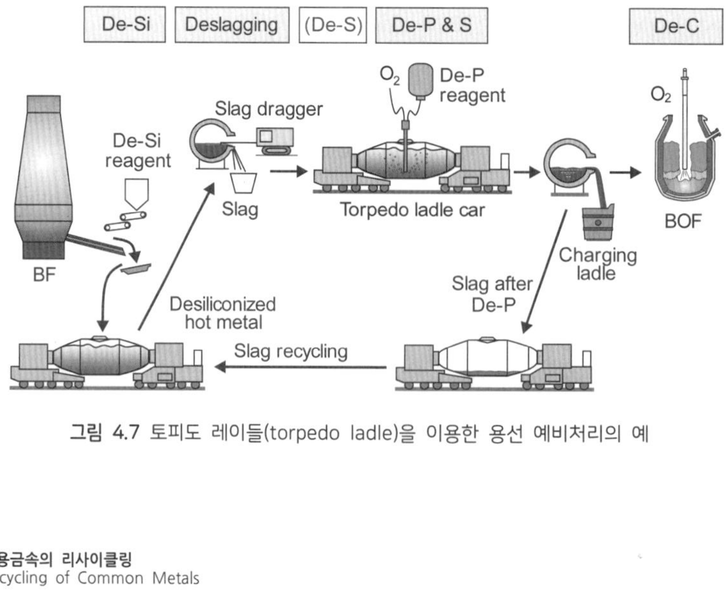

그림 4.7 토피도 레이들(torpedo ladle)을 이용한 용선 예비처리의 예

일반적으로 전로에서의 탈황률은 40~60 % 정도이므로, 용선 중 S가 높을 때는 S와 친화력이 높은 CaO 등의 탈황제(플럭스)를 첨가하여 다음 식과 같이 예비적으로 탈황을 한다.

$$[S]+(CaO)+[C]=(CaS)+CO(g) \tag{4.13}$$

철광석 중의 P는 고로에서 전부 환원되어 용선 중으로 들어가므로 CaO와 산화철을 첨가하여 다음과 같이 탈린한다.

$$2[P]+5(FeO)+3(CaO)=(3CaO\cdot P_2O_5)+5Fe(l) \tag{4.14}$$

$$2[P]+5(FeO)+4(CaO)=(4CaO\cdot P_2O_5)+5Fe(l) \tag{4.15}$$

최근에는 유휴 전로를 이용하였던 예비처리로서의 전로 탈린이 일반화되기도 하였다.[15] 그리고 용선 중 Si 농도가 높을 때는 밀 스케일, 소결광, 사철 등의 산화철을 사용하여 탈규소 처리를 하기도 한다.

4.3.3 전로 제강법

용광로(고로)에서 코크스를 환원제로 사용하여 산화철을 환원하므로, 용선(molten pig iron) 중에는 약 4.5 wt%의 C과 광석 중에 함유되어 있던 P, Si, Mn, S 등이 환원되어 들어간다. 따라서 이 상태로는 철강 재료로 사용할 수 없으므로 전로(BOF)에서 산화 정련을 한다. 전로의 주원료는 용선이지만 산화 반응열에 의한 용강의 과열을 방지하기 위해 약 10~20 %의 철 스크랩도 원료로 사용하고 있다. 그림 4.8에는 상·저취 복합취련 전로에서의 조업 예를 나타내었다.

전로에서의 주반응은 순산소(O_2) 가스 및 산화철(Fe_2O_3)에 의한 용선 중 탄소의 탈탄 반응이다. 특히 제강 공정에서 제거하여야 하는 불순물은 철강 5대 원소(C, Si, Mn, P, S)와 분위기로부터 용강 중에 용해되는 수소나 질소, 탈탄 반응에 이용되면서 용해된 산소 등이다. 이러한 불순물 원소의 정련 반응은 다음과 같다.

$$[C]+[O]=CO(g),\quad \Delta G^0=-22,200-38.34T\ (J) \tag{4.16}$$

[16]

$$[Si]+2[O]=(SiO_2),\quad \Delta G^0=-576,440+218.2T\ (J) \tag{4.17}$$

$$[Mn]+[O]=(MnO),\quad \Delta G^0=-241,000+105.93T\ (J) \tag{4.18}$$

$$2[P]+3(CaO)+5[O]=(3CaO\cdot P_2O_5) \tag{4.19}$$

$$[S]+(CaO)=(CaS)+[O] \tag{4.20}$$

$$2[\mathrm{N}] = \mathrm{N}_2(g), \ \Delta G^0 = -19{,}382 - 40.34T \ (\mathrm{J}) \tag{4.21}$$

$$2[\mathrm{H}] = \mathrm{H}_2(g), \ \Delta G^0 = -72{,}920 - 60.92T \ (\mathrm{J}) \tag{4.22}$$

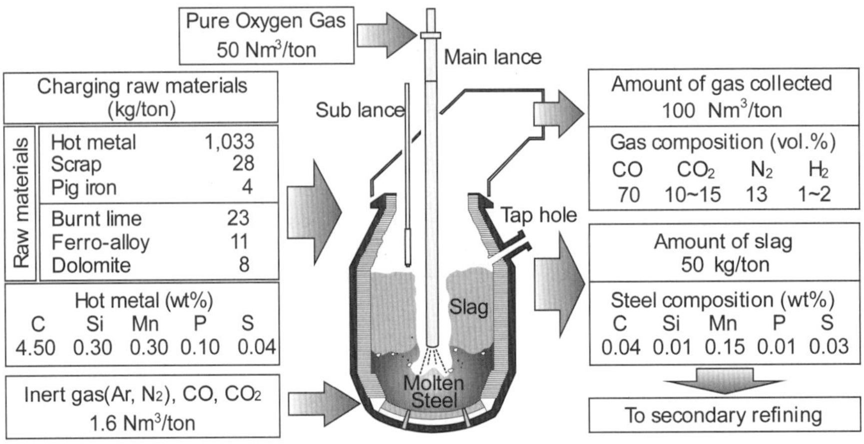

그림 4.8 상·저취 복합취련 전로에서의 조업 예

그리고 냉각재로 투입된 철 스크랩 중의 불순물도 산화 정련으로 제거되지만, 철보다 산소와의 친화력이 낮은 Cu, Sn, Ni 등은 제거할 수 없다. 산화 정련에 의한 불순물 제거는 식 (4.16)과 같이 가스상으로 제거되는 것과, 식 (4.17)~(4.20)과 같이 슬래그상으로 제거되는 반응으로 구분할 수 있다. 특히 슬래그상으로 제거되는 경우에는 조재제로 첨가하는 CaO와 반응하여 슬래그를 생성한다. 이때 생성되는 슬래그양은 용강 톤당 약 50 kg이다. 그리고 탈탄 반응에 기여하고 남은 산소는 용강 중에 남는다. 이 산소는 최종적으로 Si, Al 등의 탈산제를 투입하여 SiO_2, Al_2O_3 등의 산화물로 만들어 제거하거나, 다음 공정인 진공 탈가스 처리에서 일산화탄소로 제거된다. 목표치까지 탈탄, 탈산하고 합금원소를 첨가한 용강은 필요에 따라 2차 정련(secondary refining) 공정을 거친다.

4.3.4 전기로 제강법

전기로 제강법은 철 스크랩이나 환원철과 같은 냉철원을 원료로 사용하고, 전기에너지를 이용하여 용해정련하는 방법이다. 현재는 순산소 전로(BOF) 다음으로 중요한 제강법이며, 특히 철 스크랩을 주원료로 사용하기 때문에 리사이클링 관점에서 가장 대표적인 공정이다.

그림 4.9에는 철 스크랩을 주원료로 사용하는 교류식 전기로(EAF, electric arc furnace)의 모식도를 나타내었다.[17]

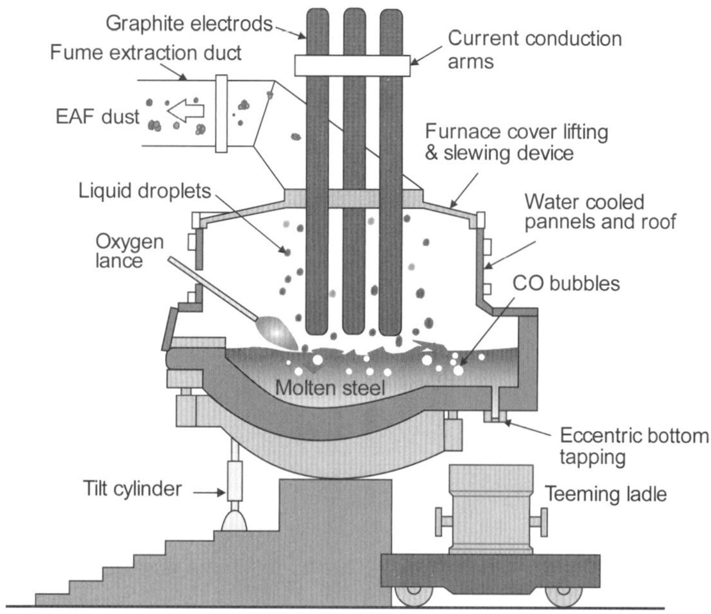

그림 4.9 편심 노저 출강식 전기로의 모식도

전기로 조업은 용해기(원료 장입+용해), 산화기, 환원기로 구분한다. 그러나 현재는 노외 정련(2차 정련) 보급에 의해 환원기를 단축하거나, 완전히 생략하는 경우가 많다. 용해기에는 장입된 고체 상태의 철 스크랩이 용융되기 시작하며, 이때부터 휘발성 물질(아연 등)이 제거되기 시작한다. 산화기에는 산소 취입 정련에 의해 상기한 식 (4.16)~(4.19)의 반응으로 불순물을 제거하고, 목표 탄소량으로 조정한다. 또 탈탄 비등에 의한 용강 중 수소나 질소의 탈가스 등이 일어나며, 고염기도, 고산화성 슬래그에 의해 탈린이 촉진된다. 특히 전기로 조업에서 탈탄에 의해 발생하는 CO 가스의 방출 과정에서 용철의 비산과 Zn와 같이 비등점이 낮은 성분의 휘발이 활발하게 일어난다.

환원기에서는 탈산, 탈황, 합금성분의 조정 및 출강 온도 조정 등이 이루어지며, 탈황 반응은 식 (4.20)과 같다. 현재는 노외 정련(2차 정련)에서 탈산이나 탈가스 등을 하는 경우가 많다.

4.3.5 용강의 2차 정련

(1) 용강의 탈산

제강 공정은 용철 중의 탄소를 산화 제거하여 목표로 하는 탄소 농도의 강으로 취련하는 과정이다. 용강 중의 [C]와 [O] 사이에는 $[\mathrm{wt\%C}]\cdot[\mathrm{wt\%O}]=m$(일정)의 관계가 있으며, [wt%C]를 낮추면 [wt%O]가 높아진다. 따라서 탈탄이 완료된 후에는 일정 농도의 산소가 용강 중에 잔류한다. 산소를 제거하지 않고 응고시키면 기포 발생, 산화물계의 개재물 생성 등에 의해 강재의 성질을 현저하게 해치므로 용강 중의 산소를 제거하여야 하며, 이 과정을 탈산(deoxidation)이라 한다. 탈산법에는 다음과 같이 확산탈산과 화학탈산(강제탈산)의 두 가지 방법이 있다.

① 확산탈산

산소에 대한 슬래그-메탈 사이의 반응은 다음과 같다.

$$(\mathrm{Fe}_t\mathrm{O})\Leftrightarrow[\mathrm{O}]+\mathrm{Fe}(l)\qquad \log K=\log\left(\frac{a_{\mathrm{O}}\cdot a_{\mathrm{Fe}}}{a_{\mathrm{Fe}_t\mathrm{O}}}\right)=-\frac{6,150}{T}+2.604 \tag{4.23}$$

여기서 a_{O}의 농도는 wt%를 사용하고 헨리의 법칙을 기준으로 한다. $a_{\mathrm{Fe}_t\mathrm{O}}$는 몰분율을 사용하고, 슬래그와 평형하는 용융 순철의 활동도는 1이므로 1,873 K에서는 다음 식과 같이 된다.

$$[a_{\mathrm{O}}]=K\cdot(a_{\mathrm{Fe}_t\mathrm{O}})=0.21(a_{\mathrm{Fe}_t\mathrm{O}}) \tag{4.24}$$

따라서 슬래그 중 $a_{\mathrm{Fe}_t\mathrm{O}}$를 낮추면 금속상 중의 $[a_{\mathrm{O}}]$를 낮출 수 있다. 이것을 확산탈산이라 하며, 전기로 제강법의 환원기 등에서 적용하고 있다.

② 화학탈산(강제탈산)

용철 중에 Fe보다 산소에 대한 친화력이 높은 원소를 첨가하고 용철 중에 탈산 생성물의 용해도가 없을 때, 다음 식과 같이 용철 중의 산소가 제거되는 것을 화학탈산(chemical deoxidation)이라 한다.

$$x[\mathrm{M}]+y[\mathrm{O}]=(\mathrm{M}_x\mathrm{O}_y)\qquad K=\frac{a_{\mathrm{M}_x\mathrm{O}_y}}{a_{\mathrm{M}}^{x}\cdot a_{\mathrm{O}}^{y}} \tag{4.25}$$

여기서 $a_{\mathrm{M}_x\mathrm{O}_y}$는 몰분율 표시로 라울의 활동도 기준을 잡는다. a_{M}, a_{O}는 wt% 표시로 헨리의 기준을 따르며, 다음과 같다.

$$a_{\mathrm{O}}=[\mathrm{wt\%O}]\cdot f_{\mathrm{O}},\quad f_{\mathrm{O}}=f_{\mathrm{O}}^{\mathrm{O}}\cdot f_{\mathrm{O}}^{\mathrm{M}} \tag{4.26}$$

$$a_M = [wt\%M] \cdot f_M, \quad f_M = f_M^M \cdot f_M^O \tag{4.27}$$

여기서 순수 산화물($a_{M_xO_y}$=1)이 석출되고, 용철 중 [M]과 [O]의 농도가 낮은 범위($a_O \fallingdotseq [wt\%O]$, $a_M \fallingdotseq [wt\%M]$)에서는 다음과 같이 나타낼 수 있다.

$$[\%M]^x \cdot [\%O]^y = K'(\text{일정}) \tag{4.28}$$

여기서 K'을 탈산곱(deoxidation product)이라 한다. 따라서 [M]과 [O]는 쌍곡선적 관계로 변화한다. 주요한 탈산제의 대소 관계를 그림 4.10에 나타내었으며,[18] 탈산제로는 Al, Si, Mn을 가장 많이 사용한다.

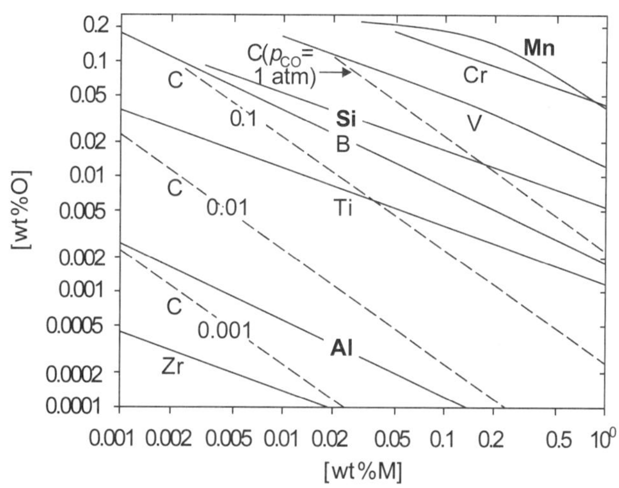

그림 4.10 탈산제에 따른 용철의 탈산평형(1,873 K)

(2) 용강의 2차 정련

2차 정련 기술은 고급강을 제조하기 위해, 전로에서 출강한 용강을 주조하기 전에 수소 등의 가스 성분을 제거할 목적으로 도입되었다. 현재는 전로의 기능이 주로 탈탄 반응에만 국한됨에 따라 2차 정련은 고순도강 제조를 위한 표준 공정이 되었다. 2차 정련 중에서도 가장 중요한 기능은 탈황, 탈가스(탈질소, 탈수소 등), 개재물 제거 및 극저 탄소강 생산 시의 최종 탈탄 등이다. 따라서 2차 정련 설비에는 온도 조절 기능, 최종 정련 기능 및 성분 조정 기능 등이 부가되었다. 대표적인 2차 정련 설비로는 RH(Ruhrstahl-Hausen) 및 DH(Dortmund Hoerder) 진공 탈가스 장치, LF(Ladle Furnace) 등이 있으며, 그림 4.11에 주요한 2차 정련 설비를 나타내었다.

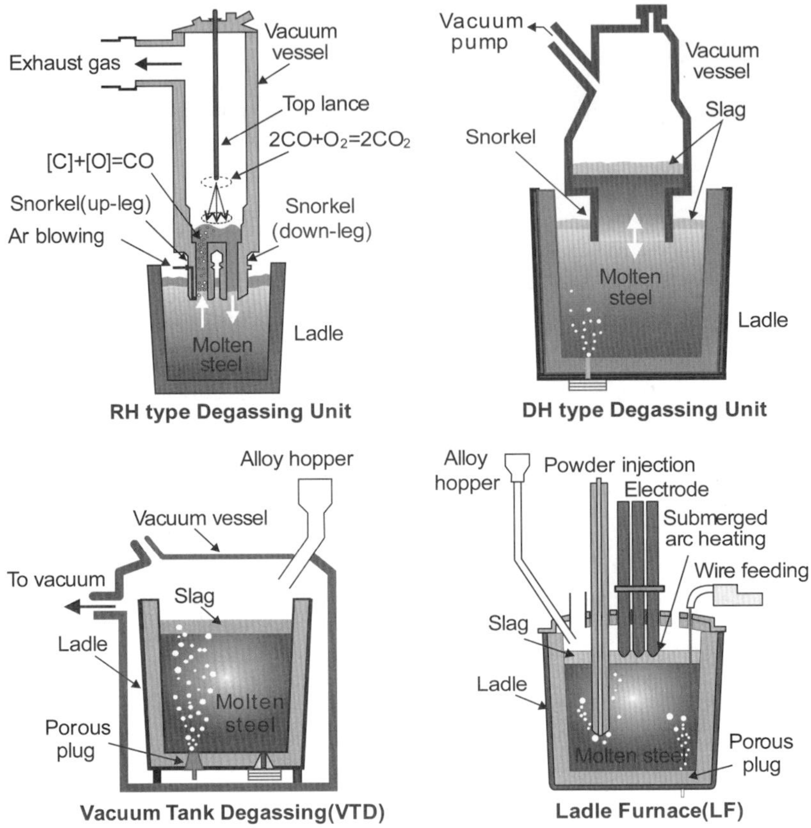

그림 4.11 주요한 2차 정련 설비의 모식도

RH는 레이들 내의 용강 중에 침지한 2개의 관(snorkel) 중 한쪽(흡상관)에 Ar 가스를 취입하고, air lift pump 작용으로 관 내의 용강을 진공조로 상승시킨다. 용강은 조 내에서 진공에 노출된 후, 다른 한 개의 관(배출관)을 통해 레이들로 돌아온다. 이러한 과정에서 용강 중의 질소와 수소가 제거된다. RH는 용강의 환류 속도가 커서 대량의 용강을 신속하게 처리하는 데 적합하다. 진공조 내에 순산소 가스를 취입하여 탈탄이나 승온을 하거나, 플럭스를 첨가하여 탈황, 탈산을 가속하는 등 정련 기능도 확대되고 있다. 한편 LF는 강력한 가열 기능을 가지고 있어 다량의 합금 첨가와 정밀한 온도 조절이 가능하고, 환원성 플럭스를 사용하여 고온 처리에 의한 탈황 및 탈산 생성물 제거 효과가 뛰어나므로 합금강의 2차 정련에 많이 사용된다.

4.3.6 스테인리스강의 정련

스테인리스강(STS)은 Fe-Cr-Ni-C계 용융 조합금(crude alloy)을 원료로 사용하며, 이러한 원료는 전로나 전기로에서 용해한다. 전로를 사용하는 경우, 용선을 예비처리(탈Si, S, P)한 후에 전로로 가져가고, Cr원으로는 Cr광석이나 고탄소 페로크롬, Ni원으로는 Ni광석과 Ni합금을 투입하여 1차 정련 후에 레이들 정련을 한다. 특히 STS는 전기로에서 스크랩을 용해하고, 성분 조정을 거쳐서 제조하는 경우가 많다. 전기로를 사용할 때는 스테인리스강 스크랩, 고품질의 탄소강 스크랩을 주원료로 하고, Cr원으로는 Cr광석, Cr합금, Ni원으로는 Ni광석, Ni합금, 고Ni 스크랩 등을 배합하여 용해하며, 1차 정련 후에 레이들 정련을 한다.

스테인리스강은 기본 성분으로 다량의 크롬을 함유하므로, 가능한 한 Cr의 산화손실이 적은 조건에서 충분히 저탄소까지 탈탄하여 정련한다. Fe-[Cr]-[C]-[O]계의 평형관계는 [%Cr]=3~30의 범위에서는 다음과 같이 계산할 수 있다.[19]

$$Cr_2O_3(s) = 2[Cr] + 3[O],\ \log K = \log\left(\frac{a_{Cr}^2 \cdot a_O^3}{a_{Cr_2O_3}}\right) = -\frac{36,200}{T} + 16.1 \tag{4.29}$$

$$[C] + [O] = CO(g),\quad \log K = \log\left(\frac{p_{CO}}{a_C \cdot a_O}\right) = \frac{1,160}{T} + 2.003 \tag{4.30}$$

상기한 두 식의 조합에 의해 용철 중 [Cr]과 [C]의 관계는 다음 식과 같다.

$$Cr_2O_3(s) + 3[C] = 2[Cr] + 3CO(g) \tag{4.31}$$

$$\log K = \log\left(\frac{a_{Cr}^2 \cdot p_{CO}^3}{a_{Cr_2O_3} \cdot a_C^3}\right) = -\frac{32,720}{T} + 22.11,\qquad [\%Cr] > 7 \tag{4.32}$$

위 식들에서 Cr_2O_3는 순수한 고체로 가정하여 $a_{Cr_2O_3}$=1로 두며, 그림 4.12(a)에는 식 (4.32)로부터 p_{CO} = 0.1 atm의 조건에서 온도에 따른 $a_{Cr} - a_C$의 관계를, 그림 4.12(b)에는 1,700 ℃에서 p_{CO}에 따른 $a_{Cr} - a_C$의 관계를 나타내었다.

크롬은 강력한 산화물 형성 원소이기 때문에 통상의 정련 방법을 적용하기 곤란하다. 이 그림으로부터 Cr 손실을 적게 하면서 충분히 탈탄하기 위해서는 고온에서 용해하고, p_{CO}를 낮추는 것이 필요함을 알 수 있다. 따라서 Cr 공존하에서 우선 탈탄을 위해서는 정련 분위기 중의 CO 가스 분압인 p_{CO}를 낮추는 것이 유효하다.

주로 스테인리스강의 정련에 이용되는 2차 정련 설비에는 AOD(Argon Oxygen

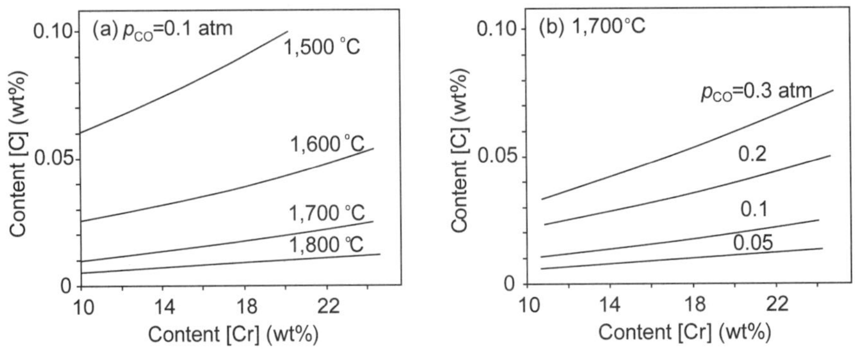

그림 4.12 스테인리스강 취련에서 크롬과 탄소의 관계

Decarburization)와 VOD(Vacuum Oxygen Decarburization)가 있는데, 이들은 노 내의 p_{CO}를 제어할 수 있는 레이들 정련법이다. 그림 4.13에는 스테인리스강의 정련에 사용하는 AOD로와 VOD로의 원리도를 나타내었다.

AOD법은 Ar 희석으로 p_{CO}를 낮추어 탈탄하는 스테인리스강 정련법이다. AOD법의 반응 용기는 전로형이며, O_2와 Ar 가스를 취입하는 풍구는 노 바닥 가까이의 측벽에 설치되어 있다. 풍구는 2중 구조로, 외관에는 풍구 냉각용으로 Ar 가스만 흘리고, 내관에는 O_2와 Ar의 혼합 가스를 흘린다. VOD법은 감압으로 p_{CO}를 낮추어 탈탄하는 스테인리스강 정련법이다. LVD법(레이들 탈가스법)과 유사하지만, 진공조의 위 뚜껑에 승강 가능한 O_2 취정랜스를 설치하여 산화 탈탄하며, 레이들 바닥부의 다공성 플러그로부터 Ar을 취입하여 용강을 교반한다.

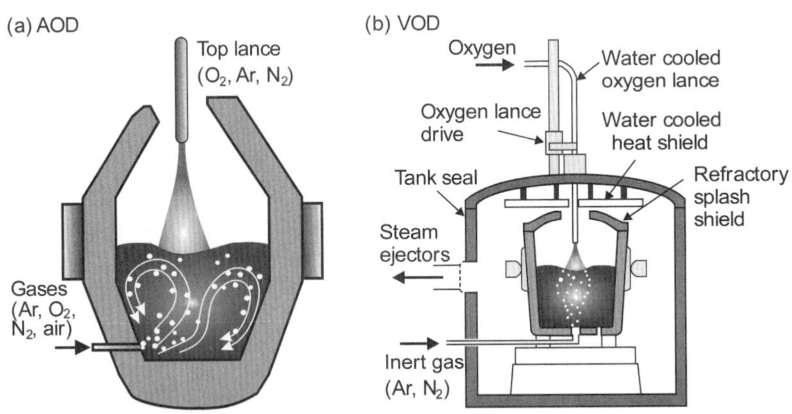

그림 4.13 스테인리스강의 정련로

AOD법을 VOD법과 비교하면 다음과 같은 특징이 있다.

① 다량의 가스 취입이 가능하여 고탄소 영역에서의 탈탄이 쉽고, 생산성이 높다.
② 열효율이 높고 다량의 냉각제(스크랩)를 사용할 수 있다.
③ 탈탄기에 Cr의 산화는 VOD법보다 많으며, 환원제 사용량이 많다.
④ 극저황강을 취련할 수 있다.
⑤ 출강 시에 노벽에 부착한 스크랩이 용해되어 탄소량 상승, 대기 중의 N_2 흡수 등으로 극저탄소, 극저질소강의 취련은 어렵다.

4.4 철 스크랩의 리사이클링 기술

그림 4.14에는 철강의 라이프 사이클을 나타내었다.[20] 철강재의 라이프 사이클은 고로 일관 제철소에서 철광석을 코크스로 환원하여 선철이 생산되면서 시작된다. 용융선철은 전로에 투입되어 용강이 만들어지며, 필요한 형상으로 주조한다. 주조한 강재를 각종 제품으로 만들기 위해 가공하며, 이 과정에서 '가공 스크랩'이 발생한다. 그리고 제품의 수명이 다하여 폐기되면서 노폐 스크랩이 발생된다. 이러한 자가 발생 스크랩, 가공 스크랩, 노폐 스크랩은 전기로 제강(EF)이나 전로 제강에 의해 다시 철강재로 만들어진다.

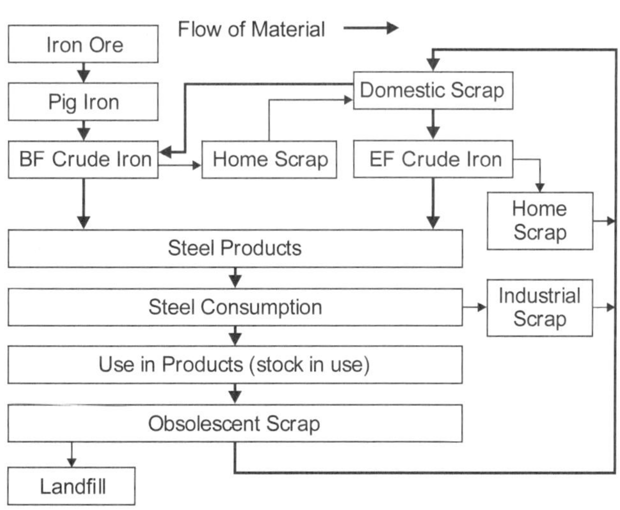

그림 4.14 철의 라이프 사이클

4.4.1 철 스크랩의 분류

철 스크랩은 철광석 및 원료탄과 함께 철강산업의 3대 기초 원료이다. 특히 전기로 제강에서는 주원료가 철 스크랩이며, 전로 제강에서도 약 10~20 %의 철 스크랩을 냉각재로 사용하고 있다. 이러한 철 스크랩에는 제강 공정 자체에서 발생된 것뿐만 아니라 철강 수요산업인 조선이나 자동차 제조 공정의 가공 과정 및 철강 제품의 사용 불능 상태 등에서 발생된 것을 수집 과정을 통해 회수하여 철강재 생산에 재투입하는 철강재가 모두 포함된다.

철 스크랩의 KS 인증 심사 기준과 철 스크랩의 분류 기준은 KS 규격(KS D 2101: 2020)[21]과 한국철강협회의 철스크랩위원회에서 발행한 「철스크랩 매뉴얼」에 자세하게 설명되어 있다.[22]

한편 일반적인 철 스크랩의 분류 방법에는 크게 발생원에 따른 분류와 용도 및 구입 형태에 따른 분류가 있다. 철 스크랩을 발생원에 따라 분류하면 국내 스크랩과 수입 스크랩으로 구분할 수 있으며, 이러한 스크랩의 상세 내용은 다음과 같다.

① 자가 발생 스크랩(Return or home scrap)

자가 발생 스크랩이란 제강 공정 또는 철강재의 제조 공정에서 발생하는 것으로, 대부분 강괴, 블룸, 빌릿, 파이프, 봉강, 형강 등의 제조 과정에서 발생한다. 자가 발생 스크랩의 대부분은 별도의 처리나 가공을 하지 않고 전량 회수되어 사용된다. 특히 성분 관리가 용이하여 특수합금 성분의 회수에도 유리하다.

② 가공산업 스크랩(Prompt industrial scrap)

가공산업 스크랩은 철강재를 이용하여 제품을 제조하는 과정에서 발생한 것이다. 재사용을 위한 회수 경로 및 회수 주기가 노폐 스크랩에 비해 짧다. 가공산업 스크랩은 자가 발생 스크랩과 마찬가지로 성분 관리가 용이하고 불순물 함유량이 비교적 적어 리사이클링이 용이하다.

③ 노폐 스크랩(Obsolescent scrap)

노폐 스크랩은 내구 연한이 다하여 폐기된 철강 제품의 폐기물로서, 리사이클링에 적합하도록 가공 처리된 스크랩이다. 대표적으로 폐자동차나 폐가전은 물론 건축물을 해체하거나 기계류를 폐기할 때 발생한다. 이러한 노폐 스크랩은 다양한 형상을 하고 있어서 회수 후에 크기 조절, 파쇄, 부피 감소 등의 가공을 하므로 스크랩 중의 성분 농도를 파악하기가 곤란하다. 시중에서 구입하는 스크랩의 대부분은 노폐 스크랩으로, 사용 후 제품으로부터 발생한다. 특히 경량 스크랩은 비철금속, 비금속으로 구성되어 있는 부품의 함유율이 높고 철분의 함유율은 낮다. 따라서 노폐 스크랩은 리사이클링 측면에서 문제가 되는 스크랩이며, 발생량은 철강 축적량에 비례(철강 축적량의 약 2.5 %)한다.

한편 철 스크랩을 용도에 따라 분류하면 제강용, 압연용 및 주물용 스크랩으로 나눌 수 있다. 제강용은 전기로의 용해 과정을 거쳐서 강재로 생산되는 스크랩이며, 압연용은 용해를 거치지 않고 가열한 후 압연하는 스크랩이다.

4.4.2 철 스크랩의 전처리

철 스크랩 중에서도 노폐 스크랩은 품위와 형상이 다양하므로 발생한 형태 그대로 제강로에 투입할 수 없다. 따라서 대부분은 구입 회사의 규격에 맞게 선별·가공되어 납품되고 있다. 특히 폐자동차(ELV)나 대형 가전제품은 일정 수준까지 분해한 후에 슈레더(shredder, 파쇄·선별기)에서 처리한다. 파쇄한 것은 다시 프레스 가공기에서 압축, 부피 감소, 압밀화 등의 처리를 하고, 장대한 스크랩은 절단 가공을 하여 제강사에 공급하고 있다.

(1) 슈레더(Shredder)

슈레더는 냉연 박판 등으로 제작된 자동차나 가전제품 등 비철금속이나 비금속(플라스틱, 고무 등 금속 이외의 것)을 많이 함유하는 대형 폐기물을 파쇄하여 철, 비철, 분진 등을 자력, 중력 등으로 분리·회수하는 장치이다. 그림 4.15에 슈레더에서 폐자동차를 처리하고 재료별로 선별하는 공정의 예를 재구성하여 나타내었다.[23] 본체 외에 프리 슈레더(pre-shredder: 재료를 본체에 장입하기 전에 어느 정도 잘게 파쇄하는 장치), 자력선별기, 비철금속 선별 장치(비철금속을 금속 종류별로 분별하는 장치), 더스트 분리 장치, 집진 장치, 그리고 이러한 것을 연결하는 컨베이어 등을 포함하는 상당히 규모가 큰 장치이다.

메인 슈레더에서는 고속으로 회전하는 원통형의 드럼에 설치된 여러 개의 해머(날의 일종)로 재료를 주먹만 한 크기로 파쇄한다. 이보다 작고 가벼운 유기물 입자들은 공기로

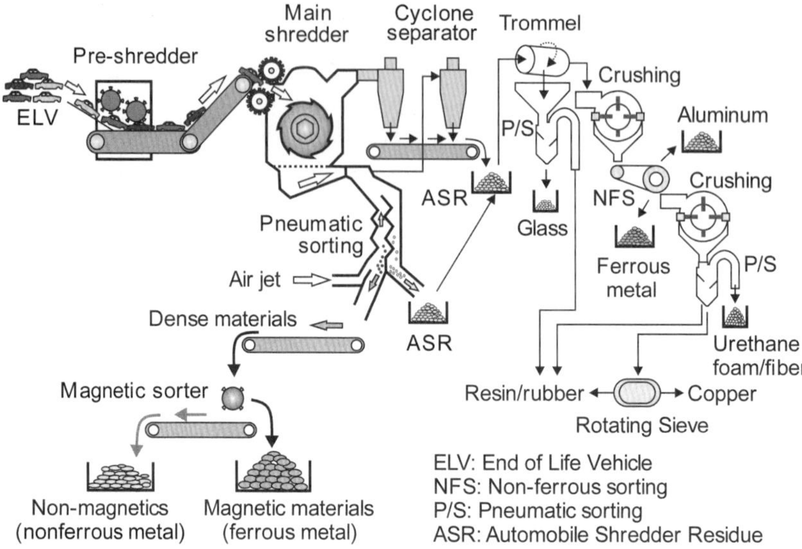

그림 4.15 폐자동차(ELV) 등의 슈레더 처리와 ASR 처리 공정의 예

이송되어 분진으로 포집된다. 그리고 파쇄된 재료들은 자력 선별, 체질, 중력(풍력) 등을 이용하여 선별한다. 비철금속은 다시 구리, 알루미늄 등으로 분리하여 리사이클링하고, 비금속은 더스트로 처리된다. 초기의 개발 목적은 폐차 처리용이었으나 냉장고, 세탁기 등 폐가전제품 증가에 대응하여 철 이외에 비철금속, 비금속으로 구성되어 있는 복합 스크랩으로부터 유가물 회수 및 대량 발생에 따른 대량 처리 필요성과 불순물 제거에 효과적이어서 많이 보급되었다.

한편, 슈레더는 설치 비용이나 처리 과정에서 발생하는 더스트인 ASR(Automobile Shredder Residue) 처리 비용 상승 등 문제점이 있다. 특히 스크랩 가공 과정에서 발생하는 철 이외의 폐기물 중 재이용이 불가능한 것은 산업폐기물로 분류되므로 현재로서는 매립 이외에는 별다른 방법이 없어서 환경 문제는 물론이고 그 비용이 스크랩의 원가 상승 요인으로 작용할 수 있다. 따라서 그림 4.15에서와 같이 ASR을 재처리하여 함유된 금속성분을 분리하고 나머지는 고형화 처리를 한 후에 연료 대체제 등으로 사용하고 있다.

슈레더 더스트(ASR)는 플라스틱, 고무, 섬유, 목재 등의 혼합물이므로 소각하여 열 회수를 하기도 하며, 제련소에서 열 회수와 동시에 잔존하는 금속을 추출하기도 한다. 실제로 일본 아오모리의 세이난 상사에서는 슈레더 더스트를 유동로(Fluidized Bed) 타입의 가스화로에 투입하여 보조연료 없이 1,350 ℃ 이상의 고온에서 다이옥신을 완전히 분해하고, 발생한 열로 증기터빈을 돌려 전력을 생산하고 있다. 이 공정에서 가스화로는 무산소 분위기여서 금속 상태의 분말이 생성되므로 자력 선별 등으로 회수하며, 슬래그는 콘크리트 골재, 블록재, 노반재 등 다양한 리사이클링 자원으로 이용하고 있다.

(2) 절단 가공기(Sharing machine)

절단 가공기는 파이프나 건축자재 등 어느 정도 두께가 있으면서 길이가 긴 재료를 취급하기 편하게 일정한 길이로 절단하는 장치로, 철 스크랩의 균일화에 의한 제강 능력 향상에 기여하고 있으며, 처리량이 가장 많은 가공법이다. 그림 4.16에 절단 가공기(a)와 압축 가공기(b)의 모식도를 나타내었다.

특히 기요틴(guillotine)*이라 불리는 압축 절단기(프레스 셰어링)는 프레스 및 절단과 같은 효과를 가지면서 부착물에 의한 2차 공해 방지 효과가 있어서 현재 대부분의 절단 가공기는 이러한 압축 절단 방식을 적용하고 있다. 조작 방법은 우선 재료를 철제 상자에 장입하여 예비 압축을 한 후, 누름판으로 절단하기 쉬운 형상으로 압축하고 절단기를 이용하여 일정한 크기로 절단한다. 한편 기계류나 매우 큰 재료여서 크기나 두께의 한계 때문에 슈레딩이나 절단 가공이 곤란한 경우에는 수작업으로 분해한 후에 아세틸렌 가스 버너를 이용하여 절단하기도 한다.

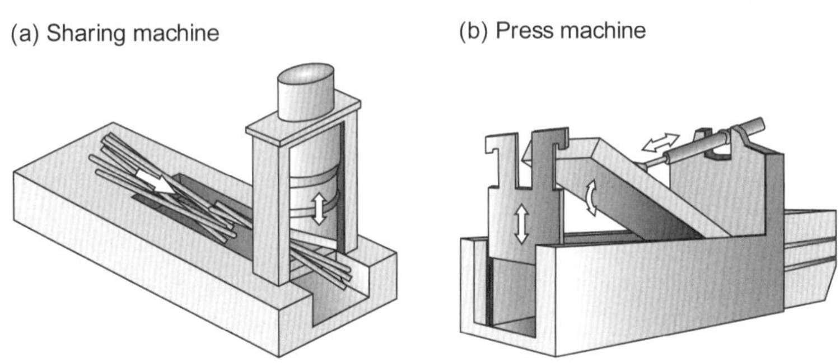

그림 4.16 절단 가공기(a)와 압축 가공기(b)의 모식도

* 기요틴(guillotine): 산업현장은 물론이고 KS 규격에서도 '길로틴'으로 불리고 있으나 이는 잘못된 표현이다.

(3) 압축 가공기(Press machine)

압축 가공기는 그림 4.16(b)에 나타낸 바와 같이 폐캔이나 박판의 가공 스크랩(박판을 가공하는 공정에서 발생하는 스크랩) 등과 같이 얇고 공간이 많은 형태의 철 스크랩을 운반이나 전기로 등에 장입하기 편리한 형태로 만들기 위해 형틀에 넣고 유압 실린더로 압축하여 상자 모양으로 만드는 장치이다. 경우에 따라서는 자동차와 같이 대형의 재료를 프레스 가공하기도 한다. 그림 4.17에는 자동차 스크랩을 압축 가공한 상태를 나타내었다. 스크랩의 겉보기 비중이 높아져서 취급이 용이한 장점이 있으나 불순물의 혼입이 쉽고, 실수율이 나쁘며 전기로에서 용해하는 데 시간이 걸리는 단점이 있다.

프레스 가공기는, 예전에는 뚜껑 슬라이드 방식, 횡누름 1실린더 방식이 사용되었으나, 스크랩의 제품 단중이 100 kg 정도로 작으며 압축된 것의 크기에 한계가 있다. 최근에는 상측 뚜껑 방식이 주류이며 실린더도 3개를 적용하여 3방향 압축 방식이 가장 많이 보급되어 있다.

그림 4.17 폐자동차 스크랩을 압축 가공한 예

4.4.3 철 스크랩 중의 불순물

(1) 불순물의 종류

철 스크랩 중의 불순물에는 비금속과 비철금속이 있다. 비금속 중에서 도료나 각종 수지(resin) 등의 유기물은 주로 프레스 스크랩 등에 혼입되어 있다. 이러한 유기물이 혼입되면 실수율을 저하시킬 뿐만 아니라 철 스크랩의 예열 과정(200~400 ℃)에서 기화되고, 배가스가 약 100 ℃로 냉각될 때 액화되어 백 필터(bag filter) 막힘의 원인이 되기도 한다.

철 스크랩 중의 비철금속은 표 4.3에 나타낸 바와 같이 대량 불순물, 표층 불순물, 합금계 불순물로 존재한다.[24] 대량 불순물은 모터류 중의 Cu나 자동차 엔진 블록 등의 Al이 단체로 함유되어 있는 것이며, 표층 불순물은 아연 도금이나 주석 도금과 같이 철강 표면에 비철금속상으로 부착되어 있는 것이다. 그리고 합금계 불순물은 Cu가 함유된 내후성 강이나 스테인리스강 등에 비철금속이 합금원소로 함유되어 있는 것이다.

[표 4.3] 스크랩 중 불순물 존재 형태와 예

분류	불순물의 존재 형태	구체적 예(금속류)
대량 불순물	어느 정도의 질량을 갖는 비철금속이 단체로 철과 공존하는 것	· 모터류(Fe, Cu) · 자동차 엔진 블록(Fe, Al)
표층 불순물	철의 표면에 얇은 비철금속상으로 공존하는 것	· 아연 도금 강판(Fe, Zn) · 주석 도금 강판(Fe, Sn)
합금계 불순물	철강 제품의 성능 향상을 위해 합금 성분으로서 의도적으로 철강 중에 첨가된 원소에 의한 것	· 내후성 강판(Fe, Cu) · 스테인리스강(Fe, Ni, Cr, Mo) · 전기 강판(Fe, Si)

한편 철 스크랩의 품질 저하 원인은 다음과 같다.[24]

① 철강 제품의 고급화로 특수 원소 첨가강 및 특수 원소 부착강의 증가
예: 각종 고장력강, 내후성강, 스테인리스강, 특수강, 적층강판, 도금 강판(아연 도금, 주석 도금, 합금 도금, 복합 도금) 등

② 최종 제품의 고급화 및 고성능화로 인한 이물질 혼입과, 소형화로 인한 분리 곤란
예: 자동차, 가전제품, 사무기기 등의 전기배선, 모터, 전자 스위치류, 특수부품(베어링, 비철부품)

③ 성분 허용값이 엄격하지 않은 재료의 리사이클링 사용
예: 철근 bar, 형강 등 내부 강도용 재료

자가 발생 스크랩이나 가공산업 스크랩은 특정 강재로부터 비교적 대량으로 발생되어 관리가 쉽고, 비철부품 등을 조립하기 전에 발생하므로 비철금속이 혼입할 염려가 적어 불순물 측면에서 리사이클링이 쉬운 스크랩이다. 그러나 국내 구입 스크랩의 대부분을 차지하는 노폐 스크랩은 사용 후 제품으로부터 발생하며, 폐자동차, 폐가전제품 등에서 회수한 경량 스크랩은 비철금속, 비금속으로 구성되어 있는 부품이 많고 철분 함유율이

낮다. 장래의 철 스크랩 품질은 제품의 재료 구성 이력과 장래에 어떤 재료로 구성될 것인지에 의존하므로 자동차, 가전 등 관련 업계의 사용 재료 동향을 파악하는 것이 필요하다.

(2) 불순물의 영향

철강재의 품질에 악영향을 미치는 미량원소(tramp elements)에는 Cu, Sn, Cr, Zn, P, S, Ni, Mo 등이 있다. 미량원소들이 함유된 스크랩을 제강로에서 용융시키면 스크랩 중의 각 성분은 그림 4.18과 같이 용강, 슬래그, 더스트, 배가스 등으로 분배된다.[25] 철보다 산소 친화력이 강한 Al, Ti, Cr 등은 산화 정련 과정에서 산화물이 되어 슬래그로 제거된다. 그러나 철보다 산소 친화력이 약한 Cu, Sn, Ni 등은 산화 정련으로는 제거할 수 없으므로 용탕 중에 안정하게 존재한다.

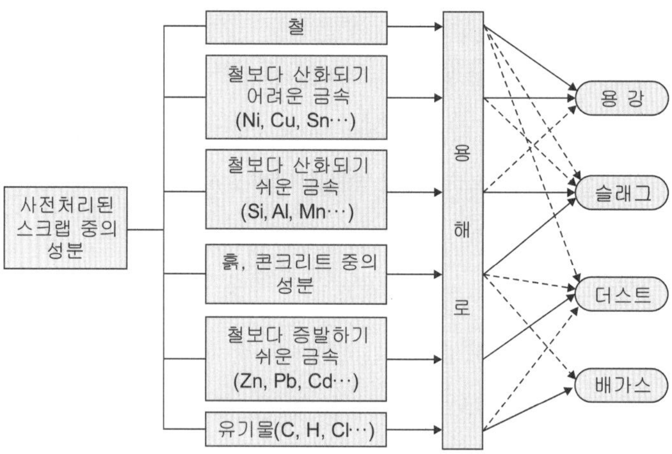

그림 4.18 철 스크랩 용융 시 각 성분의 분배 거동

표 4.4에는 철강 품질에 미치는 미량원소의 영향을 나타내었다.[26] 특히 Ni과 Cr은 대부분 스테인리스강의 합금성분인 고가의 원소이므로 스테인리스강으로 재용융되어 큰 문제가 되지는 않는다. Zn는 제강 공정(특히 전기로 제강)에서 증발하여 분진으로 포집되어 리사이클링되고 있다. 그러나 철강 재료의 열간 가공성에 악영향을 미치는 Cu와 Sn은 제거할 수 없으므로 희석에 의해 대처하고 있다. 특히 Cu와 Sn은 일반 제품 중에 널리 확산되어 있기 때문에 혼입원의 특정이 어렵고 용융된 상태에서는 효율적인 제거 기술이 없어서 순환 축적에 의한 철 스크랩의 품질 열화가 우려되므로 주의하여야 한다.

[표 4.4] 철 스크랩 중 미량원소가 철강재의 품질에 미치는 영향

미량원소	철강재의 품질에 미치는 영향
Cu	· 약 0.2 % 함유 시 열간 가공성에 악영향을 미침
Sn	· 약 0.04 % 함유 시 열간 가공성에 악영향을 미침 · 약 0.2 % 함유 시 냉간 가공성과 템퍼(temper) 취성에 악영향을 미침
Ni	· 판새의 경도 증가
Cr	· 판재의 경도 증가 · 냉간 가공성에 악영향을 미침
Zn	· 주철 주조 시 백연을 발생시킴
Pb	· 약 0.001 % 함유 시 열간 가공성에 악영향을 미침
As	· 약 0.03 % 함유 시 열간 가공성에 악영향을 미침 · 약 0.02 % 함유 시 냉간 가공성과 템퍼(temper) 취성에 악영향을 미침
Bi	· 약 0.005 % 함유 시 열간 가공성에 악영향을 미침

그림 4.19에는 대형 양질의 스크랩(a)과 형강(b), 봉강(c) 스크랩에서 Cu와 Sn의 농축 예상값을 추정한 예를 나타내었다.[24] 대형 양질의 스크랩인 경우에도 2020년경에는 Cu의 경우 최대 0.24 wt%까지 예상되며, 봉강의 경우 최대 0.45 wt%가 되는 것으로 예상하고 있다. 표 4.5에는 대표적인 철강 제품에서 Cu, Sn 농도의 허용 수준을 나타내었다.[25] 강종에 따라 차이는 있으나, Cu나 Sn의 함유율이 높은 스크랩은 심가공용(deep drawing)으로 리사이클링하기 곤란한 것을 알 수 있다. 따라서 향후 Cu나 Sn의 함유율이 높은 스크랩은 서서히 사용하기 힘든 철원이 될 것으로 예상된다.

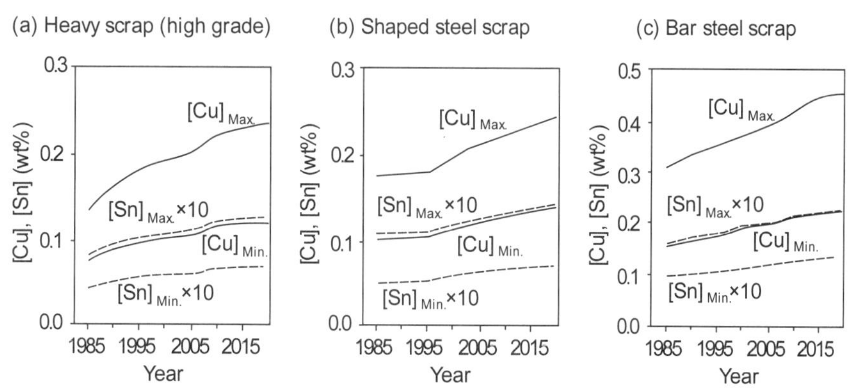

그림 4.19 각종 노폐 스크랩 중 Cu와 Sn의 농축 추정 예

[표 4.5] 철강재의 품질에 따른 Cu와 Sn의 허용 수준(wt%)

Steel grade	Cu	Sn
Deep draw quality plate	≤0.06	≤0.010
Hot or cold rolled sheet	≤0.10	≤0.020
Shape steel	≤0.30	≤0.025
Steel bar	≤0.40	≤0.060

4.4.4 철 스크랩 중의 불순물 제거

철 스크랩 중의 불순물을 제거하는 방법에는 고체 상태에서 제거하는 물리적 제거법과 금속의 물성 및 열역학적 특성을 이용하여 고온에서 처리하는 화학적 제거법, 그리고 습식 처리법이 있다. 대표적인 물리적 처리법에는 수작업에 의한 비철금속류 및 비금속류의 제거와 스크랩 가공 처리기에 의한 선별, 그리고 저온파쇄법이 있다. 그리고 건식 화학적 제거법에는 철과 구리의 융점차를 이용한 탈동법, 용융금속욕 이용법, 용융 매트(matte)법 등이 있으며 탈주석 기술로는 가열 황화법 등이 있으나, 실용화된 사례는 없는 실정이다.

(1) 수작업 및 가공 처리기에 의한 제거

Cu를 예로 들면 주요 혼입원은 모터, 배전반, 전선 등이며, 이러한 것들이 함유되어 있는 EoL(End of Life)품은 그림 4.15에 나타낸 슈레더 등에서 처리되는 경우가 많다. 슈레더 처리에서는 자력 선별, 풍력 선별과 수선별을 조합하면 Cu나 Al 등의 비철금속, 플라스틱이나 타이어 등의 비금속을 높은 효율로 분리할 수 있다.[27] 폐차의 슈레더 처리 시험에서, 일반적인 슈레더 처리 후 엄격한 수선별을 한 경우 Cu는 0.015 %까지 낮아지므로, 생산성과 경제성을 무시한 반복 처리 시험에서도 도달 가능한 한계가 0.08 %인 것과 비교하면 선별 능력이 탁월한 것을 알 수 있다. 최근에는 제2장에 나타낸 색도 인식, X-선 분석기 등을 이용하여 비철금속을 선별하기도 한다. 그러나 철과 구리가 복잡하게 결합되어 있는 모터 core 등과 같은 재료는 현재의 물리적 선별 기술로는 충분한 분리가 불가능하고, 선별을 강화하여 분리하여도 분리 제거된 비철 혼입 스크랩의 처리가 과제로 남는다.

(2) 저온파쇄

저온파쇄는 철강 제품과 Cu 및 Cu합금의 저온 취화온도 차이를 이용하여 복합 재료를 분리하는 방법이다. 예를 들면 철은 -50~-130 ℃로 냉각하면 취화하지만, Cu 및 Cu합금은 액체질소의 비등점인 -196 ℃까지 냉각하여도 취화하지 않는다. 실제로 이용되는 온도 영역은 금속계의 경우 -100 ℃, 비금속계의 경우 -30 ℃ 이하이다. 따라서 파쇄할 재료를 취화온도 이하로 낮추어 파쇄하면 잘게 파쇄되어 한 가지 성분만 분리할 수 있다. 자력 선별과 조합하면 혼입된 Cu의 약 95 % 이상을 제거할 수 있으며, 분리된 비철의 품위도 높아지지만 냉매의 원단가가 높은 문제점이 있다.

(3) 융점차 이용법

철과 구리의 융점차를 이용하여 구리를 선택적으로 용해시켜 제거하는 방법이 제안되어 있다. 이 방법에서는 철 스크랩의 온도를 높여서 구리의 융점인 1,083 ℃와 철의 융점인 1,538 ℃의 중간 온도까지 가열하면 구리만 액체로 변해 선택적으로 제거할 수 있다. 실제로는 구리가 액체로 변해도 표면장력 때문에 고체철의 표면에 부착되어 있어서 분리가 쉽지는 않다. 그러나 용융 분위기 중의 산소분압을 높여서 철 표면을 magnetite 안정영역으로 조절하면 고체철에 대한 용융 구리의 젖음성이 현저하게 낮아져 철 표면에서 구리를 효과적으로 제거할 수 있다고 한다.[28,29]

(4) 용융 금속욕을 이용한 탈동법

용융 알루미늄 중 Cu의 활동도가 매우 낮다는 사실에 주목한 Iwase는 고체 철 스크랩 중의 Cu를 용융 알루미늄욕으로 선택 용해시키는 연구를 하였다.[30,31] 1,000 K에서 용융 알루미늄 중으로 약 65 %의 Cu가 용해될 수 있는 것으로 보고하였다. 또 약 1,000 K 이하에서는 Al 중 Fe의 고용 한계가 매우 낮으므로 용융 알루미늄욕을 이용하면 Fe의 손실 없이 철 스크랩 중 Cu만 선택적으로 용해하여 제거할 수 있다고 하였다. 한편 600~750 ℃에서 Mg-Cu 합금용액 중으로의 Cu 용해 속도에 대하여 조사하였는데, 그 결과 용융 Mg계로도 Cu를 선택적으로 제거할 수 있다고 보고하였다.[32]

(5) 용융 매트법

Cu 함유 철 스크랩을 아래 식과 같이 용융 매트(matte)와 접촉시켜 Cu만 선택적으로 제거하고자 한 예도 있으나, 반응물과 생성물이 모두 고체이므로 반응이 느리다.[33]

$$2Cu(s) + FeS(matte) = Cu_2S(matte) + Fe(s) \tag{4.33}$$

그러나 FeS-Na_2S 매트를 이용하면 약 700 ℃ 이하에서도 고체-액체 반응을 진행시킬 수 있다. 19~25 % Na_2S-FeS 매트와 Cu 1 %의 모의 철 스크랩을 800~1,000 ℃ 범위에서 반응시켜 온도에 따라 75~90 %의 Cu를 제거한 것으로 보고하였다.

(6) 주석(Sn) 제거

Sn은 도금 등 부착성 불순물이 주 발생원이다. Sn 도금 강판의 표면을 산화시키면 Sn이 산화막과 함께 박리되거나, 고온의 약산화 분위기에서 Sn이 증발 제거되는 것으로 보고되어 있다. 가열 황화법은 이와 같이 고체 상태의 철 스크랩 표면에 존재하는 Sn을 일정 온도하에서 황화시켜 Sn층을 박리 제거하는 방법이다. Sn 도금 강판을 400~550 ℃에서 유황 가스와 반응시켜 냉각 후 박리 제거하는 방법으로 처리하여 Sn을 0.01 % 이하까지 제거한 예도 있다.[34]

(7) 불순물의 습식 제거법

철 스크랩 중의 미량원소를 습식 화학적 방법으로 제거하는 프로세스는 다음과 같은 특징을 가지고 있다.

① 상온 처리가 주류이므로 열에너지 소요량이 적다.
② 분리 프로세스가 다양하며 방법론이 확립되어 있고, 완전한 폐쇄 프로세스이므로 환경 대책이 용이하다.
③ 대량으로 처리하기에 부적당한 소량 다종의 원료에 대응하기 쉽다.
④ 선택성을 이용하여 순수물질을 회수할 가능성이 크다.

그러나 다음과 같은 단점도 있다.

① 프로세스가 복잡하여 cost가 높다.
② 폐수 처리 플랜트가 필요하다.
③ 반응속도가 느리므로 대량의 원료를 처리하기가 힘들다.

따라서 습식 프로세스는 소량이면서 다양한 불순물을 함유한 원료를 처리하기에 적합하며, 반대로 건식 프로세스는 대량이면서 불순물 원소의 종류가 적은 원료를 처리하기에 적합하다고 할 수 있다.

(8) 용융 상태에서의 불순물 제거

상기한 방법들은 철 스크랩을 용융하기 전에 미리 제거하는 방법이지만, 철 스크랩 중 미량원소의 순환 방지를 위해서는 용탕에서 제거하여야 한다. 산화 정련에서는 Cu와 Sn을 제거하기 곤란하지만, 증발에 의해서는 제거할 수 있다. 증기압이 높은 Zn, Pb 등은 상압하에서도 쉽게 증발할 수 있으며, 평형 증기압이 철과 유사한 Cu와 Sn은 감압하에서 증발 제거할 수 있다.[35] 또 Sn은 SnS로 황화시켜 증발시킬 수도 있다. 또 용철 중에 암모니아 가스를 취입하여 Cu나 Sn을 제거한 예도 있다.[36] 그리고 Fe와 Cu의 S와의 친화력 차이를 이용하여 용철 중 Cu를 황화물로 만들어 제거하고자 한 예도 있다.[37] 그러나 이러한 방법들은 반응속도나 경제성 등이 확보되지 못하여 아직 실용화 단계에 이르지는 못하고 있다.

4.4.5 철 스크랩의 용융

철 스크랩의 대부분은 전로나 전기로의 주원료로 사용되고 있으며, 일부는 주물공장에서 철원으로 사용되고 있다. 전로에서는 산화 정련 시에 발생하는 잉여 열량을 이용하기 위해 용강량의 약 15 %는 철 스크랩을 장입하고 있다. 전기로에서는 철 스크랩을 주원료로 사용하며, DRI(direct reduced iron)를 사용하기도 한다.

그림 4.20에는 철 스크랩을 원료로 사용하여 철근이나 소형 H형강 등 건설·구조용강을 생산하는 전기로의 조업 예를 모식적으로 나타내었다. 전기 에너지를 대량으로 소비하는 전기로는 전력요금이 비교적 싼 시점에 조업하는 경우가 많다. 스테인리스강이나 합금강 등의 특수강, 고급선재나 봉강을 생산하는 경우에는 필요에 따라 LF, VOD, AOD, RH 등의 2차 정련을 하기도 한다.*

한편 철은 고체 상태인 760 ℃, 910 ℃, 1,400 ℃에서 변태가 일어나며, 이때의 변태열은 각각 1,364 J/mol, 900 J/mol, 690 J/mol이다. 철의 융점은 1,538 ℃이며, 용융열은 15,355 J/mol,

---

* 그림 4.11과 그림 4.13 참조.

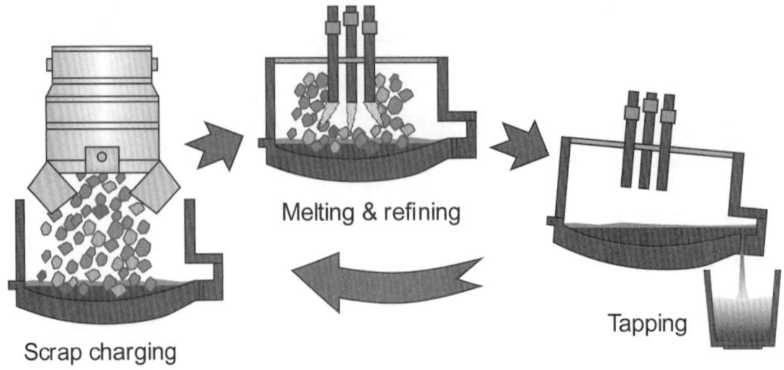

그림 4.20 철근 등을 제조하는 전기로의 조업 예

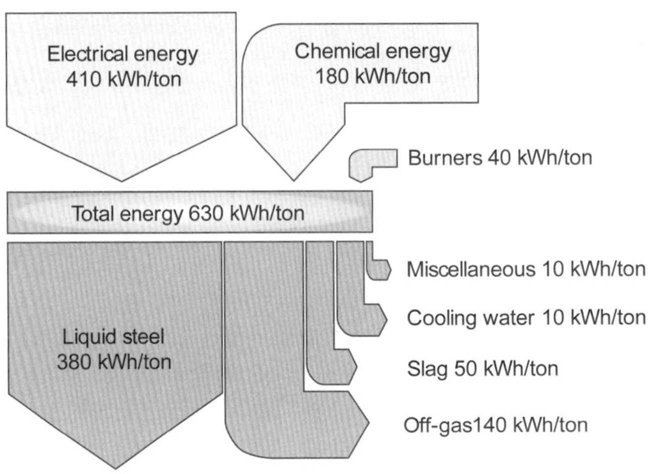

그림 4.21 기존 전기로에서의 에너지 수지의 예

원자량은 55.85 g/mol이다. 온도 범위에 따른 Fe의 열용량을 이용하여 상온(25 ℃)의 철 스크랩을 1,600 ℃까지 올리는 데 필요한 열량을 구하면 다음과 같으며, 스크랩 1 kg당 열량으로 환산하면 1,372 kJ/kg이다.[38]

$$Q = 76,647 \ [\mathrm{J/mol}]$$

그림 4.21에는 이러한 열량 계산과 용융 과정에서의 손실 등을 포함한 일반 전기로의 에너지 수지를 나타내었다. 그림과 같이 전기로 조업은 다량의 전기 에너지를 소비하므로 열효율을 높이기 위한 새로운 형태의 전기로들이 개발되어 조업 중에 있다. 특히 철 스크랩을 투입하기 전에 예열하면 용해에 필요한 전기 에너지를 절약할 수 있으므로 최근의 전기로는 스크랩을 수직형 샤프트나 수평형 장입설비에서 예열할 수 있도록 개발되어 있다.

스크랩을 예열하면 약 50~70 kWh/t의 전력을 절약할 수 있으며, 예열은 다음 식과 같이 전기로 내에서 발생한 CO 가스의 2차 연소열을 이용하기도 한다.

$$2CO(g) + O_2(g) = CO_2(g), \quad \Delta G^0 = -565,160 + 172.03T \ (J) \qquad (4.34)$$

그림 4.22에는 수직형인 Finger shaft로의 모식도와 조업 예를 나타내었다.[39] 전극은 직류형과 교류형이 있으며, 전 세계에서 20기 이상이 가동 중이다. 이러한 수직형의 경우 우수한 생산성과 전기에너지 절약 및 실수율 향상 등에 효과가 있고, 특히 샤프트에 장입되어 있는 스크랩이 더스트를 포집하여 더스트 발생량이 적다는 장점이 있다. 그러나 스크랩 등에 부착되어 있거나 혼입된 플라스틱류의 연소에 의해 다이옥신 등이 발생하므로, NKK의 ECOARC로에서는 샤프트 후단에서 2차 연소와 함께 배가스를 급냉하고 있다. 또 finger가 손상될 염려가 있으므로 중량 스크랩은 장입할 수 없다는 문제점도 있다.

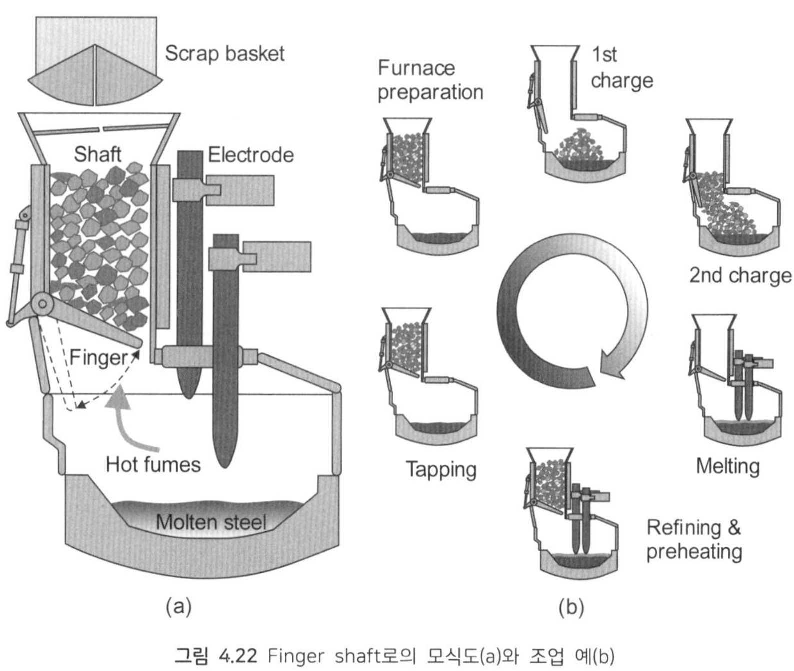

그림 4.22 Finger shaft로의 모식도(a)와 조업 예(b)

그림 4.23에는 수평형의 연속 스크랩 예열식 전기로인 Consteel법(Techint)의 개념도를 나타내었다. Consteel법은 일관 제철소 전체의 생산 능력 유연성을 확보하기 위해 종래의 설비를 유효하게 활용하면서 일관 제철소의 일부 또는 전체를 개조하여 시간당 300 ton

이상의 생산성을 가지는 고품질의 미니 밀로서 가동되고 있다. 특히 Consteel법은 70 %의 철 스크랩과 약 30 %의 용선을 사용할 수 있어서 제강 코스트가 BF-BOF보다 낮으며, 투자비 회수도 1년 이내인 것으로 알려져 있다. 현재 제강 능력은 60~300 ton/h 정도이며, 전 세계에서 30기 이상이 가동 중이다. 특히 미국과 중국에 많이 설치되어 있으며,[40] 우리나라의 동부제철에서도 2009년부터 160 ton 용량의 Consteel 2기를 가동하고 있다.

그 외에도 SMS Demag는 측벽으로부터 스크랩을 수평 연속 장입하는 CHS(Continuous Horizontal Sidewall) Scrap charger를 제안하였다. 또 전로 겸용형 전기로로는 CONARC(SMS Demag), ARCON(Concast) 등이 개발되어 있다.

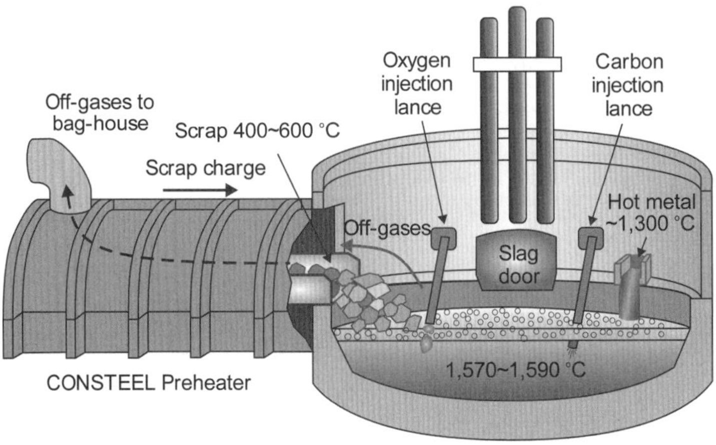

그림 4.23 Consteel법(Techint)의 개념도

4.5 제철·제강 공정의 분진 처리

4.5.1 제철소 발생 분진

철강 생산 프로세스에서는 철광석의 소결 설비, 고로(BF: Blast Furnace), 전로(BOF: Basic Oxygen Furnace) 등에서 발생하는 가스 중에 더스트(dust)가 함유되어 있으며, 압연 시에는 밀 스케일(mill scale) 등이 발생한다. 이러한 것들 중에는 산화철, 탄소 외에 여러 성분들이 함유되어 있으며, 고로에서 발생하는 더스트양은 선철 생산량의 2~4 % 정도로 알려져 있다. 또 일관 제철소에서 더스트, 밀 스케일, 슬러지를 포함하는 제철 분진 발생량

은 조강 생산량의 10 % 정도이다. 표 4.6에는 탄소강 및 STS 제조 공정에서 발생하는 더스트의 성분 예를 나타내었으며, 그림 4.24에는 제철소에서 발생하는 더스트의 흐름을 재구성하여 모식적으로 나타내었다.[41]

[표 4.6] 제철소에서 발생하는 더스트의 성분 예(wt%)

Type	T.Fe	T.Ni	T.Cr	C	Zn	Na+K
C-steel	45~55	-	-	6~15	0.3~3	0.1~0.6
STS	20~30	2~4	8~12	-	-	3~5

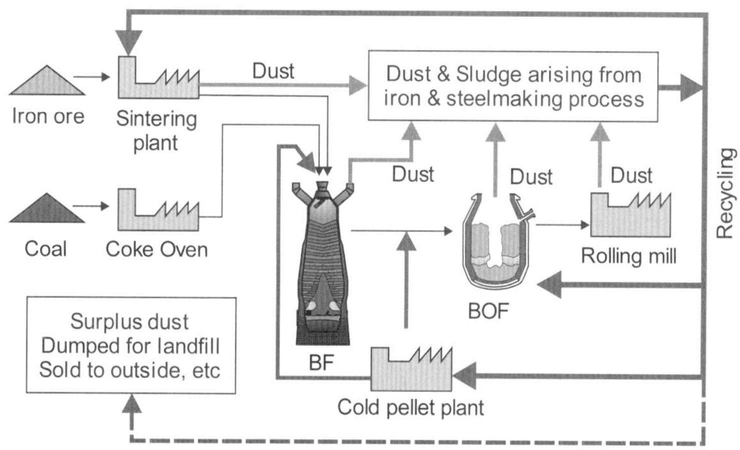

그림 4.24 제철소 발생 더스트의 흐름도

이러한 더스트의 대부분은 소결이나 콜드 펠릿(cold pellet) 등의 원료로 재이용하여 왔으며, 일부는 매립하거나 시멘트의 가철제 등으로 판매하였다. 한편 더스트 중에는 소량의 아연(Zn)이 함유되어 있으며, 고로에 장입되는 전체 아연량이 증가하면 고로 내에 아연 부착물이 생성되어 고로 조업에 지장을 초래한다. 그림 4.25에는 아연 함유 더스트의 발생 예를 모식적으로 나타내었다. 철광석 중의 아연 농도는 매우 적으나, 고로에서 발생된 더스트를 소결 공정이나 콜드 펠릿으로 만들어 재활용할 때 고로에 장입된 후 다시 더스트가 되어 배출된다. 이때 일부는 고로 내에 잔류하여 용선과 슬래그 등으로 배출되고 있다. 따라서 아연 함유량이 높은 더스트(20~30 %) 등은 고로에서 재활용하지 못하고 탈아연 설비에서 처리하거나 외부로 반출하여 왔다. 특히 슬러지는 함수율이 높을 뿐만 아니라 리사이클링을 저해하는 불순물 원소도 함유되어 있으므로 곧바로 리사이클링할 수 없는 문제점이 있다. 따라서 슬러지가 된 고로 더스트는 습식 사이클론법, 습식제련법(침출 등), 탄소 열환원법 등으로 처리하여 수분과 아연 농도를 낮춘 후 리사이클링하기도 한다.

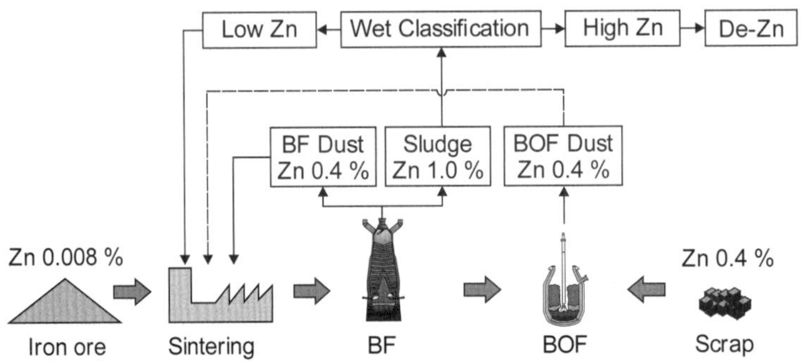

그림 4.25 제철소의 아연 함유 더스트의 발생 흐름도

4.5.2 제철소 발생 분진의 리사이클링

제철소에서 발생하는 함철 분진의 대부분은 그림 4.24에 나타낸 바와 같이 소결 공장, 고로, 전로, 압연 공장 등에서 발생한다. 이러한 함철 분진을 자원화하기 위해서 여러 가지 방법으로 아연을 분리하여 철원을 회수하고 있다.

(1) 습식 사이클론법(hydrocyclone)

습식 사이클론은 유체 중의 고형물 등을 분리·분급할 수 있는 것으로, 원심력을 이용한 침강 장치이며, 그림 4.26에 모식도를 나타내었다. 제철소에서 발생하는 각종 함수 슬러지를 이러한 습식 사이클론을 이용하여 고형물 중의 Zn를 분리하고 있다.[42] 다만 고로 슬러지의 경우 입자 크기가 매우 작고, 특히 Zn는 나노 크기이므로 분리 효율을 높이기 위해서는 조업 조건의 선정이 중요하다. 조업 조건에 따라서 오버플로우 중의 고형물에 약 67~90 %의 Zn가 함유되어 있으며, 언더플로우 중에는 장입된 고형물의 65~83 %가 포함되어 있는 것으로 알려져 있다.[43] 그리고 슬러지 중의 철분은 언더플로우, 탄소는 오버플로우 되는 것으로 알려져 있다. 또 분리·분급 효율을 높이기 위해 2~3단으로 설치하여 사용하기도 한다.

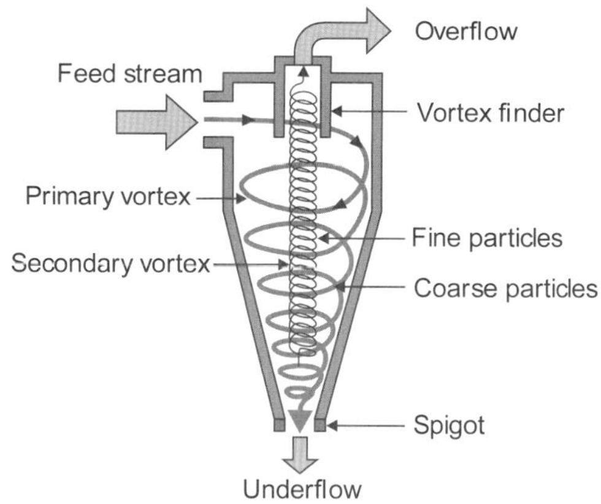

그림 4.26 습식 사이클론(hydrocyclone) 원리의 모식도

한편, 습식 사이클론과 달리 부유 선광법을 이용하여 분리하기도 한다. 고로 더스트나 슬러지 중의 Zn는 ZnS로 존재하기도 한다. 따라서 적절한 분산제를 이용하여 탈아연을 시도하고 있다.

(2) 습식제련법

습식제련법은 산 침출에 의해 슬러지 중의 Zn를 제거(회수)하는 방법이다. 황산, 염산, 질산 등으로 슬러지를 침출하여 Fe의 침출을 최소화하면서 Zn만 침출할 수 있는 조건에 대해 많은 연구들이 이루어졌다. 50 ℃, pH 2~3의 염산 용액으로 침출할 경우 Fe는 용해되지 않고 Zn의 약 70 %를 침출할 수 있는 것으로 보고되어 있다.[44]

Shinoda 등은 약 1 wt%Zn를 함유한 고로 더스트를 pH 2의 황산으로 침출하여 약 68 %의 Zn가 용해된 것으로 보고하였다.[45] 그리고 이 용액에 H_2O_2를 첨가하여(pH 5.0) Fe를 선택적으로 침전시켜 제거하고, pH 9의 알칼리 용액으로 Zn를 수산화물로 회수하였다. 다만 이 경우 철분은 수산화철로 회수되므로 제철소에서 리사이클링하기 위해서는 별도의 처리가 필요하다. 그러나 대량으로 발생하는 고로 슬러지를 습식으로 처리하는 경우, 폐수 처리 등의 문제점이 남아 있다.

(3) RHF(Rotary Hearth Furnace)법

제철 분진의 건식 처리법은 산화철과 산화아연 등이 함유된 분말을 1,000 ℃ 이상의

온도에서 환원하는 방법이며, 반응식은 다음과 같다.

$$FeO_t + tC = Fe(s) + tCO(g) \quad (t: 0.95 \sim 1.5) \tag{4.35}$$

$$ZnO(PbO) + C = Zn(Pb)(g) + CO(g) \tag{4.36}$$

환원된 아연이나 납은 증기가 되어 계 외로 배출되므로 환원된 금속상의 Fe와 분리할 수 있다. 이러한 건식 처리법에는 회전로상형인 RHF법, 환원전기로를 사용하는 ESRF법, 로터리 킬른법, 샤프트로법 등이 있으나, 여기서는 제철소에서 가동되고 있는 RHF법과 ESRF법에 대해 설명한다. 나머지 방법들은 제강 분진의 처리 기술에서 상세하게 설명하고 있다.[17] *

우선 RHF법의 노체 설비는 INMETCO식과 FASTMET식[46] 등이 있다. RHF는 도너츠 형상의 회전로를 중심으로 하는 고온 환원 프로세스이며, 원료 준비 및 조립 공정, RHF에서의 환원 공정, 배가스 처리 공정 등으로 구성되어 있다. 그림 4.27에는 RHF의 모식도와 회전로상(rotary hearth)의 구조를 나타내었다. 그리고 표 4.7에는 가동 중인 RHF 설비의 주요 사양을 나타내었다.[41]

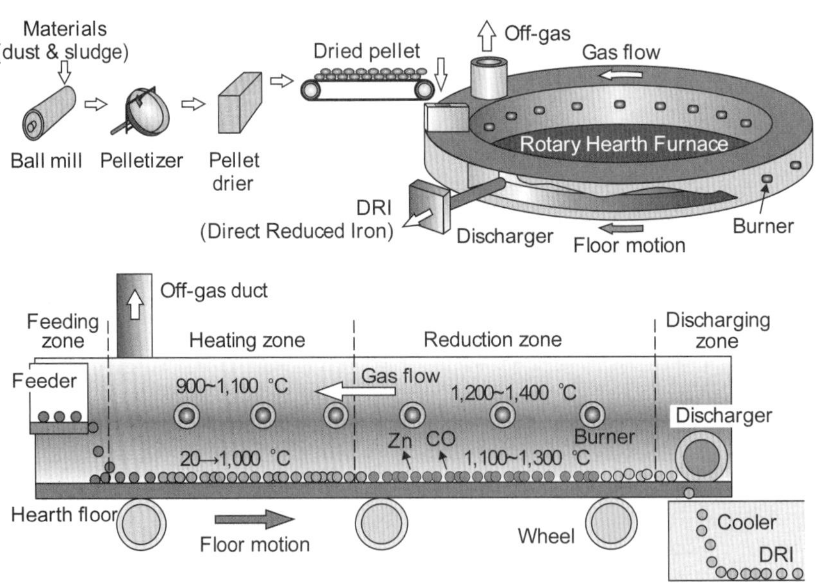

그림 4.27 RHF의 모식도와 노상(hearth) 구조

---

* 제7장 「아연의 리사이클링」 참조.

[표 4.7] 더스트 리사이클링 설비 사양

	No. 1 DRP	No. 2 DRP
Agglomerate	Pellet(disc pelletizer)	Wet processing(compactor)
Hearth diameter	20 m(at hearth center)	
Hearth area	230 m^2	230 m^2
Processing capacity	22 t/h	17 t/h
(green pellet base(dry))	15,000 t/month	10,000 t/month
Green pellet diameter	5~20 mm	5~30 mm
Processing temp.	1,250~1,300 ℃	1,250~1,300 ℃
Retain time	10~20 min	15~30 min
Off-gas system	Boiler, air heater, bag house	

제강 분진 등을 비롯한 제철소에서 발생하는 더스트 등을 탄소질 환원제와 함께 혼합하여 펠릿이나 단광(briguette)으로 만들어 회전로 중에 균일한 두께로 장입한다. 원료 펠릿은 노상(hearth)의 회전에 따라 우선 가열 존(heating zone)에서 1,000 ℃ 이상까지 가열된다. 환원 존(reduction zone)은 1,200~1,400 ℃이며, 펠릿은 1,100 ℃ 이상의 반응 온도에 도달하여 펠릿 중의 산화철과 산화아연이 탄소에 의해 환원된다. 환원된 Zn는 증기상으로 기화되어 펠릿에서 분리되는 탈아연 반응이 진행된다. Zn 증기는 배가스 처리 설비에서 재산화되어 조산화 아연(ZnO)으로 백필터에서 회수된다. 또 여분의 CO 가스는 2차 연소에 의해 열에너지로 활용된다. 연소 가스 및 반응 가스는 노상의 진행 방향과 반대 방향으로 흐르며, 환원된 펠릿은 배출 장치를 통해 노외로 배출된다.

노 내에서 환원된 환원철(DRI: Direct Reduced Iron)은 고온인 상태로 반출되어 전로, 전기로, 토피도 레이들 등에 이용하거나, 냉각하여 고로에서 사용하기도 한다. 또 RHF에서 배출된 DRI를 직접 용해로에서 용해(FASTMELT process)시켜 용선으로 만들기도 한다.[46]

포스코의 포항 및 광양제철소에서 각각 연간 20만 톤 규모의 RHF를 가동 중이며, 그 외에도 일본, 중국, 대만 등에서 여러 대를 가동하고 있다. RHF는 환원철을 제조할 수 있을 뿐만 아니라 전기로 더스트 중의 아연 회수 장치로도 활용되고 있다.

(4) ESRF법

ESRF(Elecctric Smelting Reduction Furnace)법은 2010년부터 대만에서 가동 중인 제강 더스트 처리용 용융환원로이며, 그림 4.28에 ESRF법의 개념도를 나타내었다.[47] RHF법에서는 고상의 환원철인 DRI가 만들어지지만, ESRF법에서는 용융선철이 제조된다.* 또 RHF법과는 달리 전기 에너지를 열원으로 사용하므로, 발생하는 가스양이 적어 원료의 비산이 적다.[48] 그리고 용융환원이므로 철분도 완전히 환원되어 용선으로 회수되므로 전기로의 철원으로 사용하고 있다. 그림 중의 (a)에서는 다음과 같은 ZnO와 산화철의 환원 반응이 일어난다.

$$ZnO(s) + CO(g) = Zn(g) + CO_2(g) \quad (4.37)$$

$$ZnO(s) + C(s) = Zn(g) + CO(g) \quad (4.38)$$

$$Fe_2O_3(s) + 3CO(g) = 2Fe(l) + 3CO_2(g) \quad (4.39)$$

$$Fe_2O_3(s) + 3C(s) = 2Fe(l) + 3CO(g) \quad (4.40)$$

그리고 노 상부인 그림 중의 (b)에서는 다음과 같은 Zn(g)의 산화 반응과 CO 가스의 2차 연소 반응이 일어난다.

$$2Zn(g) + O_2(g) = 2ZnO(s) \quad (4.41)$$

$$2CO(g) + O_2(g) = 2CO_2(g) \quad (4.42)$$

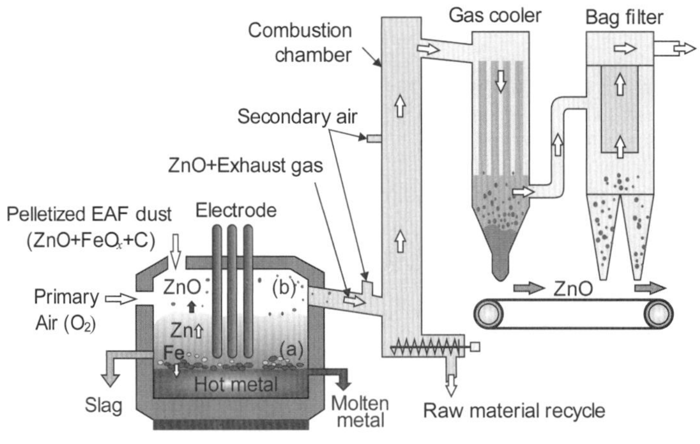

그림 4.28 ESRF의 개념도

---

* 제7장 「아연의 리사이클링」의 그림 7.21 참조.

한편 ESRF는 1,250 ℃ 이상의 고온에서 가동되므로 분진 중의 다이옥신은 완전히 열분해되는 것으로 알려져 있다. 특히 설비가 간단하여 전기로 공장 내에 설치하고, 발생된 제강 분진을 처리하여 생성된 용선을 곧바로 전기로의 철원으로 사용할 수 있는 장점이 있다. 현재 대만의 KCRC(Katec Creative Resources Corporation)에서 연간 4만 톤의 제강 분진과 5,000 ton의 의료 폐기물을 처리하여 연간 1만 2500 ton의 선철과 1만 5500 ton의 조산화 아연을 생산하고 있는 것으로 알려져 있다.

(5) 밀 스케일의 처리

강재의 제조 과정이나 사용 과정에서 산화철(FeO, Fe_3O_4, Fe_2O_3)이 주성분인 밀 스케일(mill scale)이 발생한다. 이러한 밀 스케일은 다량의 철분(Fe)을 함유하고 있으므로 주로 철강제련 공정에서 철(Fe)의 공급원으로 사용하고 있다. 밀 스케일은 상기한 RHF나 ESRF에서 처리하기도 하지만, 단순히 브리케팅*만 하여 고로의 철광석 대체재로 투입하거나, 제강 공정인 BOF에 잉여 열량을 조절하기 위한 냉각제(coolant)로 투입하고 있다. 필요에 따라서는 반응성을 향상시키기 위하여 페로실리콘 등의 환원제와 혼합하여 브리케팅을 하기도 한다.

4.6 종합

본 장에서는 철 스크랩을 리사이클링하기 위해 필요한 철강 제조 프로세스와 철 스크랩을 주원료로 사용하는 전기로 제강법, 철 스크랩의 전처리와 불순물 원소, 그리고 철강 공정에서 발생하는 제철 분진의 처리 기술에 대해 알아보았다. 철을 리사이클링하면 철광석으로부터 철강재를 얻는 것에 비해 CO_2 발생량은 약 58 %, 에너지는 약 16 %를 절약할 수 있다.

철 스크랩을 리사이클링하는 경우 형상에 따라 슈레더, 절단기, 압축기 등을 이용해 다양한 전처리를 하고 있지만, 철강재는 산화 정련으로 만들어지고 있으므로, 산소와의

---

* 제2장 「원료의 전처리」의 그림 2.16 참조.

친화력이 철보다 현저하게 낮은 Cu, Sn 등은 현재로서는 수작업 및 가공 처리기에 의한 제거가 가장 효율적이며 경제적인 방법이다. 따라서 철 스크랩의 리사이클링률을 높이기 위해서는 미량원소의 효율적인 제거에 대해 많은 연구가 필요할 것이다. 그리고 철 스크랩은 전기로 제강의 주원료로 사용되고 있으며, 원가 절감을 위해 스크랩을 예열하는 장치를 부가한 에너지 절약형 전기로로 바뀌어 가고 있다.

한편 철강 제조 공정에서는 다량의 제철 분진이 발생하고 있으며, 이러한 제철 분진은 제철소 내에서 다양한 방법으로 리사이클링하여 철분과 아연 등을 회수하고 있다. 그러나 각 제철소의 입지 조건에 적합하면서 다양한 성분의 제철 분진을 처리할 수 있는 새로운 리사이클링 기술에 대한 연구도 필요하다.

제4장 | 참고문헌

1 포스코, 1997: 철이야기(Steel Story), p. 10, 포스코.

2 최몽룡, 청동기 문화와 철기문화, 우리역사넷 contents.history.go.kr, 국사편찬위원회.

3 손호상, 2019: 자원리사이클링공학, p. 1, 경북대학교출판부.

4 Sue Grimes, John Donaldson, and Gabriel Cebrian Gomez, 2008: Report on the Environmental Benefits of Recycling, p. 4, Bureau of International Recycling (BIR), Brussels, Belgium.

5 T. E. Norgate and W. J. Rankin, 2002: The role of metals in sustainable development, Green Processing 2002, (The AusIMM), Cairns, May 2002, pp. 49-55.

6 World Steel Association, 2020: World crude steel Production - Summary, WSA, Brussels, Belgium.

7 https://www.statista.com/statistics/219343/cement-production-worldwide/

8 World Steel Association, 2019: Monthly crude steel production, WSA, Brussels, Belgium.

9 World Steel Association, 2012: SUSTAINABLE STEEL At the core of a green economy, p. 6.

10 World Steel Association, 2016: Steel-The permanent material in the circular economy. p. 5.

11 World Steel Association, 2012: SUSTAINABLE STEEL At the core of a green economy, p. 14.

12 손호상, 2019: 자원리사이클링공학, p. 263, 경북대학교출판부.

13 Sirou Banya, 2000: Ferrous Process Metallurgy, p. 36, JIM, Sendai, Japan.

14 S. Kitamura, Y. Mizukami, T. Kaneko, T. Yamamoto, R. Sakomura, E. Aiad, and S. Onoyama, 1990: Establishment of Steel Making Process with High Productivity and High Efficiency by Use of Hot Metal Pretreatment, Tetsu-to-Hagane 76(11), pp. 1801-1808.

15 손호상, 최현수, 정우광, 유병돈, 1997: 전로를 이용한 용선 탈린공정 개발, 대한금속학회지 35(12), pp. 1716-1723.

16 The Japan Society for the Promotion of Science, The 19th Committee on Steelmaking, 1988: Steelmaking Data Sourcebook Revised Edition, p. 59, Gordon and Breach Science Publishers.

17 손호상, 2018: 제강분진의 건식 처리기술 현황, 자원리싸이클링 27(2), pp. 68-76.

18 Sirou Banya, 2000: Ferrous Process Metallurgy, p. 139, JIM, Sendai, Japan.

19 Sirou Banya, 2000: Ferrous Process Metallurgy, p. 186, JIM, Sendai, Japan.

20 Y. Matsuno, 2007: Recycling of Steel, J. of MMIJ 123(12), pp. 845-849.

21 산업표준심의회, 2020: 주철 및 강 스크랩 KS D 2101: 2020, 한국표준협회.

22 한국철강협회 철스크랩위원회, 2013: 철스크랩 매뉴얼-KS D 2101 기준에 의거, pp. 18-20.

23 Toyota, 2014: Vehicle Recycling, Toyota Motor Corporation.

24 손호상, 정우광, 1997: 철 스크랩중 tramp element 제거 기술, 대한금속학회회보 10(1), pp. 70-81.

25 Hiroyuki Katayama and Yoshimasa Mizukami, 1996: Recycling of Ferrous Scrap, Materia Japan 35(12), pp. 1283-1289.

26 Katsuhiro Yamaguchi, 2011: Removal of tramp element in molten iron by two liquid phase separation, p. 8, Doctor Thesis of Osaka University.

27 손호상, 2019: 자원리사이클링공학, p. 263, 경북대학교출판부.

28 S. Miyazaki, S. Hara, and K. Ogino, 1992: Effect of oxygen partial pressure on the wettability of solid iron with molten copper, CAMP-ISIJ 5(1), p. 13.

29 K. Mukai, S. Yamakawa, T. Matubara, and T. Mori, 1994: Effect of oxygen partial pressure on copper removal ratio from solid steel CAMP-ISIJ 7(1), p. 5.

30 M. Iwase and K. Tokinori, 1991: A feasibility study for the removal of copper from solid ferrous scrap, Steel Research 62(6), pp. 235-239.

31 M. Iwase, K. Tokinori, and H. Oshita, 1992: Effect of temperature upon copper removal from solid ferrous scrap, CAMP-ISIJ 5(1), p. 14.

32 H. G. Katayama, T. Momono, M. Doe and H. Saitoh, 1994: Dissolution Al-Cu and Rate of Stationary Mg-Cu Alloys, ISIJ International 34(2), pp. 171-176.

33 I. Jimbo, M. S. Sulsky and R. J. Fruehan, 1988: The Refining of Copper from Ferrous Scrap, Iron and Steelmaker 15(8), pp. 20-23.

34 N. Tokumitsu, 1990: Stripping of tin from tin plate. (Removal of tin from scrap by utilizing SnS formation reaction—I), CAMP-ISIJ 3(4), p. 1183.

35 Chen, X., Ito, N., Nakashima, K., et al., 1995: Evaporation Rate of Copper in High Carbon Iron Melt under Reduced Pressure, Tetsu-to-Hagane 81(10), pp. 959-964.

36 N. Sasaki, Y. Uchida, Y. Miki, and H. Matsuno, 2016: Fundamental Study of Sn Removal from Hot Metal by NH_3 Gas Blowing, Tetsu-to-Hagane 102(1), pp. 17-23.

37 A. Matsui, Y. Uchida, and Y. Takahashi, 2016: Removal of Copper from Molten Iron to Promote Utilization of Steel Scrap, JFE Report 38, pp. 58-62.

38 손호상, 2019: 자원리사이클링공학, p. 28, 경북대학교출판부.

39 Jorge Madias, 2014: Electric Furnace Steelmaking, p. 292, Treatise on Process Metallurgy, Volume 3, Industrial Processes, Ed. by Seshadri Seetharaman, Elsevier Ltd.

40 Francesco Memoli and Mauro Bianchi Ferri, 2008: 2007 - A record year for Consteel, MILLENNIUM STEEL, pp. 83-88.

41 Hiroshi ODA, Tetsuharu IBARAKI, and Youichi ABE, 2006: Dust Recycling System by the Rotary Hearth Furnace, Nippon Steel Technical Report 94, pp. 147-152.

42 Jang-Gon Jeon and Soo-Jong Jin, 2002: POSCO'S Achievement for the recycling of sludge, SEAISI Quarterly December, pp. 53-59.

43 Anton Andersson, 2019: Recycling of Blast Furnace Sludge within the Integrated Steel Plant - Potential for Complete Recycling and Influence on Operation, p. 18, DOCTORAL THESIS, Luleå University of Technology.

44 Anton Andersson, 2019: Recycling of Blast Furnace Sludge within the Integrated Steel Plant - Potential for Complete Recycling and Influence on Operation, p. 22, DOCTORAL THESIS, Luleå University of Technology.

45 Mariko Shinoda, Toyoshi Yamaguchi, Ryota Murai and Ikuhiro Sumi, 2019: Development of Zinc-separating Process of Blast Furnace Dust using Hydrometallurgical System, Tetsu-to-Hagané 105(8), pp. 847-853.

46 Takao Harada, Hidetoshi Tanaka, and Hiroshi Sugitatsu, 2001: Verification of the FASTMET Process for Steel Mill Waste Treatment, KOBE STEEL ENGINEERING REPORTS 51(2), pp. 23-26.

47 M. Nakayama, 2011: Treatment Process of EAF Dust by Reduction Smelting, INDUSTRIAL MACHINERY No. 2, pp. 33-37.

48 Wei-Sheng Chen, Wei-Shan Chou, and Min-Shing Tsai, 2011: Status of EAF Dust Management in Taiwan, J. of Korean Inst. of Resources Recycling 20(1), pp. 3-13.

제5장 알루미늄의 리사이클링
Recycling of Aluminum

5.1 서론

알루미늄(Al)은 원자번호 13, 원자량 26.98 g/mol의 경금속이며, 표준 상태에서 밝은 은백색을 띤다. 또 알루미늄은 산소와 실리콘에 이어 지각 구성 원소 존재도에서 세 번째로 풍부한 원소이며, 금속원소 중에서는 두 번째로 풍부한 자원이다.[1] 그리고 알루미늄은 철강에 이어 두 번째로 생산량이 많은 금속으로 우리 생활의 다양한 분야에서 널리 사용되고 있다. 인류가 금속 알루미늄을 사용하기 시작한 역사는 그리 길지 않다. 그러나 알루미늄 사용의 역사는 광석의 일종인 명반*(明礬, alum, aluminum sulphates, $KAl(SO_4)_2 \cdot 12H_2O$)을 사용하던 때로 거슬러 올라간다. 기원전 5세기에 고대 그리스의 역사가 헤로도토스(Herodotus)† 가 쓴 책 『The Histories』에 명반(alum)에 관한 최초의 문헌상 기록이 남아 있다.[2] 명반은 고대 로마 시대부터 염료, 방화제는 물론 지혈제, 진통제 등의 의약품으로 사용되었다.

금속 알루미늄이 명반의 기본 원소라는 것은 이보다 훨씬 이후인 1761년 프랑스의 화학자 모르보(Louis-Bernard Guyton de Morveau)에 의해 알려졌다. 그리고 1782년 프랑스의 과학자 라부아지에(Antoine-Laurent de Lavoisier)가 명반석이 금속의 산화물일 가능성이 크다는 설을 발표하고 이것을 'alumine'이라 명명하였다.[3] 금속 알루미늄의 존재는 1808년

---

* 명반: Al의 황산염과 칼륨황산염의 복염을 통틀어 명반이라 하며, 일반적으로는 칼륨명반($KAl(SO_4)_2 \cdot 12H_2O$)을 의미한다. 염색, 방수, 공업용 등으로 쓰인다. 백반(白礬)이라고도 부른다.

† 할리카르나소스의 헤로도토스(기원전 484~기원전 425년경): 고대 그리스의 역사가이며, 서양 문화에서는 '역사학의 아버지'로 불린다. 『The Histories』에서 명반이 언급된 부분은 다음과 같다. "Amasis gave them a thousand talents of **alum**, and the Greek settlers twenty minae."

영국의 전기화학자인 험프리 데이비(Humphry Davy)가 전기화학적인 방법으로 명반석 분리를 시도함으로써 알려졌다. 데이비는 이 금속을 알루미움(alumium)으로 명명하였으나, 그 이후 알루미늄(aluminum, aluminium)으로 부르고 있다. 1855년에는 프랑스의 화학자 클레어 데빌(Henri Étienne Sainte-Claire Deville)이 명반석을 Na으로 환원한 금속 Al을 공개하였다. 그림 5.1에는 당시 알루미늄 생산 연구를 후원하였던 프랑스 황제 나폴레옹 3세의 초상화가 새겨진 금화(좌, 1852년)와 알루미늄 동전(우, 1857년)을 비교하여 나타내었다. 그리고 값싼 전기가 공급되면서 거의 같은 시기인 1886년에 미국의 홀(Charles Martin Hall)과 프랑스의 에루(Paul Louis Toussaint Héroult)가 빙정석(Na_3AlF_6)에 용해한 순수한 Al_2O_3를 전해제련하여 현재의 금속 Al을 제조하는 데 성공함으로써 홀-에루법(Hall-Héroult process)이 확립되었다.

그림 5.1 나폴레옹 3세의 초상화가 새겨진 프랑스의 20프랑 금화(좌, 1852)와 알루미늄 동전(우, 1857)

표 5.1에는 Al의 물리·화학적 성질을 나타내었다. Al은 가벼우면서도 내식성이 우수한 특징을 가지고 있다. 특히 Cu, Si, Mn, Mg, Zn, Li 등을 첨가하여 다양한 종류의 합금을 만들 수 있어서 철강 다음으로 사용량이 많은 범용 금속재료가 되었다. Al은 산소와의 친화력이 Ti보다 높은 활성금속으로 산화되기 쉽지만, 용융 Al 표면에 생성된 산화피막(알루미나, Al_2O_3)이 매우 치밀하고 강한 보호 피막을 만들어 용탕 내부의 산화를 방지하므로 Mg과 달리 대기 용해가 가능하여 대량으로 사용할 수 있게 되었다.

Al의 이러한 특성에 의해 사용량이 증가하면서 Al 스크랩의 발생량도 증가하였다. Al은 용융염 전해에 의해 생산되므로 광석을 제련하여 금속 Al을 얻기 위해서는 대량의 전력이 필요하다.(보크사이트로부터 Al 잉곳을 제조하는 데 필요한 에너지의 83 % 필요)[4] 그러나 스크랩으로부터 재생하면 보크사이트로부터 금속 Al을 만드는 에너지의 약 5 %로 Al 잉곳을 만들 수 있어서 이미 상당한 양의 Al은 리사이클링되고 있다.

[표 5.1] Al의 물리·화학적 성질

원소기호 / 원자번호		Al / 13
원자량		26.98 g/mol
녹는점		660.32 ℃(933.47 K)
끓는점		2,519 ℃(2,792 K)
밀도	상온	2.70 g/cm^3
	액체(at m.p.)	2.375 g/cm^3
용융열		10.71 kJ/mol
증발열		284 kJ/mol
몰비열 C_P(at 293 K)		24.20 J/(mol·K)
열전도도		237 W/(m·K)
전기저항도(at 20 ℃)		26.5 nΩ·m
결정구조		face-centered cubic(fcc)

한편 Al은 활성이 강한 금속이어서 야금학적으로 정련이 곤란하다는 문제점을 가지고 있다. 특히 Al 스크랩을 재활용하는 공정에서 합금원소로 첨가된 원소들의 제거가 곤란하여 잔류하는 합금원소의 영향으로 2차 지금(地金)의 용도가 제한되는 경우도 있다. 본 장에서는 Al의 리사이클링을 이해하기 위해 Al의 생산량과 제련 공정, 스크랩의 전처리 및 용해, 정련 기술에 대해 설명한다.

5.2 알루미늄의 생산량과 용도

Al 1차 지금(地金)의 생산량은 그림 5.2에 나타낸 바와 같이 1990년대 중반부터 급격하게 증가하기 시작하였으며[5] 현재 전 세계 생산량은 연간 6300만 톤(2017년)을 넘어섰다. 스크랩으로부터 제조되는 2차 지금을 포함하면 연간 생산량은 약 9000만 톤이다. 1950년대의 알루미늄 2차 지금 생산 비율은 20 % 미만이었으나 1970년대부터 증가하기 시작하였으며, 1990년대부터는 1차 지금과 2차 지금의 비율에 큰 변동이 없으나 스크랩으로부터 생산되는 2차 지금의 생산량은 계속적으로 증가하였다.

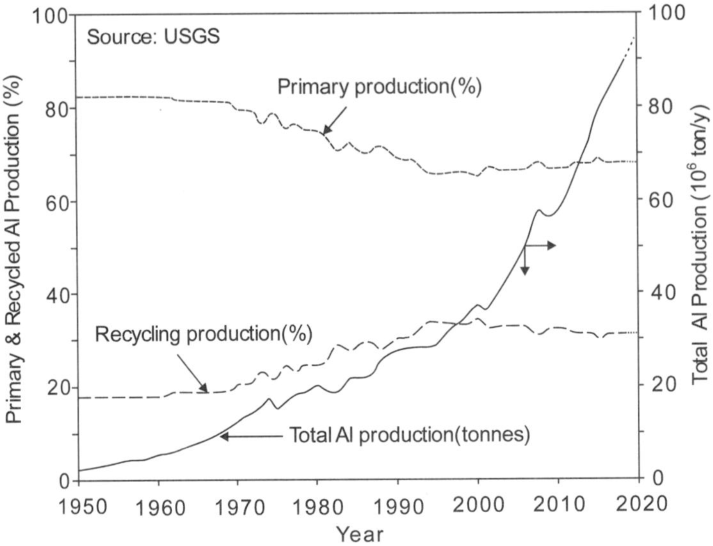

그림 5.2 전 세계 Al 1차 지금과 2차 지금 생산량의 변화

그림 5.3에는 2017년 기준의 국가별 알루미늄 생산 비율과 소비 비율을 나타내었다. 다른 금속들과 마찬가지로 중국이 전 세계 생산량의 55 %를 차지하며, 소비량도 54 %를 차지한다. 우리나라와 일본의 경우 알루미늄 1차 지금을 생산하지 않지만, 소비량은 각각 2 %와 3 %를 차지한다.

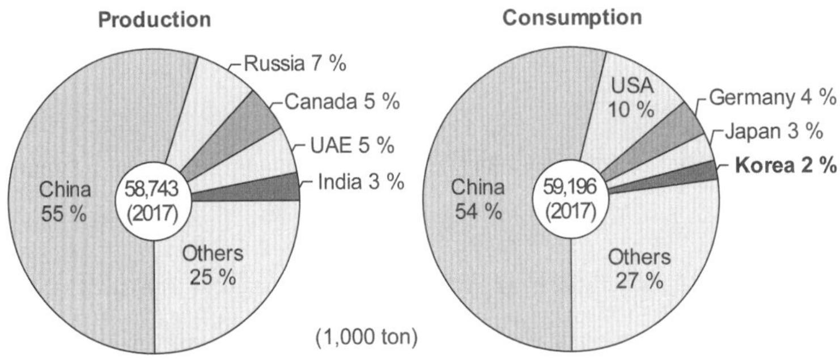

그림 5.3 국가별 알루미늄 1차 지금 생산량 및 소비량 비율

그림 5.4에는 국내의 알루미늄 수급량과 관, 봉, 선, 판, 포일을 합한 생산량 변화를 나타내었다. 수급량과 생산량의 차이는 주물용으로 추정하고 있다. 따라서 국내에서 소비되는 알루미늄의 약 88 %는 관, 봉, 선, 판, 포일 등이며, 이 중에서 판재 생산량은 2019년 기준으로 약 100만 톤 수준이다.

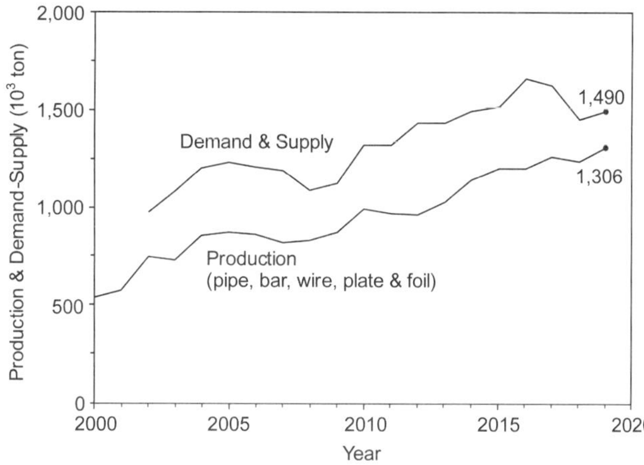

그림 5.4 국내의 알루미늄 수급량과 생산량 변화

표 5.2에는 Al 합금 종류별 합금원소와 주요한 특성을 나타내었다. 1000계의 순 Al을 제외하면 Cu, Mg, Si, Mn, Zn, Li, Fe, Ni 등의 다양한 원소가 첨가되어 있는 것을 알 수 있다. 이러한 합금원소의 제거가 쉽지 않아 Al을 cascade 방식으로 리사이클링하기도 한다. 자가발생 스크랩과 가공 스크랩은 성분을 알고 있으므로 재용해만으로도 쉽게 리사이클링할 수 있다. 그러나 시중에서 구입하는 스크랩은 다양한 합금이 혼합되어 있는 경우가

[표 5.2] Al 합금 종류별 특성

합금 종류	합금원소	합금 특성
1000계	Pure Al	순 Al. 내식성이 좋고, 빛의 반사성·열의 전도성이 우수. 강도는 낮지만 용접 및 성형 가공이 용이
2000계	Cu Cu-Mg Cu-Li	주첨가 원소는 Cu이며, Mg 등을 함유한 열처리 합금 용체화 열처리에 의해 강도는 높지만 내식성 및 용접성이 낮은 합금이 다수. Rivet 접합에 의한 구조물, 특히 항공기 재료로 이용
3000계	Mn	주첨가 원소는 Mn. 냉간가공에 의해 제품을 생산하는 비열처리 합금. 순 Al에 비해 강도는 약간 높고, 용접성·내식성·성형 가공성 등이 우수
4000계	Si	주첨가 원소는 Si. 비열처리 합금으로 높은 Si 함량으로 융점이 낮아 용접 와이어, 용가재 등으로 이용
5000계	Mg	주첨가 원소는 Mg. 고강도 비열처리 합금. 용접성이 양호하나, 냉간가공이 어려움. 해수 분위기에서도 내식성이 우수
6000계	Mg-Si	주첨가 원소는 Mg과 Si. 고강도 열처리 합금. 가공성·성형성·용접성·내식성이 양호. 형재·관 등 구조물에 이용
7000계	Zn Zn-Mg	주첨가 원소는 Zn. Mg을 첨가한 고강도 열처리 합금 운송 기기 등 고강도 부품에 활용
8000계	Fe, Fe-Ni Zn-Mg-Cu Li-Cu-Mg	상기한 합금원소 외에 기타 원소를 첨가한 합금 고강도 합금

[표 5.3] 대표적인 용도별 Al 합금과 스크랩 발생원

Market	Secondary alloy	Compatible scrap sources
Al packaging	3X04 can body sheet	·폐캔, 캔을 만들 수 있는 스크랩 ·캔 제조용이 아닌 스크랩 ·Mg계 Al 합금 혼합 스크랩으로 침강 선별에서 밀도가 높은 부분
Building Al	3105 painted sheet	·건물 외장재 스크랩 ·건물 외장재 및 건설용 압출재 스크랩 ·Cu 농도가 낮은 가공용 Al 혼합 스크랩 ·가공용 스크랩
Automotive Al	38XX casting alloys	일부 38XX계 합금은 염화 반응으로 Mg 농도를 제어하면 희석 없이 가장 일반적인 여러 가지 폐스크랩의 혼합물을 사용할 수 있음
	319X casting	319X계 합금의 규격이 엄격하므로 희석이 필요하며, 따라서 319X계 합금에서는 첨가할 수 있는 폐스크랩의 종류에 제한이 있음
Steel deoxidants	95 % Al	이 규격은 제한된 양의 폐주물 스크랩뿐만 아니라 폐가공용 스크랩의 혼합물을 사용할 수 있음

대부분이므로 합금 종류에 따른 조성을 파악해 두는 것이 필요하다. 표 5.3에는 대표적인 용도별 Al 합금과 스크랩 발생원을 나타내었다.[6]

표 5.4에는 Al의 용도와 수명을 나타내었다. 가장 많이 사용되는 곳은 수송 기기(자동차, 항공기, 선박 등)용으로 약 27 %를 소비하고 있으며, 건축용 재료로 약 25 %, 전기·전자 제품에 약 13 %를 소비하고 있다. 이러한 용도로 사용된 Al 제품의 수명은, 작게는 7년에서 길게는 40년 정도이다. 최근의 2차 지금 생산 비율은 약 33 % 수준에 머물러 있지만, 이러한 제품의 수명을 고려하면 향후 스크랩 발생량이 지속적으로 증가하여 2차 지금의 생산 비율도 증가할 것으로 예상된다.

[표 5.4] Al의 용도별 수명과 사용 비율(2015년 기준)

Products	Life time ranges(years)	Consumption ratio(%)
Transport	7~20	27
Construction and building	15~50	25
Electrical	20~40	13
Machinery & equipment	20~40	9
Packaging	<1	8
Foil stock	<1	8
Consumer durables	8~15	5
Other	8~15	5

특히 자동차를 포함한 수송 기기에 사용되는 Al의 비율은 점차 증가하고 있다. 자동차의 경우 체계적인 수집 체제를 갖추고 있어서 약 90 % 이상의 Al이 리사이클링되고 있다. 폐자동차(ELV, End of Life Vehicle)는 해체와 슈레딩(shredding), 선별을 거쳐서 각종 재료를 리사이클링하고 있다. 자동차의 예상 수명을 고려하면 스크랩 발생량은 꾸준하게 증가할 것으로 예상된다. 건축물에 사용되는 Al의 용도는 주로 창틀이나 도어, 건물 외장, 지붕, 벽체 등이다. 그 외에도 건물의 공조 시스템, 태양광 판넬의 지지대 등에도 사용되고 있다. 건축물에 사용된 Al의 회수율은 건축물을 해체하기 전에 사용된 Al의 양과 해체 후에 회수한 Al의 양을 비교하여 판단하며, 전 세계적으로 약 85 % 수준인 것으로 알려져 있다.

표 5.4에서 회수 기간이 가장 짧은 것은 폐음료 캔(UBC, Used Beverage Can)을 포함하는 포장재(packaging)이다. UBC는 Al의 함유율이 높으므로 시장 가치가 매우 높은 편에 속한다. 또 UBC는 다른 포장재와 달리 두께가 있고 물리적 특성에 의해 쉽게 회수되어 리사이클링되고 있다. UBC의 회수율은 국가별로 30~100 %로 차이가 있지만, 전 세계적인 회수율은 약 70 % 수준인 것으로 알려져 있다.

5.3 알루미늄 제련의 개요

대표적인 Al 광석은 보크사이트(bauxite, gibbsite $Al(OH)_3$, boehmite AlO(OH), diaspore, AlO(OH)의 혼합물)이다. 주성분은 중량비(wt%)로 45~60 Al_2O_3, 2~20 Fe_2O_3, 1~4 TiO_2, 1~10 SiO_2 등이며, 기타 미량성분(Mn, Ga, Ca, V, P, As)이 함유되어 있다. 우선 바이어법(Bayer process, 1888년) 등으로 보크사이트로부터 순 Al_2O_3를 제조한다. 금속 Al은 순 Al_2O_3를 불화물계(Hall-Héroult법)나 염화물계(Alcoa법)의 용융염 중에서 전해환원하여 제조한다. 그리고 전해 Al은 3층식 전해법이나 편석법에 의해 고순도로 정제한다.

5.3.1 알루미나의 제조

보크사이트로부터 알루미나를 제조하는 방법에는 바이어법, 소결법, 복합법이 있으나 대부분 바이어법에 의해 제조되고 있다. 그림 5.5에 바이어법[7]과 소결법의 공정도를 비교하여 나타내었다.[8] 어떠한 방법으로 Al_2O_3를 제조할 것인가는 아래 식과 같이 보크사이트

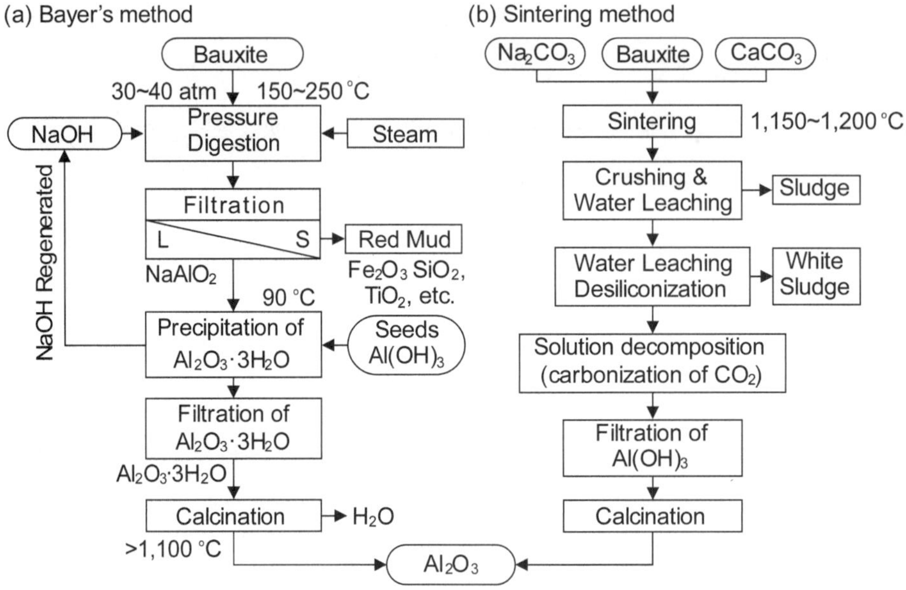

그림 5.5 보크사이트로부터 알루미나를 제조하는 방법 비교

중 Al_2O_3와 SiO_2 함유량 비(M)에 따라 결정한다.

$$\text{Silicon module}: \ M = \frac{wt\%Al_2O_3}{wt\%SiO_2} \tag{5.1}$$

① M>10: 고품위의 보크사이트이며, 바이어법에 적합

② 3<M<10: 저품위의 보크사이트이며, 소결법에 사용

③ M<3: Al_2O_3 제조에 부적합한 것

바이어법에 의한 Al_2O_3 제조 방법은 다음과 같다.

① 보크사이트 중의 Al_2O_3를 약 150~250 ℃의 오토클레이브(autoclave, 압력 30~40 atm) 중에서 NaOH 용액으로 침출하여 $NaAlO_2$(sodium aluminate)를 만들며, 반응식은 다음과 같다.

$$Al(OH)_3 + NaOH = NaAlO_2 + 2H_2O \tag{5.2}$$

$$Al_2O_3 \cdot nH_2O + 2NaOH = 2NaAlO_2 + (n+1)H_2O \tag{5.3}$$

② $NaAlO_2$를 가수분해하여 $Al_2O_3 \cdot 3H_2O$를 석출시킨다.

③ $Al_2O_3 \cdot 3H_2O$를 가열·탈수하여 Al_2O_3를 생성시킨다.

이러한 반응은 매우 완만하게 일어나므로 대량의 알루미나를 생산하기 위해서는 다수의 대용량 탱크가 필요하다. 또 이 과정에서 적니(赤泥, red mud)라 불리는 산화철을 다량 함유한 불용성 잔사가 발생하여 환경 문제를 일으키기도 한다.

5.3.2 금속 알루미늄의 제조

금속 Al은 Hall-Héroult법[9]이나 Alcoa법에 의한 용융염 전해에 의해 얻어진다. 우선 홀-에루법 전해조의 모식도를 그림 5.6에 나타내었다.[10]

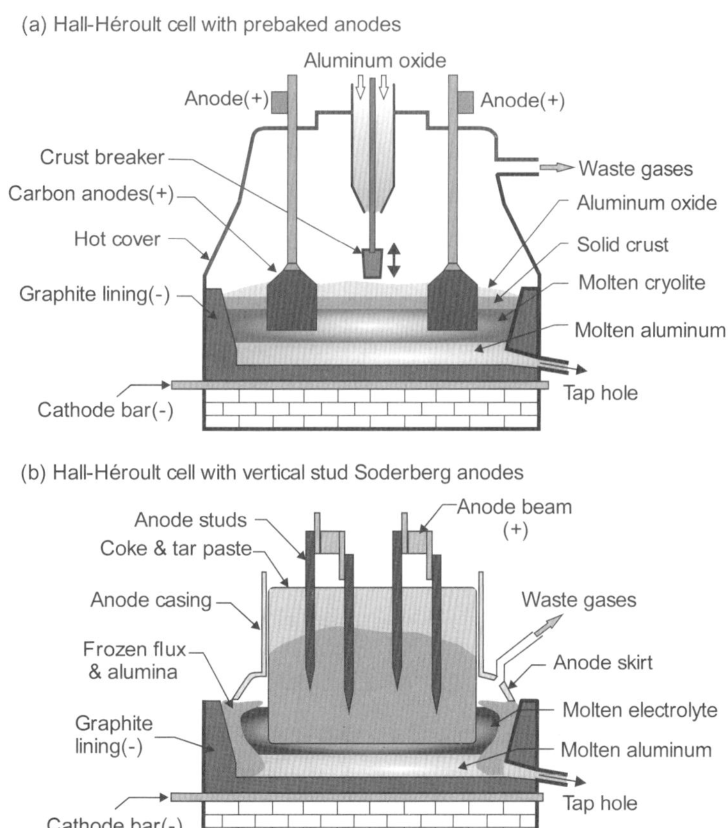

그림 5.6 홀-에루법(Hall-Héroult process) 전해조의 모식도

음극(cathode)은 노 바닥의 탄소벽돌이며, 양극(anode)은 전해욕 중에 침지되어 있는 탄소이다. 전해조는 크게 양극을 미리 소성한 것(prebaked)과 소성하지 않은 것(Soderberg 식)을 사용하는 두 가지 방식이 있다. 그림 5.6(a)의 양극은 미리 소성한 흑연을 사용하지만, Soderberg식 양극은 상부에 투입된 페이스트가 양극의 전해 소모에 의해 하강하는 과정에서 전해에 따른 자체의 열로 소성된다. 그리고 Soderberg식에는 그림 5.6(b)와 같이 전극을 수직으로 삽입하는 것과 수평으로 삽입하는 것, 두 가지 방식이 있다. 양극은 전해가 진행됨에 따라 발생하는 산소 또는 공기 중의 산소와 반응하여 CO_2와 CO로 소모된다.

전해욕은 알루미나(Al_2O_3)의 용해도가 높은 빙정석(Na_3AlF_6)에 5~15 %의 AlF_3와 소량의 CaF_2, LiF 등을 첨가하여 NaF/AlF_3를 1.1~1.4 정도가 되도록 한다. 5 %의 Al_2O_3를 용해한 전해욕을 960 ℃ 부근에서 용융 상태로 유지하면서 전해를 한다. Al은 노 바닥의 음극에 용융 상태로 석출되고, 양극(탄소)은 CO_2, CO가 발생되면서 소모된다. Cathode와 anode에서의 반응은 각각 다음과 같다.

$$\text{Cathode}(-):\ Al^{3+} + 3e = Al \tag{5.4}$$

$$\text{Anode}(+):\ 2O^{2-} = O_2 + 4e \tag{5.5}$$

따라서 Al 용융염 전해의 총괄 반응은 다음과 같다.

$$Al_2O_3\,(\text{or }\ 2Al_2O_3) + 3C = 2Al + 3CO\,(\text{or }\ 3CO_2) \tag{5.6}$$

금속 Al을 제조하는 Alcoa법은 홀-에루법과 달리 염화물 전해욕을 사용한다. 그림 5.7에 공정도와 복극형 전해조(bipolar electrolytic cell)를 나타내었다.[11] 바이어법으로 제조한 Al_2O_3는 700~900 ℃에서 다음 식과 같이 염화되며, 생성된 $AlCl_3(g)$는 약 70 ℃에서 고상의 $AlCl_3$ 입자상으로 응축된다.

$$Al_2O_3(s) + 2C(s) + 3Cl_2(g) = 2AlCl_3(g) + CO(g) + CO_2(g) \tag{5.7}$$

$AlCl_3$ 입자를 약 700 ℃의 용융 혼합 염화물에 첨가하여 전해욕 조성이 5 %$AlCl_3$, 53 %NaCl, 40 %LiCl, 0.5 %$MgCl_2$, 0.5 %KCl, 1 %$CaCl_2$가 되도록 한다. Cathode 쪽에 용융 Al이 생성되고, anode에서는 $Cl_2(g)$가 방출되며 Al_2O_3의 염화 반응에 재사용한다.

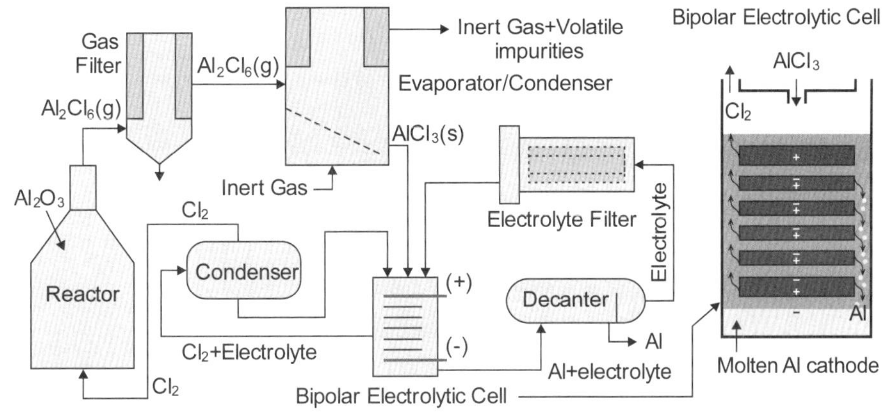

그림 5.7 Alcoa의 알루미늄 염화물 전해 공정과 복극형 전해조

5.3.3 금속 알루미늄의 정제

홀-에루법에서 전해채취한 Al의 순도는 최대 99.8 % 정도이며, 불순물로는 전해욕의 원료나 전극의 회분 등에서 나온 Si, Fe, Ti 등이 있다. 따라서 99.9 % 이상의 순 Al을 얻거나, Al 스크랩으로부터 고순도의 지금을 재생하기 위해서는 정제를 하여야 한다. 현재 공업화되어 있는 정제법으로는 3층 전해정제법(three layers electro-refining)과 편석법이 있다.

(1) 3층 전해정제법

그림 5.8에 3층 전해법 전해조의 모식도를 나타내었다.[8] 이 방법은 그림과 같이 전해조의 바닥부에서부터 양극인 모합금 용탕, 전해욕, 음극인 정제된 Al 용탕이 비중 차이(각각 약 3.0, 2.8, 2.3 g/cm^3)에 의해 3층으로 유지되면서 전해정제를 하는 것이다. 3층 전해정제의 원리는 전해욕 중 금속의 전극 전위가 서로 다른 것을 이용한 것이다. Al보다 귀한(noble) Fe, Si, Cu 등은 양극 합금 중에 남고, 비한(base) 금속인 Na, Ca, Mg 등은 전해욕 중으로 분배되지만 음극에 석출되지 않고 전해욕 중에 남아 고순도의 Al으로 정제된다.[12]

우선 Al에 Cu를 첨가하여 융점이 낮고 밀도가 큰 Al-Cu(약 30 %Cu, 공정조성, m.p. 548 ℃) 합금 양극을 만든다. 그 위에 순 Al보다 밀도가 큰 전해욕(AlF_2-BaF_2-NaF계, 밀도 약 2.8 g/cm^3)을 두고, 상부의 탄소제 음극과의 사이에서 전해를 하면 최상부에 99.99 %의 정제 Al이 석출된다.

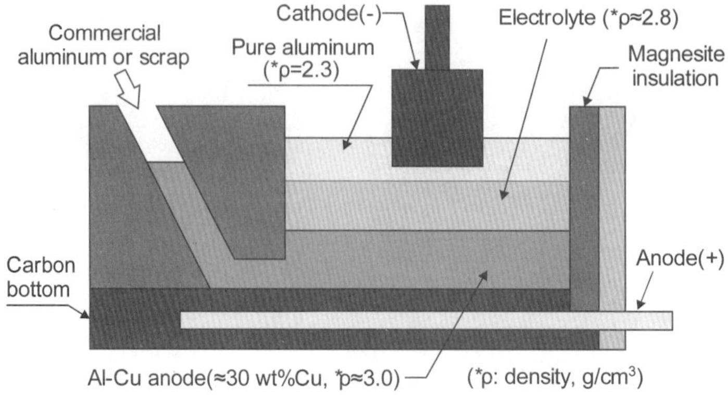

그림 5.8 3층 전해정제법의 모식도

(2) 편석법

편석법은 고순도의 Al을 얻는 열역학적인 정제법으로, 합금이 응고할 때 편석 현상이 일어나는 것을 이용한 것이다. 대표적으로는 '분별 결정법'과 '일방향 응고법'이 있다. 분별 결정법은 석출한 초정을 모아 가압, 가열하면서 고액분리를 하고 부분적으로 재용해하여 재결정화시키는 정제법이다. 일방향 응고법은 냉각면에서 연속적으로 응고를 진행시켜 고순도 Al을 얻는 정제법이지만, 분별 결정법보다 정제 효율이 낮아서 동일한 공정을 2~3회 반복하여야 한다.[13]

편석법으로 제거 가능한 원소에는 Fe, Si, Cu 등이 있으며, Ti, Zr, V 등은 오히려 농축된다. 따라서 제거가 불가능한 원소는 다른 방법으로 미리 제거해 두어야 한다. 일반적으로는 B을 첨가하여 고융점의 B화합물을 생성시켜 제거하는 방법을 적용하기도 한다.

5.4 알루미늄 스크랩의 리사이클링 기술

UBC의 평균 수명은 60일 정도라고 알려져 있다. 그림 5.9에는 UBC의 라이프 사이클을 모식적으로 나타내었는데, 이는 일반 알루미늄제 EoL(End of Life)의 라이프 사이클과 동일하다. 그림 5.10에는 Al 스크랩으로부터 주조용 합금을 생산하는 공정도를 나타내었다.[14] 수집한 스크랩은 필요에 따라 파쇄, 선별, 열처리(도막 제거)를 거쳐서 1차 지금과 함께 용융한다. 그리고 용탕 중의 불순물을 제거하기 위한 정련 공정을 거쳐서 필요한 형상으로 주조한다. 이하에 이러한 Al의 리사이클링 기술에 대해 설명한다.

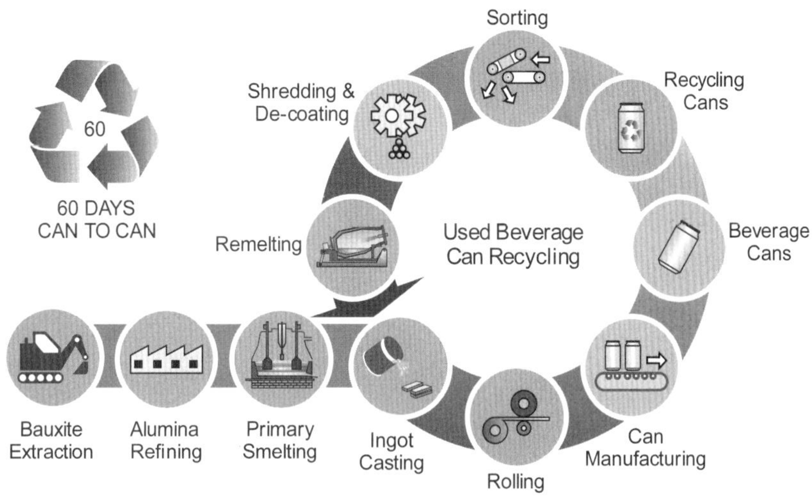

그림 5.9 알루미늄 캔의 라이프 사이클

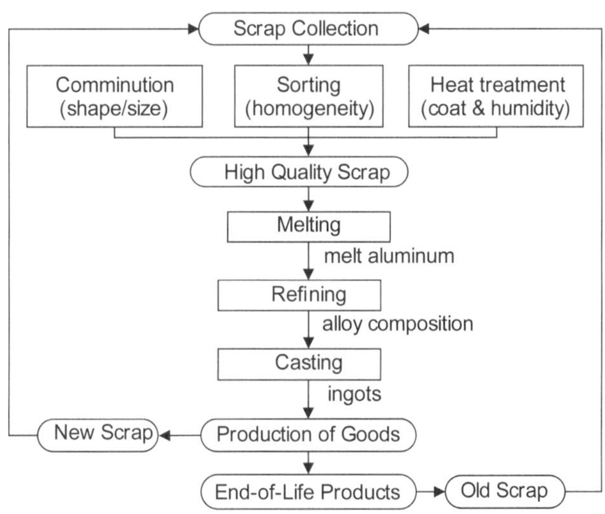

그림 5.10 Al(합금) 생산을 위한 2차 지금 정련 공정

5.4.1 알루미늄 스크랩의 파쇄와 선별

시중에서 구입한 노폐 스크랩은 형상이 다양하고 여러 가지 부품이 부착되어 있으므로 파쇄하여 부착물을 제거하고 일정한 크기로 조절해야 한다. 이러한 스크랩의 파쇄는 천연광석의 파쇄에 사용하는 기기를 사용할 수 있다. 다만 Al 스크랩의 경우 천연광석과 달리 연질이고, 형상과 크기도 다르므로 파쇄기를 신중하게 선택하여야 한다.

자동차 차체와 같은 판재 스크랩의 경우 슈레더를 이용하는 것이 유리하며, 실린더 헤드 등은 압축에 의한 파쇄가 적절할 것이다. 일반적으로는 스크랩에 부착된 부품의 분리와 일정한 크기로 파쇄할 수 있는 그림 5.11에 나타낸 해머식 슈레더(swing-hammer shredders)가 널리 이용되고 있다.[8]

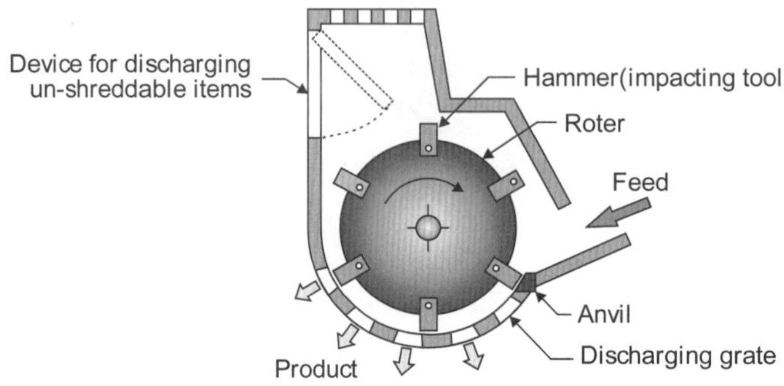

그림 5.11 해머식 슈레더(swing-hammer shredders)의 모식도

한편 ELV 중에서 휠이나 실린더 헤드 등은 Al이 단체로 존재하므로 쉽게 분리하여 재용해할 수 있다. 그러나 Al이 포함된 차체를 슈레딩한 경우에는 비금속은 물론 Fe, Cu 등의 금속도 포함되어 있다. 따라서 이러한 스크랩으로부터 Al이나 Al 합금을 회수하기 위한 선별 공정을 거쳐야 한다. 표 5.5에는 Al 스크랩에 적용하는 선별법의 특징을 정리하여 나타내었다.[14]

[표 5.5] Al 스크랩에 적용하는 선별법

Separator type	Physical Parameter	Desired Separation	Technology
Hand sorting	aspect	metal types & wrought-casting alloys	manual operation
Magnetic	magnetic susceptibility	ferrous fraction, nickel-based alloy	magnetic drum, overhead belt magnet
Air separator	mass	low density as paper foam plastic	vertical zig-zag, air table, elutriator, air knives
Eddy current	conductivity	non-metal & metal types	eddy current system electromagnetic system
Dense media	density	non-metal & metal types	soak flow, wet jig
Thermal	melting point	wrought-casting alloys	hot crush
Elemental composition	vapor phase, plasma, X-ray &γ-ray energy	alloy type	LIBS*, XRF**
Image analysis	color and shape	alloy type	color, etch, 3D shape
Transmission	atomic number	alloy type	XRT***

*LIBS: Laser-Induced Breakdown Spectroscopy, **XRF: X-Ray Fluorescence, ***XRT: X-Ray Transmission

수선별이 가장 유효한 방법이지만 인건비에 따른 경제성 문제가 있다. 자력 선별은 와전류 선별과 조합하여 철계 스크랩 등을 분리할 때 유용하게 적용하고 있다. 특히 Al은 와전류가 흐르기 쉬우므로 변화자계를 작용시켜 와전류에 의한 선별을 하고 있다. 와전류에 의한 분리 효율은 전기전도도(σ)에 비례하고 비중(ρ)에 반비례하는데, Al의 경우 σ/ρ가 약 13.96 이며, 구리는 6.67, 아연은 2.41 정도이므로 비철금속을 종류별로 분리할 수도 있다.[*, 15] 그림 2.11에는 벨트식 자력 선별기를, 그림 2.12에는 와전류 선별기의 원리를 모식적으로 나타내었다.

그림 5.12에는 ELV의 해체와 슈레딩을 거쳐서 Al을 리사이클링하는 공정도를 나타내었다.[16] 특히 Al 합금 휠, 실린더 헤드 등은 해체하여 재사용하거나 재용해 공정을 거친다. Al이 포함되어 있는 차체는 슈레딩하여 자력 선별로 철강재와 비자성체를 분리한다. 비자성체는 중력 선별(풍력 선별 등)과 와전류 선별 등을 거쳐서 Al 스크랩을 선별하고 있다.

한편 Al의 융점(660 ℃)은 아연보다 높지만 Cu보다는 낮다. 따라서 혼합되어 있는 금속의 융점차를 이용하면 분별 용융에 의해 분리할 수 있다. 다만 이 방법은 온도나 분위기 조절이 중요하며, 용융을 위한 전처리로 생각할 수 있다.

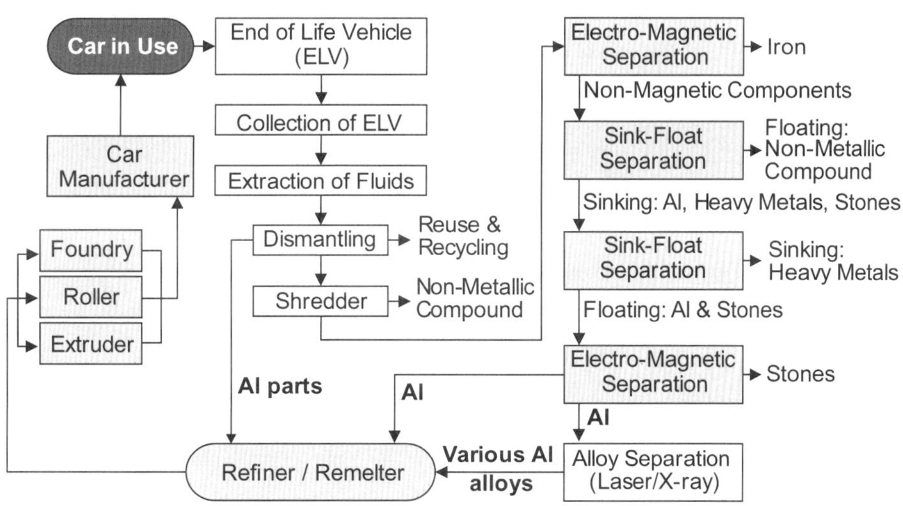

그림 5.12 ELV(End-of-Life Vehicle) 중 Al의 리사이클링 공정도

* 제2장 「원료의 전처리」의 표 2.4 참조.

5.4.2 도장층 제거

UBC(Used Beverage Can)의 리사이클링에서 문제가 되는 것은 Al 캔의 외면과 내면에 사용된 도료에 의한 용해 실수율과 품질의 저하이다. 표 5.6에는 도장에 사용되는 안료 성분과 색상을 나타내었다.[17] 도료에 함유되어 있는 고분자 화합물이 용해할 때 연소·발열하고 산화를 촉진하여 금속으로 회수되는 Al양이 감소한다.

[표 5.6] 도장층에 사용되는 무기물과 색상

Substance	Chemical formula	Color
Titanium dioxide	TiO_2	white
Ferrous oxide	FeO, Fe_2O_3, Fe_3O_4	yellow, red, brown, black
Chromium oxide	Cr_2O_3	green, blue
Zinc chromates	$ZnCrO_4$	yellow
Carbon black	C	black
Azurite	$Cu_3(CO_3)_2(OH)_2$	blue

용탕 중에 도료의 안료로 사용된 표 5.6의 무기물들이 증가하면 열역학적으로 다음과 같이 환원되면서 Al을 산화시켜 실수율이 감소하고 용탕 중의 불순물이 된다.

$$3/2TiO_2 + 2Al = Al_2O_3 + 3/2Ti \tag{5.8}$$

$$3FeO + 2Al = Al_2O_3 + 3Fe \tag{5.9}$$

$$Fe_2O_3 + 2Al = Al_2O_3 + 2Fe \tag{5.10}$$

$$Fe_3O_4 + 8/3Al = 4/3Al_2O_3 + 3Fe \tag{5.11}$$

$$Cr_2O_3 + 2Al = Al_2O_3 + 2Cr \tag{5.12}$$

그리고 용탕 성분 중 Mg도 이러한 무기 산화물에 의해 산화되어 제거된다. Mg은 Al_2O_3에 의해서도 산화되며 반응식은 다음과 같다.

$$Al_2O_3 + 3Mg = 3MgO + 2Al \tag{5.13}$$

또 이러한 것은 조대한 개재물을 생성하므로 가공 불량은 물론 제품 결함의 원인이 되어 품질이 저하한다. 따라서 UBC 등의 인쇄 도장층은 필히 사전에 제거해야 한다.

UBC의 도료를 제거하는 방법으로, 인쇄 도장층의 주성분인 유기물을 연소시켜 제거하는 배소법(열처리)이 실용화되어 있다. 그림 5.13에는 배소법에 의한 도장층 제거 과정을 모식적으로 나타내었다.[18] 1단계에서는 도장층의 열분해에 의해 유기물이 제거되고 무기물이 Al 표면에 남게 된다. 이 과정에서 많은 양의 가스가 발생한다. 뒤이어 산소가 존재하면 Al 표면에 잔류하는 탄소가 산화되면서 CO_2 가스와 열이 발생하고, 무기물은 Al 표면에 잔류한다. 특히 배소법은 안료 성분인 TiO_2의 제거가 곤란한 문제점을 가지고 있다.

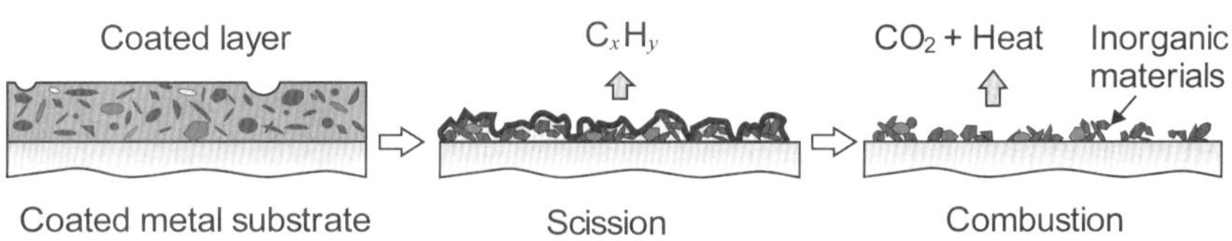

그림 5.13 배소법에 의한 도장층 제거 과정

한편 도료를 구성하고 있는 고분자 화합물을 용제를 사용하여 팽윤시켜 박리하는 방법이 있으며, 그림 5.14에는 이러한 팽윤박리 과정을 모식적으로 나타내었다.[19] 즉, 고분자 도료가 용제를 흡수하여 팽윤될 때의 팽창력이 도료와 Al 소재 사이의 밀착력보다 높아져 박리되는 것이다. 용제로는 염화 메틸렌(methylene chloride, CH_2Cl_2)에 산 성분을 첨가한 것 등이 사용된다. 또 다른 방법으로는 인쇄 도막을 벗겨 내기 위해 파쇄한 캔 재료를 블라스팅하는 숏블라스트법도 실용화되어 있다.

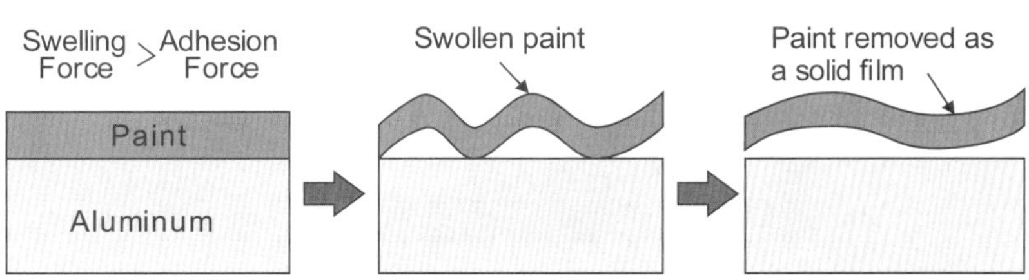

그림 5.14 용제를 이용한 도장층의 팽윤박리 과정

5.4.3 알루미늄 스크랩의 용융

Al은 비교적 용융하기 어려운 금속이다. Al의 융점은 철(1,538 ℃)이나 구리(1,085 ℃)에 비해 매우 낮은 660 ℃이지만, 용융잠열(10.71 kJ/mol)과 비열(24.20 J/(mol·K))이 크므로 Cu의 용해보다 다량의 열량이 필요하다. 또 Al은 빛을 잘 반사하는 성질이 있어서 용해 시에 열원으로부터 복사 에너지를 흡수하기 어려워* 용해하기 어려운 금속으로 알려져 있다. 그리고 Al은 열전도도가 우수한 금속이지만, 액상이 되면 열전도도가 급격히 낮아지기 때문에 용탕을 효율적으로 가열하기 위해서는 강제대류에 의한 열을 부가하여야 한다.

그림 5.15에는 용해로에서의 열수지(heat balance)를 나타내었다. 공급된 열량 중에서 배가스를 통하여 손실되는 것이 가장 많다. 배가스를 통한 열손실의 대부분은 연소 과정에서 공기 중 수분의 증발에 따른 것이다. 그 외에도 노체(바닥, 벽, 천정 등)를 통한 전도에 의한 열손실이 있다. 그리고 노를 열었을 때 대류와 복사에 의해서도 열손실이 발생한다.[20]

한편 Al은 활성이 매우 큰 금속으로, 산소와 쉽게 반응하여 산화 알루미늄(알루미나, Al_2O_3)으로 된다. 금속 산화물의 생성 자유에너지를 비교하면 Al은 진공용해가 아니면 주조할 수 없는 Ti보다 산화되기 쉬운 금속이다. 그러나 생성한 알루미나가 매우 치밀하고 강한 보호 피막을 만들어 내부의 Al 산화를 방지하기 때문에 Mg처럼 연소되지는 않는다.

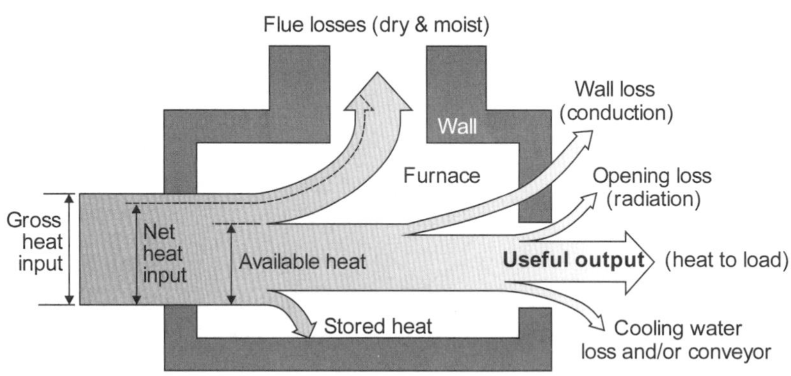

그림 5.15 용해로의 열수지(heat balance) 모식도

* Al의 복사율(emissivity): 0.028 at 100 ℃

Al(합금)의 용해 공정은 원료의 장입, 용해, 성분 조정, 탈가스, 슬래그 제거, 미세화 등의 용탕 처리와 온도 조절로 구성되어 있다.[21] Al 합금은 제련에서 얻어진 1차 지금, 스크랩 그리고 합금 성분을 목적에 맞게 배합하여 용해하고 성분 조정을 하여 제조한다. 주조용 Al 합금을 얻기 위해서는 주조량에 맞는 용해로, 유지로, 용해 겸 유지로 등이 필요하다. 경우에 따라서는 별도의 공장에서 용해한 후에 주조 공장으로 옮겨 유지로에 보관하면서 주조하기도 한다. Al 합금의 용탕 온도는 670~760 ℃가 일반적이다. 표 5.7에는 Al 합금 주물용 용해로의 종류를, 표 5.8에는 각종 용해로의 특징을 나타내었다.[22] 그리고 그림 5.16과 5.17에는 이러한 용해로의 모식도를 나타내었다.

[표 5.7] Al(합금) 주물용 용해로의 종류

<table>
<tr><th colspan="3">용해로 형식</th><th colspan="2">연료</th></tr>
<tr><td rowspan="5">도가니로
(Crucible
Furnace)</td><td rowspan="2">정치식</td><td>밀폐형</td><td rowspan="2">전기</td><td>저항열</td></tr>
<tr><td>개방형</td><td>유도열</td></tr>
<tr><td rowspan="3">경동식</td><td rowspan="2">밀폐형</td><td colspan="2">가스</td></tr>
<tr><td colspan="2">중유</td></tr>
<tr><td>개방병</td><td colspan="2">경유</td></tr>
<tr><td rowspan="3">반사로
(Reverberatory
Furnace)</td><td colspan="2">정치식</td><td colspan="2">중유</td></tr>
<tr><td colspan="2">경동식</td><td colspan="2">가스</td></tr>
<tr><td colspan="2">회전식</td><td colspan="2">전기저항열</td></tr>
</table>

[표 5.8] Al(합금) 용해로의 특징

노 형식(type)		용해량	용탕 품질	온도 제어	용해 속도	용해비
도가니로	연소형	△	◎	○	△	△
	전기저항형	△	◎	◎	△	△
반사로	연소형	◎	△	△	◎	◎
	전기저항형	△	◎	◎	△	△
유도로		◎	△	◎	◎	×

◎: 좋음, ○: 보통, △: 나쁨, X: 아주 나쁨

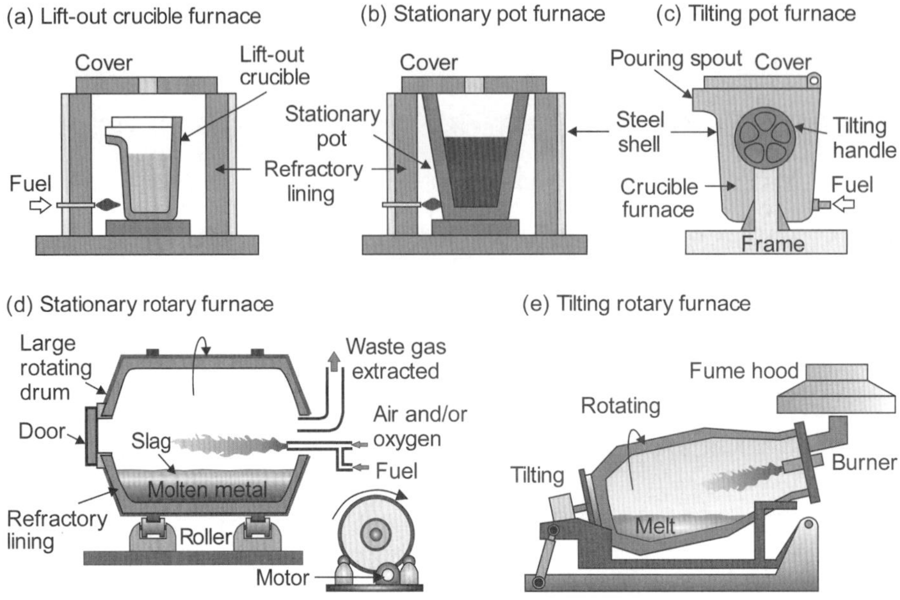

그림 5.16 도가니로와 회전로

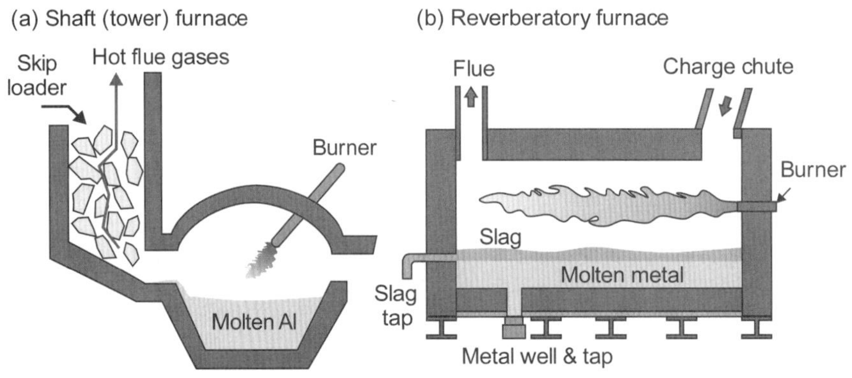

그림 5.17 Al 용해용 샤프트로(a)와 반사로(b)의 모식도

그림 5.18에는 Al(합금)의 용해 겸 유지로를 모식적으로 나타내었다. 다이캐스팅용 합금 용해를 위한 원료에는 신지금, 재생지금, 자가 스크랩 등이 있다. 이러한 원료는 수증기에 의한 폭발을 방지하기 위해 예열실에서 충분히 예열, 건조한 후에 용해로에 투입한다. 용해한 합금은 화학 성분이나 용탕 청정도 등을 검사한 후에 주조한다. 필요에 따라서는 탈가스, 탈산 처리 등의 용탕 처리를 한다.

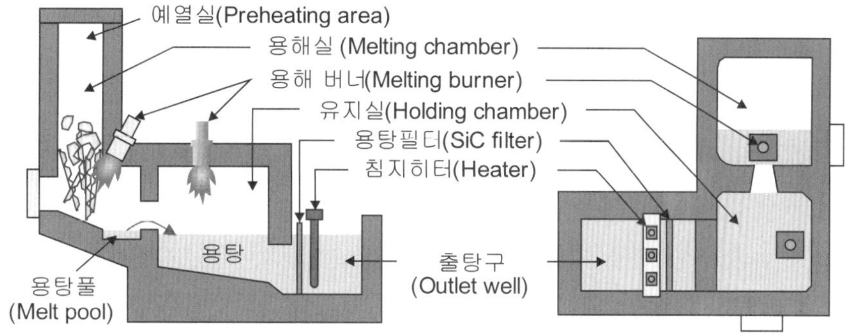

그림 5.18 Al 용해로 겸 유지로의 구성

5.5 알루미늄의 용탕 처리

Al 스크랩이나 1차 지금을 용해하면 Al 용탕 중에 고상의 개재물과 수소, 금속 성분 등이 불순물로 존재한다. 표 5.9에 이를 종합하여 나타내었다.[23] 이러한 용탕 중의 불순물들이 최종 제품의 품질을 좌우한다. Al(합금) 용탕 중의 개재물에는 외생 개재물과 내생 개재물이 존재한다. 그리고 금속성 불순물로 1차 지금 제조 시의 전해질에 기인하는 것과 스크랩에 혼입되어 있던 것 등이 있다. 또 용해 및 주조 과정에서 필연적으로 대기와 접촉하여 수분을 흡수해 산화물이 생성되면서 용탕 중의 수소 농도가 상승하고, 응고하는 과정에서 기포 결함이 된다. 따라서 이러한 불순물은 주조하기 전에 용탕 처리에 의해 제거하고 있다.

[표 5.9] 알루미늄 용탕 중의 불순물

Solid inclusion	Exogenous(외생)	Refractory	Al_2O_3, MgO, $Al_2O_3 \cdot MgO$ K-, Ca-, Al-silicates Na-, Ca-, Mg-aluminates
		Electrolysis	Al_4C_3
	Endogenous(내생)	Melting & melt treatment	Al_2O_3, AlN, MgO, AlB_2
Dissolved impurities	Metals	Primary	Na, Li, Ca, Mg
		Remelted	Fe, Si, Mn, Cu
	Gases		Hydrogen

그림 5.19에는 이러한 불순물을 제거하는 용탕 처리 공정의 예를 모식적으로 나타내었다. 원료인 1차 지금과 스크랩을 회전로 등에서 용해한 후에 플럭스 처리, 탈가스 처리 및 필터에 의한 개재물 제거 등을 거쳐 주조한다. 청정한 용탕을 얻기 위해서는 이와 같이 몇 단계의 용탕 처리를 거치고 있다.

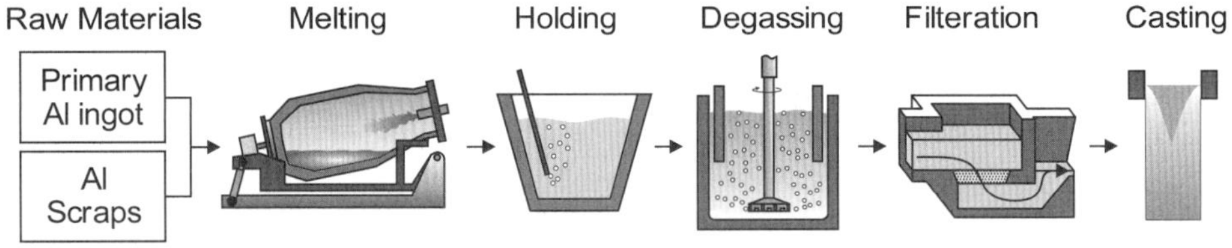

그림 5.19 알루미늄의 용해와 용탕 처리 공정의 예

5.5.1 알루미늄 용탕의 개재물

표 5.9에 나타낸 바와 같이 Al(합금) 용탕 중에는 외생 개재물과 내생 개재물이 존재한다. 외생 개재물은 일차 주괴나 이차 주괴에서 혼입된 것으로 산화물, 탄화물, 불화물 등이다. 내생 개재물은 용해-주조 공정에서 용해 분위기와 용탕의 반응으로 생성된 산화물계 개재물과 결정립 미세화제 등에 의해 생성된 것들이다.

특히 Al(합금)의 용해는 표 5.7에 나타낸 바와 같이 일반적으로 중유, 등유, LPG, LNG 등의 가스 연료를 사용하므로 용해 및 유지 중에 CO_2, H_2O 등의 연소 가스가 발생하며, 합금 용탕은 이러한 분위기에 노출되게 된다. 따라서 연소 가스와 Al(합금) 용탕의 반응으로 산화물, 탄화물 등이 생성될 가능성이 있다.

한편 Al(합금) 용탕을 만들기 위해서는 필수적으로 내화물을 사용하고 있다. 내화물은 일반적으로 산화물과 탄화물, 질화물로 구성되어 있는 경질 재료이다. 내화물은 주로 입자상의 골재를 가열 소성한 것으로 비교적 높은 취성을 가지고 있다. 따라서 스크랩 등의 원재료를 장입하는 과정에서 내화물의 손상이 발생할 수 있으며, 이때 발생한 파편이 혼입될 가능성이 크다. 또 내화물은 Al 용탕과 반응하는 것으로 알려져 있으며, 반응에 의해 초기의 색상, 형상, 마이크로 조직, 함유 원소, 경도 등이 현저하게 변화한다. 특히 소성 온도가 낮은 내화물은 마그네슘 성분을 함유한 용탕과 반응하여 성질이 변하기도 한다.

따라서 이러한 반응으로 열화된 내화물의 침식 등에 의해서도 혼입될 수 있다. 표 5.10에는 Al(합금) 용탕 중의 대표적인 개재물을 나타내었으며,[24] 이하에 각 개재물의 특징과 제거 방법에 대해 알아본다.

[표 5.10] Al 합금 용탕 중 개재물 종류와 특징

구분	개재물	형태	크기(μm)	OEM 관찰
산화물계	Al_2O_3 (ρ: 3.97)*	필름상, 필름 집합체	t=0.1~5 d=10~1,000	진회색, 흑색 황갈색 투명
		입상, 괴상	d=1~300	
	MgO (ρ: 3.58)	입상	d=0.2~1	흑색, 적녹색으로 보이기도 함
		입상에서 생성된 필름상	t=1~5 d=10~1,000	
	Al_2MgO_4 (ρ: 3.60)	각형입자	d=0.1~5	투명, 진회색
		후막 필름 입자군	t=1~6 d=10~1,000	
	SiO_2	괴상, 구상	d=10~1,000	흑색, 투명
	규산염	괴상, 구상	d=10~1,000	밝은 회색(Ca), 갈색(K)
	Al-Si-O	괴상, 입상	d=10~1,000	청회색, 투명
	FeO Fe_2O_3	필름 집합체, 괴상	t=0.1~1 d=50~1,000	적색
	복합산화물	두꺼운 피막상	t=10 d=50~1,000	투명, 진회색
탄화물계	Al_4C_3 (ρ: 2.36) Al_4O_4C	직사각형, 육각형판	t < 1 d=20~50	회색
	흑연탄소	장방형 입자	d=1~50	갈회색
붕화물계	AlB_2 $AlB1_2$	육각, 직사각형판	t < 10 d=20~50	암갈색 회색
	TiB_2	육각, 직사각형판	d=1~50	회갈색
	VB_2	육각, 직사각형판	d=1~20	회색
기타	AlN	필름상	t=0.1~3 d=10~50	흑색
	Al_3Ti	침상	l=1~30	밝은 회색
	Al_3Zr	침상, 입상	d=1~150	밝은 회색
	$CaSO_4$	침상	l=1~5	회색
	할로겐화물	입상	d=1~50	회색, 흑색

* t: 두께, d: 지름, l: 길이, ρ: 밀도(g/cm^3)

(1) 산화물계

Al 합금 용탕의 산화 현상은 산화피막의 수축균열과 용탕 표면의 불균일 또는 첨가 원소의 우선 산화 등에 의해 발생한다. 산화물은 개재물 중에서 가장 많이 관찰되는 것으로 용해할 때나 용탕을 이동할 때, 또는 주조 공정 중에 용탕의 자유표면에서 형성된다. 대표적인 산화물로는 Al_2O_3, MgO, Al_2MgO_4 등이 있다.

Al_2O_3는 산화물계 개재물 중 가장 일반적인 개재물로서, 형상은 피막상, 침상, 괴상, 입자상 등이 있다. 피막상은 용해 원재료 중 피막 등의 혼입과 용해 중 용탕 표면에서 산화한 피막, 용탕 이송 및 용탕 교반 중에 혼입되어 생성된다.

$$2\mathrm{Al} + \frac{3}{x}\mathrm{O}_x = \mathrm{Al_2O_3} \tag{5.14}$$

MgO는 Mg을 함유한 합금에서 생성되는 산화물이며, 형상에는 입상과 피막상이 있다. Mg은 용탕의 기액계면에서 선택적으로 산화되어 산화피막을 형성하고, 이것이 용탕으로 혼입되어 개재물이 된다.

$$\mathrm{Mg} + \frac{1}{x}\mathrm{O}_x = \mathrm{MgO} \tag{5.15}$$

스피넬(spinell) 산화물인 Al_2MgO_4는 Mg(<2 %)을 함유한 합금 용탕의 표면이 775 ℃ 이상의 고온이 될 때 생성되며, 형상에는 두꺼운 피막상, 판상, 구상, 괴상 등이 있다. 용탕 표면에 Al_2MgO_4가 생성되면 산화피막에 균열이 발생하여 내부까지 산화가 진행된다. 이와 같은 상황에서 구상, 괴상이 생성되어 용탕으로 혼입된다.

$$2\mathrm{Al(l)} + [\mathrm{Mg}]_{\mathrm{in\ Al}} + \mathrm{O_2(g)} = \mathrm{Al_2MgO_4(s)} \tag{5.16}$$

$$2\mathrm{Al(l)} + [\mathrm{Mg}]_{\mathrm{in\ Al}} + 2\mathrm{SiO_2(s)} = \mathrm{Al_2MgO_4(s)} + 2[\mathrm{Si}]_{\mathrm{in\ Al}} \tag{5.17}$$

$$4\mathrm{Al_2O_3(s)} + 3[\mathrm{Mg}]_{\mathrm{in\ Al}} = 3\mathrm{Al_2MgO_4(s)} + 2\mathrm{Al(l)} \tag{5.18}$$

(2) 탄화물계

탄화물계 화합물의 대표적인 물질은 Al_4C_3이며, 재용해할 때 스크랩 등에 부착되어 있는 기름, 페인트 그리고 내화물과 연료에서의 C가 용탕 중에 용해되어 탄화물로 석출된다. 또 탈가스제로 사용되는 육염화 에탄(C_2Cl_6)의 염화 반응에 의해서도 Al_4C_3가 석출되어 혼입된다.

$$4Al(l) + 3C(s) = Al_4C_3(s) \tag{5.19}$$

$$4Al(l) + 3SiC = 3[Si]_{in\ Al} + Al_4C_3(s) \tag{5.20}$$

(3) 질화물계

질화물계의 대표적은 개재물은 AlN이며, 용탕 중으로의 질소 취입에 의해서 생성되는 것으로 생각되지만 아직 그 생성 원리에 대해서는 불명확한 점이 많다.

5.5.2 용탕 정련용 플럭스

Al 슬래브나 빌릿의 반연속 주조 시, 일반적으로 1차 지금과 중간 합금, 스크랩 등을 혼합하여 용해한다. 이러한 Al 용탕 중의 알칼리 금속, 수소 가스, 개재물들을 제거하기 위해 불활성 가스와 염소 가스의 혼합 가스를 용탕 중에 취입하였다. 그러나 이 방법은 기포가 커서 처리 효율이 낮고 염소 가스가 미반응 상태로 배출되거나 대기 중의 수분 등과 반응하여 HCl 가스가 되어 작업 환경을 현저하게 해치는 요인으로 작용하고 있다. 따라서 이러한 염소 가스 대체제로 정련용 플럭스를 첨가하고 있다. 용탕 청정화를 위해 정련용 플럭스를 유지로에 첨가하는 경우 다음 사항을 고려하여야 한다.

① 사용 목적: 드로스 제거, 개량 처리, 조직 미세화, 불필요 성분의 제거 등
② 사용 지금: Na계, 비Na계
③ 사용 온도: 용탕 처리 온도 등
④ 저공해, 발연, 발생 가스의 유무 등

한편 플럭스에 요구되는 성능은 용탕 품질의 관점에서 다음과 같다.[25]

① 알칼리 금속 제거
② 수소 가스 제거
③ 개재물 제거

플럭스의 이러한 기능을 위해 플럭스를 만들 때는 Cl이나 F를 함유한 할로겐화물이나 황산염 등을 조합하여 만든다. 따라서 용탕 정련용 플럭스는 염화물이나 불화물이 주류를

이루지만 황산염을 기본으로 하여 환경 부하가 적은 플럭스도 개발되어 있다. 용탕 정련용 플럭스의 대표적인 조성을 표 5.11에 나타내었다. 그리고 플럭스에 사용되는 염화물, 불화물, 탄산염, 황산염 및 질산염의 종류와 물성을 표 5.12에 나타내었다.

[표 5.11] 대표적인 Al 용탕 정련용 플럭스의 조성(wt%)

Flux	KCl	$MgCl_2$	AlF_3	K_3AlF_6	K_2SO_4	K_2CO_3
A	40~60	40~60	-	-	-	-
B	35~55	-	5~15	5~20	20~30	5~15

(1) 염화물

플럭스로 사용하는 염화물에는 NaCl, KCl, $MgCl_2$, C_2Cl_6 등이 있다. 특히 공업적으로 값싼 NaCl이나 KCl이 다량으로 배합된 것이 많다. 그러나 염화물은 융점이 높으므로 몇 가지의 염화물이나 불화물을 혼합하여 사용 온도에서 용융되도록 배합한다. 예를 들면 표 5.12에 나타낸 것처럼 NaCl과 KCl의 융점은 각각 800 ℃와 776 ℃이지만 각각을 50 mol%씩 혼합하면 융점은 660 ℃까지 낮아진다. 또 $MgCl_2$와 NaCl을 혼합하면 상태도상에서 융점이 450 ℃까지 낮아진다. 이러한 염화물을 배합하여 사용 온도에서 쉽게 액상으로 되면, 유동성이 개선되어 용탕 중에 균일하게 분산되기 쉽다.

한편 염화물은 액상에서 표면장력이 작은 특성이 있으므로 Al_2O_3 등의 개재물 제거에 효과가 있다. 그러나 염화물은 흡습성이 강하므로 보관에 주의하여야 한다. 또 Al 용탕의 탈수소에 사용되고 있는 $ZnCl_2$나 C_2Cl_6는 Al 용탕과 반응하여 백색의 $AlCl_3$ 가스를 발생하여 환경 문제를 일으키므로 주의하여야 한다.

(2) 불화물

일반적으로 불화물은 염화물보다 융점이 높으므로, 염화물과 혼합하여 저융점화시켜 사용한다. 또 불화물은 분해 시에 발열 반응을 하므로 혼합한 염화물을 신속하게 용융시키는 효과와, 드로스 중의 Al 입자를 재용해시켜 용탕으로 분배시키는 효과가 있다. 따라서 불화물은 용융 드로스 중의 Al을 회수할 때도 사용되고 있다. 또 불화물은 개재물 제거에서 염화물보다 우수한 특성이 있다. 다만, 불화물은 염화물에 비하여 환경 규제가 심하므로 사용에 주의하여야 한다.

[표 5.12] 플럭스 성분의 제 특성 비교

분류	화학식	융점 (℃)	끓는점 (℃)	밀도(g/cm³)		비고
				고체	액체	
염화물	$NaCl$	800	1,413	2.16	1.74	<750 ℃에서 Na, $AlCl_3$ 가스 발생
	KCl	776	1,500	1.99	1.60	NaCl과의 혼합에 의해 융점 660 ℃
	$LiCl$	614	1,360	2.07	1.50	KCl과의 혼합에 의해 융점 360 ℃
	$AlCl_3$	193	183	2.44	1.33	승화성
	NH_4Cl	338	520	1.53	-	승화성
	$MgCl_2$	712	1,412	2.33	1.68	고유동성. 제품에 혼입 점부식 원인
	$CaCl_2$	772	>1,600	2.15	2.06	NaCl과의 혼합에 의해 융점 501 ℃
	$ZnCl_2$	283	732	2.91	2.54	독극물, $AlCl_3$ 가스 발생. 조해성 고
	C_2Cl_6	-	187	2.09	-	조해성 저, 염소 가스 대체제
불화물	NaF	992	1,704	2.79	1.95	-
	KF	880	1,500	2.48	1.91	조해성*
	CaF_2	1,360	2,451	3.18	-	별칭은 형석
	AlF_3	1,040	1,260	3.07	-	-
	Na_2SiF_6	485	-	2.68	-	독극물, 고온에서 분해 SiF_4 가스 발생
	K_2SiF_6	750	-	2.75	-	독극물, 고온에서 분해 SiF_4 가스 발생
	Na_3AlF_6	1,000	-	2.90	2.20	별칭은 빙정석
	K_3AlF_6	1,010	-	2.97	2.14	-
	K_2TiF_6	780	-	2.99	-	NaCl-KCl 혼합으로 융점 550 ℃
탄산염	Na_2CO_3	851	-	2.53	-	
	K_2CO_3	891	-	2.29	-	
	Ca_2CO_3	1,339	825	2.93	-	
황산염	Na_2SO_4	884	-	2.70	-	-
	K_2SO_4	1,069	588	2.66	-	-
	$KAl(SO_4)_2$	92	-	2.80	-	700 ℃ 이상에서 분해, SO_3 가스 발생
질산염	$NaNO_3$	308	380	2.26		1급 위험물
	KNO_3	333	400	2.11		1급 위험물

* 조해성(潮解性): 고체가 공기 중에 있는 수분을 흡수하여 스스로 녹는 현상.

(3) 탄산염, 황산염 및 질산염

플럭스에 배합되는 탄산염에는 Na_2CO_3, K_2CO_3, $CaCO_3$ 등이 있다. 일반적으로 탄산염은 고온에서 분해되어 CO_2 가스를 방출하며 흡열 반응을 하지만, 이 CO_2 가스가 Al 용탕을 산화시키므로 플럭스를 계속 발열시키는 발열제로서의 효과가 있다. 그리고 플럭스에 배합되는 황산염이나 질산염에는 Na_2SO_4, K_2SO_4, $NaNO_3$, KNO_3 등이 있다. 모두 다 강력한 발열제이지만, 배합량이 증가하면 Al 용탕의 산화량이 증가하여 산화손실이 발생한다.

한편 용탕의 품질 향상을 위해서는 플럭스의 투입 방법도 중요하다. 단순한 투입만으로는 기대 효과를 높일 수 없으므로 교반을 하고 있다. 그러나 투입과 교반만으로는 반응

효율이 낮으며, 연기가 발생하기도 한다. 따라서 불활성 가스를 캐리어 가스로 사용하여 플럭스를 용탕 내로 취입하면 플럭스 입자와 용탕이 충분히 혼합되어 반응성도 높고 연기 발생도 감소시킬 수 있다.

5.5.3 용탕의 금속 불순물 제거

표 5.2에 나타낸 Al 합금의 종류를 고려하면 리사이클링을 위해 Al 스크랩으로부터 제거하여야 할 원소는 Cu, Mg, Si, Mn, Fe 등과 스크랩의 취급 과정에서 혼입될 수 있는 Li, Sn, Pb 그리고 캔의 도료 등에 기인하는 Ti 등이 있다. 리사이클링 공정에서 Al보다 산소와의 친화력이 큰 Mg과 Li은 열역학적으로 쉽게 제거되며, 실제로 Mg은 용탕 처리에 의해 제거하고 있다.

예를 들어 800 ℃에서 용융 Al-Mg 용액 중의 Mg을 염화시켜 제거하는 경우에 대해 알아본다.[26] 이 경우에는 Al-Mg 용액과 H_2-HCl 혼합 가스를 평형시켜 Al-Mg 용액 중 Mg의 활동도를 구하면 제거 가능 여부를 구할 수 있다. 우선 $p_{H2}=1\,atm$, $p_{HCl}=10^{-5}$ atm인 조건에서 아래 식들을 이용한다.

$$Mg(l)+Cl_2(g)=MgCl_2(l),\quad \Delta G^0=-599{,}670+114.21T\ (J) \tag{5.21}$$

$$H_2(g)+Cl_2(g)=2HCl(g),\quad \Delta G^0=-188{,}270-12.10T\ (J) \tag{5.22}$$

식 (5.21)-(5.22)를 하면 다음과 같이 된다.

$$Mg(l)+2HCl(g)=MgCl_2(l)+H_2(g),\ \Delta G^0_{23}=-411{,}400+126.31T(J) \tag{5.23}$$

800 ℃에서 ΔG^0_{23}=-275,869 J이므로 평형상수 K_{23}은 다음과 같다.

$$K_{23}=\frac{a_{MgCl2}}{a_{Mg}}\cdot\frac{p_{H2}}{p^2_{HCl}}=\exp\left(-\frac{\Delta G^0_{16}}{RT}\right)=2.69\times10^{13} \tag{5.24}$$

생성되는 물질은 $MgCl_2$(l) 단독이므로 활동도는 1이 되며, $p_{H2}=1$ atm, $p_{HCl}=10^{-5}$ atm을 대입하면 Al-Mg 용탕 중 Mg의 활동도 a_{Mg}는 다음과 같다.

$$a_{Mg}=\frac{a_{MgCl2}}{K_{23}}\cdot\frac{p_{H2}}{p^2_{HCl}}=\frac{1}{2.69\times10^{13}}\frac{1}{(1\times10^{-5})^2}=3.72\times10^{-4} \tag{5.25}$$

a_{Mg}가 매우 낮은 값이므로 Mg-Al 용액 중의 Mg은 $MgCl_2$를 생성시켜 선택적으로 제거할 수 있다는 것을 알 수 있다. 마찬가지로 K, Na, Ba, Li, Sr, Ca 등도 염화 반응이나

불화 반응으로 제거할 수 있다.[27]

$$3M(in\,Al) + AlX_3 = 3MX + Al \quad (M: Li, Na, K, \quad X: Cl, F)$$

$$1.5M(in\,Al) + AlX_3 = 1.5MX_2 + Al \quad (M: Ca, Mg, Ba, Sr, \quad X: Cl, F)$$

Alcan의 TAC(Treatment of Aluminum in Crucibles) 프로세스에서는 Na, Ca, Li 등을 제거하기 위해서 AlF_3를 첨가하고 있다. 그러나 Mg은 제거할 수 없다. 그리고 Zn, Si, Fe, Cu 등은 염화 반응이나 불화 반응에 의해서는 제거가 불가능하다.

한편 Al보다 산소와의 친화력이 약한 Ti이나 Si은 제거가 쉽지 않다.* 그리고 Fe, Mn, Sn, Cu, Pb, Zn은 제거하기 어려운 원소이다. 표 5.13에는 용융 Al 중에서 대표적인 불순물 원소의 무한희석 상태의 활동도 계수를 나타내었다. γ^0가 1보다 큰 것은 Zn, Pb뿐이며, 나머지는 전부 1보다 매우 작은 값이다. 따라서 열역학적으로 불순물을 제거하는 것은 매우 곤란하다는 것을 알 수 있다.[28]

[표 5.13] Al 정련 시 용탕 중 미량원소의 활동도 계수

Element	Si	Mg	Fe	Cu	Zn	Pb
γ^0	0.04	0.168	0.027	0.042	2.161	78.52
Temp.(K)	1,100	1,073	1,873	1,373	1,000	1,200

Al은 그 자체가 활성인 금속이기 때문에 불순물을 우선적으로 반응시켜 슬래그나 플럭스로 만드는 것이 쉽지 않다. 기본적으로 알칼리, 알칼리토류 금속 이외에는 Al 화합물이 가장 안정하며, 예외적으로 Ti과 Zr이 질화물과 탄화물에서 Al보다 안정한 화합물을 생성한다. 한편 최종분리에는 여러 가지 문제점은 있으나, 고체 화합물을 생성시켜 분리·제거하는 방법이 제안되어 있다. 한 예로 Fe, Mn이나 Mn, Cr을 다량으로 함유하는 Al 합금은 합금의 액상선 이상의 고온에서 금속간화합물이 정출한다. 이러한 금속간화합물은 용탕 중의 불순물 성분을 농축하므로, 금속간화합물을 액상으로부터 분리하여 용탕의 불순물 농도를 낮출 수 있다. 그리고 Si, Fe 등은 앞에서 설명한 결정 분별법으로 제거할 수 있지만 희석으로 대처하기도 하며, Zn는 진공 증류법으로 제거할 수 있다.

---

* 제3장 「금속 제련의 개요」의 그림 3.2 참조.

5.5.4 용탕의 수소 제거

산소나 질소 가스는 Al과 반응하여 산화물이나 질화물을 만들기 때문에 Al(합금) 용탕 중의 가스 성분에는 수소만 존재한다. Al(합금) 용탕 중의 수소는 대기 중의 수분, 연소 가스 중의 수분, 내화물 중의 수분이나 용탕 부근에 존재하는 수분이 다음 식과 같이 Al과 반응하여 생성된 수소가 용탕 중으로 용해된 것이다.

$$2Al + 3H_2O = Al_2O_3 + 6\underline{H} \tag{5.26}$$

수소분압이 1 atm일 때, 온도에 따른 순수한 Al과 합금의 수소 용해도를 그림 5.20에 나타내었다.[29] 용융 상태에서는 온도의 상승과 함께 수소 용해도가 증가하지만, 합금의 경우 순 Al보다 수소 용해도가 낮은 경우도 있다.

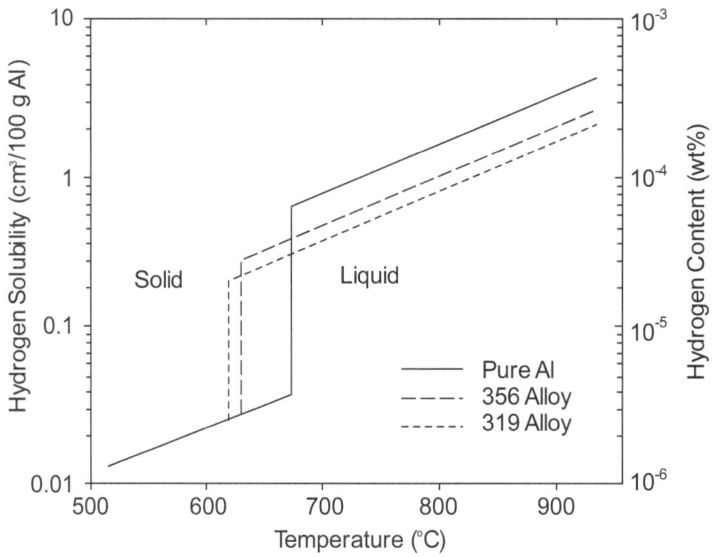

그림 5.20 온도에 따른 Al과 합금의 수소 용해도 변화

Al(합금) 용탕 중의 수소 용해도 S_H ($cm^3/100\ g\ Al$)는 수소분압의 제곱근에 비례하며, 다음과 같이 온도의 함수로 나타낸다.[30]

$$\log S_H = A - \frac{B}{T} + \frac{1}{2}\log p_{H_2} \tag{5.27}$$

여기서 p_{H_2}는 분위기 중의 수소분압(mmHg)이며, A와 B는 합금 조성에 따른 상수로

순 용융 Al의 경우 A=1.356, B=2,760이다. 표 5.14에 합금 종류에 따른 각각의 상수 값을 나타내었다.[31] 이 식으로부터 목표로 하는 수소 농도를 얻기 위한 진공도를 계산할 수 있다. 그리고 표 5.14에 나타낸 바와 같이 수소 용해도는 합금원소인 Cu, Si의 농도가 증가하면 감소하고, Mg을 첨가하면 현저하게 증가하는 것을 알 수 있다. Al합금에서는 Cu, Si 외에도 Zn, Mn 등은 수소 용해도를 감소시키고, Mg, Ti, Ni, Li 등은 수소 용해도를 증가시키는 원소로 알려져 있다.

[표 5.14] 합금에 따른 수소 용해도 식의 상수 값

Alloy	A	B	S_H*
Pure Al(Solid)	-0.652	2,080	-
Pure Al(Liquid)	1.356	2,760	0.91
Al-2 %Cu(Liquid)	2.900	2,950	20.35
Al-4 %Cu(Liquid)	2.940	3,050	17.61
Al-4 %Si(Liquid)	2.910	2,950	20.82
Al-8 %Si(Liquid)	2.950	3,050	18.02
Al-16 %Si(Liquid)	3.000	3,150	15.96
Al-2 %Mg(Liquid)	1.469	2,720	1.30
Al-4.5 %Mg(Liquid)	1.542	2,655	1.79

*S_H : cm^3/100 g Al(700 ℃에서의 값)

용탕 중의 수소 제거 시에는 분위기 중의 수소분압을 낮추어 용탕 중의 수소가 대기 중으로 확산되어 나오게 한다. 이러한 방법에는 진공 탈가스, 불활성 가스 취입, 부분응고, 염소 가스 처리 등이 있다. 우선 염소 가스 처리의 반응식은 다음과 같다.

$$2Al(l) + 3Cl_2(g) = 2AlCl_3(g) \tag{5.28}$$

염소 가스 처리에 의해 생성된 $AlCl_3$는 Al의 용융 온도에서 기체 상태이므로 용탕 내를 상승하면서 수소를 포집하여 대기 중으로 배출된다. 충분한 탈가스를 위해서는 용탕 무게의 약 0.6 %의 염소 가스가 필요하며, 이 과정에서 Al의 손실량은 약 0.15 %이다. 그러나 용탕 중에 취입된 염소 가스의 처리 효율이 낮아 미반응한 염소 가스가 대기 중의 수분과

반응하여 HCl 가스가 되므로 환경 문제를 야기하고 있다. 이를 대체하기 위해 태블릿 형태의 플럭스를 투입하여 처리하였다. 헥사클로로에테인(C_2Cl_6, hexachloroethane) 태블릿을 탈수소제로 가장 많이 사용하였으나, 1998년 EU에서 사용을 금지하였다. 이를 대체하기 위해 불활성 기체의 의한 탈수소법을 적용하고 있다.

불활성 기체 취입에 의한 용탕의 탈가스는 랜스, 튜브, 다공성 플러그(porous plug), 임펠러 등을 이용하고 있다. 그림 5.21에는 랜스를 이용한 가스 취입과 GBF(Gas Bubbling Filtration)를 이용한 탈가스법의 원리를 나타내었다.[32] 불활성 가스 취입에 의한 탈가스는 Ar, N_2 등의 가스를 사용한다. 다만 Cl_2에 의한 탈가스 및 개재물 제거는 효율은 높으나 환경 문제를 일으키고 있다.

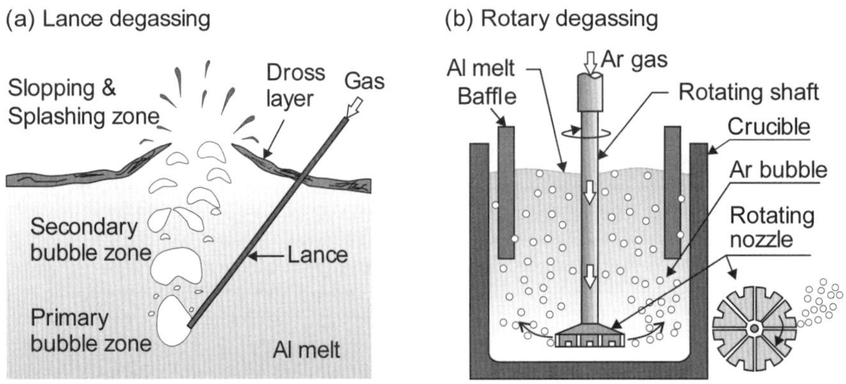

그림 5.21 랜스 탈가스(a)와 로터리 탈가스(b)의 모식도

불활성 가스 취입에 의한 용탕 중의 수소는 다음의 세 단계를 거쳐 제거된다. 그림 5.22에 탈수소 과정을 모식적으로 나타내었다.

① 불활성 기체의 기포 표면으로의 확산과 대류를 통한 원자 상태의 수소 이동

② 불활성 기체의 기포와 용탕 중 수소기체의 분압 차이에 의해 기포 내로 흡수되고 분자 상태로 결합되어 불활성 기체 안으로 수소기체 포집

③ 버블이 용탕 표면으로 부상하여 수소 제거

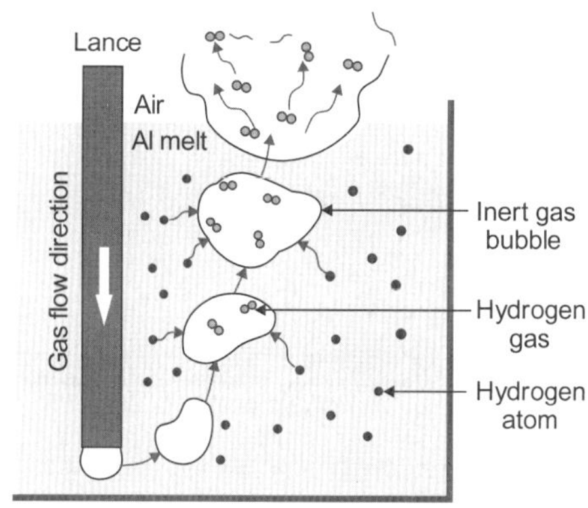

그림 5.22 가스 취입에 의한 수소 제거

5.5.5 용탕의 개재물 제거

용탕 중에 산화물, 질화물 등의 개재물이 존재하면 주조성 악화, 기계적 성질 저하, 표면처리 결함의 증가 등 여러 가지 문제가 발생한다. 따라서 용탕 처리에 의해 청정한 용탕을 만들어 주조 공정에 투입하여야 한다. 개재물의 제거에는 다음과 같은 방법을 사용한다.[33]

① 불활성 가스나 할로겐 가스를 취입하여 부상·분리(탈가스 처리와 병행)

② 용탕을 필터에 통과시켜 제거하는 용탕 여과법

③ 플럭스(NaCl, KCl, NaF 등을 주성분으로 소량의 Na_2SiF_6, Na_2SO_4 등이 첨가된 것) 처리에 의한 방법(5.5.2 참조)

④ 위의 방법들을 조합한 방법

개재물의 부상·분리는 불활성 가스 취입에 의한 탈가스 처리와 동시에 일어나며, 그림 5.23에 그 원리를 나타내었다.[34] 그리고 유지로에서 열대류 등에 의해 개재물끼리 서로 응집되어 부상·분리되거나 바닥으로 침강되기도 한다. 이것은 Stoke법칙*에 의한 것으로 입자의 크기와 밀도의 영향을 받는다.

---

* Stoke법칙: $u_t = \frac{1}{18}\frac{(\rho_p - \rho_f)}{\mu_f} g d_p^2$ (입자 침강의 terminal velocity)

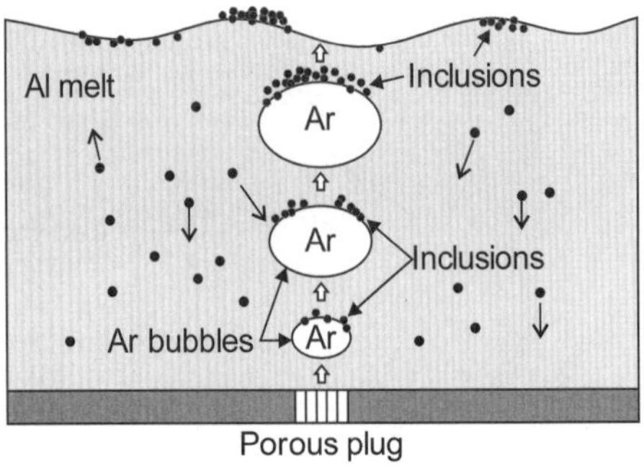

그림 5.23 가스 취입에 의한 개재물의 부상·분리 기구

한편 용탕 여과법은 망상이나 스펀지상의 필터를 사용하여 용탕의 유동 상태에서 개재물을 필터로 걸러내어 제거하는 방법으로 그림 5.24에 그 원리를 나타내었다.[34] 개재물의 제거 기구로는 필터 표면에서의 개재물 집적과 집적물에 의한 표면여과 및 필터 내공벽으로의 흡착이나 착상에 의한 내부여과 방법 등이 있다.

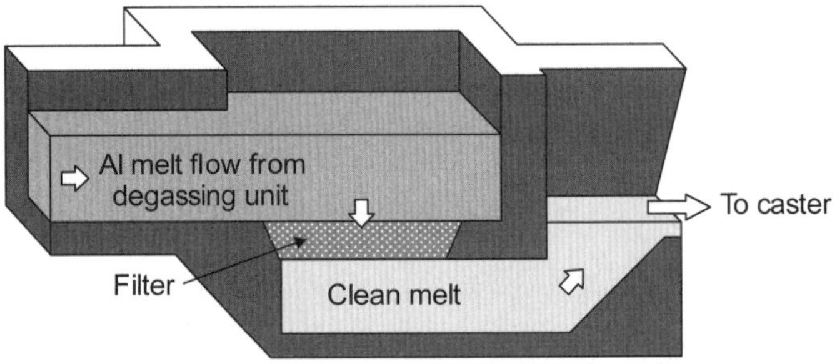

그림 5.24 Al 용탕 중 개재물의 필터에 의한 제거 원리

플럭스에 의한 개재물 제거는 NaCl, KCl, NaF 등을 주성분으로 하는 소량의 Na_2SiF_6, Na_2SO_4 등이 첨가된 플럭스를 많이 사용한다. 이러한 플럭스는 산화물과의 젖음성이 양호하고, 부상·분리된 산화물을 연소시켜 dry dross를 형성시키는 것이 중요하다. 그리고 가스와 플럭스를 혼합하여 취입하는 방법은 불활성 가스를 캐리어 가스로 사용하여 플럭스를 용탕 중에 취입하므로 용탕과의 반응이 균일하고, 반응 효율이 향상되어 플럭스 사용량이 절감되며, 유해 가스 발생량이 감소하는 등의 효과도 있다.

5.5.6 알루미늄 용탕의 품질 검사

(1) 개재물 측정법

Al(합금) 용탕의 청정도를 평가하기 위해서는 Al(합금) 중에 어떠한 개재물이 어느 정도 있는지, 또 용탕 처리에 의해 어느 정도의 개재물이 제거되었는지를 평가하여야 한다. 용탕의 청정도는 용탕을 직접 평가하는 방법과 제품으로 평가하는 방법이 있다. 전자는 주조 전이나 주조 중에 용탕에서 직접 개재물을 조사하는 것이며, 용탕에서 채집한 시험편을 신속히 조사하여 용탕 품질을 온라인으로 파악할 수 있는 장점이 있다. 후자는 제품에 불량이 발생한 경우에 실시하는 것으로 용탕 청정도를 추정하는 것이다. 이러한 용탕의 청정도를 평가하는 방법으로는 여과법, 원심분리법, 용해 잔사법, 전기저항법 등 여러 가지가 알려져 있으며, 표 5.15에 Al(합금) 용탕 중 개재물 평가법의 특징을 비교하여 나타내었다.[24]

[표 5.15] Al(합금) 용탕 개재물 평가법의 특징 비교

개재물 평가 방법		양	종류	크기	측정	비용
여과법	여과 속도 단면 검사 PoDFA, LAIS	△ ○	× ◎	× △	불연속 불연속	◎ ○
원심분리법	용해 잔사 단면검사	○ △	△ ◎	◎ △	불연속 불연속	△ ○
용해 잔사법	산 용해 잔사법 유기용해법	△ △	TiVB ○	◎	불연속 불연속	◎ ○
전기저항법	LiMCA	◎	×	◎	연속	○

연속적인 품질 관리를 위해서는 온라인 분석법이 가장 바람직한 방법이며, 전기저항법이 가장 유력한 방법일 것이다. 그러나 연속적인 측정은 힘들지만 개재물의 정량이나 성분 분석 등을 위해서는 여과법, 원심분리법, 용해 잔사법 등도 유효하게 적용할 수 있는 방법이다.

① 여과법

여과법은 용탕의 청정도를 직접 평가하는 가장 일반적인 방법이다. 용탕을 가압하여 필터를 통과시킨 후, 필터에 남겨진 개재물을 현미경으로 관찰하고 계수하는 직접 평가법

과, 일정 압력에서 여과하면서 여과 속도에 따라 개재물을 추정하는 간접 평가법이 있다.

여과에 의해 청정도를 평가하는 방법에는 Alcan사의 PoDFA와 Union Carbide사의 LAIS가 있다. 그림 5.25에는 PoDFA 시험기의 원리를 나타내었다.[35] 바닥에 필터가 붙어 있는 도가니에 시료 용탕을 주입하고 가압하여 여과시킨다. 여과 후 필터를 세로로 절단하여 2단으로 분리하고 필터에 남겨진 개재물이 점유하는 면적을 현미경으로 측정하여 개재물 양을 mm^2/kg으로 표시한다. 측정값이 용탕 중 개재물의 절댓값은 아니지만 상대적인 비교가 가능하며, 필요에 따라 EDS 등으로 성분을 분석하여 개재물의 종류도 파악할 수 있다.

Union Carbide사의 LAIS(Liquid Aluminum Inclusion Sampling)는 용탕 중에 기공이 많은 흑연 디스크 필터를 침지한 후 감압하여 용탕을 흡인하고 필터링하는 방법이다. 그 이후의 과정은 PoDFA와 유사하다.

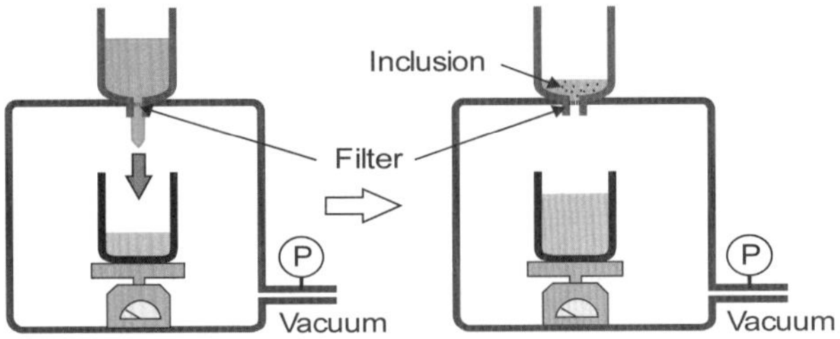

그림 5.25 PoDFA 시험기의 모식도

② 전기저항법(연속 측정법)

용탕 중에 개재물이 존재하면 전기저항이 변하는 것을 이용한 방법으로 Alcan사가 개발한 LiMCA(Liquid Metal Cleanliness Analyzer)가 있다. 전기저항법은 연속적인 측정이 가능한 방법으로 그림 5.26에 원리도를 나타내었다. 개재물을 함유한 용탕이 오리피스(직경 0.05~0.10 mm)를 통해 전기적으로 절연된 베셀 내로 들어간다. 오리피스에는 정전류가 흐르고 있어서 개재물이 통과하면 전기저항이 변하므로 전압이 펄스상으로 변하여 개재물의 수와 크기 분포를 측정하는 것이 가능하다. 그러나 이 방법은 원리적으로 개재물이 오리피스를 통과하여 들어간 경우에만 측정이 가능하다. 또 오리피스의 크기가 한정되어 있으므로 0.1 mm 이상의 개재물 측정에는 적용할 수 없는 한계를 가지고 있다.

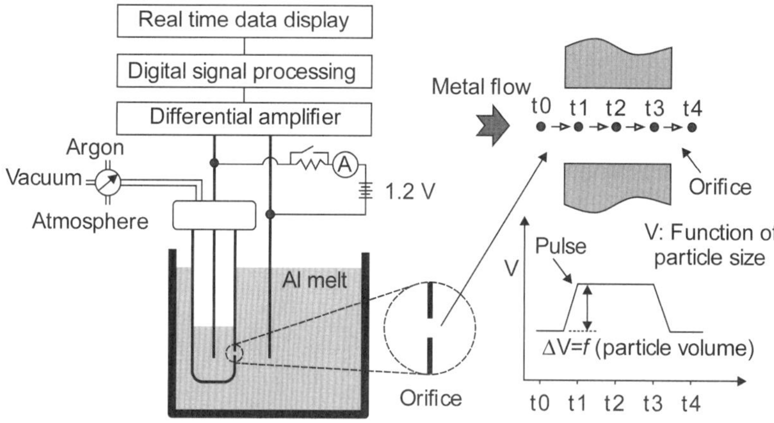

그림 5.26 LiMCA의 개재물 측정 원리

③ 원심분리법

원심분리법은 용탕에 원심력을 가하여 개재물을 분리하고, 화학 분석, XRD, 전자 현미경 등으로 분석하여 청정도를 평가하는 방법이다. 이 방법은 일반적으로 용액 시료의 원심분리에 의한 고형물의 제거 원리를 응용한 것이다.

④ 용해 잔사법

용해 잔사법은 산과 유기용매 등으로 Al(합금)을 용해하여 불용성인 비금속 개재물이나 금속간화합물을 용해 잔사로 추출하여 분석하는 방법이다. 이 방법은 철강재의 비금속 개재물 분리 추출법으로도 이용되고 있다. 그러나 용해 잔사법은 용매에 따라 분석할 수 있는 개재물의 종류에 한계가 있다. 용해 잔사법은 원형 그대로의 개재물을 추출할 수 있으므로 정확한 크기 및 성분을 측정할 수 있는 장점이 있으나, on-site 측정은 불가능하고, 개재물 추출에 비교적 긴 시간을 필요로 한다.

⑤ 면삭면 관찰

비금속 개재물을 반정량적으로 분석하는 방법으로 주괴나 제품의 파단면을 관찰하는 방법이다. 파단면을 적당한 침지액에 넣고 에칭하여 관찰하면 개재물을 쉽게 관찰할 수 있다. 이 방법 중 상용화된 것으로 K-몰드법이 있다. 측정하고자 하는 용탕을 K-몰드(240×35×6 mm)에 주입하고, 주괴를 몇 개로 파단한 다음 파단면을 약 10배의 현미경으로 관찰하여 개재물을 계수하는 방법이다. 그림 5.27에는 K-몰드와 실제로 관찰한 시편의 사진을 나타내었다.

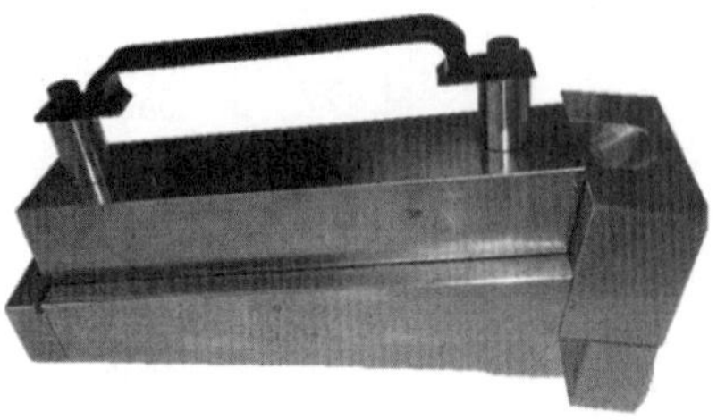
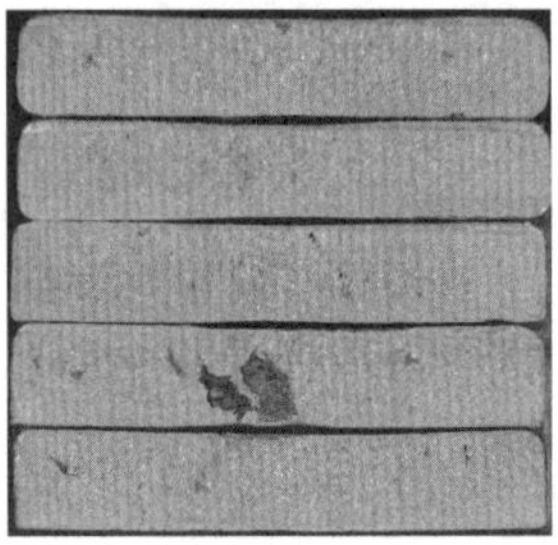

그림 5.27 K-mold(좌)와 실제 시편(우)

개재물을 반정량적으로 평가하는 다른 방법으로, 주괴나 제품을 면삭하고, 그 표면을 육안과 현미경 등으로 관찰하는 방법이 있다. 면삭에 의한 방법은 에칭 등의 화학적 방법과 병행하여 사용하는 경우가 많다.

이러한 파단면이나 면삭면 관찰법은 표면에 노출된 개재물 등에만 적용할 수 있어서, 개재물의 개수 파악에는 효과가 있으나, 실제 크기는 정확하게 파악할 수 없는 단점을 가지고 있다. 또 K-몰드법의 경우 관찰자에 따라 결과의 편차가 발생하는 문제점이 있으나, 간편하게 용탕의 건전성을 평가할 수 있는 장점이 있다.

(2) 수소 농도 분석

Al 합금 용탕 중의 가스 측정법에는 직접 내부 가스 함유량을 측정하는 방법과 육안 관찰, 비중 측정 등의 간접적인 방법이 있다. 직접 측정법에는 Al 합금 용탕 중의 가스양 측정법과 응고 후 주물 중의 가스양을 측정하는 방법이 있다. Initial bubbling법, 감압응고법 등은 Al 합금 용탕 중에서의 가스양 측정법이며, 진공 용융 추출법 등은 합금 주물 중의 가스양 측정법이다. 표 5.16에는 합금 용탕 중에서의 가스양 측정법을, 표 5.17에는 합금 주물 중에서의 가스양 측정법을 나타내었다.[31]

[표 5.16] Al 합금 용탕 중 가스양 측정법

방 법	개 요	특 징
이니셜 버블법	시료를 작은 철제 도가니에 넣고, 전기 가열한 다음, 보온 용기 중에 넣어 진공감압한다. 감압 중 시료의 표면에 최초로 기포가 발생할 때의 압력과 시료의 온도로부터 가스양을 산출	약 3분 안에 측정 가능 합금의 종류, 개재물의 양에 따라 측정값 변동 노전 검사용으로 사용
감압 응고법	철제 도가니에 약 100 g의 용융시료를 채취하여 감압용기에 넣고 진공펌프로 감압하여 응고 응고 중 기포 상황의 관찰, 표준시료와의 비중 비교, 시료 단면의 기포 분포 및 크기로부터 가스양 측정	측정 시간: 10~20분 측정 정도: 0.3 cm^3/100g
진동감압 응고법	감압응고법의 정도 향상을 위하여 개량한 것 -정해진 압력에서 감압하는 시간 단축 -도가니의 가열에 의한 응고 시간의 연장 -기포 발생을 조장하기 위하여 진동 부여 결과 판정은 감압응고법과 동일	측정 시간: 15~20분 측정 정도: 0.1 cm^3/100g
Telegas법	소량의 질소 가스를 용탕 중에 주입, 순환시켜 수소 가스를 질소 가스 중에 확산 평형상태가 되었을 때 Gas Chromatograph로 가스 분석	측정 시간이 짧다.(약 5분) 분석 정도 양호 노전 검사용
CHAPEL법	다공질의 Graphite Disk를 이용 용탕 중 수소분압을 측정하여 가스양으로 환산 경우에 따라 수소 가스를 주입하여 측정 시간 단축	연속적으로 장시간 측정 가능, 분석 정도 양호 노전 검사용

[표 5.17] Al 합금 주물 중 가스양 측정법

방 법	개 요	특 징
진공 용융 추출법	고체시료의 표면을 기계가공, 용제로 세정한 후 진공 중에서 용융시키면서 가스양 측정	분석 정도 양호, Mg, Zn의 영향을 받음(연구실용)
진공 고체 가열 추출법	진공 용융 추출법에서 Mg, Zn의 영향을 받으므로 고체 상태에서 시료 내 수소 가스를 추출/분석한다.	분석 시간이 길다. 분석 정도는 양호
불활성 가스 캐리어 추출법	시료의 처리 방법은 진공 용융 추출법과 동일하나 질소 가스를 흘리면서 분석	분석 시간이 짧음(약 15분) 증발 성분인 Mg, Zn의 영향을 받음

그러나 이러한 측정법을 이용할 때는 수 분 이상의 측정 시간이 필요하므로 확산 속도가 빠른 수소 가스의 거동을 충분히 추적하는 것은 불가능하다. 특히 진공추출법은 수소 농도의 절댓값을 측정할 수 있으나, 측정 방법이 매우 어렵고, 측정 장비 또한 고가이다. 따라서 비교적 간단하게 수소 농도를 추정할 수 있는 감압응고 시험인 RPT법(Reduced Pressure Test)을 많이 사용하고 있다. 그림 5.28에는 간단하게 만들 수 있는 감압응고 시험 장치의 모식도와 대기 중 응고한 시편(우상)과 감압하에서 응고한 시편(우하)의 단면을 나타내었

다. 감압한 시편에서는 많은 기공이 관찰되는 것을 알 수 있으며, 아르키메데스의 원리를 이용하여 수소 농도를 추정한다.

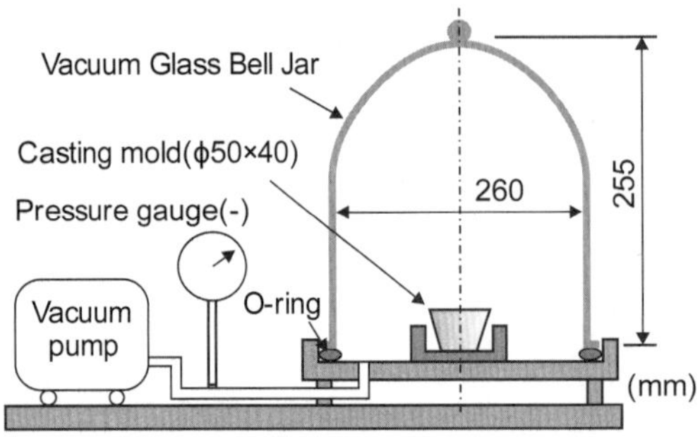

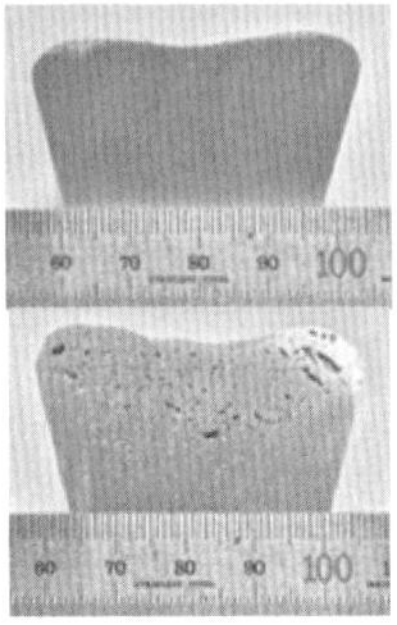

그림 5.28 감압응고 시험 장치의 모식도(좌)와 대기 중 응고한 시편(우상) 및 감압하에서 응고한 시편(우하)의 단면

한편 프로톤 도전성 세라믹 센서(Proton Conducting Ceramic Sensor)로 수소 가스 농도를 측정하는 방법도 소개되어 있다. 이 방법은 거의 실시간으로 수소 가스의 변화를 알 수 있다는 장점이 있다.[36] 그러나 아직 이러한 장치로 용탕의 수소 농도를 직접 측정하여 품질 관리에 적용하는 예에 대해서는 잘 알려져 있지 않다.

5.6 알루미늄 드로스의 리사이클링

Al은 활성이 매우 크므로 1차 지금이나 스크랩의 용해 공정에서 용탕 표면에 반용융 상태의 드로스(dross)가 생성된다. 드로스는 용융 Al과 다양한 산화물(Al_2O_3, MgO, Al_2MgO_4, SiO_2 등), 염화물 등으로 구성되어 있으며, 이러한 드로스 성분은 용해 방법 및 사용되는 플럭스의 양과 성분에 의해 좌우된다.[37]

드로스의 발생량은 작업 온도, 용해 재료, 용탕으로부터 드로스의 분리 방법 및 사후 처리 등 여러 가지 조업 변수에 의해 좌우된다. Al 드로스는 용해 후 지금으로 주조할 때 걷어 내거나, Al 용탕을 주형에 부은 후 도가니에 남게 된다. 일반적으로 Al 1차 지금 용해 시에는 장입량의 2~4 %, 일반 Al 스크랩 용해 시에는 5~10 %, Al 폐캔 용해 시에는 10~30 % 정도의 드로스가 발생되는 것으로 알려져 있다. 재생 Al의 제조 시에는 드로스 발생으로 인해 상당량의 금속 Al이 손실되고 있다. 발생된 드로스는 재처리 후 매립하여야 하므로 이러한 드로스 처리에 많은 비용과 시간이 소요된다. 따라스 Al 스크랩의 재활용을 위해서는 드로스의 처리가 필수적이다.[38]

5.6.1 알루미늄 드로스의 종류

드로스는 공정 조건에 따라 화이트 드로스(white dross), 블랙 드로스(black dross) 그리고 솔트 케이크(salt cake)로 구분하며, 다음과 같다.

① 화이트 드로스: Al의 용해 및 용해 후 주조 공정 전에 용탕 표면에서 발생한 드로스이다. 특히 화이트 드로스는 크기가 클 뿐더러 Al 함량이 높아 재용해하면 드로스 무게의 15~70 %의 Al을 회수할 수 있다. 화이트 드로스는 대부분 반사로나 도가니로에서 재용해하여 Al을 회수하고 여기서 발생된 드로스는 블랙 드로스와 함께 재용해한다.

② 블랙 드로스: Al 스크랩을 용해할 때 용탕의 표면산화를 방지하고 용탕 내 불순물의 분리를 위해 플럭스를 사용한 경우 발생하는 것으로, 금속 Al의 함량은 20 % 미만이다. 블랙 드로스는 용탕에서 걷어 낸 후 응고하기 전에 원심분리나 squeezing 방법을 사용하여 드로스에 묻어 있는 금속 Al을 회수한다. 나머지는 폐기하거나 회전형 노, 도가니형 노 등에서 NaCl, KCl이 주성분인 염과 함께 용해하여 잔류하는 금속 Al을 회수한 후에 매립 등의 방법으로 폐기한다. 이러한 방법으로 드로스 양의 약 12~18 %의 Al을 회수하는 것으로 알려져 있다.[39] 그림 5.29에는 UBC의 재용해 공정에서 발생한 블랙 드로스를 나타내었다.[38]

그림 5.29 UBC 리사이클링 공정에서 발생한 블랙 드로스

③ 솔트 케이크: 드로스 내에 남아 있는 Al 금속을 염과 함께 재용해하고 남은 드로스이다. 여기에는 3~5 % 정도의 Al이 존재한다. 솔트 케이크의 대부분은 매립 등으로 폐기 처분하고 있으나, 이것을 물에 용해하여 염성분을 수용액상으로 분리시킨 후 가열, 농축하여 염을 재사용하는 방법도 개발되어 있다.

5.6.2 알루미늄 드로스의 처리 기술

Al 드로스에는 종류에 따라 상당량의 금속 Al이 함유되어 있으므로 여러 가지 방법으로 Al을 회수하고 있다. 기본적으로는 도가니로 등에서 1차 또는 2차 용해로 잔류 Al을 회수하여 폐드로스 발생량을 줄인다. 상용화되어 있는 Al 드로스의 처리 방법에는 RSF, Alcan, DROSCAR 등이 있다.

(1) RSF(Rotary Salt Furnace) Process

그림 5.30에 RSF(Rotary Salt Furnace)에서 Al 드로스를 처리하는 공정도를 나타내었다.[39] RSF에는 화석연료와 드로스, 염(salt, 드로스의 50 %까지만)을 장입하여 처리한다. 염은 용융금속을 보호하여 산화를 방지하고, 산화물과의 분리를 촉진하여 실수율을 향상시킨다. 그러나 염 첨가에 따른 비용적인 문제와 환경적인 문제가 있으므로, 최근에는 염을 첨가하지 않는 방법도 실용화되어 있다.

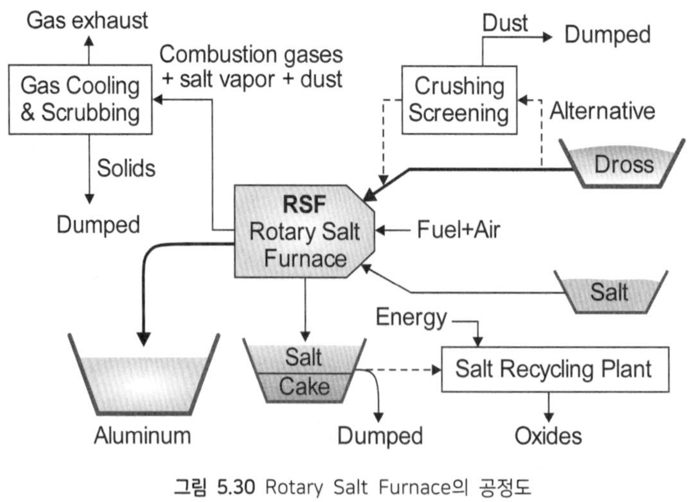

그림 5.30 Rotary Salt Furnace의 공정도

(2) Alcan Treatment Process

Alcan Plasma Torch Dross 처리는 열원으로 화석연료를 사용하는 RSF에서 플라즈마 토치를 열원으로 사용하여 가열하는 방법이다. 플라즈마 토치는 회전로의 장입도어에 설치되어 노 내의 분위기를 제어할 수 있도록 되어 있다. 그림 5.31에 공정도를 나타내었으며, 기본적인 처리 방법은 RSF와 유사하지만 염(salt)은 첨가하지 않는다.[40]

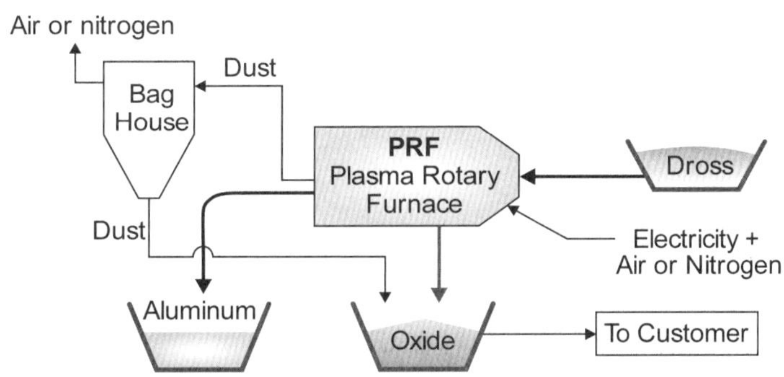

그림 5.31 플라즈마에 의한 드로스 처리 공정도

(3) DROSCAR graphite arc process

DROSCAR법은 Hydro-Quebect사에서 개발한 것으로, 회전로 내에 설치된 2개의 흑연 전극으로 직류 아크를 발생시켜 가열하는 방법이며, 그림 5.32에 처리 공정을 나타내었다. 수평 방향으로 마주 보고 있는 두 개의 흑연전극 사이에 아크를 발생시키고, 노체를 회전시키면서 가열하는 구조로 되어 있다. Alcan법과 마찬가지로 염은 사용하지 않는다.[41] Kobe Steel에서도 유사한 방법을 적용하고 있다.

1회당 약 2톤의 드로스를 투입하고, 노 내를 Ar 가스로 치환한다. 노체를 회전하면서 아크에 의해 약 900 ℃로 20~60분간 가열하여 Al 용탕과 잔회(ash)를 분리한 후, 노체의 측면부에 설치된 출탕구(tap hole)에서 Al 용탕을 회수한다. Al을 회수한 후의 잔회에는 염화물이나 질화 Al이 함유되어 있어서 재자원화에 장애가 되므로 안징화 처리를 한다. 안정화 처리는 잔회의 재자원화 용도에 따라 다르지만, 공기 등으로 노 내를 산화성 분위기로 만들고, 1,100 ℃ 이상에서 20분 이상 처리하여, 시멘트 원료, 내화재, 타일 등의 알루미나 대체용으로 재자원화할 수 있도록 한다.[42]

이 회전식 아크로에서 드로스를 처리하는 특징은 다음과 같다.

① 배가스가 매우 적고, 열효율이 높다.

② 아크의 온도가 3,000~5,000 ℃로 매우 높아, 고온 가열 및 급속 가열이 가능하다.

③ 불활성 가스 중에서의 처리가 가능하여 Al의 산화 방지에 효과적이다.

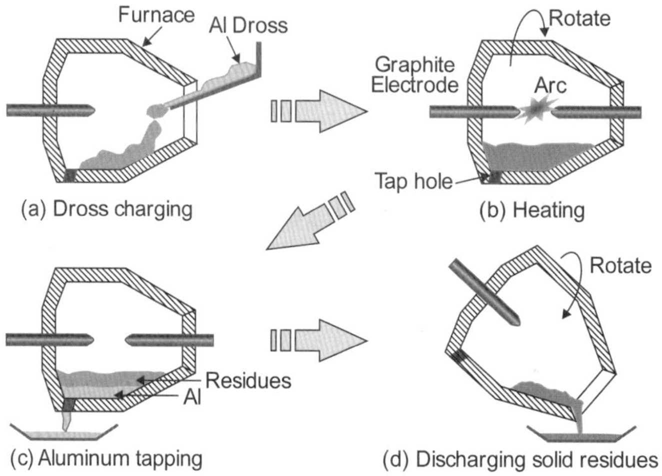

그림 5.32 DROSCAR법의 공정도

특히 노체가 회전하기 때문에 금속 Al을 감싸고 있는 산화층을 효과적으로 파괴함으로써 Al과 잔회(ash)의 분리가 촉진되어 Al 실수율이 약 80 % 이상으로 매우 높다. 그리고 Al을 회수한 후의 잔사는 공기 등을 취입하여 고온 산화분위기에서 염화물이나 질화물의 분리, 제거를 할 수 있어 재자원화가 가능한 특징을 가지고 있다.

(4) ALUREC Process

Al 드로스를 처리하는 회전로의 열원으로 전기를 사용하는 방법이 복잡하고 비용이 높다는 문제점을 가지고 있다. ALUREC법은 열원으로 전기 대신에 oxygen-fuel 버너를 회전 경동형 전로(tiltable rotating furnace)에 설치하여 Al 드로스를 처리하였다. 이 경우 열효율이 매우 높고, 노 내의 분위기 제어가 쉬운 장점이 있는 것으로 보고되어 있다.[43]

(5) ECOCENT process

ECOCENT법은 오스트리아의 FOCON사에서 개발한 것으로, 고온의 드로스를 원심분리하여 Al을 회수하는 친환경적인 방법으로 알려져 있다. 별도의 염을 첨가하지 않고, 고온의 드로스를 전로에 장입하지만, 온도와 점도 등의 조정을 한다. 큰 덩어리의 드로스는 금속과의 분리를 원활하게 하기 위해 잘게 부수어 전로에 장입한다. 전로에서 균질화와 온도 조정을 한 후에 원심분리기로 옮겨서 알루미나로부터 금속 Al을 원심분리하여 회수하는 방법이다.

(6) DROSRITE process

DROSRITE법은 PyroGenesis에서 개발한 방법으로, Al 용탕의 유지로에서 스키밍한 고온 상태의 드로스를 수직형 회전로에 장입하고, Ar 분위기에서 밀폐하여 약 15~30분간의 회전으로 금속 Al을 회수한다. Al을 출탕한 후에 산소를 취입하여 잔사 중에 남아 있는 회수 불가능한 Al을 산화시켜 약 900 ℃까지 승온시킨다. 이후에 Ar을 취입하면서 잔사를 배출한다.

5.7 종합

본 장에서는 알루미늄(합금) 스크랩에서 알루미늄을 리사이클링하기 위해 보크사이트로부터 알루미나 및 금속 Al을 제조하는 방법과 각종 스크랩의 처리 공정에 대해 알아보았다. Al은 철강 다음으로 사용량이 많은 범용금속이며, 대기용해가 가능하여 대량으로 사용할 수 있게 되었다. 특히 Al의 1차 지금 생산을 위해서는 다량의 에너지가 필요하지만, 스크랩을 리사이클링하는 경우 1차 지금 생산을 위한 에너지의 3~5 % 정도로도 가능하므로 이미 상당한 양의 Al은 리사이클링되고 있다.

보크사이트로부터 알루미늄을 생산하려면 Bayer법으로 고순도 알루미나를 추출한 후에 Hall-Héroult법이나 Alcoa법에 의해 용융염을 전해한다. 이 과정에서 다량의 전기 에너지를 소비하는 까닭에 우리나라에 생산 공정이 없는 유일한 범용금속이기도 하다.

Al의 리사이클링을 위해서는 수집이 가장 큰 관건이며, 수집된 스크랩을 어떻게 선별할 것인가에 대해서도 많은 연구가 이루어져 있다. 특히 선별을 위해서는 수집된 스크랩의 적절한 파쇄가 필요하다. 파쇄된 스크랩의 가장 기본적인 선별은 자력과 와전류 선별이지만 최근에는 색도인식이나 분석기를 이용한 선별도 활용되고 있다. 선별된 Al을 재생하기 위해서는 용해가 필요하며, 이 과정에서 혼입된 불순물이나 합금 성분을 정련하는 것이 필요하다. 그러나 Al의 열역학적 특성상 정련이 곤란한 문제점을 가지고 있다. 이러한 과제를 해결하기 위해 전기화학적 및 열역학적 정련에 관하여 많은 연구가 이루어지고 있다.

향후 보다 효과적인 Al의 리사이클링을 위해서는 수집, 파쇄, 선별, 전처리, 용해와 정련 기술을 체계적으로 연구 개발할 필요가 있다.

제5장 | 참고문헌

1 손호상, 2019: 자원리사이클링공학, p. 14, 경북대학교출판부.

2 Herodoutus, translated by George Rawlinson, 2013: The Histories, p. 174, Roman Roads Media, LLC, Idaho. 헤로도토스 저, 천병희 역, 2017: 역사, Ⅱ에우테르페 180, p. 268, 도서출판 숲.

3 JAMES ASHBY, 1999: The Aluminium Legacy: the History of the Metal and its Role in Architecture, Construction History 15, pp. 79-90.

4 C. Springer and A. Hasanbeigi, 2016: Emerging Energy Efficiency and Carbon Dioxide Emissions-Reduction Technologies for Industrial Production of Aluminum, p. 9, Ernest Orlando Lawrence Berkeley National Laboratory.

5 The Global Aluminium Recycling Committee (GARC), 2009: Global Aluminium Recycling: A Cornerstone of Sustainable Development, p. 7, International Aluminium Institute, London, UK.

6 SINTEF, 2010: Roadmap From Europe and North America, Workshop on Aluminium Recycling, p. 23, NTNU, 13th-15th June, Trondheim, Norway.

7 KARL JOSEF BAYER, 1888: PROCESS OF OBTAINING ALUMINA, USA Patent No. 382,505.

8 손호상, 2019: 알루미늄의 리사이클링 기술, 자원리싸이클링 28(2), pp. 3-13.

9 CHARLES M. HALL, 1889: PROCESS OF REDUCING ALUMINIUM BY ELECTROLYSIS, USA Patent No. 400,766.

10 Graham W. Gibbs and France Labreche, 2014: Cancer Risks in Aluminum Reduction Plant Workers, JOEM 56(5S), pp. S40-S59.

11 Primary Metal Production-MTU, https://fliphtml5.com/vtss/tuja/basic/51-55

12 Norio Tsuchihashi, 1994: Production and refining of aluminum metal, Keikinzoku 44(7), pp. 406-417.

13 W.H. Sillekens et al., 2000: REFINING ALUMINIUM SCRAP BY MEANS OF FRACTIONAL CRYSTALLISATION: BASIC EXPERIMENTAL INVESTIGATIONS, Fourth International Symposium on Recycling of Metals and Engineered Materials Ed. by Stewart, Donald L., et al. Part 2: pp. 963-977.

14 Stefano Capuzzi and Giulio Timelli, 2018: Preparation and Melting of Scrap in Aluminum Recycling, Metals 8, 249, pp. 1-24.

15 손호상, 2019: 자원리사이클링공학, p. 94, 경북대학교출판부.

16 Joseph R. Davis, 2001: Aluminum and Aluminum Alloys, Alloying-Understanding the Basics, p. 354, ASM International, Ohio, USA.

17 V.Y. Risonarta, J. Anggono, Y. M. Suhendra, S. Nugrowibowo, and Y. Jani, 2018: Strategy to Improve Recycling Yield of Aluminium Cans, IC-AMME 2018, E3S Web of Conferences 130, 01033, pp. 1-8.

18 Anne Kvithyld et al., 2008: Recycling Light Metals: Optimal Thermal De-coating, JOM 60(8), pp. 47-51.

19 T. Takahashi et al., 1997: Recycling of Aluminum Used Beverage Can, KOBE STEEL ENGINEERING REPORTS 47(3), pp. 35-38.

20 Al Kennedy, 2013: Aluminum Melt Furnaces — Principles of Fuel Economy, Presented to IMEDAL Conference, Mexico City, July, 2013.

21 K. Oosumi, Y. Nagakura, and R. Masuda, 2001: Development of New Filter for Removal of Non-metallic Inclusions from the Molten Aluminum, KOBE STEEL ENGINEERING REPORTS 51(2), pp. 54-57.

22 홍성길, 2008: 알루미늄의 용해 및 주조 시리즈II, 한국주조공학회지 28(2), pp. 45-51.

23 BERND FRIEDRICH, and CHRISTOPH KRAUTLEIN, 2006: MELT TREATMENT OF COPPER AND ALUMINIUM — THE COMPLEX STEP BEFORE CASTING, MJoM 12(4), pp. 251-266.

24 이정무, 윤지현, 김경현, 김회곤, 2003: 알루미늄 합금의 비금속 개재물 제어, 한국주조공학회지 23(1), pp. 15-22.

25 M. Tsunekawa, 2004: Refining processes of molten aluminium using solid flux, Journal of Japan Institute of Light Metals 54(2), pp. 75-81.

26 손호상, 2019: 자원리사이클링공학, p. 184, 경북대학교출판부.

27 T.A. Utigard, K. Friesen, R. R. Roy, J. Lim, A. Silny, and C. Dupuis, 1998: The properties and uses of fluxes in molten aluminum processing, JOM 50(11). pp. 38-43.

28 T. Nakamura, 1996: Recycle Processes of Aluminum, Materia Japan 35(12), pp. 1290-1293.

29 David V. Neff, 2002: Understanding Aluminum Degassing, Modern Casting 92(5), pp. 24-26.

30 T. Ohnishi, 1989: Hydrogen in pure aluminum and in aluminum alloys, Keikinzoku 43(3), pp. 235-573.

31 김기영, 이민수, 1994: Al합금 용탕 중 가스량 측정법, 주조 14(3), pp. 205-211.

32 Ryotatsu Otsuka, 1994: Melting and melt treatment of aluminum, Keikinzoku 44(8), pp. 461-471.

33 홍성길, 2008: 알루미늄의 용해 및 주조 시리즈II, 한국주조공학회지 28(2), pp. 45-51.

34 Bernd Friedrich and Mertol Gökelma, 2015: Understanding of Inclusions — Characterization, Interactions and Boundaries of Removability with Special Focus on Aluminium melts, p. 44, WERKSTOFFWOCHE, Dresden, AKR.

35 DERYA DISPINAR, 2005: Determination of Metal Quality of Aluminum and Its Alloys, Doctor Thesis of The University of Birmingham, p. 124.

36 S. Kitaoka, 1993: Melting and casting technology of recent aluminum alloy castings, Keikinzoku 43(11), pp. 567-573.

37 한철웅, 손성호, 안병부, 김대근, 이만승, 김용환, 2017: 파쇄 기구에 따른 알루미늄 캔 재자원화 공정 중 발생한 드로스 내 알루미늄 회수에 관한 연구, 자원리싸이클링 26(4), pp. 71-78.

38 박형규, 이후인, 김준수, 윤의박, 1996: 국내 알루미늄 드로스의 처리공정에 관한 연구, 자원리사이클링 5(1), pp. 14-20.

39 Necip Unlu and Michel G. Drouet, 2002: Comparison of salt-free aluminum dross treatment processes, Resources, Conservation and Recycling 36, pp. 61-72.

40 Lavoie S and Dube G., 1991: A salt-free treatment of aluminium dross using plasma heating, JOM 43(2), pp. 54-55.

41 Drouet MG, Handfield M, Meunier J, and Laflamme CB, 1994: Dross treatment in a rotary arc furnace with graphite electrode. J Metals 5: pp. 26-27.

42 Kenji Tokuda, 2009: Aluminum dross treatment technology by rotary arc furnace, Journal of Japan Institute of Light Metals 59(11), pp. 652-653.

43 Gripenberg H, Grab H, Flesch G, and Mullerthann M, 1995: Alurec — a new salt-free process. In: Quenean PB, Peterson RD (editors). Third International Symposium on Recycling of Metals and Engineered Materials, 12-15 November 1995, Point Clear, Alabama. The Mineral, Metals and Materials Society, pp. 819-828.

제6장 구리의 리사이클링
Recycling of Copper

6.1 서론

구리(銅, copper)는 철(Fe), 알루미늄(Al)과 함께 대량 생산·사용되는 대표적인 금속이지만, 자원적으로는 그다지 풍부한 금속이 아니다. 구리의 지각 중 원소 존재도는 26위(6.0×10^{-3} %)로 희소금속인 Ti(9위, 0.57%)이나 Zr(18위, 0.02 %)보다 적고,* 특정 지역에 편재되어 있다. 이러한 구리는 인류가 약 1만 1500년 전부터 사용한 최초의 금속이다. 기원전 9500년경의 유적지인 이라크의 샤니다르(Shanidar) 동굴에서 자연동으로 만든 인류 최초의 구리 제품인 펜던트(길이 2.3 cm, 두께 0.3 cm)가 발견되어 이때쯤부터 인류가 구리를 사용하기 시작한 것으로 여기고 있다.[1] 그리고 기원전 5000년경에 형성된 고대 이스라엘 유적지 텔타프(Tel Tsaf)에서 길이 약 41 mm(직경 1~5 mm)의 구리 송곳이 발견되었다. 이 송곳은 제련에 의해 만들어진 금속 유물 중에서 가장 오래된 것으로 알려져 있다.[2] 그림 6.1에는 이러한 펜던트(a)와 송곳(b)을 나타내었다.

선사 시대를 흔히 구석기, 신석기, 청동기, 철기 시대로 구분하지만, 합금인 청동기가 사용되기 전에 구리 시대(銅器時代, Copper Age)가 존재한다. 구리 시대는 구리, 금(Au), 은(Ag)을 같이 사용하기 시작한 시기이며, 구리와 석기를 함께 사용하였으므로 금석병용시대(金石併用時代, chalcolithic age)라고도 한다. 중동과 캅카스(Kavkaz)[†]의 구리 시대는 기원전 5000년

* 제1장 「자원 리사이클링의 개요」의 표 1.2 참조.

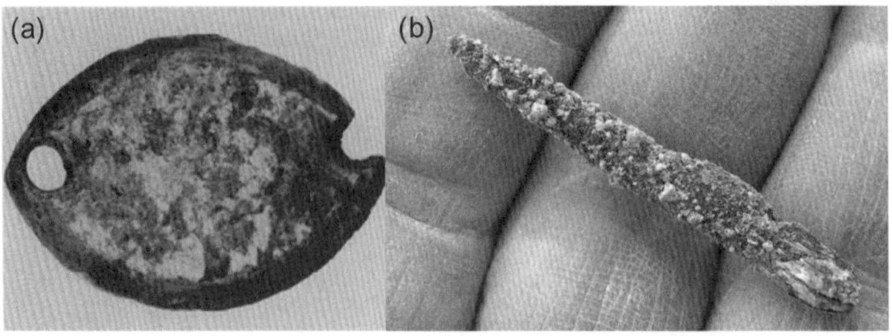

그림 6.1 (a) 구리 펜던트(Shanidar Cave, Northeast Iraq), (b) 구리 송곳(Tel Tsaf, Israel)

말기부터 시작되었고, 초기 청동기 시대가 도래하기 전까지 약 1000년간 지속되었다.[3, 4]

우리나라의 구리 제련도 금·은과 더불어 긴 역사를 지니고 있다. 기원전 1000년경부터 청동기가 나타나기 시작하였고, 낙랑 시대의 유적이나 김해 몽금포의 패총(貝塚)에서 동기가 출토되는 것으로 미루어 보아 오래전부터 구리를 많이 사용하였음을 알 수 있다.[5] 특히 신라와 고려 시대에 신라동, 고려동이라 하여 주나라와 원나라에 각각 수출된 기록이 있으므로 당시에 구리 광업이 성행하였음을 알 수 있다. 그러나 고려 시대부터 구리 광석의 채굴과 제련 기술이 쇠퇴하기 시작하였으며, 조선 초기에는 국내산 구리가 사라지면서 기술까지 쇠퇴하게 되었다. 조선 『중종실록』에 의하면 구리의 대부분은 왜국(일본)에서 수입하여 사용한 것으로 기록되어 있다. 숙종 4년(1678년)에 발행되어 19세기 말까지 약 200년간 전국적으로 통용되었던 조선 시대의 대표적인 화폐인 상평통보의 주원료가 구리(60~85 wt%Cu)였는데, 이조차도 일본에서 수입하였다.[6]

우리나라에서의 근대적인 구리 제련 사업은 일제 강점기인 1935년 조선제련(주)의 창립과 장항제련소 건설로 시작되었다.[7] 장항제련소의 주요 업무는 한반도에서의 금 생산이었는데, 소량의 구리 생산도 겸하고 있었다. 현재는 연간 약 70만 톤에 못 미치는 구리를 생산하고 있지만, 구리 광석은 전량을 수입하고 있다.

표 6.1에는 구리의 물리·화학적 성질을 나타내었다.[8] 표에 나타낸 바와 같이 구리는 높은 열전도도, 전기전도도를 갖고 있으며, 어느 정도의 내식성도 있다. 따라서 구리의 최대 용도는 전선(cable & wire)이지만, 그 외에도 가전제품, 전자기기, 자동차, 배관 등에 널리 사용되고

† 캅카스(Kavkaz, Caucasus): 흑해와 카스피해 사이에 있는 지역. 러시아, 조지아, 아제르바이잔, 아르메니아 따위의 여러 나라가 접하여 있는 동서 교통의 요충지이며, 유전 지대이기도 하다.

있다. 그리고 구리는 Zn, Sn, Ni 등과 합금하여 황동, 청동 등으로도 널리 사용되고 있다.

한편 구리는 사용량이 많으므로 다른 재료로 대체하기도 곤란하다. 특히 구리를 리사이클링하여 2차 지금을 제조하는 경우 1차 지금 생산에 필요한 에너지의 약 63~84 %를 절약할 수 있고, CO_2 발생량의 약 65 %를 감축시킬 수 있다.[9,10] 또 다른 금속들과 마찬가지로 품질의 저하 없이 무한정 리사이클링할 수 있는 금속이므로 리사이클링이 중요한 금속재료이다. 본 장에서는 이러한 구리의 리사이클링 기술을 이해하기 위해 구리의 제련 기술부터 스크랩의 종류, 각종 리사이클링 기술들에 대해 설명한다.

[표 6.1] 구리의 물리·화학적 성질

원소기호/원자번호		Cu/29
원자량		63.546 g/mol
녹는점		1,084.62 ℃(1,357.77 K)
끓는점		2,562 ℃(2,835 K)
밀도	상온	8.96 g/cm^3
	액체(at m.p.)	8.02 g/cm^3
용융열		13.26 kJ/mol
증발열		300.4 kJ/mol
몰비열 C_P(at 293 K)		24.440 J/(mol·K)
열전도도		401 W/(m·K)
전기저항도(at 20 ℃)		16.78 nΩ·m
결정구조		face-centered cubic(fcc)

6.2 구리의 생산량과 용도

그림 6.2에는 1900년부터 전 세계 구리의 연간 생산량 변화를 나타내었다. 1900년까지는 50만 톤에 못 미치는 양을 생산하였으나, 제1차 세계대전 시기에 약 140만 톤을, 제2차 세계대전 시기에는 약 250만 톤을 생산하였다. 그 이후 구리 생산량은 꾸준히 증가하여 1987년에는 1, 2차 지금을 포함하여 1000만 톤을 돌파하였다. 철강의 중국 특수와 마찬가지로 1995년부터 구리의 1차 지금 생산량이 급격하게 증가하여 2017년에는 1, 2차 지금을 포함하여 2350만 톤을 생산하였다. 이 중에서 2차 지금(Secondary refined copper) 생산량은

약 17.2 %인 400만 톤 정도이다. 또 구리 스크랩을 직접 용해하여 반제품으로 생산된 양을 포함하면 2017년 전 세계 구리 사용량은 약 2813만 톤이다. 이 중 약 30 %는 리사이클링에 의해 공급된 것이다.

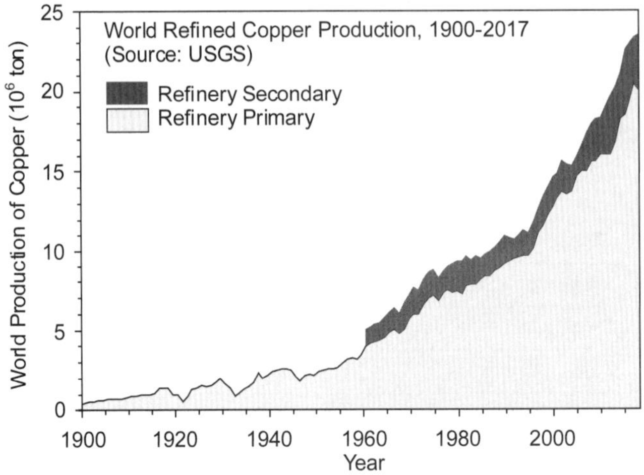

그림 6.2 전 세계 구리 생산량의 변화(1900~2017)

그림 6.3에는 2017년 기준의 국가별 구리 생산 비율과 소비 비율을 나타내었다. 중국은 약 890만 톤을 생산하여 전 세계 생산량의 38 %를 차지하고 있으며, 뒤이어 칠레 10 %, 일본 6 %, 미국 5 % 수준이다. 우리나라는 전 세계 생산량의 약 2.8 %를 생산하여 세계 9위의 구리 생산국이다. 전 세계에서 생산된 구리의 반은 중국에서 소비되고 있으며, 우리나라는 세계 5위의 구리 소비국(65.6만 톤)이다. 또 전 세계 구리 생산량의 약 71 %는 중국을 비롯한 아시아에서 소비되고 있으며, 뒤이어 유럽 18 %, 북미 9 % 순으로 소비되고 있다.[11]

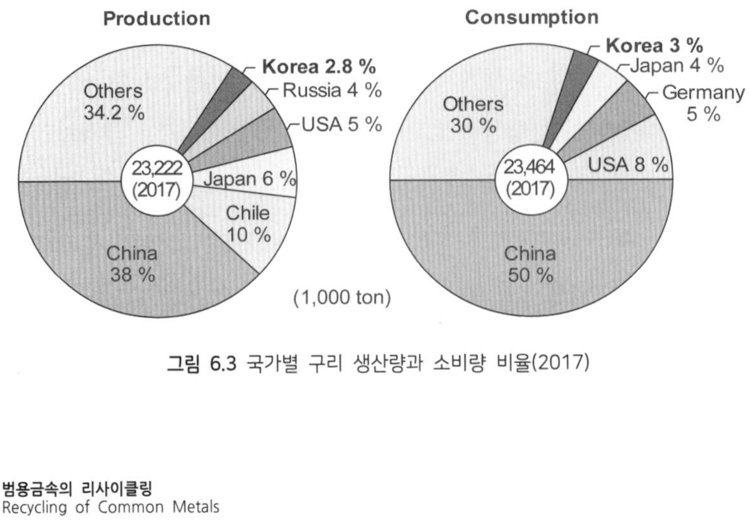

그림 6.3 국가별 구리 생산량과 소비량 비율(2017)

그림 6.4에는 우리나라(LS-Nikko동제련)의 연간 구리 생산량 변화를 나타내었다. LS-Nikko동제련의 연간 생산량은 약 65만 톤이며, 기타 생산량을 포함하면 약 70만 톤으로 추정되고 있다.

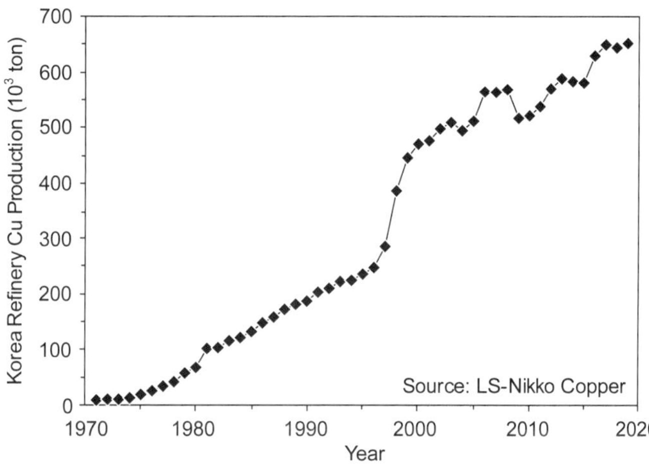

그림 6.4 우리나라(LS-Nikko동제련)의 구리 생산량 변화

표 6.2에는 구리와 구리 합금의 종류 및 용도를 나타내었다. 구리는 전선용으로 가장 많이 사용되고 있으며, 대부분 Cu 99 % 이상의 순도를 가지고 있으므로 전선의 피복을 제거하면 쉽게 리사이클링할 수 있다. 합금으로는 Zn, Sn, Ni 등의 함유 성분에 따라 황동, 단동, 청동, 백동 등 여러 가지 종류가 시판되고 있다. 이러한 제품을 리사이클링할 때는 성분에 따라 정련 등의 처리를 거쳐야 한다.

[표 6.2] 구리 합금의 종류와 용도

합금계	합금번호	주성분(wt %)	특징과 용도
Cu	C1000	Cu 99 % 이상	무산소동, 인탈산동, 터브피치동
Cu-Be	C1000	Be 1.7, 1.9, Co+Ni>0.2	고성능 스프링
Cu-Zn	C2000	단동 Zn 5~20, 황동 Zn 30~40	광택 우수, 전연성, 내식성 전언성, 고강도
Cu-Zn-Pb	C3000	Zn 37~40, Pb 1.0~2.5	쾌삭황동
Cu-Zn-Sn	C4000	Zn 37~40, Sn 0.8~1.0	내응력부식성, 내해수성
Cu-Sn-P	C5000	Sn 4~8, P 0.1~0.2	전연성, 내피로성, 내식성
Cu-Al	C6000	Al 8~10, Fe 2~5, Ni 1~5, Mn	고강도, 내해수성, 내마모성
Cu-Ni	C7000	Ni 10~30, Fe 0.5~1.5, Mn 0.5	백동, 내해수성, 고온사용
Cu-Ni-Zn	C7000	Ni 10~18, Zn 10~26	양백, 고광택, 내식성 등

표 6.3에는 구리 제품의 형태(전선, 순동, 합금 등)별 생산량과 비율을 나타내었다.[12] 구리는 소비자용의 다양한 전기·전자기기와 건설용의 배관, 전원용으로 가장 많이 사용되고 있다. 구리 제품의 약 60 %는 선재(전선, wire), 약 20 %는 파이프, 봉재, 판재 등으로 가공되어 사용되고 있다. 따라서 구리는 선재인 전선 등의 리사이클링이 중요함을 알 수 있다.

[표 6.3] 구리 제품의 형태와 생산 비율(2017)

Products	Principal components	Cu production(10^3 ton)	Product share(%)
Wire Mill	Building wire	3,377	12.0
	Power cable	4,592	16.3
	Magnet wire	3,408	12.1
	Telecom cable(external)	406	1.4
	Other communication cable (electronic/data/internal telecom)	757	2.7
	Other LV energy (equipment wire, flexibles, etc.)	1,735	6.2
	Automotive wire & cable	1,138	4.0
	Bare conductor	1,343	4.8
	Sub total	16,756	59.5
Copper	Tube	2,734	9.7
	Rod bar section(RBS)	617	2.2
	Plate sheet strip(PSS)	1,591	5.6
	Copper foil	669	2.4
	Sub total	5,611	19.9
Alloy	Tube	354	1.3
	RBS	2,072	7.4
	PSS	1,722	6.1
	Mech. wire	426	1.5
	Sub total	4,574	16.3
Foundry Powder	Castings	1,086	3.9
	Powder	104	0.4
	Sub total	1,190	4.3
Total		28,131	100

한편 표 6.4에는 구리 관련 제품의 수명을 나타내었다.[13] 철강의 경우와 마찬가지로 건축물의 수명이 가장 길며, 전선 등 전원용 케이블의 수명은 30년 이상이다. 이러한 전원용

전선으로 연간 약 590만 톤의 구리가 사용되고 있다. 기타 제품도 기본적인 수명은 10년 이상이므로, 효율적인 리사이클링을 위해서는 각종 제품의 구리 사용량 추세를 파악하는 것이 필요할 것이다.

[표 6.4] 구리 제품의 평균 수명

Application	Average lifetime(years)
Building & Construction	38
Housing	35
Power Lines	30
Machinery	22
Transformers	20
Household Appliances	15
Consumables	11
Transportation	10~15
Vehicle	12
Electronic Components	10

6.3 구리 제련의 개요

문헌에 나타난 고대의 구리 제련 유적은 중동 지역과 유럽 동남부에 집중되어 있으며, 노의 형태, 크기 등의 변화를 볼 때 시대와 지역에 관계없이 구리 제련 기술이 유사하였을 것으로 추정하고 있다. 특히 이집트의 Timna 지역에서는 구리 시대(Chalcolithic period)의 원시적인 구리 제련 시설과 로마 시대의 발달된 구리 제련 시설들이 함께 발견되었다. 구리 제련로 내부와 주변에서 발견된 슬래그와 광석을 분석한 결과, 고대의 원시적인 구리 제련은 잘게 부순 광석을 숯불화로에서 환원하였으나, 슬래그를 별도로 분리하지 않고 슬래그 중에 생성되어 있는 금속상의 구리를 채취한 것으로 보인다. 이러한 고대의 원시적인 구리 제련법은 이후에 풀무질을 할 수 있는 풍구가 있고, 또 슬래그를 별도로 배출할 수 있는 도가니 제련과 유사한 형태의 노로 발전하였다. 그림 6.5에는 이집트 Timna 지역에서 발견된 고대 구리 제련로를 모식적으로 나타내었다.[14,15]

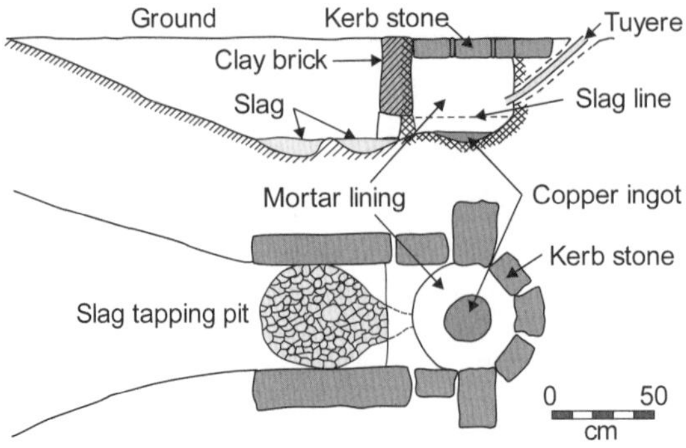

그림 6.5 이집트 Timna 지역에서 발굴된 구리 제련로

당시의 구리 제련 기술을 살펴보면, 우선 분말 상태로 만든 구리광석, 철광석이나 망간산화물, 석회석이나 해조개, 숯 등을 개방형 노에 장입하고 숯불로 환원하였다. 비중이 큰 구리 덩어리는 액상 슬래그를 통과하여 노의 바닥으로 가라앉아 빵 모양의 잉곳을 형성했다. 용융된 구리와 슬래그가 제련로에 채워지면 곧바로 노의 아랫부분에 구멍을 뚫어 대부분의 슬래그를 배출하였다. 그리고 노의 바닥에 있는 구리 잉곳을 회수하였다.

우리나라에서도 구리 제련이 활발하였을 것으로 생각되지만 남아 있는 유적은 많지 않으며, 경주 황남동에서 5~6세기 것으로 추정되는 구리를 녹인 도가니가 6점 출토되었다. 이들 도가니는 대부분 굵은 모래알이 함유된 점토를 사용하여 제작하였으며, 외벽에 왕겨흔이 다량으로 부착되어 있었다. 그리고 도가니 내부의 구리 알갱이와 슬래그 분석을 통해 구리광석 분말과 숯을 넣고 안에서 숯불로 제련한 것으로 추정하고 있다.[15] 그 외 경주 동천동 유적에서 발견된 제련로는 구리 광석을 제련하면서 주석괴를 넣어 청동을 만드는 용도로 사용된 것으로 추정하고 있다.

6.3.1 구리의 건식제련

구리 1차 지금(primary refined copper)의 약 80 %는 황화광의 건식제련-전해정제에 의해 생산되고 있으며, 나머지는 산화광이나 휘동광(輝銅鑛, chalcocite, Cu_2S)으로부터 습식제련에 의해 생산되고 있다. 따라서 구리 제련 프로세스의 주류는 황동광(黃銅鑛, chalcopyrite, $CuFeS_2$)을 주원료로 사용하고, 정광 중의 유황 성분을 고온에서 산화시켜 제거하는 건식제련이다.

그림 6.6에는 황화광을 이용한 건식 구리 제련 프로세스를 종합하여 나타내었다. 전

세계적으로 1차 지금의 약 68 %는 자용로법과 MI법에 의해 만들어지고 있으며(2017년 기준), 나머지는 반사로, 용광로, 회전로, 전기로 등에서 만들어지고 있다. 구리의 건식제련은 우선 Cu 1 % 전후의 광석을 부유선광(flotation)하여 Cu 20~30 %의 정광을 만들고, 정광을 산화 용련하여 매트(matte, 인공적인 황화물, Cu_2S-FeS)를 만드는 매트 용련(smelting)과 매트를 다시 산화시켜 조동(粗銅, blister copper, crude copper)을 얻는 제동(converting), 조동을 정제하는 전해정제(electrorefining)의 3가지 공정으로 구성되어 있다. 1단계인 매트 용련 공정에는 그림에서와 같이 자용로, MI법의 S로를 비롯하여 여러 가지 공법이 사용되고 있다. 2단계인 제동 공정은 PS 전로를 이용하고 있으며, 전해정제용 anode를 주조하기 전에 정련 공정(anode refining)을 거치고 있다.

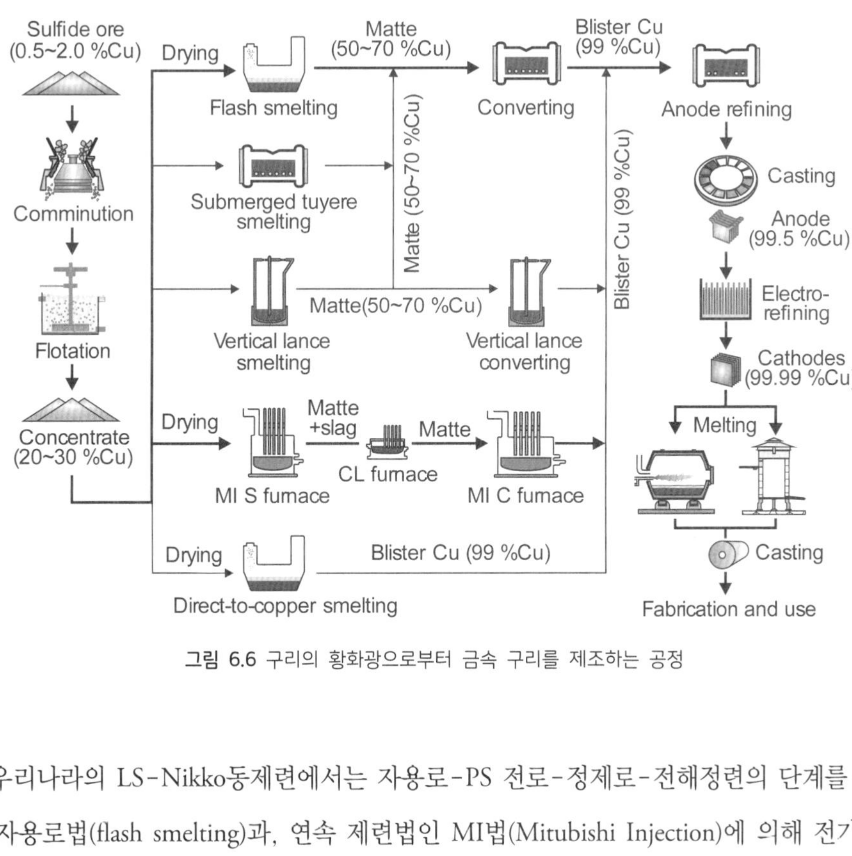

그림 6.6 구리의 황화광으로부터 금속 구리를 제조하는 공정

우리나라의 LS-Nikko동제련에서는 자용로-PS 전로-정제로-전해정련의 단계를 거치는 자용로법(flash smelting)과, 연속 제련법인 MI법(Mitubishi Injection)에 의해 전기동을 생산하고 있다. 그림 6.7에는 LS-Nikko동제련의 자용로법에 의한 구리 제련 공정도를 나타내었으며, 자용로법을 중심으로 구리 제련법의 개요에 대해 설명한다.

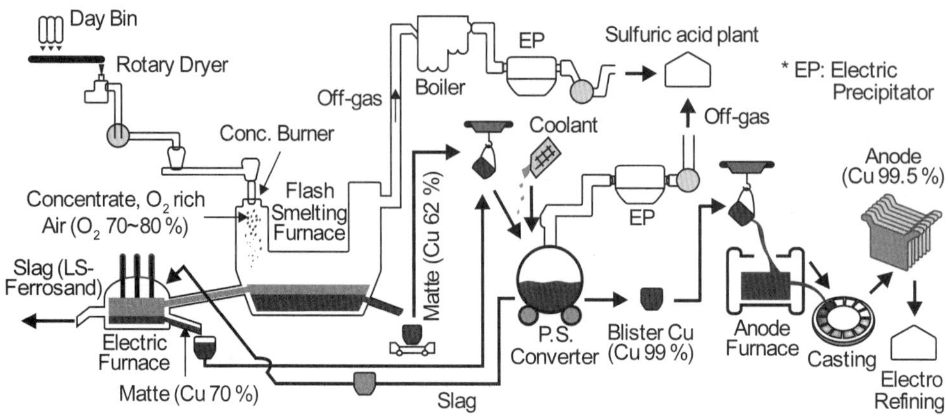

그림 6.7 LS-Nikko동제련의 자용로법에 의한 구리 제련 공정도

자용로(flash smelting furnace)에는 캐나다의 INCO법과 핀란드의 Outokumpu법의 두 종류가 있다. 캐나다의 INCO법에서는 특수한 반사로의 한쪽 끝에서 구리 정광과 산소를 분출시키며, 핀란드의 Outokumpu법에서는 반사로 형태의 세틀러(settler) 위에 용련용 샤프트를 설치하고 그 꼭대기에서 구리 정광과 예열 공기를 불어 넣는다. 두 가지 다 미분 정광의 산화열을 최대한으로 이용하여 순간적으로 산화 용련을 하는 방식이다.

그림 6.8에는 우리나라의 LS-Nikko동제련에서 가동 중인 Outokumpu형 자용로의 형상을 대략적인 크기와 함께 나타내었다. 자용로는 탈황률을 제어하기 쉽고, SO_2 가스 농도가 높아서 황산 제조에 적합한 특징을 가지고 있다. 또 생성된 매트의 품위가 60 % 정도여서 PS 전로에서의 정련 부담을 낮출 수 있다. 그러나 정광이 순간적으로 점화되도록 완전히 건조시켜 수분을 0.1~0.3 % 정도로 만들어야 한다. 또 완전히 건조된 정광을 열풍과 함께 분출시켜 폭발적인 산화가 일어나 더스트와 마그네타이트(Fe_3O_4)의 생성이 많고, 슬래그로의 Cu 손실이 많은 문제점도 있다. 그리고 세틀러에서 매트와 슬래그의 분리가 불완전하여 그림에서와 같이 슬래그 청정용 전기로(SC로, slag cleaning furnace)를 도입하여 슬래그로부터 매트를 분리하므로 매트 품위가 50~60 %로 높아도 SC로를 나온 슬래그 중의 Cu는 0.6 % 정도로 억제된다. 자용로에서는 가능한 한 Fe_3O_4의 생성이 적도록 황화광을 산화시키고, 또 SC로에서는 황화철을 첨가하는 등 적극적으로 Fe_3O_4나 Cu를 감소시키는 작업을 한다. 이 슬래그는 용융 상태에서 다량의 수류 중에 흘려보내 세립으로 만들어(수쇄, 水碎), 시멘트의 원료나 샌드 블라스팅재(sand blasting) 등으로 이용된다.

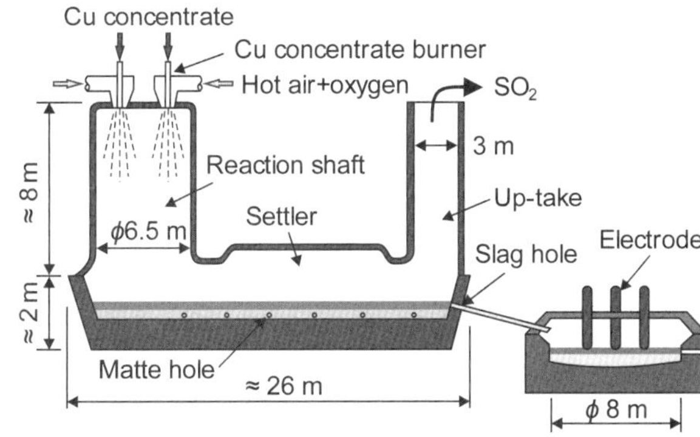

그림 6.8 Outokumpu형 자용로의 모식도와 대략적인 제원

이러한 자용로를 비롯한 매트 용련에서는 구리 정광이 산소부화 공기에 의해 착화되면 유황분이 연소하여 발열하므로 별도의 연료는 사용하지 않는다. 자용로에서의 주요한 반응은 다음과 같다.[16]

$$2CuFeS_2 = Cu_2S + 2FeS + 1/2S_2 \tag{6.1}$$

$$S_2 + 2O_2 = 2SO_2 \tag{6.2}$$

$$2CuFeS_2(s) + O_2(g) = Cu_2S(l) + 2FeS(l) + SO_2(g) \tag{6.3}$$

$$FeS_2(s) + O_2(g) = FeS(l) + SO_2(g) \tag{6.4}$$

$$2FeS(l) + 3O_2(g) = 2FeO(l) + 2SO_2(g) \tag{6.5}$$

$$2FeO(l) + SiO_2(g) = 2FeO \cdot SiO_2(l) : \text{fayalite slag} \tag{6.6}$$

자용로의 샤프트부에서 구리 정광이 산화되는 과정을 미반응핵 모델(un-reacted core model)을 이용하여 해석한 결과 조건에 따라 정광입자의 온도가 상온에서 단시간에 2,000 K까지도 상승하는 것으로 보고되었다.[17] 그리고 이러한 비등온 산화 반응 중에 As, Sb, Bi 등의 일부가 증발되어 기상으로 제거되기도 하며, 일부는 슬래그로 분배되어 제거되고 나머지는 매트상으로 분배된다. 그러나 귀금속들은 전부 매트상으로 분배되고, 전로에서의 제동 공정에서는 금속상으로 분배된 후, 최종적으로는 전해정련 공정에서 anode slime으로 회수된다.

자용로에서 만들어진 매트(약 60 wt%Cu)는 그림 6.9에 나타낸 원통 횡형의 PS 전로(Pierce Smith converter)로 이송되고, 전로의 측면 아래에서 산소 부화 공기(air+O_2)를 불어넣으면 식 (6.5)와 같이 FeS의 산화 반응이 우선적으로 일어나 탈철과 탈황 반응이 진행된다. 이 과정을 slag making stage라 부르며, 생성된 FeO는 자용로에서와 마찬가지로 식

(6.6)의 반응에 의해 fayalite($2FeO \cdot SiO_2$) 슬래그가 되어 Cu_2S와 2상으로 분리된다. 전로를 경동하여 슬래그를 제거한 후, 다시 공기를 불어 넣으면 Cu_2S의 산화 반응이 진행되어 식 (6.7)의 반응과 같이 Cu가 만들어지며, 이 시기를 copper making stage라 부른다.[18]

$$Cu_2S(l) + O_2(g) = 2Cu(l) + SO_2(g) \tag{6.7}$$

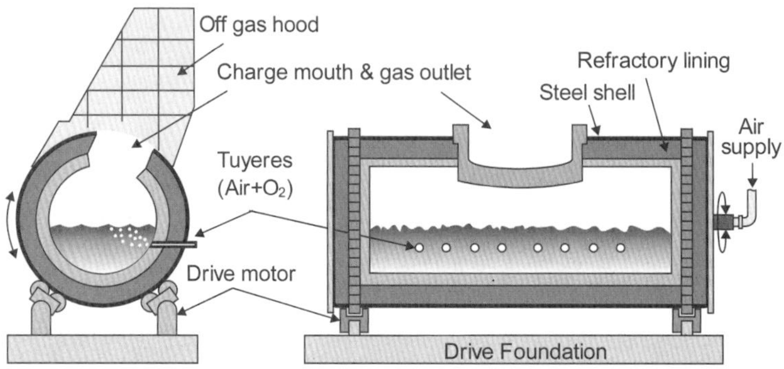

그림 6.9 PS 전로(Pierce Smith converter)의 모식도

이러한 전로 공정에서는 유황과 철의 산화 반응에 의한 발열로 매트 중의 불순물이 기상으로 제거되기도 한다.[19] 또 이러한 산화 반응열을 이용하기 위해 구리 스크랩이나 black copper 등을 투입하기도 한다. 제동 공정에서 만들어진 Cu의 순도는 약 99 %이므로 조동이라 부른다. 이러한 과정에서 광석 중에 함유되어 있던 불순물은 매트 용련에서와 마찬가지로 기상, 슬래그, 그리고 조동으로 분배된다. 그리고 상기한 바와 같이 Au, Ag, Pd, Pt 등의 귀금속은 전부 매트상으로 분배된 후, Cu_2S상을 거쳐서 조동으로 분배된다. 따라서 E-waste scrap을 전로 공정에 투입하여 귀금속을 회수하기도 한다.

전로에서 출탕된 조동(Cu 98.5~99 %)은 용융 상태로 정제로(anode furnace)에 장입한다. 정제로는 전로와 같은 형태를 하고 있으며, 식 (6.8)과 같이 조동 중에 공기를 불어 넣어 잔류하는 소량의 S를 산화 제거한다.[20]

$$[S]_{in\ Cu} + 2[O]_{in\ Cu} = SO_2(g) \tag{6.8}$$

이 공정에서도 소량의 구리 스크랩을 냉각재로 투입하기도 한다. 뒤이어 LPG, 중유 등으로 잔류하는 산소를 제거하여 약 99.5 %Cu의 조동을 만든다. 정제한 용융 조동은 전해정제 공정용의 양극(anode)으로 주조한다. 그림 6.10에는 정제로에서 출탕하여 양극을 주조하는 장면을 나타내었다.

그림 6.10 정제로에서 출탕된 조동을 양극으로 주조하는 장면(LS-Nikko동제련 제공)

그림 6.11에는 구리 제련에서 용융 매트, 용융 구리 중의 Cu, Fe, S, O 농도와 산소 퍼텐샬($\log p_{O_2}$)의 관계를 1,573 K, p_{SO_2}= 0.1 atm의 조건에서 나타내었다.[21] 그림의 상단부에는 구리 제련 공정을 산소 퍼텐셜과 대응시켜서 나타내었다. 매트 중의 산소(O)는 산화철로 존재하지만, 조동기 이후는 Cu_2O로 생각해도 무방하다. 또 굵은 점선은 슬래그 중의 Cu 농도를 나타낸다. 이러한 농도는 조건에 따라 약간의 차이는 있으나, 매트 용련의 단계에서는 산소 퍼텐셜의 변화가 작으며, 슬래그 생성기에서는 약간 커지고, 조동기에는 대폭적으로 변하는 것을 알 수 있다.

그림 6.12에는 연속 제동법인 MI법의 공정도를 나타내었다.[22] MI법은 자용로에 해당하는 S로(smelting furnace, 내경 약 10 m)와 자용로의 전기로에 해당하는 CL로(slag cleaning furnace), 그리고 PS 전로에 해당하는 C로(converting furnace)가 탕도로 연결되어 있다. 내경이 101 mm인 9개의 랜스를 통해 구리 정광과 플럭스인 실리카를 S로에서 공급한다. 공급된 동 정광이 용융되면 탕도를 통해 연속적으로 CL로로 이송되어 비중 차이에 의해 슬래그와 매트로 분리된다. 매트는 사이펀 원리에 의해 배출되어 탕도를 통하여 C로로 이송된다. C로는 S로와 유사한 크기이며, 동일한 9개의 랜스를 통해 석회석과 산소를 송입하여 조동을 만든다. C로 슬래그는 S로나 C로의 냉각재 등으로 사용되며, 조동은 사이펀 원리에 의해 배출되어 정제로로 이송된다. 이후의 공정은 자용로 공법과 동일하다.

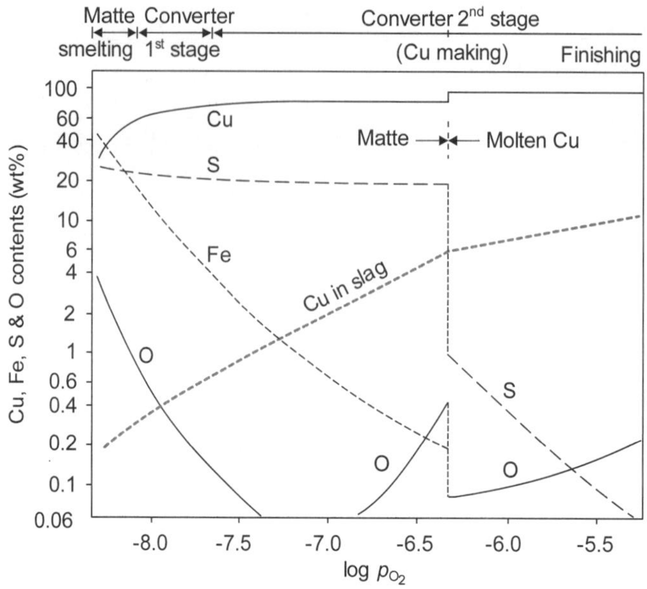

그림 6.11 동 용련 융체 중 주요 원소의 조성 변화와 산소 퍼텐셜의 관계(1,573 K, p_{SO_2}=0.1 atm)

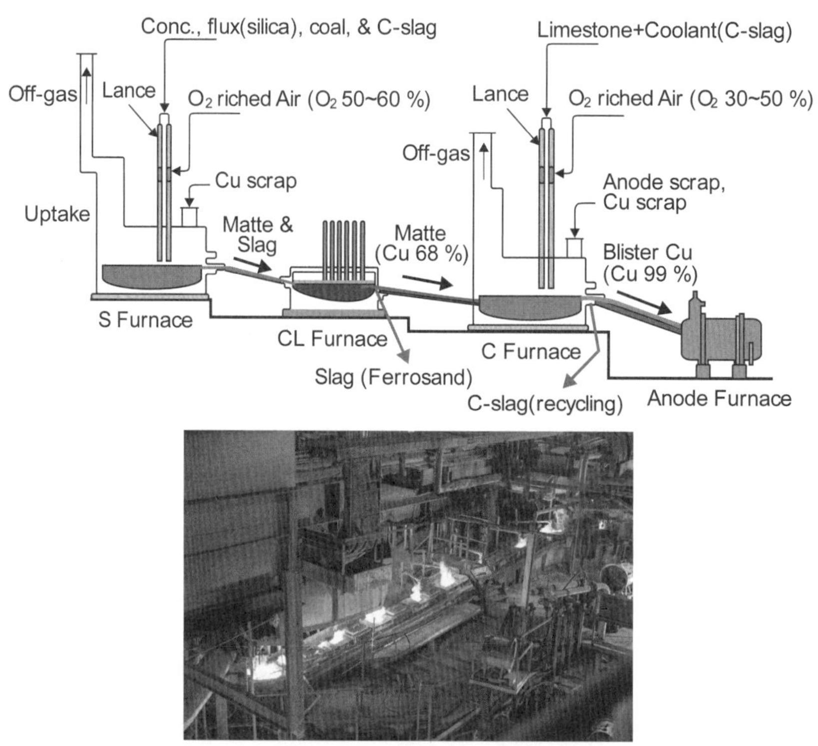

그림 6.12 LS-Nikko동제련의 MI법에 의한 동 제련 공정도와 용탕이 흘러가는 장면(LS-Nikko동제련 제공)

그림 6.13에는 산소저취법인 SKS로(Shuikoushan process)의 모식도를 나타내었다.[23] SKS로는 중국에서 횡취형인 Noranda로와 Teniente로를 저취형으로 개량한 것이다. 이 노는 저취 산소농도를 높일 수 있고 슬래그 중의 Cu 농도가 낮으며, 반응성이 양호하고 불순물 제거 능력이 우수한 것으로 알려져 있다. 특히 SKS로는 소형이어서 건설비가 적게 드는 장점 때문에 중국에서 적용하는 제련소가 늘어나고 있는 것으로 알려져 있다. 2021년 경에는 생산능력 기준으로 매트 용련법의 약 11 %를 차지할 것으로 예측하고 있다.[24] 이 외에도 그림 6.6에 나타낸 바와 같이 TSL(Top Submerged Lance)로를 이용하거나, 자용로에서 직접 조동을 만드는 경우도 있다.

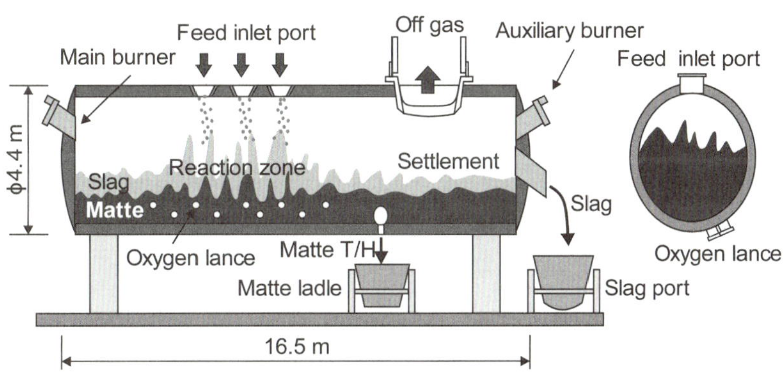

그림 6.13 Schematic diagram of SKS furnace

6.3.2 구리의 건식정제

구리 광석에는 S와 Fe을 비롯한 여러 가지 불순물이 함유되어 있다. 이러한 불순물은 매트 용련, 전로 제동 및 정제로에서의 산화 반응에 의해 가스상이나 슬래그로 제거된다. 그리고 전로 공정에서 냉각재로 투입되는 구리 스크랩 중의 불순물들도 기본적으로는 산화 반응에 의해 슬래그나 가스상으로 제거된다. 마지막에는 전해정련 공정을 거치므로 불순물 종류나 양은 큰 문제가 되지 않지만, 냉각재로 투입한 구리 스크랩의 품위가 낮으면 처리비용이 증가한다. 그리고 스크랩 중에 금, 은을 비롯한 귀금속이 전혀 함유되어 있지 않으면 전해정련 시의 비용 문제가 발생한다. 또 스크랩 발생량이 증가하게 되면 전로 공정의 냉각재로 사용하기에는 한계가 있다. 따라서 전해정련이 필요 없는 별도의 건식정련법을 개발할 필요도 있다.

용융 구리의 산화·환원에 의한 정제는 PS 전로의 마무리기, 조동을 정제하는 정제로, 전기동의 용융로, 구리 스크랩의 용융정제 등에서 실시한다. 이러한 공정에서 금속 불순물의 제거는 산화·환원 반응을 열역학적으로 평가하여 검토한다. 특히 구리의 리사이클링에서 제거 대상이 되는 원소로는 Al, Si, Cr, Fe, Sn, Zn, Ni, Pb, Bi 등이 있으나, Bi를 제외하면 Cu보다 산화되기 쉬워 구리 스크랩의 정련에서는 산화에 의한 건식정련이 효과적이다. 구리 중의 불순물 X는 다음 식과 같이 산화되어 슬래그로 제거된다.[25]

$$X + \frac{v}{4}O_2(g) = XO_{v/2} \tag{6.9}$$

이 식의 평형 관계로부터 분배비 L_X는 다음과 같이 나타낸다.

$$L_X = \frac{(\%X)}{[\%X]} = \frac{K \cdot (n_T) \cdot \gamma_X \cdot p_{O2}^{v/4}}{[n_T] \cdot \gamma_{XO_{v/3}}} \tag{6.10}$$

여기서 K는 평형상수, (n_T)와 $[n_T]$는 각각 슬래그와 용동 100 g 중 구성성분 몰수의 합, γ_X는 활동도 계수, p_{O2}는 평형 산소분압을 나타낸다. L_X는 불순물인 X의 슬래그 중 농도와 구리 중에서의 농도비로, 클수록 제거가 잘되는 것을 의미한다. 따라서 $K \cdot \gamma_X \cdot p_{O2}^{v/4}$가 커야 한다. 1,300 ℃에서 p_{O2}는 약 1.88×10^{-4} atm이며, K는 온도의 함수이다. 그리고 γ_X는 문헌상의 γ_X^0를 이용하여 계산할 수 있다.[26] 이러한 계산으로부터 Al>Si>Cr>Fe>Zn>Sn>Co>Ni>Pb>Sb>Bi>As의 순으로 제거가 쉬운 것으로 추정할 수 있다.

예를 들어 용융 구리 중에 있는 Pb의 산화 제거는 아래의 산화 반응식으로 검토할 수 있다.[27]

$$4Cu(l) + O_2 = 2Cu_2O(l), \quad \Delta G^0 = -243,390 + 87.34T \text{ (J)} \tag{6.11}$$

$$2Pb(l) + O_2 = 2PbO(l), \quad \Delta G^0 = -368,880 + 139.58T \text{ (J)} \tag{6.12}$$

위의 두 식을 조합하면 다음의 반응식이 얻어진다.

$$2Cu(l) + PbO(l) = Pb(l) + Cu_2O(l), \quad \Delta G^0 = 62,745 - 26.12T \text{ (J)} \tag{6.13}$$

1,200 ℃에서 이 반응식의 평형상수는 다음과 같다.

$$K = \frac{[\gamma_{Pb} \cdot x_{Pb}](\gamma_{Cu_2O} \cdot x_{Cu_2O})}{(\gamma_{PbO} \cdot x_{PbO})} = 0.14 \tag{6.14}$$

따라서 불순물인 Pb의 농도는 다음과 같이 나타낼 수 있다.

$$x_{Pb} = 0.14 \cdot \frac{(\gamma_{PbO} \cdot x_{PbO})}{[\gamma_{Pb}] \cdot (\gamma_{Cu_2O} \cdot x_{Cu_2O})} \tag{6.15}$$

① 식 (6.13)에서 Pb를 Fe, Bi로 바꾼 반응의 평형상수 K는 각각 1.3×10^{-4}, 0.48 정도이므로, Fe>Pb>Bi 순으로 산화되기 쉬운 것을 알 수 있다.

② 용융 구리 중의 γ_{Pb}는 약 5이므로 Pb 제거에 유리하다.

③ 용융 구리가 O로 포화되어 Cu_2O상이 분리 석출하는 $a_{Cu2O} = 1$의 상태가 되면 Pb의 제거에 유리하다.

④ Pb는 PbO로 Cu_2O상 중에 들어가지만 이것을 제거하고, 다시 산화시켜 새로운 Cu_2O상을 생성시키면 PbO의 농도는 서서히 저하한다.

다른 불순물 금속에 대해서도 이러한 원리를 적용하여 검토하면 제거 한계 등을 계산할 수 있다. 특히 스크랩 중에는 Cu-Ni계 합금이 많이 있다. 따라서 Cu 중의 Ni을 산화·제거할 때의 제거 한계에 대해서도 알아본다.[28] Cu 중 Ni의 무한 희박 조건에서 액체표준의 활동도 계수는 3.3이며, 이때 Cu의 활동도는 Raoult의 법칙을 따르는 것으로 한다. 또, NiO와 Cu_2O는 1,373 K에서 모두 고체이고 서로 고용하지 않으며, 용융 구리 중에 용해되어 있는 산소는 무시한다.(Ni의 융점은 1,728 K, 용융열은 17.66 kJ/mol) 우선 Ni과 Cu의 산화 반응은 다음과 같다.

$$Ni(s) + 1/2O_2 = NiO(s), \quad \Delta G^0 = -235,300 + 86.11T \text{ (J)} \tag{6.16}$$

$$2Cu(l) + 1/2O_2 = Cu_2O(s), \quad \Delta G^0 = -208,200 + 101.67T \text{ (J)} \tag{6.17}$$

$$Ni(s) = Ni(l), \quad \Delta G_m^0 = 17,660 - 10.22T \tag{6.18}$$

식 (6.16)은 고체 Ni에 관한 것이며, 활동도 계수인 γ_{Ni}은 액체 표준이므로 Ni의 용융에 관한 자유에너지인 식 (6.18)이 필요하다. 이 식들을 정리하면 다음과 같다.

$$Ni(l) + Cu_2O(s) = NiO(s) + 2Cu(l), \quad \Delta G^0 = -44,760 - 5.34T \text{ (J)} \tag{6.19}$$

1,100 ℃(1,373 K)에서의 평형상수는 다음과 같다.

$$K_{1373} = \frac{a_{NiO} \cdot a_{Cu}^2}{a_{Cu2O} \cdot a_{Ni}} = \exp\left(-\frac{\Delta G^0}{RT}\right) = 95.91 \tag{6.20}$$

여기서 $a_{NiO} = a_{Cu2O} = 1$이며, Cu는 순수에 가까우므로 $a_{Cu} = 1$로 둘 수 있다. 따라서 $a_{Ni} = \gamma_{Ni} \cdot x_{Ni}$이므로 Cu 중 Ni의 몰 분율은 다음과 같으며, 용융 구리 중의 Ni을 제거할 수 있는 한계값이다.

$$x_{Ni} = \frac{1}{\gamma_{Ni} \cdot K_{1373}} = \frac{1}{3.3 \times 95.91} = 3.16 \times 10^{-3} \tag{6.21}$$

한편 Al, Si, Cr은 슬래그를 이용하지 않아도 산소나 공기를 용융 구리 중에 취입하여 쉽게 제거할 수 있다. 예를 들어 PCB 표면의 구리를 긁어내어 유도로에서 용해할 때, 기판성분인 SiO_2와 기타의 불순물을 산화 제거하기 위해 아래 식과 같이 Fe_2O_3를 첨가하여 $2FeO \cdot SiO_2$ 슬래그로 정제한 경우도 있다.[29]

$$2FeO(l) + SiO_2(s) = 2FeO \cdot SiO_2, \quad \Delta G^0 = 24,480 - 21.59T \ (J) \tag{6.22}$$

Fe, Zn, Sn, Co까지는 산화성 슬래그에 의해서 상당한 수준까지 제거되며, Pb의 경우 분배비는 그다지 크지 않으나 제거가 가능하다. 그러나 Bi의 경우에는 산화 정련에 의해서는 거의 제거가 되지 않는다. 그리고 강산성 산화물을 생성하는 As나 Sb은 강염기성 슬래그나 Cu_2O-CaO계, 탄산소다계 슬래그를 이용하는 산화 정련이 매우 효과적이다. 이와 같이 모든 불순물에 대해 제거 효과가 높은 슬래그는 없으며, 대상으로 하는 불순물 성분에 대응하는 슬래그계를 선택하는 것이 중요하다. 다만 Ni의 경우 유효한 슬래그계는 없으나, 표준 전극 전위가 Cu(+0.34 V)보다 비한 -0.25 V이므로 전해정련에 의해 제거하는 것이 효과적이다.

6.3.3 구리의 전해정제

전해정제는 황산 수용액 중에서 조동을 고순도화하면서 조동 중에 함유된 귀금속 등의 유가 금속을 전해 침전물(anode slime)로 회수하는 공정이다. 습식제련의 전해채취와는 달리 조동을 양극으로 사용하며, 음극(cathode)으로는 스테인리스 스틸(316L) 판을 사용하고 있다. 양극 중의 Cu는 용해되어 음극에 석출하고(Cu 99.99 %), 이 과정에서 표준 전극 전위가 Cu보다 귀한(noble) 성분(Au, Ag, Pt 등)은 금속 상태로 전해조 바닥에 모이게 된다. 그리고 Cu보다 비한(base) 성분(Ni, Co, Cd, Fe, Zn 등)은 용액 중으로 용해되지만 음극에 석출되지 않도록 전극간의 전압을 설정하여 전해욕 중에 잔류시킨다. 그림 6.14에는 Cu의 전해정제 원리와 전극 배열의 모식도를 나타내었으며, 각 전극에서의 반응은 다음과 같다.

$$\text{Anode: } Cu \rightarrow Cu^{2+} + 2e, \quad H_2O \rightarrow \frac{1}{2}O_2 + 2H^+ + 2e \tag{6.23}$$

$$\text{Cathode: } Cu^{2+} + 2e \rightarrow Cu, \quad 2H^+ + 2e \rightarrow H_2 \uparrow \tag{6.24}$$

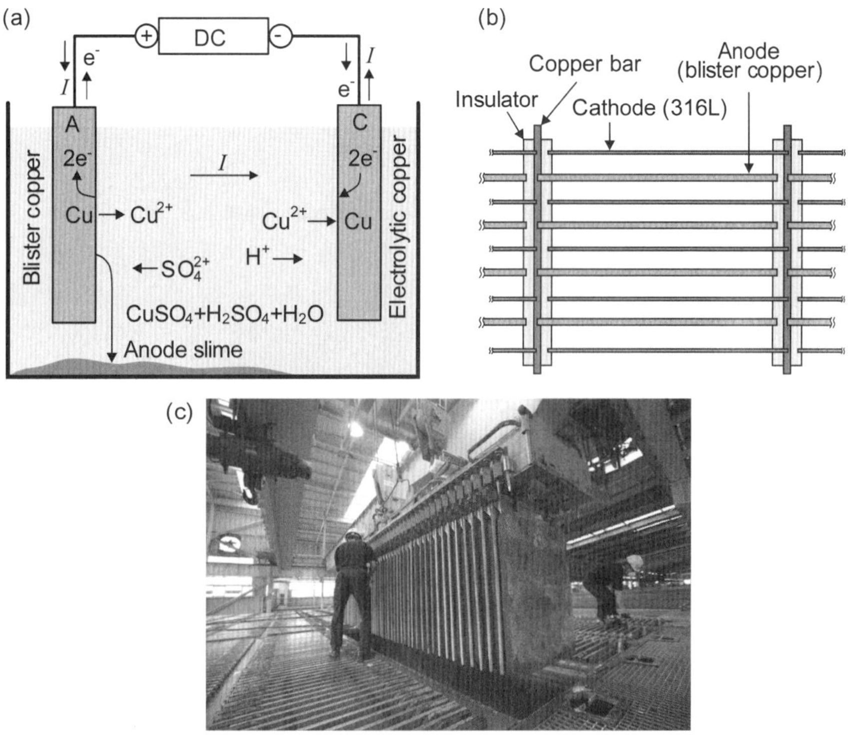

그림 6.14 전해정제의 원리(a)와 전극 배열 모식도(b)와 양극과 음극을 전해조에 장입하는 장면(c) (LS-Nikko동제련 제공)

6.3.4 구리의 습식제련

구리의 습식제련은 산화광을 대상으로 하여 상당한 규모로 실시되고 있으며, 침출(leaching), 용매추출(solvent extraction), 전해채취(electrowinning)의 공정으로 구성되어 있다. 산화광 중의 Cu는 주로 H_2SO_4-H_2O를 용매로 사용하는 야적침출(heap leaching)법을 이용하고 있다. 특히 용매추출법에 의한 농축 및 불순물 제거 공정을 조합하여 귀금속까지 회수하는 효율적인 제련이 이루어지고 있다. 그림 6.15에는 야적침출과 용매추출(SX)-전해채취(EW)의 공정을 모식적으로 나타내었다.

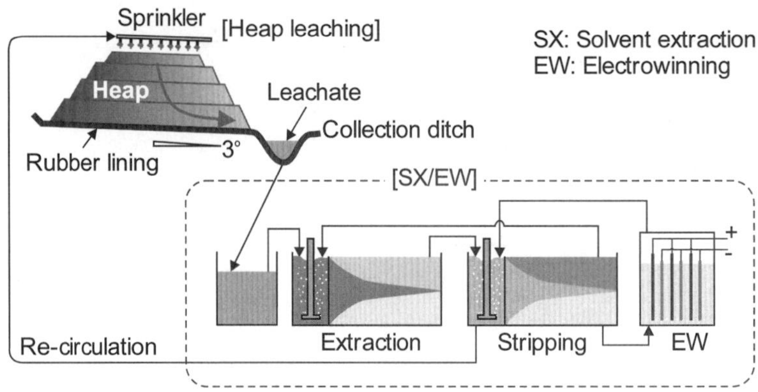

그림 6.15 야적침출과 용매추출-전해채취 공정

황동광 등의 황화광은 산화력이 약한 야적침출로는 용해할 수 없으며, 보다 강력한 산화제가 필요하다. 따라서 가압침출(pressure leaching)까지 하여 왔으나, 1970~1990년대에 조업을 시작한 곳은 기술적 및 환경적인 문제 등으로 대부분 조업을 중지하였다.[30] 한편, 2000년대에 들어와서 다시 황산을 이용한 황화광 침출도 조업 중에 있다.[31] 최근에는 대기압에서 염소를 산화제로 사용하는 N-Chlo법(Nikko염화법), Intec법, Hydro Copper법(Outokumpu), Sumitomo법 등이 개발되어 있다. 특히 염소를 산화제로 사용하는 N-Chlo법, Intec법에서는 금도 침출할 수 있다. 그림 6.16에는 N-Chlo법의 조업 계통도를 나타내었다.[32]

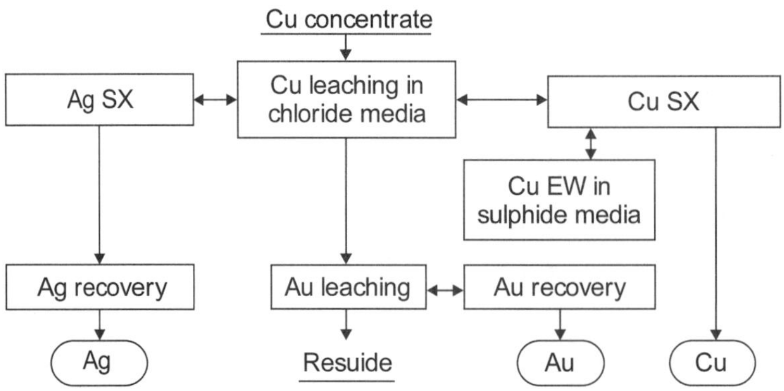

그림 6.16 N-Chlo법의 조업 계통도(SX: solvent extraction, EW: electrowinning)

6.4 구리 스크랩의 리사이클링 기술

그림 6.17에는 구리의 라이프 사이클을 나타내었다.[33] 광석으로부터 구리를 만드는 과정은 두 가지로 구분할 수 있다. 가장 간단한 것은 광산 근처에서 침출-전해를 거쳐서 만드는 것이며, 다른 한 가지는 일반적인 제련 공정인 건식제련-전해정제 공정을 거쳐서 만드는 것이다. 구리 스크랩은 건식제련이나 건식정련 공정에서 처리된다. 최종 정련 공정을 거친 구리와 고품위 스크랩을 이용해 선재나 판재, 봉재, 관 등의 중간 제품을 만들어 곧바로 사용하기도 하고 2차 가공을 거쳐 사용하기도 한다. 수명이 다한 구리 제품은 스크랩이 되어 구리 품위에 따라 정련 공정을 거치거나 곧바로 용해와 가공 공정에 투입되고 있다. 이하에 이러한 구리의 리사이클링 기술을 설명한다.

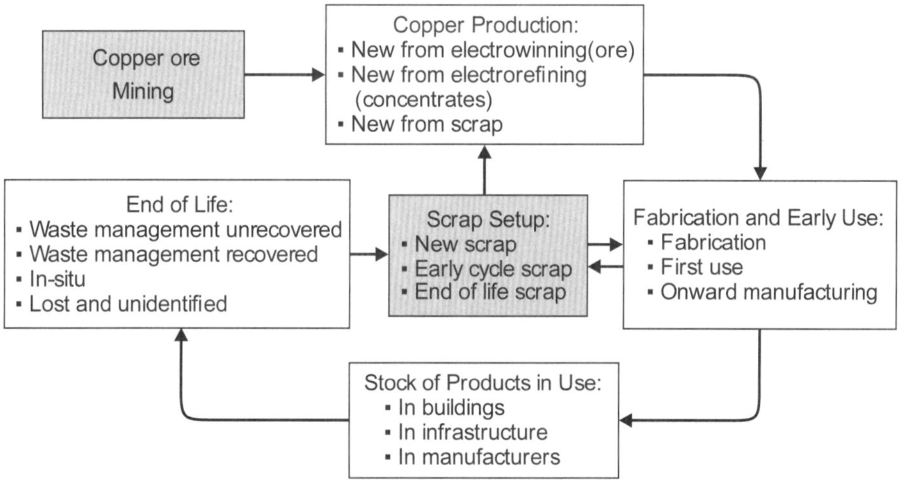

그림 6.17 구리의 라이프 사이클

6.4.1 구리 스크랩

일반적으로 구리를 함유한 스크랩은 품위가 높으며, 철 스크랩에 비해 가격이 월등하게 높아 적극적으로 회수되어 리사이클링되고 있다. 이러한 구리 스크랩은 철 스크랩과 마찬가지로 발생원에 따라 자가 스크랩(home scrap), 가공 스크랩(new scrap), 노폐 스크랩(old scrap or post-consumer scrap)으로 구분할 수 있다. 자가 스크랩은 제련소에서 발생한 고순도의 스크랩으로 대부분 제련소 내부에서 소화되고 있다. 가공 스크랩은 구리 소재를 사용하여 제품을 생산하는 과정에서 트리밍, 천공, 절단 등의 공정에서 발생하는 것으로, 대부분 회수되어 재처리되고 있다.

현재 구리 재활용을 위하여 수집되고 있는 구리 함유 스크랩의 종류는 50여 가지에 달한다. 표 6.5에는 구리 스크랩 중 몇 가지의 명칭과 함께 주요한 내용을 나타내었다. 순수한 구리 선재부터 황동, 단동 스크랩이나 절삭 칩(chip) 등 함유 금속에 따른 분류뿐만 아니라 형태에 따라서도 달라진다. 그림 6.18에는 이러한 스크랩의 형상을 나타내었다.[34]

[표 6.5] 구리 스크랩 종류별 명칭

명칭	내용
Barley(밀베리)	No. 1 copper wire, 굵은 구리 전선으로 직경 1.6 mm 이상
Berry(베리)	No. 1 copper wire, 직경 1.6 mm 이하
Birch(버찌)	No. 2 copper wire, 가는 전선(%Cu>94)
Cliff(클립)	No. 2 copper, 구리관이나 소선 등(%Cu>94)
Clove(클로브)	No. 1 copper wire nodules, 구리선(No. 1)을 잘게 자른 것(%Cu>99)
Cobra(코브라)	No. 2 copper wire nodules, 구리선(No, 2)을 잘게 자른 것(%Cu>97)
Honey(하니)	Yellow brass scrap, 황동 주물 등의 혼합 스크랩
Label(라벨)	New brass clippings, 납이 없는 황동판 등
Lace(레이스)	Brass shell cases without primers, 70/30 황동 탄피
Lake(레이크)	Brass small arms and rifle shells, clean fired, 70/30 황동 소총 탄피
Night(나이트)	Yellow brass rod turnings, 황동 절삭 칩(Sn<0.3, Fe<0.15)
Noble(노블)	New yellow brass rod ends, 황동봉 등의 절단 후 끝부분(Sn<0.3, Fe<0.15)
Ebony(에보니)	Composition or red brass, 단동 스크랩으로 밸브류, 기계류 등의 부품
Ocean(오션)	Mixed unsweated auto radiators, Al 라디에이터, Fe 등이 포함되지 않은 것
Pallu(팔루)	Aluminum brass condenser tubes, 열교환기 파이프

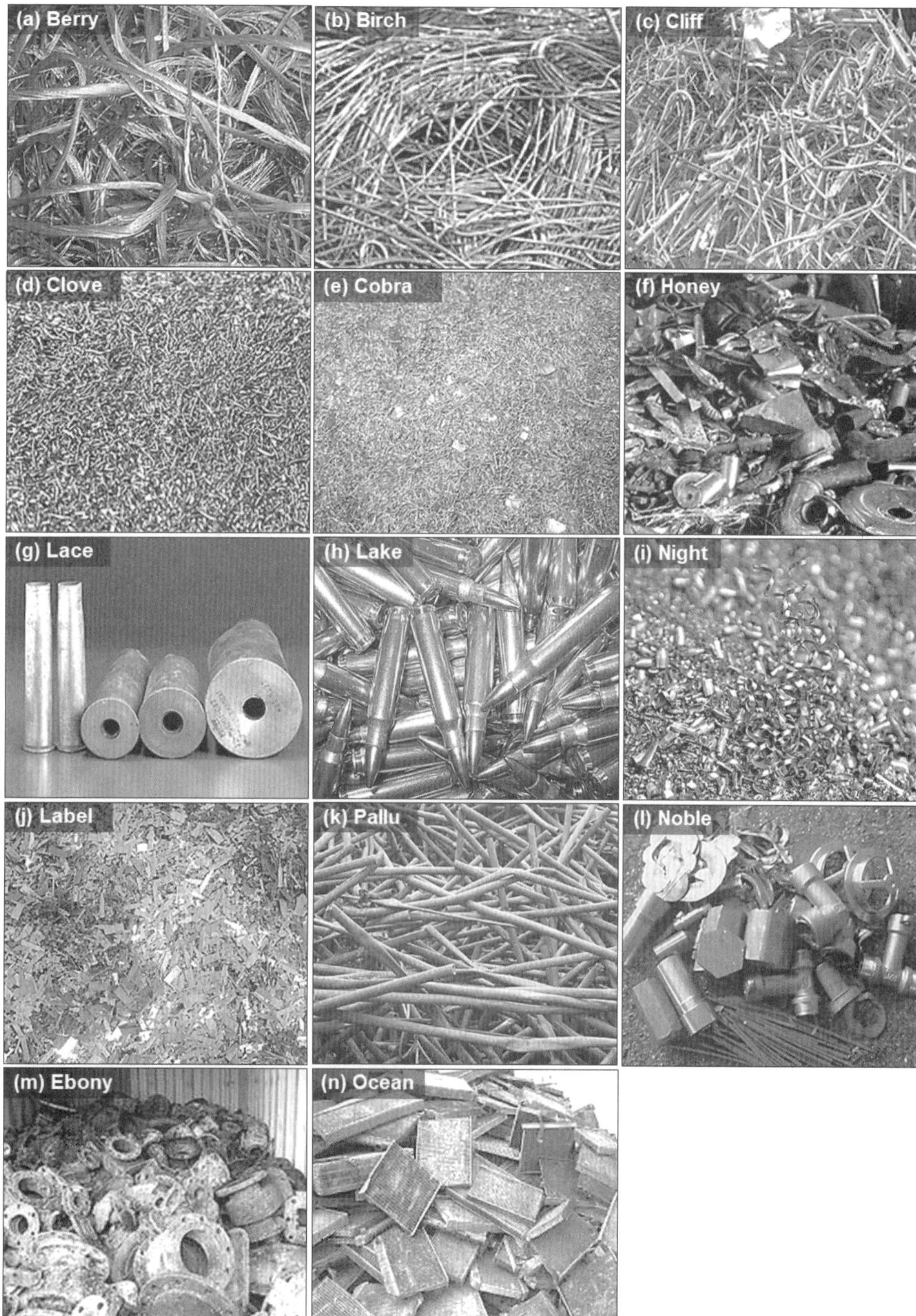

그림 6.18 구리 스크랩의 형상: (a) Berry, (b) Birch, (c) Cliff, (d) Clove, (e) Cobra, (f) Honey, (g) Lace, (h) Lake, (i) Night, (j) Label, (k) Pallu, (l) Noble, (m) Ebony, (n) Ocean

한편 리사이클링 원료로 가장 중요한 노폐 구리 및 구리 합금 스크랩을 Cu 품위에 따라 분류하면 표 6.6과 같다.[35] 크게는 순수 구리와 구리 합금, 부산물로 구분할 수 있다. Cu의 품위가 99 % 이상인 No. 1 스크랩(밀베리, 베리)은 곧바로 재용해하여 리사이클링할 수 있으나, 나머지 순수 구리(unalloyed Cu) 스크랩은 제련소(primary & secondary smelter) 등에서 정련 과정을 거치고 있다. 구리 합금(Cu-based alloy) 스크랩은 합금 종류에 따라 분류한다. 특히 구리 합금 스크랩은 같은 조성의 합금으로 재생하는 것이 가장 유리하다.

[표 6.6] Cu 농도에 따른 구리 스크랩과 2차 자원의 종류

Scrap Type	Material	Cu (wt%)	Sources
Unalloyed Cu	No. 1 copper scrap(pure)	99	Semi-finished products, wire, strip, cuttings
	No. 2 copper scrap	94~98	Miscellaneous unalloyed wire
	Copper granules	90~98	Cable comminution
	Mixed copper scrap	90~95	Light and heavy copper scrap
	Heavy copper scrap	90~98	Sheets, copper punching, slide rails, wires, pipes
	Light copper scrap	88~92	Sheet, gutters, boilers, wires
Cu-based alloy	Mixed red brass scrap	70~85	Water meters, gear wheels, valves, taps, machine components, bearing boxes, propellers, fittings
	Copper-brass radiators	60~65	Cars
	Shredder material	30~80	Shredder plants
	Red brass dross, ashes and slags that contain copper	10~40	Foundries, semi-finished product plants
	Brass dross, ashes and slags that contain copper	10~40	Foundries, semi-finished product plants
	Copper-iron material(lumpy or comminuted) from armatures, stators, rotors, etc.	10~20	Electrical industry
Secondary materials	Copper mono-sludges	2~40	Electroplating
	Computer scrap	15~20	Electronics industry
	Mixed copper sludges	2~25	Electroplating
	Copper slag	1~8	Copper smelter slag
	Copper dust	1~50	Copper smelter dust

구리를 함유한 순환 자원에는 고순도의 구리 스크랩을 포함하여 공정 부산물, 폐전선, 폐자동차, 폐전기·전자부품(WEEE) 등 매우 다양한 종류가 있다. 이러한 구리 스크랩은 종류나 품위에 따라 다음과 같은 방법으로 재생하고 있다.[36]

① 99 % 이상의 순도를 갖는 구리 스크랩: 표 6.6의 No. 1 스크랩으로 주로 동선 스크랩이다. 일반적으로 용해만 하기도 하며, 필요에 따라 간단한 건식정련을 거쳐 구리나 구리 합금 제조용 원료로 사용한다. 자가 스크랩(home scrap)은 가장 순도가 높은 스크랩으로 용해만 하여 재이용되고 있다.

② 88~99 % 품위의 구리 스크랩, 저Zn 황동(brass), 자동차 슈레더 스크랩: 일반적으로는 ①항과 같은 처리를 하여 전해용 anode로 주조하고 전해정련을 한다.

③ 황동 등의 합금 스크랩: 용해하여 동일한 합금이나 유사한 조성의 합금으로 재생한다.

④ 88 % 이하(88~15 %) 품위의 스크랩, 폐기물: 자동차 슈레더 스크랩, 모터나 전기제품 등에서 선별된 구리 스크랩에 상당하는 것으로, 제련소(primary & secondary smelter)나 전용로에서 처리한다.

그 외 2차 자원으로 구리 함유 슬러지, 슬래그, 더스트, 구리가 함유된 슈레더 더스트(ASR 등), 구리 드로스, 소각회 등이 있다. 또 PCB의 에칭 폐액 등과 같이 구리 용액으로 배출되는 것도 있다. 그리고 구리 함유 자원으로 폐전기·전자부품(WEEE, Waste Electric and Electronic Equipment)이 있으며, 이러한 부품은 구조가 복잡하고 금속의 함유율이 낮으며(약 40 %) 유기물을 많이 함유하고 있다. 구리 농도는 15~20 % 정도이지만 귀금속도 함유되어 있어서 매우 유용한 자원이다. 반면 철이나 플라스틱류가 혼합된 구리 품위 15 % 이하의 폐기물은 경제성이 없고, 경제적인 재자원화 처리 기술도 없어서 매립 등에 의해 폐기해 왔으나, 최근에는 TSL(Top Submerged Lance)로 등의 리사이클링 전용로를 이용하여 회수하기도 한다. 특히 구리 품위가 낮아도 금·은 등이 함유되어 있는 경우에는 동 제련소의 건식정련 공정에서 구리 원료와 혼합하여 처리하거나, 회수 처리용의 전용로에서 처리하고 있다. 그림 6.19에는 구리 2차 자원으로부터 구리나 합금을 재생하는 공정도를 재구성하여 모식적으로 나타내었다.[37]

이하에서는 비교적 발생량이 많은 폐전선과 폐자동차, 폐전기·전자부품, 그리고 산업 부산물의 처리 및 습식 처리의 예에 대해 설명한다.

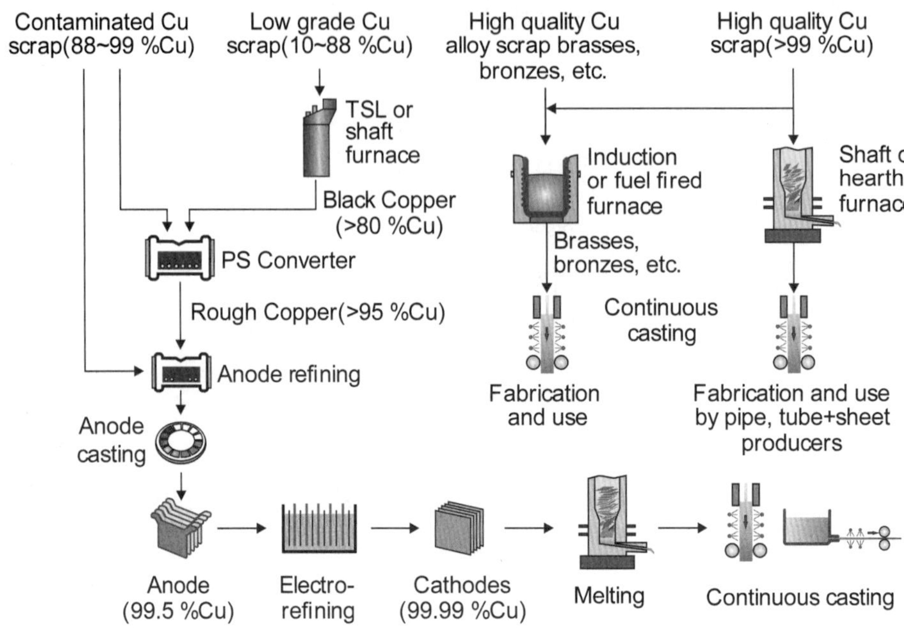

그림 6.19 구리 스크랩 등의 2차 자원의 처리 공정도

6.4.2 폐전선의 리사이클링

구리 스크랩의 대부분을 차지하는 전선에는 전력용, 통신용, 제어용 등 여러 가지 종류가 있다. 따라서 폐전선 스크랩은 굵기에 따라 분리한 후에 처리하고 있다. 케이블류와 같이 굵은 전선은 전용 피복재 박리기에서 피복재를 제거하고, 구리와 비닐 등을 분리한다. 한편 자동차나 가전제품 등에 사용되는 전선은 가늘기 때문에 박리기에서 처리하기가 곤란하므로 파쇄하여 구리와 피복재를 분리하고 있다.

그림 6.20에는 폐전선을 파쇄하여 분리하는 공정도를 나타내었다. 피복재를 박리하기 곤란한 폐전선을 잘게 재단한 후 비중 차이로 피복재를 분리한다.[38] 1차 파쇄기에 장입하기 전에 폐전선을 약 1 m 이하로 절단한다. 1차 파쇄기에서는 약 120 rpm으로 회전하는 회전날에 의해 1~10 cm 크기로 파쇄하고, 이 중에 함유되어 있는 철분은 자력 선별로 분리한다. 2차 파쇄기는 1차 파쇄기와 유사하지만 보다 고속으로 회전(400 rpm)하며, 약 6 mm 이하의 크기로 파쇄한다. 최종적으로 파쇄물은 비중 차이에 의해 절연용 플라스틱이

나 고무 등과 분리한다. 일반적으로는 3종류로 분류하며, 비중이 가장 큰 구리(8.96 g/cm^3)와 가장 가벼운 절연재(1.3~1.4 g/cm^3), 그리고 그 중간의 것으로 분리한다. 중간재인 혼합물은 2차 파쇄기로 보내어 재처리한다.

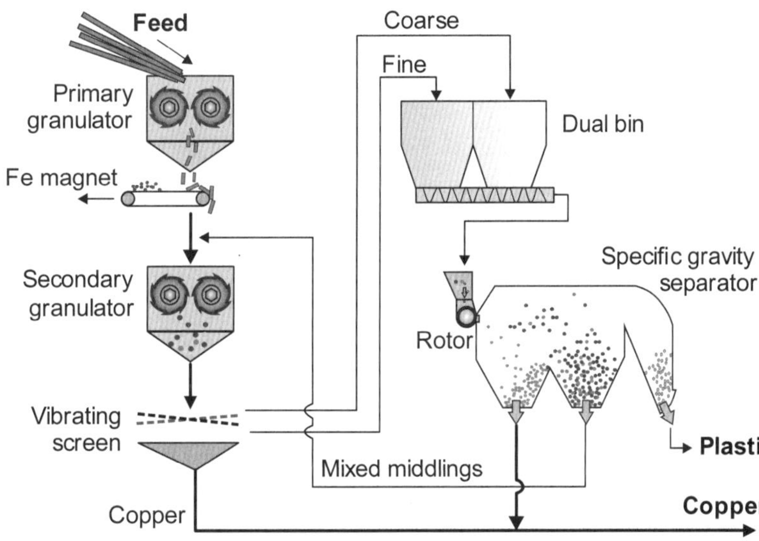

그림 6.20 폐전선의 파쇄와 분리 공정도

한편 잘게 파쇄한 구리와 피복재를 분리하는 방법에는 습식법과 건식법이 있다. 습식법은 물의 부력을 이용한 습식 비중 선별에 의해 분리하는 것이며, 건식법은 진동과 풍력을 이용한 비중 선별의 원리로 분쇄된 구리와 피복재를 선별한다. 상업적으로는 액체 사이클론 등을 이용하는 습식 분리법이 많이 보급되어 있다. 특히 액체 사이클론은 비중이 다른 플라스틱류를 고순도로 분리 회수할 수 있다. 그림 6.21에는 액체 사이클론의 원리를 나타내었다. 혼합 플라스틱을 물과 함께 액체 사이클론에 공급하면 플라스틱에 작용하는 원심력과 저항력의 관계에 의해 비중이 큰 물질은 외통 부근에서 하향류에 의해 하부로 내려가고, 비중이 작은 물질은 내통 부근에서 상향류에 의해 상부로 올라가서 두 가지 물질로 분별할 수 있다.[39] 최근에는 이러한 분별법을 이용하여 피복재인 비닐이나 플라스틱류를 별도로 선별하여 리사이클링하기도 한다.

일부에서는 피복재를 소각 처리한 후(소선 스크랩) 용해하여 재생하기도 하므로 새로운 환경 문제를 유발하기도 한다. 특히 이러한 소선 스크랩을 용해 원료로 사용하는 경우 절연물의 소각재가 용탕 성분의 불량 원인이 되기도 한다.

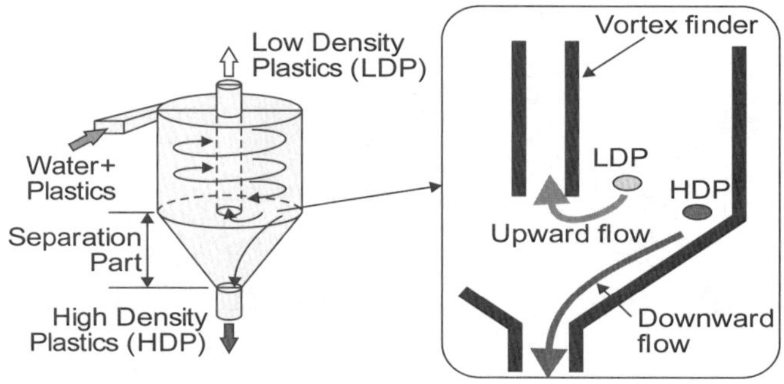

그림 6.21 액체 사이클론(hydrocyclone)의 원리도

6.4.3 폐자동차로부터 구리의 리사이클링

폐자동차의 구리원은 세 가지로 구분할 수 있다. 첫 번째는 폐차를 슈레딩하기 전에 미리 제거하는 라디에이터이다. 현재 대부분의 자동차 라디에이터는 알루미늄이나 플라스틱으로 대체되었지만, 일부 오래된 자동차에는 구리제 라디에이터가 남아 있다. 두 번째는 폐차를 슈레딩하여 철계와 분리한 비철금속류인 알루미늄, 아연 등에 함유되어 있으며, 전기회로용의 전선류가 대부분이다. 알루미늄과 아연 등은 쉽게 산화되어 구리와 분리할 수 있으므로 별도의 선별 공정을 거치지 않고 제련소로 보내기도 한다. 그러나 제련소에서의 처리 비용이 상승하므로 와전류 선별, 비중 선별 등으로 비철금속을 종류별로 선별하기도 한다.*

한편 폐차를 슈레딩하고 남은 잔재인 ASR(Auto Shredder Residue) 중에도 일부 구리가 함유되어 있는 것이 있다. ASR 중에는 최대 3 % 정도의 구리가 들어 있으나, 나머지는 유기물이 많아서 매립하거나, 소각 후에 남은 소각회로부터 구리를 포함한 유가 금속을 회수하기도 한다.

---

* 제2장 「원료의 전처리」의 2.4.2절 참조.

6.4.4 WEEE로부터 구리의 리사이클링

폐전기·전자부품(WEEE)의 재료 구성은 종류에 따라 차이가 있으나 일반적으로 플라스틱류와 세라믹이 각각 약 30 %, 그리고 나머지인 약 40 %가 금속류로 되어 있다. 금속 중에서는 구리가 가장 많으며, 일반적으로 WEEE 중에는 약 15~20 %의 Cu가 함유되어 있다. 특히 PCB(Printed Circuit Board)에는 20 % 이상의 Cu가 함유되어 있는 것으로 보고되어 있다.[40]

WEEE는 다양한 부품들로 이루어져 있고 구조도 복잡하므로 폐자동차와 마찬가지로 일정한 수준까지 해체한 후에 슈레더로 파쇄하여 선별하는 것이 효과적이다. 특히 폐가전제품을 구성하는 금속은 철, 구리, 알루미늄 등이 있으며, 철은 자력 선별기로 분리하여 회수한다. 구리와 알루미늄은 와전류(eddy current)의 반발력 차이를 이용하여 분리·회수한다.* 따라서 분리 효율을 높이기 위해 WEEE를 1차 슈레더에서 비교적 큰 입자로 파쇄하여 풍력이나 체질, 자력 선별, 수선별(색채 선별) 등으로 구리를 회수한다. 2차 슈레더에서는 비교적 미세한 분말로 파쇄되므로 와전류 선별, 정전기 선별 등으로 구리를 회수한다. 최근에는 슈레더로 파쇄한 재료를 CCD 카메라로 영상을 촬영하고 컴퓨터로 처리하여 구리(적색)와 알루미늄(백색)의 색상 차이를 이용하여 순도 95 % 이상의 구리를 회수하기도 한다. 그림 6.22에는 이러한 색채 선별의 원리를 모식적으로 나타내었다.

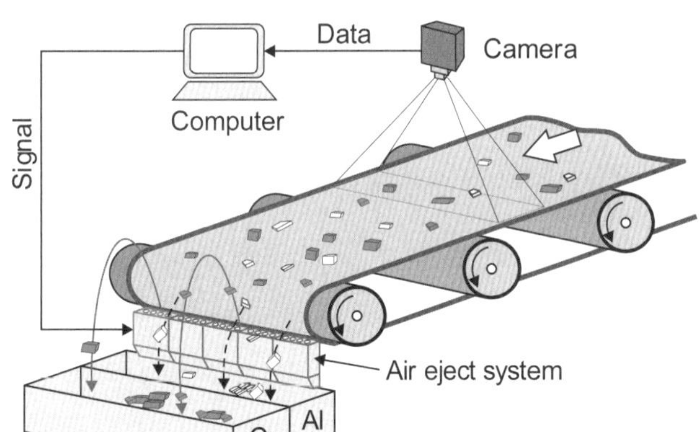

그림 6.22 구리와 알루미늄의 색채 선별 원리

---

* 제2장 「원료의 전처리」의 2.4.2절 참조.

한편 이러한 WEEE의 슈레더 처리에서도 PCB 등과 같이 표면에 부착되어 있는 구리나 귀금속류를 완전히 회수하는 것은 곤란하다. 따라서 이러한 PCB들은 제련소로 보내어 처리하기도 한다. 그리고 PCB의 표면에 있는 구리를 별도의 장치로 긁어내어 용해-정련을 거쳐서 회수하기도 한다.[41] 또 이러한 PCB들을 소각처리와 습식 처리를 병행하여 유가금속을 회수하기도 하지만, 새로운 환경 오염을 일으킬 수도 있다.

한편, PCB 중의 구리를 황산이나 염산으로 침출하면 선택적 침출이 곤란하여 Cu를 분리하는 공정이 복잡하게 된다. 그러나 PCB 중의 Cu를 $Cu(II)-NH_3-(NH_4)_2SO_4$ 용액으로 침출하여 전해채취로 회수하기도 하였다.[42] Cu의 침출 반응은 다음과 같다.

$$Cu + Cu(NH_3)_4^{2+} = 2Cu(NH_3)_2^{+} \quad (6.25)$$

그리고 전해채취 반응은 다음과 같다.

$$\text{Cathode:}\ Cu(NH_3)_2^{+} + e^{-} = Cu + 2NH_3 \quad (6.26)$$

$$\text{Anode:}\ Cu(NH_3)_3^{+} + 2NH_3 = Cu(NH_3)_4^{2+} + e^{-} \quad (6.27)$$

이때의 이론적 조 전압은 0.20 V이다. 따라서 일반적인 Cu 전해채취의 0.89 V보다 훨씬 낮은 값으로 전해를 할 수 있는 것으로 보고되어 있다.

6.4.5 구리 함유 스크랩의 습식 처리

구리 함유 스크랩의 습식 처리는 건식법보다 작은 규모로 이루어지고 있다. 특히 습식 처리는 주로 여러 금속이 혼합된 스크랩이나 다른 공정에서의 부산물을 처리할 때 사용한다. 또 전자산업의 PCB 제조 공정에서 발생하는 에칭 폐액인 염화구리 용액에 철 스크랩 등을 첨가하여 치환 반응으로 금속 구리를 침전시켜 직접 분말상의 구리 제품을 만들거나 제련소로 보내어 처리하기도 한다. 구리와 치환된 철은 염화제2철 용액으로 판매한다.[43]

습식 처리를 위한 첫 단계로, 원료의 표면이 그리스나 기름 또는 페인트로 오염되어 있으면 용매와 금속 표면이 반응할 수 있도록 전처리를 하여야 한다. 이러한 오염물질은 소각(불순물의 연소)이나 고온의 수산화 나트륨을 첨가한 탄산나트륨(Na_2CO_3) 용액으로 세척하여 제거하고 있다. 분말이 아닌 경우에는 침출 효율을 높이기 위해 분쇄를 하여야 한다. 특히 통신용 등 매우 가는 전선은 나이프 커터 등으로 잘게 절단한다. 그리고 필요에 따라서 중력(풍력) 선별이나 정전기 선별, 자력 선별, 와전류 선별 등을 사용하여 품위를 높인다. 세선의 경우 여러 가지 선별법을 적용하여도 구리와 피복재가 분리되지 못한 것들이 존재한다. 이러한 스크랩은 제련소 등으로 보내어 처리하기도 하지만, 침출-전해채취의 습식법으로 처리하기도 한다.

소형 구리 폐기물, 구리 드로스 또는 구리 전해 공정에서 발생한 anode slime 등은 황산으로 침출하기도 한다. 침출은 대기 중 75~85 ℃에서 공기를 불어 넣어 연속 교반을 하면서 실시한다. 또 고온 및 고압의 오토클레이브에서 침출하기도 한다. 습식 처리의 마지막 단계로 불용성 납양극을 사용하여 구리를 전해채취한다.

금속 상태의 구리는 암모니아 또는 암모늄 설페이트와 암모니아를 혼합한 탄산암모늄을 침출제로 사용하는 암모니아 침출을 하기도 한다. 침출액은 암모니아의 증류-응축에 의해 처리되며, $[Cu(NH_3)_4]CO_3$ 복합체로부터 $CuCO_3$가 침전된다. 특히 전기모터 등에 포함되어 있는 구리를 암모니아 침출에 의해 회수하기도 한다. 우선 모터를 분해하고, 구리선에 피복되어 있는 에나멜 등을 제거하기 위해 500~600 ℃에서 열처리를 한 후, 암모니아 용액으로 침출하여 $[Cu(NH_3)_4]SO_4$로 구리를 회수하기도 하였다.[44]

Cu를 산화제와 함께 NH_3+CO_2, $(NH_4)_2SO_4$, H_2SO_4를 용매로 사용하여 침출할 수 있으며, 암모니아에 의한 침출 반응은 다음과 같다.

$$Cu + 4NH_3 + 1/2O_2 + H_2O = Cu(NH_3)_4^{2+} + 2OH^- \tag{6.28}$$

이 반응식은 OH^-이온의 생성 반응으로, 반응을 장시간 지속시키기 위해서는 pH가 증가하는 것을 억제하여야 한다. 그림 6.23에는 $Cu\text{-}NH_3\text{-}H_2O$의 E-pH도를 나타내었다.[42,45] 그림으로부터 식 (6.28)에서 만들어진 $Cu(NH_3)_4^{2+}$는 그 자체가 식 (6.25)에 의해 구리를 용해하는 산화제가 될 수 있다. 특히 암모니아는 높은 휘발성이 있으므로 암모니아를 함유하는 수용액에 산화제로 공기나 산소를 취입하는 것은 쉽지 않다. Majima 등은 식 (6.25)에서 만들어진 $Cu(NH_3)_2^{+}$가 용존산소에 의해 다음 식으로 산화되어 생성되는 $Cu(NH_3)_4^{2+}$를 산화제로 사용하였다.

$$2Cu(NH_3)_2^{+} + 4NH_3 + 1/2O_2 + 2H^+ = 2Cu(NH_3)_4^{2+} + H_2O \tag{6.29}$$

따라서 구리의 용해 반응은 자기 촉매적으로 진행한다. 그러나 모터 중의 Cu를 침출하기 위해서는 장시간이 필요하다.

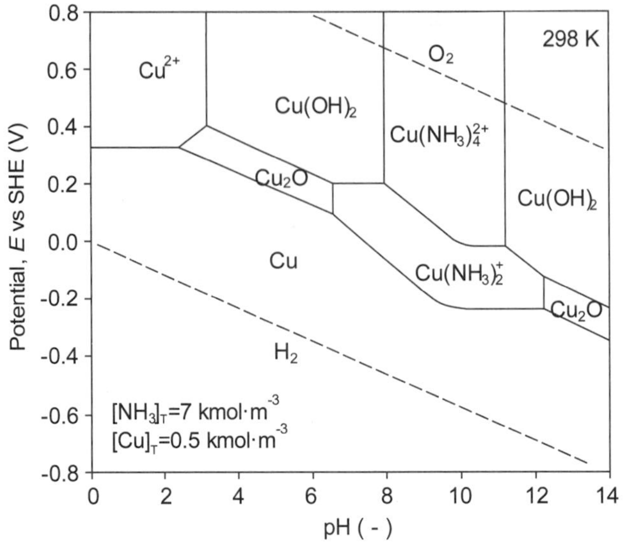

그림 6.23 Cu-NH_3-H_2O의 E-pH도

그림 6.24에는 anode mud나 Cu 스크랩으로부터 금속상의 구리가 아닌 화합물인 황산구리($CuSO_4$, copper sulfate)를 만드는 공정을 나타내었다. Cu 스크랩 등을 아래 반응식과 같이 산화제인 산소를 불어 넣으면서 황산(H_2SO_4)으로 침출한다. 그리고 결정화 과정을 거쳐 황산구리를 얻는다.

$$Cu + H_2SO_4 + O_2(g) = CuSO_4 + H_2O \tag{6.30}$$

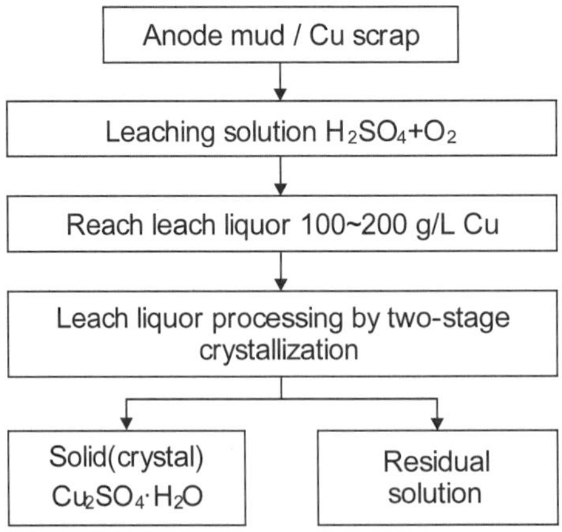

그림 6.24 스크랩으로부터 황산구리를 얻는 공정도

6.4.6 구리 함유 2차 자원의 처리

제련 공정은 물론이고 도시광산으로부터 구리나 구리 합금을 추출하는 공정에서는 드로스와 분진이 발생한다. 여기에는 구리 광석보다 10배 이상의 구리가 함유되어 있으며, 부가가치가 있는 희소금속이나 귀금속들도 미량으로 함유되어 있다. 구리나 구리 합금 제조 시에 발생하는 드로스는 연간 12만 톤 수준이며, 분진은 연간 4만 톤 정도가 발생하고 있다. 따라서 이러한 드로스나 분진의 처리 기술 개발이 필요하다.[34]

구리 드로스나 분진은 금속 매트(matte)를 만들기 어려운 난용해성 원재료일 뿐만 아니라 산화물, 세라믹, 탄화물, 기타 이물질 등이 포함되어 있으므로 이러한 이물질을 선별하는 전처리 및 농축 기술의 개발도 필요하다. 표 6.7에 구리 및 구리 합금 제조 시 발생한 드로스를 파·분쇄하여 생성상을 분석한 결과를 나타내었다. 드로스에서는 Cu, Zn, Ni, Sn, Si 등이 공통적으로 관찰되며, 특히 Cu와 Zn가 높게 나타난다.[34]

[표 6.7] 구리 및 구리 합금 제조 시 발생한 드로스 중의 생성상

Class	Crystalline phase
Copper 1	CuO, $CuAl_2O_4$, SiO_2, Cu, $Cu_{0.64}Zn_{0.36}$
Copper 2	CuO, ZnO, $CuAl_2O_4$, $FeZn_2Cu_3O_{6.5}$
Brass 1	ZnO, Al_2O_3, SiO_2, $FeZn_2Cu_3O_{6.5}$
Brass 2	ZnO, $FeZn_2Cu_3O_{6.5}$, $CuAl_2O_4$, Al_2O_3, SiO_2
Brass 3	ZnO, Al_2O_3, SiO_2

구리가 함유된 2차 자원을 TSL(Top Submerged Lance) 공법으로 처리하는 경우가 많다. TSL 노 내에서는 다음과 같은 반응으로 black copper(74~80 % Cu, 6~8 % Sn, 5~6 % Pb, 1~3 % Zn, 1~3 % Ni, 5~8 % Fe)가 만들어진다.[46] 우선 환원제 역할을 하는 CO와 열원은 아래와 같이 코크스 등의 연소에 의해 만들어진다.

$$2C(coke) + O_2 = 2CO, \quad \Delta G^0 = -221{,}840 - 178.01T \text{ (J)} \tag{6.31}$$

CO 가스는 아래와 같이 원료 중의 산화물을 금속이나 저급 산화물로 환원시킨다.

$$CO + Cu_2O = CO_2 + 2Cu(l) \tag{6.32}$$

$$CO + ZnO = CO_2 + Zn(g) \tag{6.33}$$

$$CO + PbO = CO_2 + Pb(l, g) \quad (6.34)$$

$$CO + NiO = CO_2 + Ni(l) \quad (6.35)$$

$$CO + SnO = CO_2 + Sn(l) \quad (6.36)$$

$$CO + SnO_2 = CO_2 + SnO(l, g) \quad (6.37)$$

또 스크랩 중의 철분은 아래와 같이 Cu_2O를 치환환원시킨다.

$$Fe + Cu_2O = FeO + 2Cu(l) \quad (6.38)$$

그림 6.25에는 WEEE를 포함한 구리 함유 순환자원을 처리하는 독일 Aurubis A.G.의 KRS(Kayser Recycling System) 프로세스의 공정도를 나타내었다.[47] 구리를 함유하는 다양한 원료를 TSL(Top Submerged Lance) 공법의 일종인 ISASMELT에서 처리하여 약 80 %의 구리를 함유하는 black copper로 만들어 회전식 전로(TBRC, Top Blown Rotary Converter)에서 구리 합금 스크랩과 함께 환원하고, 구리 합금 등에 함유되어 있던 Sn-Pb 합금을 분리한다. 전로에서 처리된 약 95 %Cu의 조동과 구리 스크랩을 정제로(anode furnace)에서 정제한 후에 anode로 주조하고 전해정제하여 고순도 구리를 만들고 있다. 전해정제 과정에서 WEEE에 함유되어 있던 Ni은 황산니켈로, 귀금속류는 슬라임으로 회수하여 처리한다.

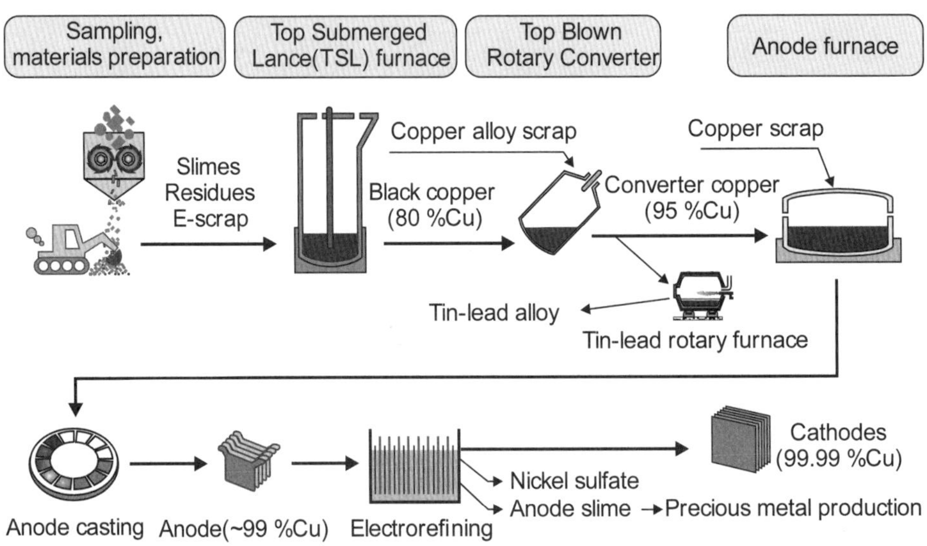

그림 6.25 Kayser Recycling System의 공정도

벨기에의 유미코어(Umicore)에서도 ISASMELT를 이용하여 구리를 비롯한 각종 비철금속 스크랩을 처리하여 구리와 귀금속 및 각종 비철금속을 회수하고 있다. 다만 이 경우 조동을 침출한 후 전해채취에 의해 Cu를 회수하고 있다.

그림 6.26에는 ISAMELT에서 제안한 연간 7만 5000톤의 구리와 전자 스크랩을 처리할 수 있는 공정도를 나타내었다. 이 공정에서는 Cu 1~80 wt% 및 Fe, Sn, Pb, Zn, Ni 등 다양한 조성의 원료를 처리할 수 있는 것으로 알려져 있다.[47]

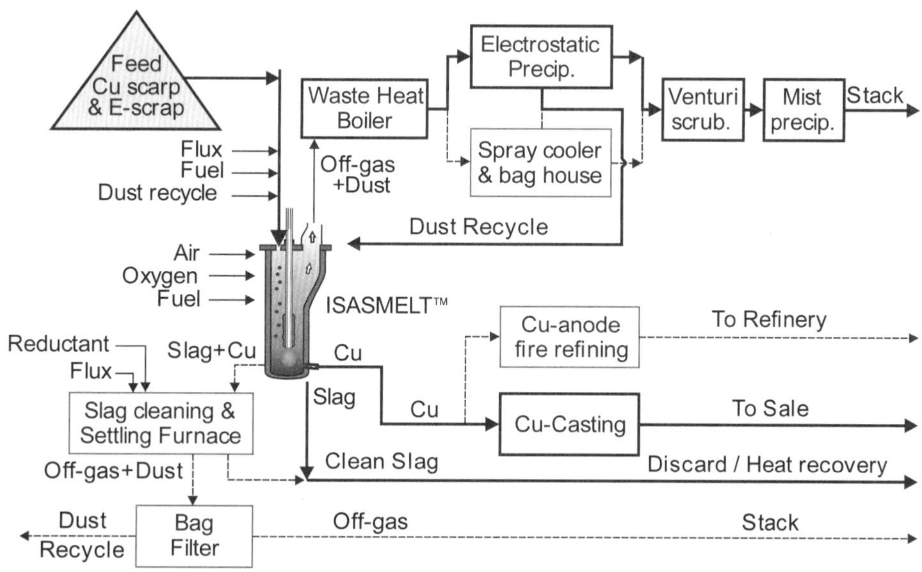

그림 6.26 Cu 스크랩과 E-스크랩을 처리할 수 있는 ISAMELT 공정도

국내의 지알엠(GRM)에서도 이와 유사한 Ausmelt TSL법으로 구리가 함유되어 있는 각종 산업 부산물로부터 구리를 회수하고 있으며, 그림 6.27에 공정도를 나타내었다.[48] 구리를 함유하는 각종 원료를 환원 분위기의 TSL에서 건식 처리하여 black copper로 재생하고 있다. 투입되는 원료는 광재, 전자 스크랩, 에칭 폐액, 슬러지, 각종 산업(전자/전선/반도체/석유화학/자동차 산업 등)에서 발생하는 동재, 구리 스크랩류, 금, 은, 팔라듐과 같은 귀금속 원소가 함유된 스크랩 등의 순환자원이다. 블랙카파 중에는 귀금속도 함유되어 있으므로 동 제련소로 보내어 처리하고 있다. 그리고 이때 발생하는 슬래그는 고압의 공기로 급랭하여 페로실리카를 만들어 판매하고 있다.

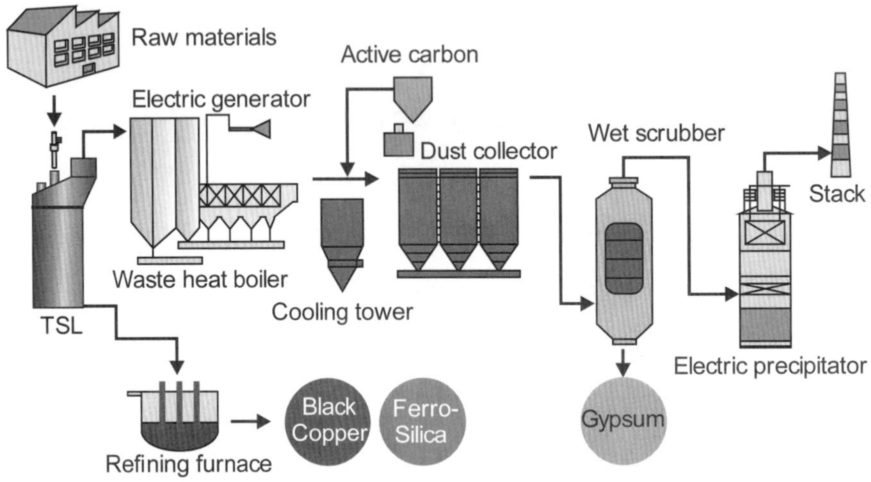

그림 6.27 구리 함유 2차 자원의 리사이클링 공정도(지알엠)

6.5 구리의 용융과 주조

6.5.1 구리의 용융

일반적으로 무산소 구리는 고주파 유도로 등을 이용하였으나, 샤프트형 노에서도 연소 공기 비율을 엄격하게 제어하여 무산소 구리를 제조하기도 한다. 이 경우 용탕 중의 산소와 수소를 제거하여야 하지만, 연소 분위기 중의 가스가 용탕 중의 가스와 평형상태가 되도록 용해하여야 한다. 노 내 분위기 중의 수증기 분압과 용탕 중의 산소, 수소의 평형 관계는 다음과 같다.[49]

$$H_2O\,(g) = 2[H] + [O], \quad K = \frac{[H]^2 \cdot [O]}{p_{H_2O}} \tag{6.39}$$

여기서 K는 평형상수, $[i]$는 용탕 중 i 성분의 농도, p_{H_2O}는 분위기 중 수증기 분압을 나타낸다. 따라서 이 식과 연소 분위기 중의 CO, CO_2, H_2O, H_2의 물질수지에 의해 샤프트로에서 출탕되는 용탕의 산소와 수소 농도가 결정된다. 그리고 CO, CO_2, H_2O, H_2의 조정은 연소공기 비율을 연속적으로 조절하면 제어가 가능하다.

전해정제에서 생산된 전기동(Cu 99.99 %)은 그대로 시판하거나 정제용 반사로나 유도로, 샤프트로 등에서 용융하여 불순물(특히 S) 제거, 산소 함유량의 조절 등을 하고, 적당한 형태로 주조하여 전선 제조용의 구리 빌릿(billet, 110~130 kg) 등으로 시판한다. 또 특별히 환원성 분위기의 저주파 유도로에서 용융 주조하여 무산소동(OFC, Oxygen Free Copper)으로 시판하는 경우도 있다.

구리 스크랩의 용해는 주로 저주파 유도로(50~60 Hz)를 많이 사용하고 있다. 그림 6.28에는 구리 스크랩 용해 시에 사용하는 도가니형 저주파 유도로와 도랑형(channel type) 유도로의 모식도를 나타내었다. 구리 스크랩의 용해에는 이 외에도 알루미늄이나 납의 용해에 사용하는 회전로와 반사로 등을 사용하기도 한다.

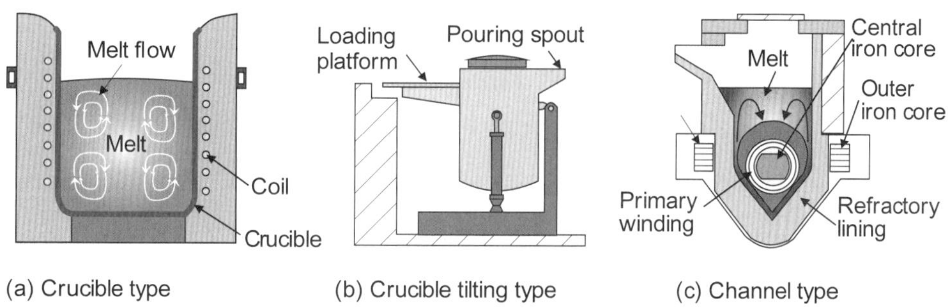

그림 6.28 도가니형 및 도랑형 유도로

그림 6.29에는 큐폴라형의 연속 용융 샤프트로의 모식도를 나타내었다. 원통형 노의 아랫부분에 가스(천연가스, 부탄가스, 프로판가스 등) 버너를 방사상으로 설치한 것으로 공기와 연료의 비율을 엄격하게 제어하여 구리를 산화시키지 않고 가열·용융할 수 있다. 배가스(200~400 ℃)가 상부로 배출되면서 장입된 구리를 예열할 수 있어서 에너지 효율이 매우 높은 편이다. 이러한 샤프트로에서 정련은 할 수 없으나 연속 조업이 가능하다. 품질이 좋은 전기동을 이용하면 연속 주조와 압연을 할 수 있어 길이가 긴 인발용 구리선의 제조도 가능하게 되었다. 이러한 제조법에는 SCR법(Southwire Continuous Rod System), DFP법(Dip Forming Process), Contirod법(Continuous Rod Process) 등이 있다.

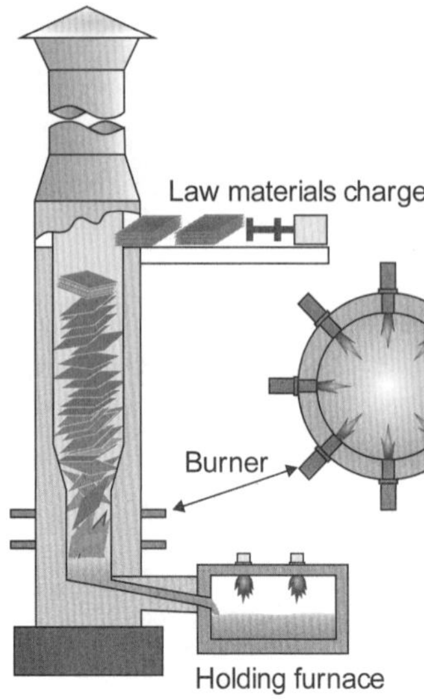

그림 6.29 구리 스크랩이나 전기동 용융을 위한 샤프트로의 모식도

6.5.2 구리의 주조

구리 스크랩을 용융한 후에는 주조 공정을 통하여 빌릿이나 잉곳으로 만든다. 일반적으로 구리나 구리 합금의 주조는 대량 생산 및 품질 향상이 가능한 연속 주조법이 널리 사용되고 있다. 연속 주조법은 수직 연속 주조법(Vertical Continuous Casting, VCC)과 수평 연속 주조법(Horizontal Continuous Casting, HCC)으로 구분하며, 그림 6.30에 각각의 주조 방법을 모식적으로 나타내었다.[34] 일부에서는 소형 잉곳으로 만들어 구리 1차 제련소로 보내기도 한다.

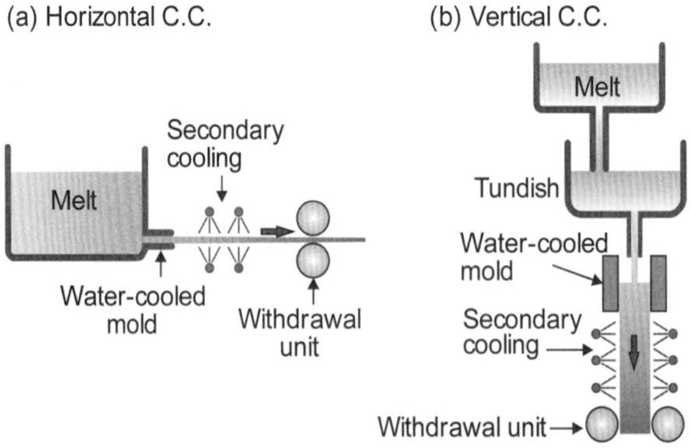

그림 6.30 용융 구리의 연속 주조법

6.6 종합

본 장에서는 구리를 함유한 순환자원으로부터 구리를 리사이클링하기 위해 필요한 구리의 제련 공정과 구리 스크랩을 처리하는 공정들에 대해 알아보았다. 구리는 인류가 최초로 사용한 금속이며, 지금도 대량으로 사용되고 있다. 그러나 지각 중 원소 존재도가 26위로 그다지 풍부하지 못한 자원이기도 하다. 따라서 구리는 미래 세대를 위해서도 리사이클링이 필수적인 금속이다. 구리 스크랩을 리사이클링하는 경우 구리 광석으로부터 금속상의 구리를 생산하는 데 필요한 에너지의 약 20 %만으로도 가능하므로 전 세계 사용량의 약 30 %는 리사이클링에 의해 공급되고 있다.

광석으로부터 구리를 생산하는 공정은 대부분이 황화광을 사용하는 건식법을 적용하고 있으며, 그 특성상 매트 용련, 전로제동, 전해정제의 공정을 거치고 있다. 산화광이나 일부 황화광에 대해서는 습식법으로 구리를 추출하기도 한다.

구리 함유 2차 자원으로는 전선 등의 선재가 가장 많으며, 그 외에도 구리가 함유된 각종 부산물, 전기·전자 스크랩 등이 있다. 구리 함유 2차 자원의 리사이클링 기술에는 크게 건식법과 습식법이 있다. 일반적으로 대량 처리를 위해서는 TSL법 등의 건식법을 이용하고 있으며, 소량으로 처리하는 경우에는 도금 폐액 등으로부터 직접 구리를 회수하거나 침출-용매추출-전해채취의 습식법을 이용하기도 한다. 향후에는 구리 함유량이 15 % 미만인 2차 자원에서 구리를 회수하는 기술과 건식법과 습식법을 융합한 기술의 개발이 필요할 것이다.

1 Cyril Stanley Smith, 1975: Metallurgy as a Human Experience, Metall. Trans. A 6A(4), pp. 603-623.

2 Yosef Garfinkel, Florian Klimscha, Sariel Shalev, and Danny Rosenberg, 2014: The Beginning of Metallurgy in the Southern Levant: A Late 6th Millennium CalBC Copper Awl from Tel Tsaf, Israel, PLoS ONE 9(3), e92591, pp. 1-2.

3 Tamaz Kiguradze, 2001: Caucasian Chalcolithic. In: Peregrine P.N., Ember M. (eds) Encyclopedia of Prehistory, pp. 38-54, Springer, Boston, MA.

4 Nana Rezesidz et al., 2018: Prehistoric metallurgy in mountainous colchis (Lechkhumi), Bulletin of the Georgian National Academy of Sciences 12(1), pp. 183-187.

5 한국민족문화대백과사전, 한국학 중앙연구원.

6 장수비, 조남철, 강형태, 2015: 조선시대 상평통보의 성분 조성과 미세조직을 통한 재료학적 특성 연구, 보존과학회지 31(3), pp. 319-330.

7 LS-Nikko동제련 70년사 1936-2006, p. 88.

8 Lenka Muchova, Peter Eder, and Alejandro Villanueva, 2011: End-of-waste Criteria for Copper and Copper Alloy Scrap: Technical Proposals, p. 7, European Commission JRC, Luxembourg.

9 Terry Norgate, 2013: Metal recycling: The need for a life cycle approach, EP135565, p. 2, CSIRO, Australia.

10 Sue Grimes, John Donaldson, and Gabriel Cebrian Gomez, 2008: Report on the Environmental Benefits of Recycling, p. 4, Bureau of International Recycling, Brussels, Belgium.

11 International Copper Study Group, 2018: The World Copper Factbook 2018, p. 40, ICSG, Lisbon, Portugal.

12 International Copper Association Ltd, 2018: Global 2018 Semis End Use Data Set, https://copper-alliance.org

13 Terry Norgate, 2013: Metal recycling: The need for a life cycle approach, EP135565, p. 12, CSIRO, Australia.

14 Beno Rothenberg, 2008: RESEARCH ON ROCK ART IN SOUTH ISRAEL Region Timna-Valley, p. 17, StoneWatch, Arad-Academy e.V.

15 김소진, 이은우, 황진주, 한우림, 2015: 국내·외 고대 구리 제련기술 및 유적에 대한 문헌적 고찰, 문화재 48(4), pp. 126-137.

16 Hosang SOHN, Hiroyuki KUMAZAWA, Yasuhiro FUKUNAKA, and Zenjiro ASAKI, 1991: Non-isothermal Oxidation of Copper Concentrate Particles Falling in a Vertical Tube — Effect of composition on the interfacial reaction rate of copper concentrate, J. MMIJ 107(8), pp. 531-536.

17 손호상, 2002: 동정광 입자의 비등온 산화반응에 관한 속도론적 연구, 대한금속·재료학회지 40(5), pp. 575-583.

18 Ho-Sang Sohn and Yasuhiro Fukunaka, 2003: Desufurization Kinetics of Molten Copper Matte by Gas Bubbling, J. KOr. Inst. Met. & Mater 41(1), pp. 64-70.

19 H. S. SOHN, Y. FUKUNAKA, T. OISHI, Z. ASAKI, and H. Y. SOHN, 2004: Kinetics of As, Sb, Bi and Pb Volatilization from Industrial Copper Matte during Ar O_2 Bubbling, Metall. Trans. B 35B, pp. 651-661.

20 Y. FUKUNAKA, K. NISHIKAWA, H. S. SOHN, and Z. ASAKI, 1991: Desulfurization Kinetics of Molten Copper by Gas Bubbling, Metall. Trans. B 22B, pp. 5-11.

21 T. Azakami and Y. Awakura, 1999: Extractive Metallurgy, p. 71, JIM, Sendai, Japan.

22 Z. Asaki, T. Taniguchi, and M. Hayashi, 2001: Kinetics of the Reactions in the Smelting Furnace of the Mitsubishi Process, JOM 53, pp. 25-27.

23 Qin-meng WANG et al., 2017: Multiphase equilibrium modeling of oxygen bottom-blown copper smelting process, Trans. Nonferrous Met. Soc. China 27, pp. 2503−2511.

24 International Copper Study Group, 2018: The World Copper Factbook 2018, p. 17, ICSG, Lisbon, Portugal.

25 Toshiharu Fujisawa, 1996: Recycle Processes of Copper, Materia Japan 35(12), pp. 1294-1297.

26 T. Oishi and K. Ono, 1986: Activity Coefficients and Interaction Parameters of Dilute Solutes in Liquid

Copper: Bulletin of JIM 25(4), pp. 291-299.

27 T. Azakami and Y. Awakura, 1999: Extractive Metallurgy, p. 97, JIM, Sendai, Japan.

28 손호상, 2019: 자원리사이클링공학, p. 182, 경북대학교출판부.

29 허수빈, 손호상, 2017: Fe_2O_3 첨가에 의한 폐PCB로부터 긁어낸 Cu분말의 용융 및 정제, 자원리싸이클링 26(4), pp. 95-100.

30 W. G. DAVENPORT, M. KING, M. SCHLESINGER, and A. K. BISWAS, 2002: Chapter 17 Hydrometallurgical Copper Extraction: Introduction and Leaching, pp. 300-302, Extractive Metallurgy of Copper 4th Ed., ELSEVIER SCIENCE Ltd, Oxford, UK.

31 Mark E. Schlesinger, Matthew J. King, Kathryn C. Sole, and William G. Davenport, 2011: Ch. 15 Hydrometallurgical Copper Extraction: Introduction and Leaching, pp. 304-308, Extractive Metallurgy of Copper 5th Ed., ELSEVIER SCIENCE Ltd, Oxford, UK.

32 https://www.nmm.jx-group.co.jp/english/news/2008/20080624e.html

33 International Copper Association, 2017: Copper Applications Technology Roadmap, p. 36, ICA, New York, USA.

34 강이승, 안혜란, 강홍윤, 이찬기, 2019: 국내 구리 함유 폐자원의 재활용 상용화 기술 및 연구동향 분석, 자원리싸이클링 28(1), pp. 3-14.

35 Lenka Muchova, Peter Eder, and Alejandro Villanueva, 2011: End-of-waste Criteria for Copper and Copper Alloy Scrap: Technical Proposals, p. 16, European Commission JRC, Luxembourg.

36 Toshiharu Fujisawa, 1996: Recycle Processes of Copper, Materia Japan 35(12), pp. 1294-1297.

37 M. E. Schlesinger, M. J. King, K. C. Sole, and W. G. Davenport, 2002: Chapter 1 Overview, p. 11, Extractive Metallurgy of Copper 5th Ed., ELSEVIER SCIENCE Ltd, Oxford, UK.

38 Mark E. Schlesinger, Matthew J. King, Kathryn C. Sole, and William G. Davenport, 2011: Ch. 18 Collection and Processing of Recycled Copper, p. 381, Extractive Metallurgy of Copper 5th Ed., ELSEVIER SCIENCE Ltd, Oxford, UK.

39 M. Murayama, S. Shinmoto, N. Ninomiya, T. Mabuchi, K. Ishida, T. Kataoka and K. Torii, 2002: "Eco cable" with Recycleable Performance, Fujikura Kibou 103, pp. 31-34.

40 김병수, 이재천, 정진기, 2009: 폐전기전자기기 스크랩으로부터 귀금속 및 유가금속 회수를 위한 건식공정 기술 현황, 자원리싸이클링 18(4), pp. 14-23.

41 허수빈, 손호상, 2017: Fe_2O_3 첨가에 의한 폐PCB로부터 긁어낸 Cu분말의 용융 및 정제, 자원리싸이클링 26(4), pp. 95-100.

42 Kazuya Koyama, Mikiya Tanaka, and Jae-chun Lee, 2006: Copper Leaching Behavior from Waste Printed Circuit Board in Ammoniacal Alkaline Solution, Materials Transactions 47(7), pp. 1788-1792.

43 Masao SHIMA, Shizuo KAWAKITA, and Seiji MORI, 1991: Recycling of Copper, Lead and Zinc, Sigen-to-Sozai 107(2), pp. 85-94.

44 H. Majima, S. Nigo, T. Hirato, Y. Awakura, and M. Iwai, 1993: Dissolution of Copper with Aqueous Cupric Ammine Solution- Studies on the selective recovery of copper and iron from motor scrap (1st Report), Shigen-to-Sozai 109(3), pp. 191-194.

45 Hiroshi MAJIMA et al., 1993: Dissolution of Copper with Aqueous Cupric Ammine Solution—Studies on the selective recovery of copper and iron from motor scrap (1st Report), Shigen-to-Sozai 109(3), pp. 191-194.

46 Mark E. Schlesinger, Matthew J. King, Kathryn C. Sole, and William G. Davenport, 2011: Ch. 19 Chemical Metallurgy of Copper Recycling, Extractive Metallurgy of Copper 5th Ed., p. 392, ELSEVIER SCIENCE Ltd, Oxford, UK.

47 Gerardo R.F. Alvear Flores, Stanko Nikolic, and Phillip J. Mackey, 2014: ISASMELT™ for the Recycling of E-Scrap and Copper in the U.S. Case Study Example of a New Compact Recycling Plant, JOM 66(5), pp. 823-832.

48 손호상, 2019: 동스크랩의 리사이클링, 자원리싸이클링 28(3), pp. 3-14.

49 Satoshi Teshigawara et al., 2004: Establishment of Manufacturing Technology for Oxygen-Free Copper for Electronic Devices Using Shaft Furnace, Furukawa Electric Review 113, pp. 49-53.

제7장 아연의 리사이클링
Recycling of Zinc

7.1 서론

아연은 철강, 알루미늄, 구리에 이어서 네 번째로 생산량이 많은 금속으로, 연간 1300만 톤 이상을 생산한다. 그러나 지각 중 원소 존재도는 24위로 그다지 풍부한 원소는 아니다.[1] 이러한 아연은 주로 철강 제품의 부식 방지를 위한 도금용으로 사용되지만, 다이캐스팅 합금, 황동 등의 중요한 합금 성분은 물론 1차 전지(건전지)의 구성 재료로도 사용되고 있다.

아연은 금속으로 추출되기 훨씬 전인 기원전 4000년경부터 구리 합금인 황동(Cu-Zn 합금)으로 사용되어 왔다.[2] 그리스의 Thermi에서는 아연을 12 % 정도 함유한 기원전 3000년경의 황동제 유물들이 다수 발견되었다. 특히 기원전 5세기경의 루마니아 다키아(Dacia)* 유적지에서는 87.5 %의 아연(11.5 %Pb, 1 %Fe)을 함유한 합금으로 만들어진 여러 가지 장신구들이 발견되었다.[3] 그리고 기원전 30년경에 황동의 제조 방법이 로마에 알려져 주화와 무기를 만들어 사용하였다. 당시의 황동은 능아연광(菱亞鉛鑛, $ZnCO_3$)과 이극광(異極鑛, $Zn_4Si_2O_7(OH)_2 \cdot H_2O$)의 혼합광석인 칼라민(calamine) 분말을 환원제인 숯, 그리고 합금원소인 구리와 함께 혼합하고 가열하여 제조하였으며, 이러한 황동을 칼라민 황동(calamine brass)이라 부른다.[4]

---

* 다뉴브강 하류 북쪽 연안 지방의 옛 이름. 고대 로마 제국의 속주(屬州) 가운데 하나로 동유럽에 있었던 라틴계 민족의 거주지이다. 현재의 루마니아에 해당한다.

한편 금속상의 아연을 추출하는 방법은 13세기에 인도에서 쓰여진 『Rasarnava』에 자세하게 기록되어 있다.[4,5] 당시의 제련 방법은 현재의 건식제련법과 동일한 증류 제련이었으며, 인도인들이 1374년에 아연을 신금속으로 인지함으로써 아연은 인류가 사용한 여덟 번째 금속이 되었다. 이 기술은 이후에 중국으로 전해졌고, 16세기에는 중국에서도 아연(亞鉛, 锌, 倭鉛鐵*)을 대량 생산하게 되었다.[4]

우리나라에서도 아연 합금인 놋쇠(황동)를 사용하여 왔으며, 『중종실록』(1528년)에 아연(왜연철)이 등장한다. 특히 1678년(숙종 4년)에 발행되어 19세기 말까지 사용한 우리나라의 대표적인 화폐인 상평통보(常平通寶)에도 시기에 따라 아연이 5~25 wt% 정도 함유되어 있다.[6] 또 조선 헌종 시절 이규경은 저서 『오주연문장전산고(五洲衍文長箋散稿)』†의 부록 『오주서종박물고변(五洲書種博物考辨)』에 "적동 6근마다 아연 4근을 서로 선후하여 오지항아리에 넣고 녹인 뒤에 완전히 냉각하여 굳어졌을 때 꺼내면 가장 좋은 황동을 얻을 수 있다."라고 썼다. 또 "노감석(爐甘石)‡을 쓸 때는 구리 1근과 노감석 1근을 같은 방법으로 녹이면 황동 1~5근을 얻을 수 있다."라고 하였다. 그러나 이러한 황동 제조 기술 이외에 직접 아연을 만든 기록은 남아 있지 않다.

우리나라 최초로 금속 아연을 공업적으로 생산한 것은 1943년 평안남도 진남포 제련소에서이다. 함경남도 단천의 검덕광산에서 나온 광석을 선광한 45 % Zn의 정광을 사용하여 습식법으로 제련하였다.[7] 그 이후 1965년에 동신전기공업주식회사가 국내 기술로 시흥에 연간 4,800 ton 규모의 습식 아연 제련을 시작하였으나,[8] 10년도 못 되어 폐업한 것으로 알려져 있다. 이후 경북 봉화의 연화광산에서 채굴한 아연광석을 수출하던 (주)영풍이 1970년에 경북 봉화군 석포면에 아연제련소를 준공하여 연간 9,000 ton의 아연을 생산하기 시작하여 지금에 이르고 있다. 2019년 기준 우리나라의 아연 생산량은 95만 ton으로, 중국에 이어 세계에서 두 번째로 많은 양을 생산하고 있다.

표 7.1에 아연의 물리·화학적 성질을 나타내었다. 아연은 광택이 있고, 반자성§을 나타

---

* 아연의 성질이 고약하여 당시의 왜구를 빗대어 왜연(倭鉛) 또는 왜연철(倭鉛鐵)이라고 하였다.(『천공개물』)

† 『오주연문장전산고(五洲衍文長箋散稿)』는 조선 후기 헌종 때, 이규경이 우리나라·중국(中國)을 비롯한 여러 나라 고금(古今)의 사물에 대하여 고증하고 해설한 책이다.

‡ 노감석(爐甘石, 菱亞鉛鑛): $ZnCO_3$이며, 『동의보감』에 의하면 눈병 치료용 광물성 한약재로 사용되었다. 감로석이라고도 한다. 로마 시대에도 동일한 용도로 사용한 기록이 있다.

§ 반자성(反磁性, diamagnetism): 자장을 가했을 때 물질이 자장의 역방향으로 자화되어, 자장과 그 구배의 곱에 비례하는 힘이 자석에 반발하는 방향으로 발생하는 자성을 의미한다.

내는 푸른빛을 띤 은백색의 금속이다. 아연은 산이나 알칼리와 잘 반응하며, 100 ℃~150 ℃에서 전성과 연성이 매우 크지만, 210 ℃를 넘는 환경 또는 실온에서는 취성을 나타내어 쉽게 부서진다. 아연의 표면은 습한 공기 중에서 부식되기 쉽지만, 공기 중의 이산화탄소와 반응하면 염기성 탄산아연인 회백색의 부동태 피막이 생성된다. 아연을 공기 중에서 가열하면 밝은 청록색의 불꽃을 내며 산화아연의 흄(fume)이 된다.

[표 7.1] 아연의 물리·화학적 성질

원소기호/원자번호		Zn/30
원자량		65.38 g/mol
녹는점		419.53 ℃(692.62 K)
끓는점		907 ℃(1,180 K)
밀도	상온	7.14 g/cm^3
	액체(at m.p.)	6.57 g/cm^3
몰비열 C_P(at 293 K)		25.390 J/(mol·K)
열팽창률		30.2 μm/(m·K)(25 °C)
열전도도		116 W/(m·K)
전기저항도(at 20 ℃)		59.0 nΩ·m
영률		108 GPa
모스 굳기계		2.5
브리넬 굳기		412 MPa
결정구조		hcp(hexagonal close packed)

한편 아연을 리사이클링하여 2차 지금을 생산하는 경우 광석으로부터 1차 지금을 생산하는 데 필요한 에너지의 약 75 %를 절약할 수 있다.[9] 그리고 CO_2 발생량은 약 40 %를 절감할 수 있다.[10] 그러나 아연은 그 자체로 사용되는 경우가 적고, 주된 용도가 철강재를 보호하기 위한 도금용이며, 자동차나 가전제품 등에 쓰일 때 다른 원소와 섞여 복잡한 구성물이 되기 때문에 1차 제품으로부터의 회수율이 다른 비철금속에 비해 매우 낮다.

본 장에서는 이러한 아연의 리사이클링 기술을 이해하기 위해 아연 제련 기술과 아연을 함유하는 금속계 스크랩, 산업 부산물 등으로부터 아연을 회수하는 리사이클링 기술에 대해 설명한다.

7.2 아연 생산량과 용도

그림 7.1에는 1900년부터 전 세계의 아연과 철강 생산량 변화를 국제 정세와 함께 나타내었다.[11] 아연의 생산량은 철강 생산량의 백분의 일에도 못 미치지만, 아연의 주된 용도가 철강재의 도금용이므로, 아연 생산량은 철강 생산량과 동일한 경향으로 변화하여 온 것을 알 수 있다. 1940년대까지 전 세계의 연간 아연 생산량은 200만 톤에도 못 미치지만, 1940년대 후반부터 경제 부흥기에 접어 들면서 철강 생산량이 급증함에 따라 아연 생산량도 급격하게 증가하기 시작하였다. 1970년대에 전 세계 아연 생산량은 600만 톤에 육박하였으나, 그 이후 크게 성장하지는 못하였다. 그러나 1990년대 후반부터 중국의 철강 특수와 함께 아연 생산량도 급격하게 증가하기 시작하였고, 2018년에는 전 세계 아연 생산량이 1328만 톤에 이르렀다.[12] IZA(International Zinc Association)는 전 세계 아연 생산량의 약 25 %가 2차 자원으로부터 만들어지며, 노폐 스크랩의 약 60 %가 리사이클링된다고 추정하고 있다.[13]

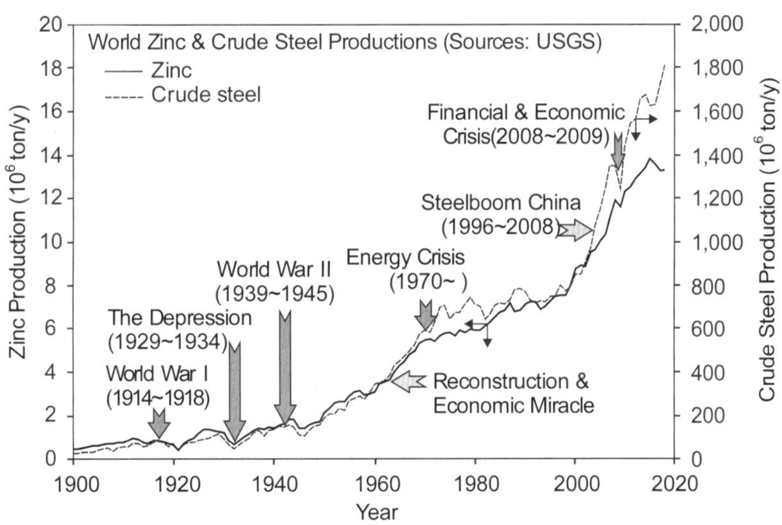

그림 7.1 전 세계의 아연과 철강 생산량의 변화(Source: USGS)

그림 7.2에는 우리나라의 아연 생산량과 조강 생산량의 변화를 비교하여 나타내었다. 우리나라는 1965년부터 아연을 생산하기 시작하였지만, 본격적인 아연 생산은 1970년부터이다. 특히 국내의 철강 생산량 증가 및 아연 도금 강판의 수요 증대에 힘입어 1995년부터 아연 생산량이 급격하게 증가하기 시작하였다. 2019년 기준 우리나라의 아연 생산량은 약 95만 톤이다.

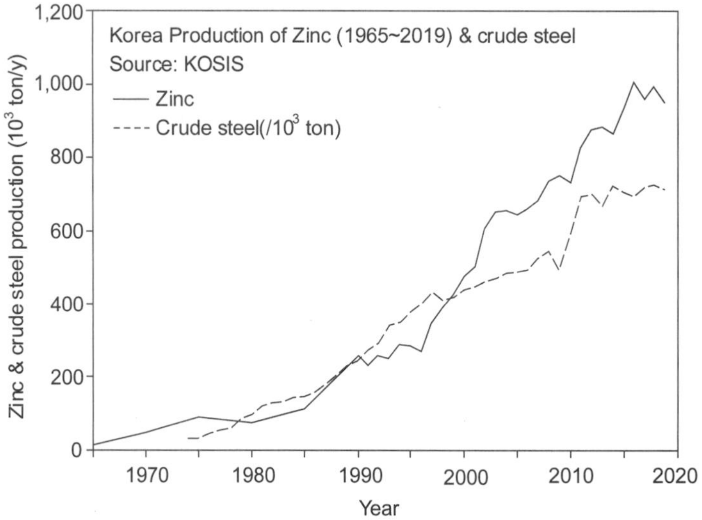

그림 7.2 우리나라의 아연과 조강 생산량 변화

그림 7.3에는 2017년 기준 나라별 아연 생산량과 사용량 비율을 나타내었다. 중국이 전 세계 생산량의 43 %를 생산하고 있으며, 우리나라도 6 %를 생산하고 있다. 아연 사용량은 철강 생산량과 비례하여 중국이 가장 많으며, 우리나라는 미국, 인도에 이어 전 세계 소비량의 약 4 %를 사용하고 있다.

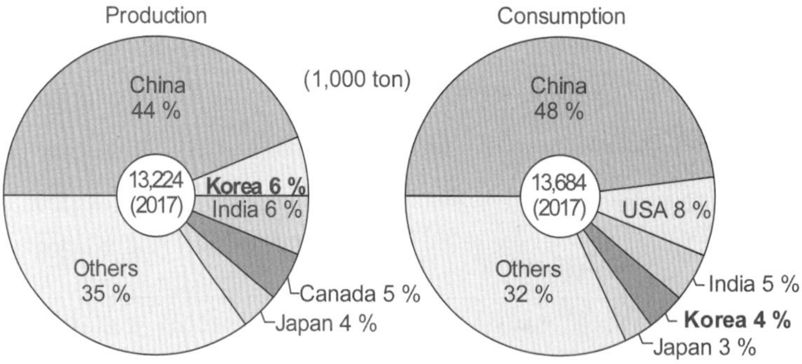

그림 7.3 아연의 나라별 생산량과 사용량 비율(2017년)

그림 7.4에는 2014년 기준 아연의 1차 용도를 아연 화합물 용도와 함께 나타내었다.[14] 아연의 약 58 %는 철강재의 부식 방지를 위한 도금용(전기 도금, 용융 도금 등)으로 소비되고 있으며 황동이나 청동의 합금원소로 9 %, 아연 다이캐스팅용 합금으로 17 %가 소비되고 있다. 나머지는 아연 화합물(8 %), 판재, 봉 등의 중간재(5 %) 등으로 사용되고 있다. 이렇게

사용되는 아연은 여러 가지 형태의 최종 소비재로 탈바꿈된다. 주요한 최종 소비처는 건축(45 %), 수송기기(25 %), 일반 소비재와 전기용품(23 %), 일반 기계(7 %) 등이다. 그리고 아연 화합물에는 여러 종류가 있으나 산화물이 대부분이다. ZnO 생산량의 47 %는 고무나 타이어의 첨가제로 사용되고, 나머지는 세라믹 제품(23 %) 및 화학약품(15 %), 비료, 화장품 등으로 사용되고 있다. 건전지를 제외하면, 현실적으로 이러한 용도로 사용된 아연 화합물들은 리사이클링이 곤란한 실정이다. 이러한 아연의 용도로부터 아연은 철 스크랩을 리사이클링하는 제강 공정에서 발생하는 분진으로부터 회수하는 것이 가장 중요함을 알 수 있다.

한편 표 7.2에는 아연 2차 자원(아연 광석을 제외한 아연 함유물)의 발생원과 스크랩 형태를 나타내었다.[15] 아연을 함유한 제품 중에서 수명을 다한 아연 도금 강판 등은 리사이클링을 위한 'old scrap'이다. 이러한 것들은 수집되어 아연 품위 등에 따라 처리되고 있다. 또 최종 제품의 생산이나 제조 과정에서 발생하는 드로스, 잔사, 절삭물 등은 'new scrap'이며, 이러한 것들도 스크랩 조성에 따라 재용해하거나 정련 공정으로 보내어 처리한다.

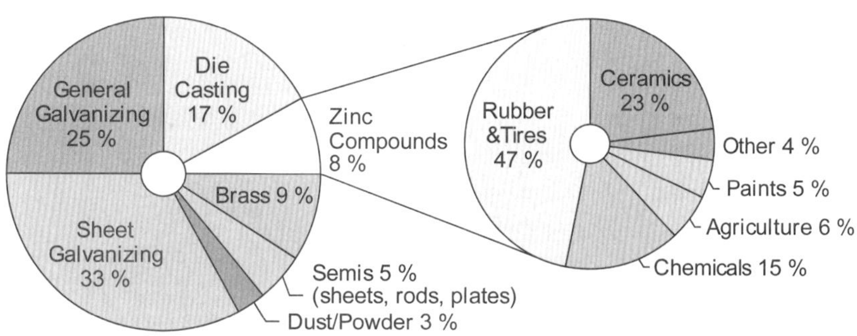

그림 7.4 아연의 1차 수요 및 아연 화합물의 용도

[표 7.2] 아연 2차 자원의 발생원과 형태

Scrap source	Type of scrap			Recover Process
	Residues and Dross(NS)*	Whole Products(OS)**	Steel Filter Dust(OS)	
Brass	⊙	⊙	-	Remelting
Die casting	-	⊙	⊙	Remelting
Galvanizing	⊙	-	⊙	Remelting(NS) Refining(OS)
Rolled Zinc	⊙	⊙	-	Remelting
Others	⊙	⊙	⊙	Remelting(NS) Refining(OS)

*NS: New scrap, **OS: Old scrap

7.3 아연 제련의 개요

아연 광석에는 섬아연광(閃亞鉛鑛, ZnS, sphalerite, zinc blende), 능아연광, 이극광 등이 있다. 초기 아연 제련에는 산화광의 일종인 능아연광과 이극광의 혼합광석인 칼라민광을 사용하였다. 이 시기의 아연 제련은 현재의 증류 제련법과 매우 유사하다. 13세기에 인도에서 쓰여진 『Rasarnava』[5]에 나타난 당시의 제련 방법을 그림 7.5(a)에 나타내었다.[16] 그림과 같이 칼라민 광석을 환원제인 울(wool)과 함께 도가니에 장입하고 하부의 응축기와 연결하여 공기 유입을 차단한다. 그리고 간접가열에 의해 아연을 증기상으로 추출하여 하부의 응축기에서 공냉으로 응축시켜 모으는 방식이다. 즉 공기와 접촉시키지 않고 아연 증기를 응축시켜 금속 아연을 얻는 방법이다. 인도의 아연 제련 기술은 이후에 중국으로 전해졌고, 16세기에는 중국에서도 그림 7.5(b)와 같이 증류 제련으로 아연을 대량 생산하였다. 이러한 중국의 아연 제련법은 『천공개물(天工開物)』(宋應星 저, 1637년)에 그림과 함께 자세히 설명되어 있다.[17]

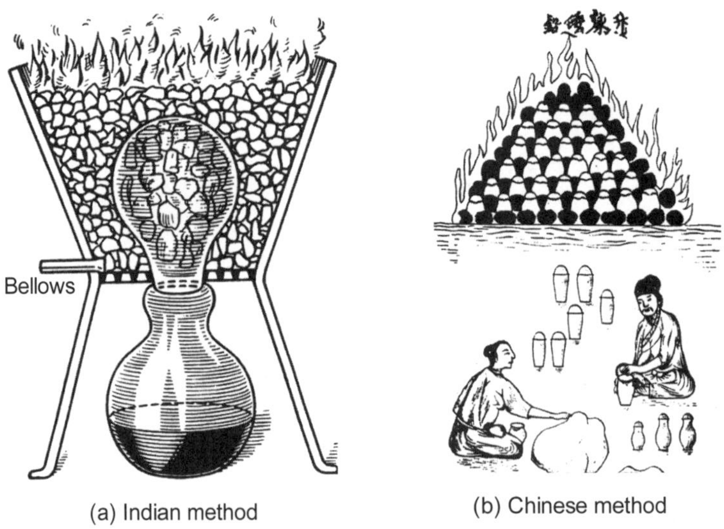

그림 7.5 인도(a)와 중국(b)의 아연 제련 모식도

한편 그림 7.6에는 현재의 습식 및 건식 아연 제련 공정도의 예를 종합하여 나타내었다. 현재 아연 생산에 사용되는 광석의 90 % 이상은 황화광인 섬아연광이다. 섬아연광은 이론

적으로는 67 %의 아연을 함유하고 있으나, 광석 중의 아연 품위는 4~5 % 정도이다. 이 광석을 부유선광법 등으로 Zn를 50~60 % 정도 함유한 정광으로 만든다. 열역학적으로 ZnS를 산화시켜 직접 Zn를 얻을 수는 없다. 황화광을 직접 침출하는 경우도 있으나, 대부분은 산화 배소에 의해 산화물로 만든 후 황산 침출-전해채취(습식법)나 탄소 열환원(건식법)에 의해 금속 아연을 얻고 있다.

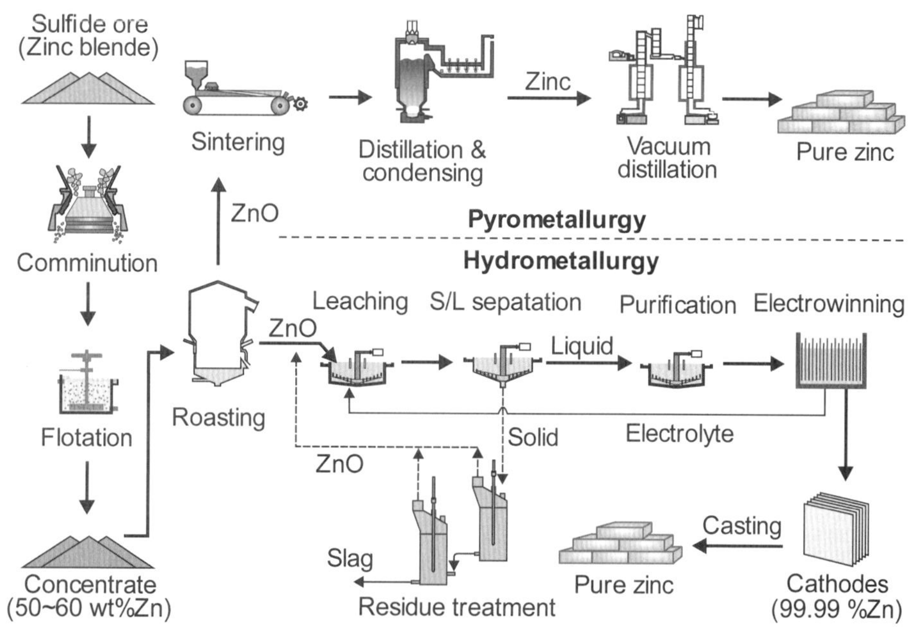

그림 7.6 습식 및 건식 아연 제련 공정도의 예

7.3.1 아연의 습식제련

그림 7.7에는 아연의 습식 및 건식제련 순서도를 나타내었다. (주)영풍과 고려아연에서는 습식법으로 고순도 아연을 생산하고 있다. 아연 습식제련의 1단계에서는 다음 식과 같이 황화광(ZnS)을 산화 배소하여 ZnO로 만들고, 이때 발생하는 SO_2 가스는 황산으로 만든다.

$$ZnS(s) + \frac{3}{2}O_2(g) = ZnO(s) + SO_2(g), \quad \Delta G^0 = -443,680 + 76.60T \text{ (J)} \tag{7.1}$$

ZnO(배소광)는 H_2SO_4 용액(아연 전해 미액)으로 침출하며, 반응식은 다음과 같다.

$$ZnO + H_2SO_4 = ZnSO_4 + H_2O \tag{7.2}$$

배소광의 황산 침출 공정에서 모든 불순물을 잔사로 분리시킬 수 없다. 따라서 침출액 중에는 Fe, Cu, As, Sb, Ni, Co, Cd 등의 불순물도 용해되어 있으므로 이러한 불순물들을 정액 공정(purification)에서 제거한다.[18] 우선 침출액을 산화시켜 Fe^{2+} 이온을 3가의 Fe^{3+} 이온으로 산화시키고, As, Sb를 Fe와 함께 공침(co-precipitation)시켜 제거한다. As의 공침 반응은 다음과 같다.

$$4Fe(OH)_3 + H_3AsO_3 = Fe_4O_5(OH)_5As + 5H_2O \tag{7.3}$$

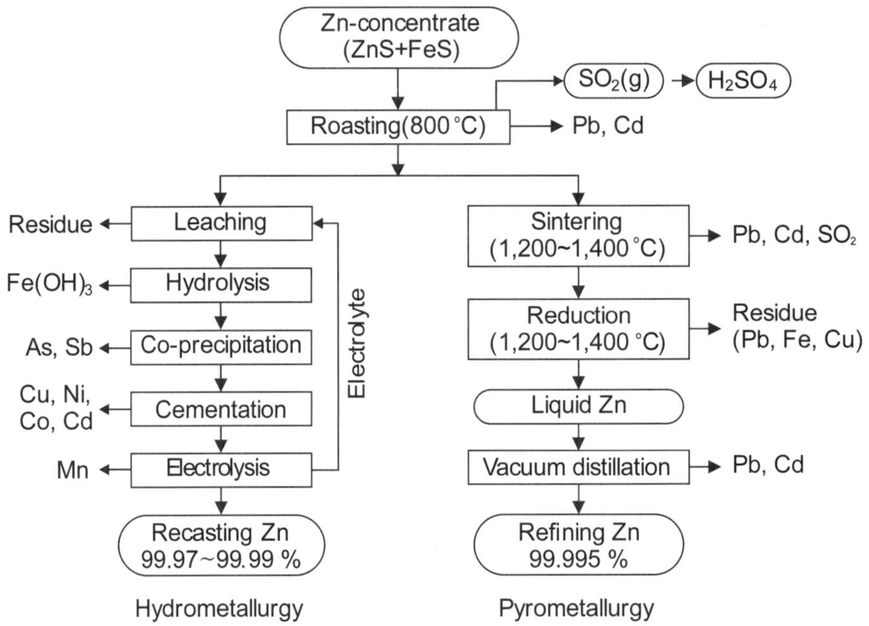

그림 7.7 습식 및 건식 아연 제련 순서도의 예

뒤이어 아연분말을 첨가하여 Cu, Ni, Co, Cd 등을 치환 침전(cementation)으로 석출시켜 제거한다.

$$M^{2+} + Zn = M + Zn^{2+}, \qquad K = a_{Zn^{2+}}/a_{M^{2+}} \tag{7.4}$$

위의 식에서 $a_{Zn^{2+}} = 0.1$로 두고 각 금속이온의 제거한계를 구하면 표 7.3과 같고, 평형론적으로는 완전히 제거할 수 있음을 알 수 있다. 그러나 속도론적으로 여러 가지 문제가 있어서 실질적인 제거한계는 좀 더 높은 값이 된다.[19]

[표 7.3] 각종 이온의 아연분말에 의한 평형 제거한계

ion	[Cu^{2+}]	[Ni^{2+}]	[Co^{2+}]	[Cd^{2+}]
제거한계농도	6.9×10^{-39}	1.6×10^{-19}	9.1×10^{-18}	6.8×10^{-14}

불순물을 제거한 황산아연 수용액으로부터 알루미늄판을 음극(cathode)으로, Ag를 함유한 Pb판을 불용성 양극(anode)으로 사용하여 아래 식과 같이 Zn를 전해채취(electrowinning)한다.

$$Zn^{2+} + 2e = Zn, \quad E^0 = -0.7626\ V \tag{7.5}$$

이때 양극에서는 산소 가스가 발생하며, 음극에는 고순도의 금속 아연(99.98~99.99 %)이 석출된다. 특히 아연은 이온화 경향이 수소보다 크기 때문에 식 (7.5)의 평형전위로부터는 환원될 수 없으나, 수소 과전압이 높기 때문에 수용액 중에서도 전해채취가 가능하다.[20]

음극에 석출된 금속 아연은 자동 박리기에서 전극(알루미늄판)과 분리한 후 용해로에서 용해하고 성분 조정(합금화 아연 등)을 거쳐 잉곳으로 주조한다. 그림 7.8에는 음극에서 분리한 금속 아연(좌)과 주조한 아연 잉곳(우)을 나타내었다.

그림 7.8 전해채취한 아연판과 주조한 아연 잉곳(영풍 석포제련소)

7.3.2 아연의 건식제련

공업적인 아연의 건식제련 프로세스에는 옛날부터 사용하여 온 수평 증류법(horizontal retort process)이 있었으나 생산성이 낮아서 거의 사용하지 않게 되었다. 그 후에 개발된 수직형 증류법(vertical retort process, New Jersey Zinc법), 전기열 증류법(electrothermic process,

St.Joseph Lead법)도 공업화되었지만 크게 발전하지 못하였으며, 현재는 영국에서 개발된 용광로법인 ISP(Imperial Smelting Process)법이 널리 사용되고 있다.[21]

아연의 건식제련에서도 첫 공정은 식 (7.1)과 같이 ZnS를 산화 배소하여 ZnO로 만들지만, 소결하여 괴상으로 만든다. 이것을 코크스와 함께 용광로나 ISP로에 장입하여 탄소 열환원으로 Zn증기를 만든 후, 이를 응축시켜 액상의 Zn를 얻는다. 제강 분진의 건식처리에서도 ZnO를 코크스 등으로 환원하지만, 생성된 Zn증기를 재산화시켜 조산화 아연으로 만든다. 그림 7.9에는 대표적인 아연 건식제련법인 ISP로의 모식도를 나타내었다.

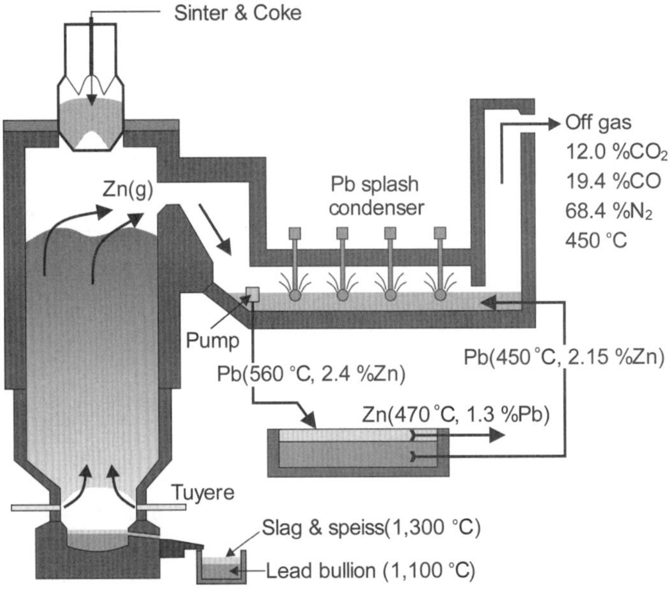

그림 7.9 아연 건식제련법(ISP법)의 모식도

ZnO의 탄소에 의한 환원 반응(증류 제련)은 다음의 두 식으로 나타낸다.

$$ZnO(s) + CO(g) = Zn(g) + CO_2(g), \quad \Delta G^0 = 182{,}170 - 113.96T \ (J) \tag{7.6}$$

$$2C(s) + O_2(g) = 2CO(g), \quad \Delta G^0 = -221{,}840 - 178.0T \ (J) \tag{7.7}$$

식 (7.6)의 환원 반응이 진행하기 위해서는 식 (7.6)의 반응에서 생성된 CO_2가 다음 식에 나타낸 부도아 반응(Boudouard reaction)의 carbon solution loss 반응에 의해 CO로 되어 보충되어야 한다.

$$C(s) + CO_2(g) = 2CO(g), \quad \Delta G^0 = 171,660 - 175.02T \text{ (J)} \tag{7.8}$$

한편 식 (7.6)의 평형 가스 조성은 가스상 중의 CO_2, CO의 분압비인 p_{CO_2}/p_{CO}와 온도 T의 관계를 여러 가지 a_{ZnO}, p_{Zn}에 대해 계산하여 구할 수 있다. 우선 외부로부터 산소의 출입이 없다고 가정하면, 식 (7.6)과 식 (7.8)로부터 반응물질과 생성물질의 몰 수에 관하여 다음 식이 성립한다.

$$n_{ZnO} = n_{Zn} = n_{CO} + 2n_{CO2} \tag{7.9}$$

그리고 기체상에 관해서는 다음 식이 성립한다.

$$p_{Zn} = p_{CO} + 2p_{CO2} \tag{7.10}$$

식 (7.6), (7.8)의 평형상수를 K_6, K_8이라 두고, a_{ZnO}=1, a_C=1이라 하면, 식 (7.10)과 조합하여 정리하면 다음 식이 얻어진다.

$$2p_{CO}^3 + K_8 p_{CO}^2 + K_6 K_8^2 = 0 \tag{7.11}$$

따라서 식 (7.11)로부터 각 온도에 대하여 p_{CO}를 구할 수 있다.[20]

한편 아연의 건식제련이나 제강 분진 중의 아연 회수에서 철(Fe)은 가장 많이 존재하며 반응에 큰 영향을 미치는 공존 원소이다. 그림 7.10에는 아연과 철의 탄소에 의한 환원 평형도를 비교하여 나타내었다.[22] 그림 중의 곡선 A와 B는 식 (7.8)의 평형관계를 각각 $p_{CO2} + p_{CO}$가 0.2 및 0.55 atm에서 계산한 결과이다. 그리고 산화철의 환원평형을 나타내는 곡선 a~d는 다음과 같다.

a: $Fe_3O_4(s) + 4CO(g) = 3Fe(\gamma) + 4CO_2(g), \ \Delta G^0 = -43,840 + 46.06T \text{ (J)}$ (7.12)

b: $Fe_3O_4(\alpha) + CO(g) = 3FeO(s) + CO_2(g), \ \Delta G^0 = -98,290 + 109.93T \text{ (J)}$ (7.13)

c: $FeO(s) + CO(g) = Fe(\gamma) + CO_2(g), \ \Delta G^0 = 18,150 - 21.29T \text{ (J)}$ (7.14)

d: $FeO(l)(a_{FeO} = 0.4) + CO(g) = Fe(\gamma) + CO_2(g)$ (7.15)

FeO는 용광로 하부에서 용융 슬래그로 존재하므로 그림에서 Fe 환원의 평형곡선은 FeO를 FeO(l)로 두고, a_{FeO} = 0.4의 조건을 대입하여 나타내었다. 또한 Zn(l)의 안정범위를 나타내는 (i), (ii)는 다음과 같다.

(i) $ZnO(s) + CO(g) = Zn(l) + CO_2(g)$ (7.16)

(ii) $Zn(l) = Zn(g)(p_{Zn} = 1)$ (7.17)

즉, 그림 7.10은 식 (7.6), (7.8)에 여러 가지 조건을 대입하여 나타낸 것이다. 그림에서 a_{ZnO}=1.0, p_{Zn}=0.45, $p_{CO2}+p_{CO}$=0.55로 두면, 그림 중의 곡선 II와 곡선 B의 우측에 ▧+▩로 나타낸 범위가 ZnO를 C으로 환원하는 조업 조건을 나타낸다. 따라서 고온이 될수록 환원성이 약한 p_{CO2}/p_{CO}가 큰 조건에서도 ZnO의 환원이 진행하는 것을 알 수 있다. 또, ZnO를 대기압에서 환원하기 위해서는 곡선 II와 B의 교차점 위치로부터 적어도 1,170 K 이상의 온도가 필요한 것을 알 수 있다.

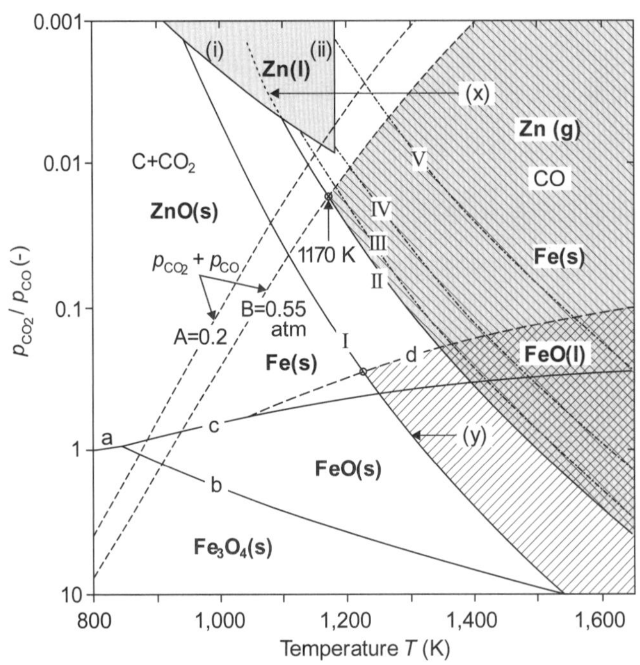

곡선	I	II	III	IV	V
a_{ZnO}	1.0	1.0	0.1	0.05	0.01
p_{Zn}	0.06	0.45	0.06	0.06	0.06

그림 7.10 ZnO와 Fe_xO의 C에 의한 환원 평형도

한편 아연의 건식제련에서는 용융 슬래그로부터 FeO를 환원시키지 않고 ZnO만 환원되도록 한다. 그러나 그림으로부터 ZnO가 환원되는 범위의 대부분에서 Fe도 안정하다. 따라서 대부분의 Zn 제련에서는 Fe 산화물도 동시에 환원되므로 1,500 K 전후의 환원 온도에서는 잔재 중에 고체 상태의 Fe로 남게 된다.

아연의 용광로 제련(ISP)에서는 용융 제련을 하므로 Fe는 가능한 한 FeO의 형태로 슬래그에 들어가도록 한다. 따라서 분위기 가스는 약 환원성이 되도록 p_{CO_2}/p_{CO}가 커야 한다. 실제로 FcO는 용융 슬래그의 한 성분으로서 존재하고 그 활동도는 1보다 작으므로 FeO(s)를 FeO(l)로서 a_{FeO}=0.4로 두면 그림 중의 곡선 c는 점선 d로 이동하여 FeO(l)-Fe(s)의 환원평형을 나타내는 곡선이 된다. 따라서 ISP법에서 허용되는 가스 조성은 그림 중의 곡선 I(p_{Zn}=0.06)과 점선 d로 둘러싸인 빗금 친 영역(▨+▩)이 된다. 또 1,450 K에서 a_{FeO}가 0.4인 슬래그에 대해 Fe 생성 없이 환원될 수 있는 슬래그 중 Zn 함유량의 하한은 그림으로부터 대략 a_{ZnO}=0.04로 추측된다. ZnO의 활동도 계수를 2로 하면 x_{ZnO}=0.02에 상당하는 Zn량은 약 2 %로 계산된다. 이 값에 대한 온도의 영향이 커서 1,400 K에서는 4 % 정도가 된다. 따라서 실제 조업에서는 6~7 % 정도의 Zn가 슬래그에 남도록 조업하는 것이 보통이다.[21]

한편 아연의 건식제련에서 기술적으로 가장 어려운 점은 탄소환원에 의해 얻어진 기체상의 Zn(g)를 액상의 용융 Zn로 응축(condensation)하는 것이다. Zn(g)는 응축기(condenser)를 이용하여 응축하지만, 프로세스에 따라 서로 다른 특징을 가지고 있다. 그림 7.10에서 밀폐형 제련의 가스 조성 (x)가 냉각에 의해 곡선 II를 넘어서는 온도는 약 1,070 K가 된다. 이 경우 용융 Zn의 안정범위에 들어가므로 비교적 쉽게 응축할 수 있다. 그러나 용광로 제련의 경우 조성 (y)의 가스를 냉각하면 p_{Zn}가 낮은데도 불구하고 고온에서 평형곡선 I를 넘어가게 되어 식 (7.6)의 역반응인 Zn의 재산화 영역에 들어간다. 특히 재산화 반응은 기체-기체의 반응으로 반응속도가 빠르므로, 이것을 방지하기 위해 냉각 속도를 현저하게 높이거나 다른 금속과 합금을 생성시켜 a_{Zn}를 낮추는 것이 효과적인 방법이다. ISP법의 컨덴서에서는 비교적 저온의 용융 납을 대량으로 순환시켜 컨덴서에서 나오는 기상 중의 포화 Zn량을 낮추고 있다.[20]

그리고 식 (7.6)의 ΔG^0로부터 ZnO의 환원 반응은 큰 흡열 반응이므로 아연의 건식제련에서는 필요한 열량을 어떻게 공급하는가가 중요하다. 특히 제강 분진 중의 아연도 산화물로 존재하므로 탄소 열환원으로 Zn 증기를 만들어 휘발시키고, 이것을 다시 산화시켜 비교적 순도가 높은 ZnO로 회수하고 있다. 특히 제강 분진을 처리하는 경우 그림 7.10을 참고하여 Fe 처리 방법에 따른 조업 조건을 결정하여야 한다.

7.3.3 산화아연(ZnO) 제조 기술

그림 7.4에 나타낸 바와 같이 아연 제품 중에서 일부는 산화아연으로 사용되고 있다. 이러한 산화아연의 제조는 건식법인 간접법과 직접법, 그리고 습식법의 3가지 기술로 구분할 수 있다.[23] 그림 7.11에는 간접법과 직접법에 의해 ZnO를 제조하는 공정도를 비교하여 나타내었다.[24]

(1) 간접법(Indirect method)

간접법은 프랑스법(French process)이라고도 한다. 1840~1845년 프랑스의 Le Clair에 의해서 개발된 것으로, 금속 아연을 용융한 후에 그 증기를 공기 중의 산소로 산화시켜 ZnO를 제조하는 방법이다.[25] 용융로에서 Zn의 융점(419 ℃)보다 높은 약 500 ℃로 Zn 지금을 용융하거나, Zn 지금을 레토르트(retort)에 장입하여 끓는점(906 ℃)보다 높은 약 1,100~1,400 ℃로 가열하면 Zn 증기가 분출한다. 이 Zn 증기를 산화실로 도입하여 공기 중의 산소에 의해 산화시키면 고열과 함께 녹색을 띤 백색광을 내면서 ZnO가 만들어지며, 반응식은 다음과 같다.

$$Zn(s) = Zn(l) = Zn(g) \tag{7.18}$$

$$Zn(g) + \frac{1}{2}O_2(g) = ZnO(s), \quad \Delta G^0 = -464{,}750 + 199.98\,T \ (J) \tag{7.19}$$

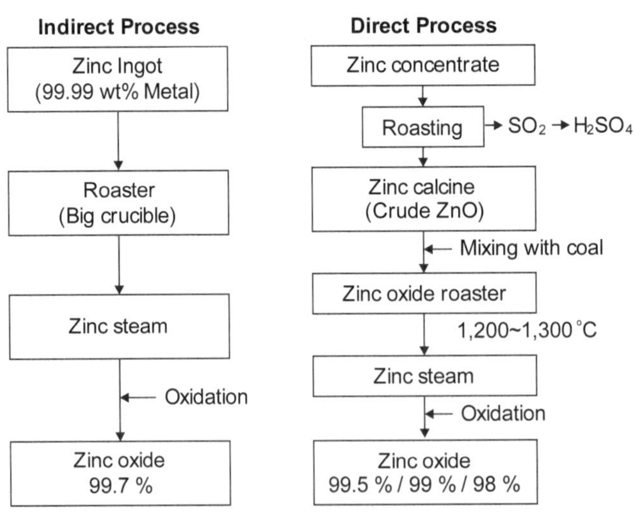

그림 7.11 산화아연 제조 공정도의 비교

ZnO의 품질은 출발원료의 순도에 따라 달라지므로 고순도의 ZnO를 얻기 위해서는 전해아연 등과 같은 고순도(SHG, Special High Grade) Zn(99.99 %Zn)를 사용한다. 고무첨가제용은 일반 순도(HG, High Grade) Zn(99.95 %Zn)를 사용하여 ZnO를 만들고 있다. 생성된 ZnO의 결정은 ZnO의 냉각 속도에 따라 다른 모양을 띠는데, 급랭시키면 C축으로 긴 침상의 결정이 되므로, 공업적으로는 ZnO를 서랭하여 0.3~0.8 μm 정도의 크기를 가지는 무정형으로 만들어 사용하고 있다. 일반적으로는 간접법으로 만든 ZnO가 직접법으로 만든 것보다 순도가 높으며, 입자도 더 작은 것으로 알려져 있다. 그러나 출발원료로 금속 Zn를 사용하고, 고온에서 가열하므로 제조 비용이 높다.

(2) 직접법(Direct method)

직접법은 미국법(American process)이라고도 한다. 그림 7.11에 나타낸 바와 같이 광석(황화물, 산화물(배소광), 탄산염)을 원료로 사용하는 방법이다. 황화물인 경우 산화 반응에 의해서는 Zn(g)를 만들 수 없으므로 식 (7.1)과 같이 산화 배소에 의해 산화물로 만든 후 다시 환원하여야 한다. 배소광인 ZnO는 건식제련과 동일한 방법으로 환원한다.

환원 반응으로 생성된 Zn(g)는 공기 중의 산소에 의해 식 (7.19)와 동일한 반응으로 ZnO가 만들어진다. 특히 직접법의 경우 출발원료가 광석이므로 Pb나 Cd 등의 불순물을 함유하는 경우가 있다. 황화광을 사용하는 경우에는 반응 생성물인 SO_3나 SO_2 가스에 의해 생성된 $ZnSO_4$ 등이 함유되기도 하므로 간접법에 비해 순도가 낮다. 그러나 직접법은 열효율이 좋고, 제조 비용이 낮은 장점이 있다.

(3) 습식법(Wet chemical method)

습식법은 독일법(German process)이라고도 한다. $ZnSO_4$ 또는 $ZnCl_2$ 용액과 Na_2CO_3 용액을 반응시켜 염기성 탄산아연($xZnCO_3 \cdot yZn(OH)_2 \cdot zH_2O$)의 침전을 석출시키고, 이것을 여과·수세한 다음 약 400 ℃에서 하소하여 ZnO를 만드는 방법이다. 초기 반응으로 석출되는 염기성 탄산아연은 반응 조건에 따라 다양한 조성을 가지게 된다. 습식법에 의해 제조된 ZnO 입자의 크기는 건식법으로 만든 것보다 작고, 비표면적이 큰 특징을 가지고 있다. 따라서 나노입자를 만들 때는 이러한 습식법을 응용하고 있다.

7.4 아연 스크랩의 리사이클링 기술

그림 7.12에는 아연의 life cycle을 나타내었다.[26] 아연 정광으로부터 생산된 금속 아연은 부식 방지를 위한 도금용이나 다이캐스팅을 위한 합금용으로 공급되며, 최종 제품으로 사용되는 과정에서 공정 스크랩이 발생한다. 그리고 제품의 수명이 다하면 수집된 후에 제련소나 정련 공장에서 처리한다. 철강재의 도금용으로 사용된 아연은 철 스크랩의 용해 공정에서 제강 분진으로 포집되고, 대부분은 2차 제련소(secondary refinery)에서 조산화아연(ZnO)으로 만들어 1차 제련소(primary smelter)에 보내어 처리하고 있다.

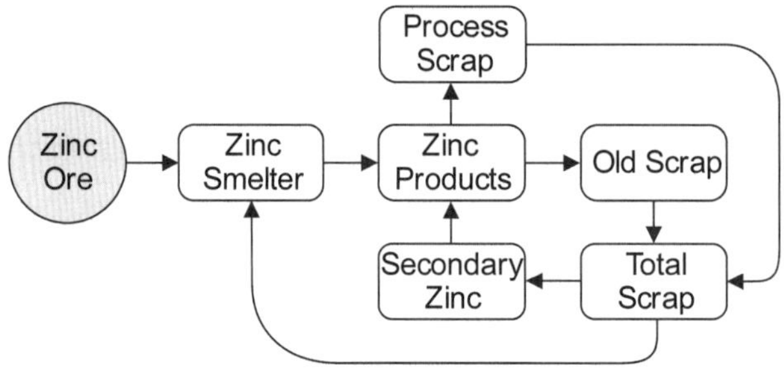

그림 7.12 아연의 라이프 사이클(life cycle)

7.4.1 아연 리사이클링 원료

아연을 함유하는 2차 자원에는 제품을 생산하거나 사용하는 모든 단계에서 발생하는 스크랩, 잔사물 등 매우 다양한 것들이 있다. 주요한 발생원으로는 전기로 제강(EAF)이나 황동 제조 시에 발생하는 분진, 비철금속(Pb, Cu 등)의 제조 공정에서 발생하는 슬러지, 아연 잉곳의 재용해나 용융 아연 도금을 할때 생성되는 드로스, 폐건전지, 그리고 금속성 스크랩 등이 있다.[27]

아연 스크랩은 다른 금속의 경우와 마찬가지로 자가발생 스크랩, 가공 스크랩, 노폐 스크랩으로 구분할 수 있다. 그러나 아연은 다른 비철금속에 비해 직접 제품으로 만들어지는 비율이 매우 낮다. 특히 아연은 약 58 %가 도금 등에 사용되며, 26 %는 합금원소로 사용되기 때문에 1차 제품으로부터의 회수율이 낮다. 또 판재, 봉재 등의 중간 제품으로 공급된 것도 자동차나 가전제품 제조 과정에서 다른 원소와 혼합되어 복잡한 구성물이

되어 있어서 직접 회수가 곤란한 경우가 많다. 표 7.4에는 신동(伸銅)* 스크랩을 제외한 재생 아연(2차 지금) 원료를 분류하여 나타내었다.[28]

[표 7.4] 재생 아연의 원료와 용도

종류	Zn 품위 (wt%)	발생원과 특징	재생 아연 종류	용도
아연 가공품	≒99	인쇄소, 전기 아연 도금 공장, 방식 아연 스크랩, 아연용사, 건전지 공장	재생 아연 상 (>99% Zn)	아연 도금 강판 신동품
다이캐스트 가공 스크랩	92~94	다이캐스트 공장, 해체 스크랩, 슈레더 스크랩	재생 아연 상	신동 용융 아연 도금
			재생 다이캐스트	다이캐스트
용융 아연 도금 드로스	85~95 25~35	용융 아연 도금 공장 55% Al 도금(Al, Si 함유)	재생 아연 상	신동
			재생 아연 중 (>93% Zn)	산화아연 제련 원료
슬래그류	75~85 40~85 20~80	도금 슬래그 합금 아연 슬래그 집진회, 연마분	재생 아연 상	신동 용융 아연 도금
			산화아연	무기약품 제련 원료

한편, 재생 아연은 품위에 따라 상급은 재생 아연 잉곳으로 신동 제품이나 용융 아연 도금에 사용한다. 중급은 산화시켜 무기약품이나 제련 원료인 조산화 아연으로서 건식제련이나 습식제련의 원료로 사용한다. 그리고 재생 아연 프로세스에서 발생하는 아연 잔사물이나 아연에서 분리한 탑드로스는 건식 더스트 처리 등으로 보낸다. 도금 드로스에는 납이나 안티모니가 함유되어 있는 경우가 있으나, 현재는 원료 배합에 의한 희석으로 대처하고 있다. 용융 도금에서 발생하는 상부 드로스는 간단한 처리로 아연을 회수할 수 있기 때문에 발생원에서의 직접 처리도 증가하고 있다. 특히 도금 드로스 등의 금속계 스크랩으로부터 아연을 회수, 리사이클링하면 경제성이 높고, 남은 슬래그의 처리도 용이하여 리사이클링이 잘 이루어지고 있다.[28]

---

* 신동(伸銅): 구리나 구리 합금을 가공하여 판(板), 관(管), 봉(棒), 선(線) 등으로 만드는 일 또는 만들어진 제품. 놋쇠 제품이 가장 많고 구리, 청동, 양은 제품 따위도 있다. 여기서는 주로 아연 합금인 황동, 니켈과 아연, 구리의 합금인 양은을 일컫는다.

7.4.2 금속계 스크랩의 리사이클링

아연 리사이클링 원료 중에서 아연 가공품을 비롯한 금속계 스크랩은 용융과 간단한 정련에 의해 원래의 품위로 리사이클링할 수 있다. 특히 아연은 Al, Cu, Fe 등에 비하여 융점이 낮기 때문에 용리(liquation)*에 의해 회수할 수 있다.[29] 신동 제품은 구리의 리사이클링 프로세스에서 처리되지만, 일부는 아연 리사이클링 프로세스에서 제련 원료로 사용된다. 다이캐스팅 합금 중에서 간이금형 등은 재용해하여 산화 슬래그 등의 불순물과 개재물은 분리하고 성분 조정을 하여 원래의 품위로 리사이클링한다.

자동차나 가전제품에 사용된 다이캐스팅 제품은 시중의 쓰레기나 슈레더 더스트 중에 다른 금속성분과 혼재되어 분산된 상태로 회수되기 때문에 현재로서는 리사이클링의 경제성이 낮다. 도시 쓰레기 소각회 등의 용융처리로 상당한 양의 아연이 회수될 가능성이 있으나, 발생량에 따른 경제성 검토가 필요하다.

7.4.3 용융 아연 도금 드로스의 리사이클링

용융 아연 도금 드로스는 회분식(batch)의 용융 아연 도금과 연속식 도금(CGL)의 도금욕 중에서 발생하는 Fe-Al이나 Fe-Zn계의 금속간화합물이며, 아연 중에 분산된 상태로 회수된다. 이러한 드로스는 상부 드로스(top dross, Fe_2Al_5-Zn)와 하부 드로스(bottom dross, $FeZn_7$-Al)로 구분하고 있다. 특히 일반 용융 도금에서도 강판과의 밀착성을 향상하기 위해 약 30~100 ppm의 Al을 첨가하고 있다. 그리고 용융 아연 도금 용탕의 온도가 높고 Al 농도가 낮을수록 Fe 농도가 증가하는 것으로 보고되어 있다.[30]

일반적으로 합금화(Fe-Zn) 용융 아연 도금욕에는 Al이 1,500 ppm 이하로 첨가되어 있기 때문에 피도금재인 강판에서 용출한 철이 아연 중의 포화용해도(약 300 ppm)를 초과하면 $FeZn_7$이 석출되고 하부 드로스가 되어 용탕의 바닥 부분에 누적된다. 일반 용융 아연 도금욕에는 약 1,500~2,500 ppm의 Al이 첨가되어 있기 때문에 Fe_2Al_5(top dross)가 석출하여 부상한다. 그러나 하부 드로스의 경우에도 Al 농도가 높아지면 다음 식과 같은 반응에 의해 소멸되며,[30] 이러한 원리를 이용하여 아연을 회수한다.

$$2FeZn_{13}(s) + 5Al(l) = Fe_2Al_5(s) + 26Zn(l) \tag{7.20}$$

---

* 용리(liquation): 목적금속과 불순물의 융점 차이를 이용하는 방법.

$$2FeZn_7(s) + 5Al(l) = Fe_2Al_5(s) + 14Zn(l) \tag{7.21}$$

그 외에도 5 %와 55 %Al 도금 강판 또는 고Al 농도의 아연 도금을 하는 강선이 있으며, 이러한 프로세스에서는 Fe-Al이나 Fe-Al-Si계의 드로스가 발생한다. 드로스 발생량은 전체 도금용 아연의 약 10 %인 것으로 추정된다.[28]

이러한 드로스에 Zn보다 철과의 친화력이 강한 Al을 첨가하여 아연을 추출하고, 철은 Al과 Fe-Al계 금속간화합물을 만들어 비중차에 의해 분리하기도 한다. 이러한 반응은 식 (7.20), (7.21)과 같이 아연 용탕에서 Al과 Zn의 치환 반응이며, 비교적 저온에서도 반응속도가 빠르다. 플럭스를 이용하면 상부 드로스의 부상·분리가 쉬우며, 간단한 처리로 비교적 순도가 높은 아연으로 재생할 수 있다. 여기서 얻어진 재생 아연 지금에는 필연적으로 1,500 ppm 이상의 Al이 함유되어 있어서 일반 용융 아연 도금에는 사용할 수 없지만, Al 합금 용융 도금 등에는 사용할 수 있다. 슬래그류는 분쇄한 후에 분급을 하여 산화물과 아연으로 분리하고, 금속 부분을 용해, 정제하면 재생 아연이 얻어진다.

7.5 제강 분진의 리사이클링

7.5.1 제강 분진

전기로(EAF, Electric Arc Furnace) 제강법은 원료로 고철이나 환원철과 같은 냉철원을 사용하고, 전기에너지를 이용하여 용해정련하는 방법이다.* 전기로 조업은 용해기(원료장입+용해), 산화기, 환원기로 나눌 수 있다. 산화기의 탈탄 반응 중 CO 가스의 방출 과정에서 용철의 비산과 함께 Zn와 같이 비등점이 낮은 성분이 휘발되며, 이것을 제강 분진(EAF dust)이라 한다.[24]

그림 7.13에는 전기로에서의 분진 발생 기구를 재구성하여 다섯 가지로 구분하여 나타내었다.[31] 국부적으로 아크 영역(1)과 산소 제트 영역(1')의 화점(hot spot), 그리고 CO 기포에서 발생하는 증발에 의한 것이 있다. 그리고 용철에서 아크(2)나 산소 제트(2')의 충돌 지점에서 발생하는 액적에 의한 것, 용철의 탈탄 시 발생한 CO 기포가 터질 때(3) 발생하는 미세한

---

* 제4장 「철 스크랩의 리사이클링」 참조.

액적에 의한 것, 또 아직 명확하지는 않으나 기포가 용철 표면에 도달하여 노 내의 산화성 분위기와 만나 터질 때 발생하는 액적에 의한 것(4) 등이 있다. 마지막으로 EAF에 첨가하는 스크랩, 석탄, 첨가재 등으로부터 고체입자가 직접 날아올라 발생하는 것(5) 등이 있다.

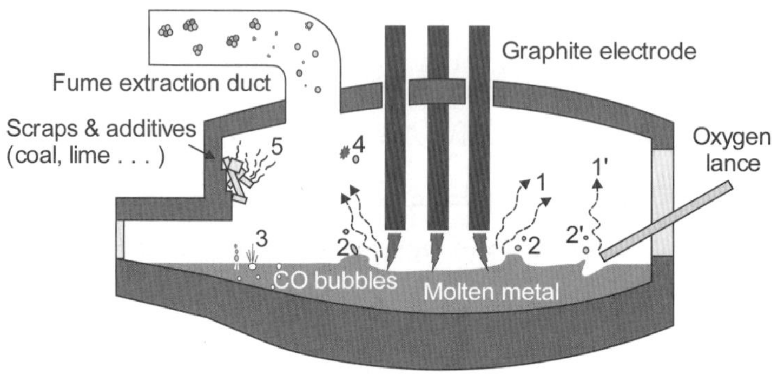

그림 7.13 전기로에서의 더스트 발생 기구

그림 7.14에는 용탕 표면에서 기포가 터뜨려지면서 분진이 발생하는 과정을 단계별로 나타내었다.[31] 그림 7.14(a)와 같이 기포가 표면으로 떠오를 때, 표면의 액막은 부상하는 기포의 영향을 받아 위로 올라가면서 점차 얇아진다. 임계 두께에 도달한 액막은 부서지고 버블 캡은 막상 방울(film drops)이라 부르는 미세 방울로 분해된다.(그림 7.14(b)) 이 방울의 크기는 0.3~500 μm 정도인 것으로 알려져 있다. 버블 캡이 터진 후 액체 표면에 남아 있는 캐비티가 닫히면서, 일반적으로 제트 방울(jet drops)이라 부르는 불안정한 작은 방울로 분해될 수 있는 상향 레이레이그 제트(Rayleigh jet)가 만들어진다.(그림 7.14(c))

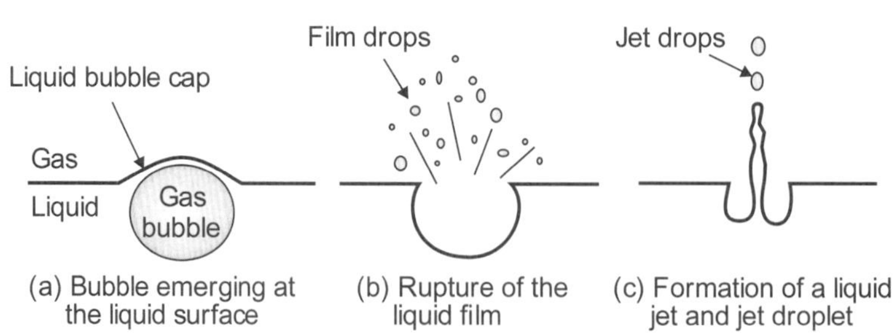

그림 7.14 용탕 표면에서 기포 파괴 과정의 모식도

그림 7.4에 나타낸 바와 같이 아연 생산량의 약 58 %는 철강재 등의 도금용으로 사용되고 있다. 그리고 도금된 철강재의 대부분은 제품의 수명이 다하면 회수되어 제강 원료료 사용된다. 특히 전기로 제강의 원료로 사용하는 철 스크랩은 정련 과정에서 용해되어 제품화되지만, 철 스크랩 표면의 아연 도금층은 전기로 정련 과정에서 그림 7.13, 7.14와 같이 첨가되는 부원료 성분과 함께 분진(dust)이 되어 노 외로 배출된다. 전기로 제강 공정에서는 조강 1톤당 약 15~25 kg의 분진이 발생한다.

제강 분진의 조성은 철 스크랩 종류, 제조 강종, 조업 조건 등에 따라 차이가 있으나, 표 7.5에 나타낸 바와 같다. 제강 분진의 광물학적 분석 결과에 의하면 철과 아연은 Fe_3O_4, $ZnFe_2O_4$, ZnO, $(ZnMnFe)_2O_4$ 등으로 구성되어 있지만, 주성분은 $ZnFe_2O_4$, ZnO로 소량의 Fe_3O_4도 존재한다. 특히 제강 공정에서 발생하는 분진은 Zn, Fe, Pb 등을 포함하여 Cd, As, Cr, F 등 중금속이 허용 기준치 이상으로 함유되어 있어 특정 산업폐기물로 분류되어 있다. 따라서 제강 분진을 매립하면 유해 중금속 성분들이 포함된 침출수에 의한 강물이나 토양의 오염 문제가 발생할 수 있으므로 필히 재활용하여야 한다.

[표 7.5] 제강 분진의 조성과 생성상

Elements	Range(wt%)	Phases Containing Elements
Fe	24.9~46.9	Fe_3O_4, α-Fe_2O_3, $ZnFe_2O_4$, $(ZnMnFe)_2O_4$, metal Fe
Zn	11.12~26.9	ZnO, $ZnFe_2O_4$, $(ZnMnFe)_2O_4$, sulphide, silicate or aluminate
Cd	0.03~0.05	Distribution not well established
Pb	1.09~3.81	PbO, $PbSO_4$, $PbCl_2$
Cr, Ni	0.06~0.58 0.01~0.12	Replace Fe in Fe_3O_4 spinel phase, Cr_2O_3
Ca	1.85~10.0	CaO, $CaCO_3$

7.5.2 제강 분진의 건식 처리 기술

제강 분진으로부터 유가 금속인 아연을 회수하는 기술에는 크게 건식법과 습식법이 있으며, 지역적 특성이나 이용 가능한 유휴설비, 시장 상황 등에 따라 복합적인 방법을 이용하고 있다. 건식제련법에 의한 아연의 회수는 기본적으로 제강 분진 중의 산화아연을 탄소질 환원제인 C(CO)로 환원하여 Zn(g)를 만들고, 이를 다시 산화시켜 ZnO(s)를 만드는 것이다.

재생한 ZnO는 대부분 습식이나 건식 아연 제련의 원료로 공급한다. 또 이러한 처리 공정에서 분진 중의 산화철도 환원되므로 용선이나 환원철로서 제강사에 공급하고 있다.

건식 처리법은 사용하는 노의 형상에 따라 로터리 킬른형, 샤프트형, 회전로상형, 용융환원형 등으로 구분할 수 있다. 표 7.6에는 주요한 제강 분진의 건식 처리 기술과 특징을 종합하여 나타내었다.

[표 7.6] 주요한 제강 분진의 건식 처리 기술과 특징

분류	명칭	특징
Rotary Kiln형	Waelz Kiln process	Rotary kiln을 이용하여 EAF 더스트 등을 처리하며, 전 세계 제강 분진의 85 %를 처리
	SMM process	Waelz법의 일종. 환원 배소-습식정제-건조단괴 공정으로 구성
	SDHL Waelz process	Waelz법을 에너지 소비 측면에서 개량한 것. 석회석+코크스+분진을 혼합한 펠릿을 사용
용융환원형	Ausmelt TSL	Top Submerged Lance를 이용, 코크스와 산소를 취입하여 아연 제련 잔사나 제강 분진을 처리
	MF로	Mitsui Miike Furnace. 아연 제련 잔사, 동, 은 함유 리사이클링 원료를 사용
	ESRF	Elecctric Smelting Reduction Furnace로 전기 에너지를 사용하여 제강 분진을 처리
	ScanArc법	샤프트형의 용융로에 괴상의 EAF 더스트, 코크스, 석회석 등을 장입하고 플라즈마에 의해 용융
회전로상형	RHF	Rotary Hearth Furnace로 도넛 형상의 회전로 제철소의 각종 더스트, 슬러리 처리 기술을 응용
샤프트형	PRIMUS법	샤프트형의 다단 수직로. 저가원료 사용이 가능하며, 열효율이 높음. 환원철까지 회수

(1) Waelz Kiln법

Waelz Kiln Process(WKP)는 스위스의 Global Steel Dust사에서 개발한 기술로, 현재 전 세계 전기로 제강 분진의 85 % 이상을 처리하고 있다. 그림 7.15에 장치의 모식도를 나타내었다.[32] WKP는 간단한 설비 구조와 높은 에너지 효율성 및 가동률 등의 특징을 가지고 있다. 특히 WKP는 다양한 농도의 장입물을 사용할 수 있다. 주요 설비인 로터리 킬른은 약 2~3도 각도로 경사져 있으며, 약 1.0 rpm의 속도로 회전하기 때문에 고체 장입물의 체류 시간은 8~10시간 정도이다. 장입물이 배출구 근처에 도달하면 거의 모든 Zn는

식 (7.6)의 반응에 의해 증류되고 철분이 많은 슬래그만 배출된다. Zn 증기와 CO 가스를 함유한 배가스는 연소대로 흘러 들어가서 흡입된 공기에 의해 완전히 산화·냉각되며, ZnO는 백필터에서 포십된다.

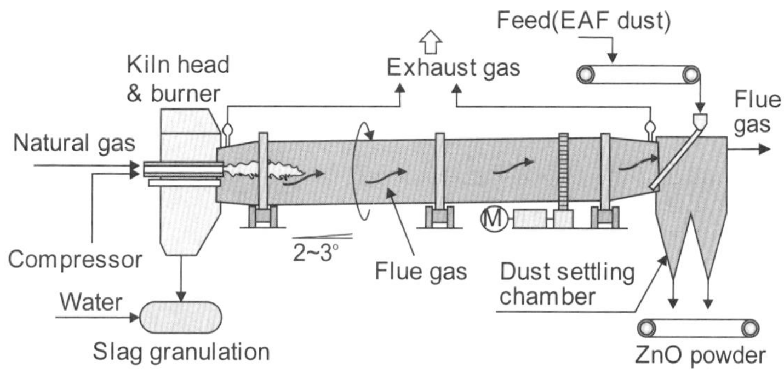

그림 7.15 Waelz kiln법의 모식도

그림 7.16에는 킬른 내에서 일어나는 반응을 모식적으로 나타내었다.[33] 킬른 내부는 고체 원료가 있는 부분(bed)과 가스상이 있는 부분(freeboard)으로 구분된다. 베드 부분에서는 탄소가 산화되어 부도아 반응에 의해 CO 가스가 생성되고 ZnO 등의 금속 산화물을 환원시킨다. 환원된 금속상은 증발되어 프리보드에서 재산화된다. 그리고 제강 분진 중에 함유되어 있던 할로겐 화합물은 휘발되어 배가스와 함께 배출된다. 킬른 내에서는 다음과 같은 반응이 일어난다.

① 탄소의 연소 반응

$2C + O_2 = 2CO$, $C + O_2 = CO_2$, $C + CO_2 = 2CO$

② 환원 반응

$Fe_3O_4 + CO = 3FeO + CO_2$, $ZnO + CO = Zn + CO_2$,

$CdO + CO = Cd + CO_2$

③ 산화 반응

$2CO + O_2 = 2CO_2$, $2Zn + O_2 = 2ZnO$,

$2Cd + O_2 = 2CdO$, $PbS + 2O_2 = PbSO_4$

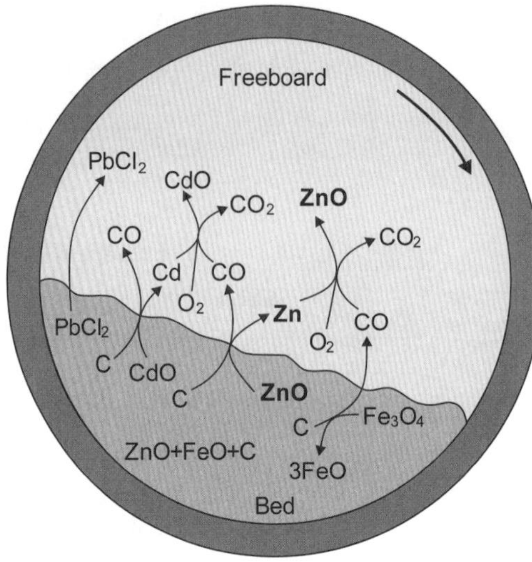

그림 7.16 Waelz kiln 내에서 제강 더스트의 반응

(2) SMM Process

SMM(Sumitomo Metal Mining) Process는 Waelz법의 일종으로 1977년 Sumitomo Shisaka 제련소에서 상업운전을 시작하였다. 현재 연간 11만 톤의 제강 분진을 처리하여 4만 5000톤의 조산화 아연(ZnO)을 생산하고 있다. 그림 7.17에 SMM process의 공정도[34]를 재구성하여 나타내었다. SMM Process는 기본적으로 환원 배소, 습식정제, 건조·단광의 3가지 공정으로 이루어져 있다. 환원 배소 공정에서는 원료인 제강 분진과 탄재의 연소에 의해 발생한 CO 가스 사이의 기체-고체 간 반응으로 ZnO를 환원·휘발하여 Zn를 분리한 후 재산화시켜 ZnO를 만든다. 비교적 저온에서는 제강 분진 중의 철분이 아래 식과 같이 철로 환원된 후에 Zn의 환원이 일어나며, 환원된 철분은 클링커(clinker) 상태로 배출된다.

$$Fe_2O_3(s) + 3CO(g) = 2FeO(s) + 3CO_2(g) \tag{7.22}$$

$$FeO(s) + CO(g) = Fe(s) + CO_2(g) \tag{7.23}$$

습식정제 공정에서는 전기집진기(E.S.P)와 백필터(B.F.)에서 회수한 조산화 아연에 물을 첨가하여 슬러리 상태로 만들고, 소다회(Na_2CO_3) 첨가로 pH를 높여 아래 식과 같이 F, Cl 등을 제거한다.[35]

$$PbCl_2 + Na_2CO_3 = PbCO_3 + 2NaCl \tag{7.24}$$

$$PbFCl + Na_2CO_3 = PbCO_3 + NaCl + NaF \tag{7.25}$$

다만 화합물이 PbFCl인 식 (7.25)의 분해 반응은 일어나기 어려우므로, 환원킬른에서 불소의 휘발을 억제시키는 것이 필요하다. Shisaka 제련소에서는 제강 더스트에 석회석을 첨가하여 F를 고정시키고 있다. 정제한 조산화 아연은 탈수한 후에 건조킬른으로 보낸다. 건조킬른에서에서는 건조가열에 의해 조산화 아연 케이크를 하소하여 펠릿 형태로 만든다.

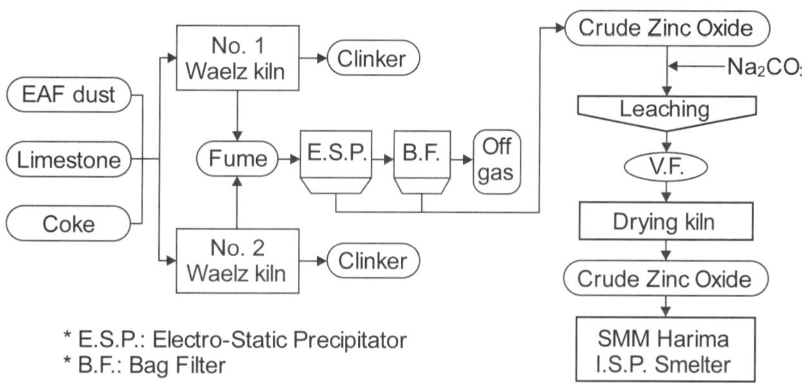

그림 7.17 EAF 더스트를 처리를 위한 SMM법의 공정도(Shisaka Works)

(3) SDHL Waelz Process

이 프로세스는 Waelz Kiln법을 에너지 소비 측면에서 개량한 것으로, 원료준비, 건식처리, 배가스 처리 및 조산화 아연 회수의 3가지 공정으로 구성되어 있다.[36] 원료준비 공정에서는 Zn가 함유된 부산물들의 수송과 보관, 그리고 부원료인 석회석과 코크스, 물을 혼합하여 펠릿을 만든다. 건식 처리 공정에서는 배합된 원료를 약 1,200 ℃의 Waelz kiln에서 환원시켜 Zn를 가스화시킨 후 재산화시킨다. 마지막으로 배가스를 처리하고 Waelz oxide라 부르는 조산화 아연을 분리한다. SDHL Waelz Process에서도 Zn, Pb, Cl, Cd 등은 환원·휘발되고, Fe는 환원되어 철 클링커로 배출되며, 클링커는 수쇄하여 20 mm 크기로 만든다. 생성된 조산화 아연은 Zn 65 %, Pb 5 % 등이며, Zn와 Pb의 혼합 염화물도 공존한다. 이 프로세스는 스페인, 독일, 한국(Befesa Zinc Korea, Ltd.), 터키 그리고 프랑스의 5개 공장에서 성공적으로 조업 중인 것으로 알려져 있다.

(4) TSL법(용융환원형)

TSL(Top Submerged Lance)법[37]은 호주의 CSIRO에서 개발된 것이다. 그림 7.18에 랜스와 함께 모식도를 나타내었다. TSL법은 사용하는 노에 따라 AUSMELT법과 ISAMELT™법이 있으나, 원통형인 노의 형상은 유사하다.

TSL법은 공중에 매달려 있는 침지랜스를 통해 연료와 산소부화 공기 등을 용탕에 취입하므로 강력한 교반에 의해 반응속도가 빠른 특징을 가지고 있다. 이 기술은 Cu, Pb, Ni, Sn, Zn, 백금족 원소, 그리고 철강을 비롯한 산업 부산물 등을 처리하는 많은 상업로에서 적용하고 있을 정도로 다양한 건식 공정에서 응용하고 있다. 특히 Zn를 함유하는 부산물을 환원제인 석탄과 함께 반응시켜 ZnO와 슬래그로 만든다. 또 필요에 따라서 제강 분진을 비롯한 여러 가지 Zn 함유 부산물을 혼합하여 사용할 수 있는 특징을 가지고 있다. 국내에서는 고려아연, 영풍, GRM에서 이 공법을 사용하여 다양한 원료들을 처리하고 있다.

환원제인 석탄과 플럭스 등은 노의 지붕에 설치되어 있는 장입구(feed port)를 통해 장입한다. 특히 TSL은 그림에서와 같이 특수한 구조의 다중관으로 되어 있고, 석탄과 공기 등이 랜스를 통해 슬래그 하부의 용탕에 직접 투입되어 강력한 교반을 일으킨다. 장입원료 중의 Zn 등은 용탕에서 환원되어 금속상의 증기가 된다. Zn를 비롯한 금속 증기는 노 상부의 빈 공간(freeboard)이나 보일러실에서 2차 연소용 공기에 의해 산화되며, Zn는 ZnO로 회수한다.

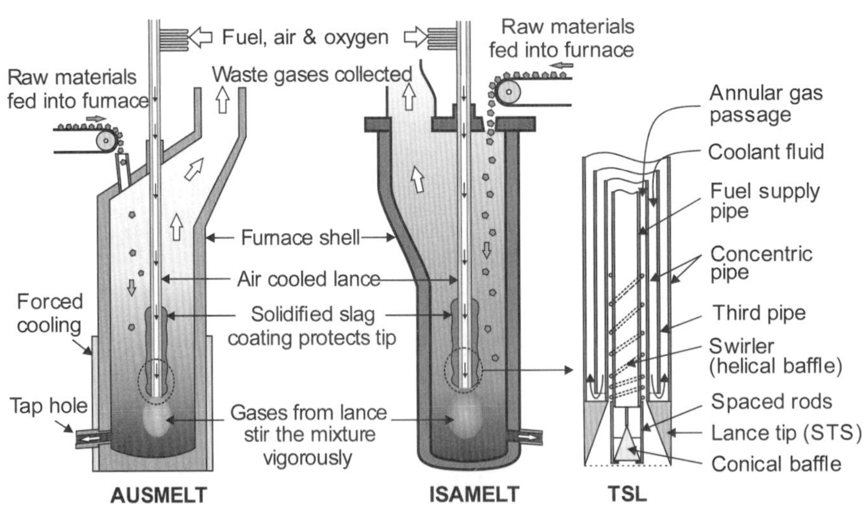

그림 7.18 AUSMELT로와 ISAMELT로 및 TSL(랜스)의 모식도

(5) MF로(Mitsui Miike Furnace, 용융환원형)

MF로법은 건식 아연 제련소인 일본의 Miike 제련소에서 1965년에 제련 슬래그류를 처리하기 위해 개발한 방법이며, 그림 7.19에 MF로의 단면 모식도를 나타내었다.[38] 현재는 주로 제강 분진을 처리하고 있으며, 아연 제련 잔사나 구리나 은 함유 리사이클링 원료도 처리하고 있다.

원료인 제강 분진, 세정한 용융연회, 아연 제련 잔사 등의 원료와 플럭스인 규석, 열원인 석탄을 바인더(펄프 폐액)와 함께 혼합하여 건류한다. 건류한 원료를 로드 밀로 분쇄한 후 브리케트로 만들어 MF로에 공급한다. 노에 공급된 원료는 200 ℃, 23.5 % O_2의 공기와 반응하여 연소되면서 용해한다. 이 과정에서 아연이나 납은 환원·휘발되어 노의 측면에 있는 2차 연소 공기에 의해 산화된 후 백필터에서 회수한다. 회수한 산화물은 가성소다로 세척한 후 고압 필터프레스로 고액분리하여 아연 제련 원료로 판매하고 있다. MF로의 특징은 저품위 원료로부터 아연, 납, 구리 등의 유가 금속을 동시에 회수할 수 있다는 점이다.

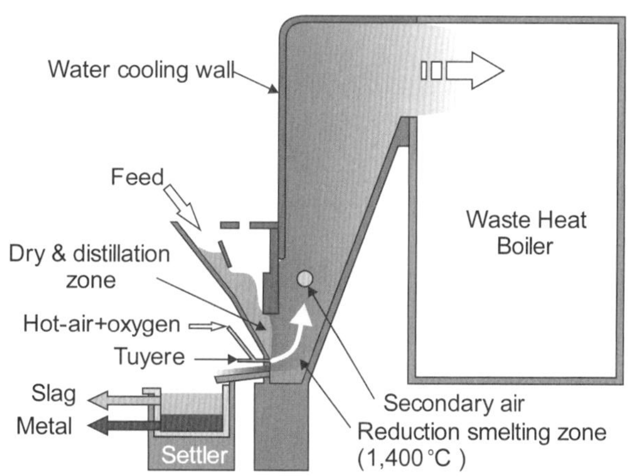

그림 7.19 MF로의 단면 모식도

(6) ScanArc법(용융환원형)

상기한 Kiln법과는 달리 에너지원의 일부를 산소(공기) 플라즈마에 의해 공급하는 것으로, 그림 7.20에 장치의 모식도를 나타내었다.[39] 이 방법은 전기값이 싼 지역에서 활용할 수 있는 것으로 알려져 있다. 설비는 샤프트형의 용융로와 플라즈마 토치, 배가스 처리장치로 구성되어 있다. 괴상의 제강 분진, 코크스, 석회석 등을 장입하고 플라즈마에 의해 용융한다. 플라즈마 토치에서는 천연가스와 혼합된 플라즈마 가스가 슬래그층에 취입되어 강력한 교반으로 환원 반응을 원활하게 유도할 수 있다. Zn와 휘발성의 금속성분은 용탕 상부에서 2차 연소에 의해 고체상의 ZnO와 함께 용융로에서 배출되어 복사 냉각챔버에서 공기에 의해 완전히 재산화된다. 그리고 ZnO는 전기집진기에서 회수된다. 이때 배출되는 ZnO는 55~65 wt% 정도의 Zn를 함유하고 있으며, 타 프로세스와 마찬가지로 철분과 슬래그 등이 배출되고 있다.

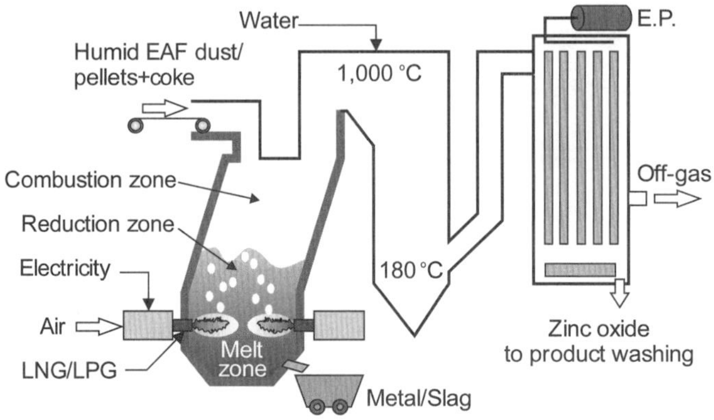

그림 7.20 ScanArc법의 모식도

(7) ESRF법

ESRF(Electric Smelting Reduction Furnace)법은 2010년부터 대만에서 가동 중에 있는 제강 더스트 처리용의 용융환원로이며, 그림 7.21에 장치의 모식도를 나타내었다.* TSL이나 MF로와는 달리 전기 에너지를 열원으로 사용하고 있다.[40] 따라서 발생하는 가스양이 적어 원료의 비산이 적으므로 조산화 아연 중의 ZnO 농도가 약 70 % 수준으로 비교적 높은 편이다. 또 용융환원이므로 철분도 완전히 환원되어 용선으로 회수함으로써 전기로의 철원으로 사용하고 있다. 그리고 1,250 ℃ 이상의 고온에서 가동되므로 더스트 중의 다이옥신은 완전히 열분해되는 것으로 알려져 있다. 특히 설비가 간단하므로, 전기로 공장 내에 설치하여 생성된 제강 분진을 처리하고, 배출되는 용선은 곧바로 전기로의 철원으로 사용할 수 있는 장점이 있다. 현재 대만의 KCRC(Katec Creative Resources Corporation)에서 연간 4만 톤의 제강 분진과 5천 톤의 의료 폐기물을 처리하여 연간 1만 5500톤의 조산화 아연과 1만 2500톤의 선철을 생산하고 있다.

---

* 제4장 「철 스크랩의 리사이클링」의 그림 4.28 참조.

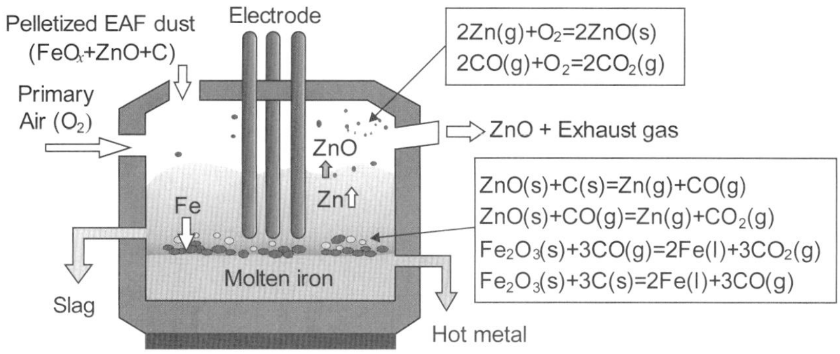

그림 7.21 ESRF법의 기본 개념도

(8) RHF법

RHF(Rotary Hearth Furnace)법은 도넛 형상의 회전로를 중심으로 하는 고온환원 프로세스이며, 그림 7.22에 RHF법의 모식도를 나타내었다.* RHF법은 원래 환원철 제조를 위한 프로세스로 개발된 것이었으나, 제철소에서 발생하는 각종 더스트나 슬러리의 처리, 제강 더스트 중의 Zn를 회수하는 기술 등으로 발전하였다. RHF법은 원료 준비와 조립(造粒, pelletizing)하는 공정, RHF에서 환원하는 공정, 배가스 처리 공정, 그리고 DRI(Direct Reduced Iron) 처리 공정으로 이루어져 있다.[41]

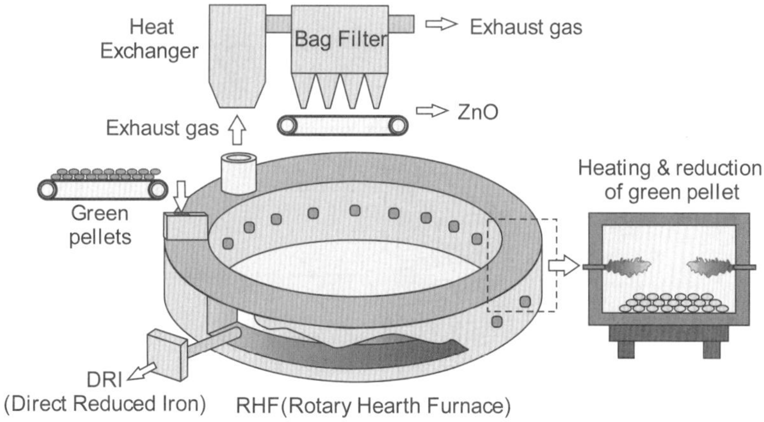

그림 7.22 RHF법의 모식도

* 제4장 「철 스크랩의 리사이클링」의 그림 4.27 참조.

Zn가 함유된 분진을 탄소질 환원제와 함께 혼합하여 펠릿이나 브리케트로 만들어 회전로 중에 균일한 두께로 장입한다. 약 1,300 ℃(조업 조건에 따라 온도에는 차이가 있음)의 고온으로 가열하여 반응시키면 식 (7.6)의 반응에 의해 Zn 증기가 발생한다. 이 Zn 증기는 RHF 내에서 공기와 연속적으로 혼합되면서 식 (7.19)의 반응에 의해 재산화되어 ZnO가 만들어진다. 여기서 만들어진 조산화 아연은 70~90 wt% ZnO 정도이지만, 원료에 따라 차이가 있다.

RHF 기술을 바탕으로 ZincOx사에서 한국에 연간 20만 톤의 제강 분진을 처리할 수 있는 설비를 건설하였으며, 포스코에서도 제철 분진 처리용으로 2기가 가동 중이다.

(9) PRIMUS법(샤프트형)

PRIMUS법은 샤프트형의 다단 수직로를 이용하는 방법이다.[42] 그림 7.23에 공정도를 모식적으로 나타내었다. 석탄과 제강 분진을 혼합하여 최상부에서 장입하면 상부에서부터 다음 단으로 하강해 간다. 이 과정에서 석탄의 1차 연소와 CO 가스의 2차 연소에 의해 약 1,100 ℃까지 가열할 수 있다. 고온에서 환원된 금속상의 Zn와 Pb는 증류된 후 재산화되고 백필터에서 포집되며, 실수율은 약 95 %로 알려져 있다. 노의 바닥 부분에서는 환원철(환원율 90~95 %)이 배출되며, 냉각 후에 고로나 전기로 제강에 공급한다.

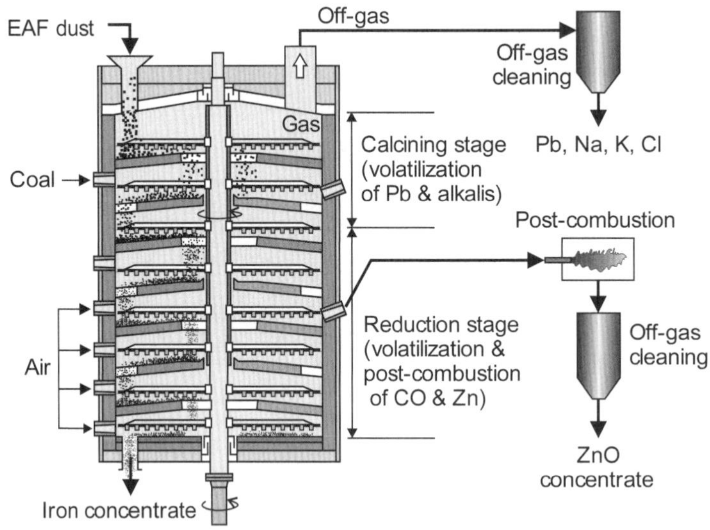

그림 7.23 EAF 더스트 처리를 위한 PRIMUS법의 공정도

PRIMUS법은 저가의 원료를 사용할 수 있고, 1,000~1,100 ℃의 온도에서 강력한 교반 작용과 높은 열효율에 의해 신속한 환원이 일어나는 것으로 보고되어 있다. 특히 ZnO의 품질이 양호한 것으로 알려져 있다.

7.5.3 제강 분진의 습식 처리 기술

제강 분진으로부터 유가 금속인 아연을 회수하는 습식제련법에는 EZINEX법, ZINCEX법, RECUPAC법 등이 있으나, NH_4Cl을 용매로 사용하는 EZINEX법만 가동되고 있다. 이러한 습식 처리법을 사용하는 용매에 따라 정리하여 표 7.7에 나타내었다.[43] 제강 분진의 습식 처리 공정에 사용하는 침출제로는 황산(H_2SO_4), 염산(HCl), 염소(Cl_2), 가성소다(NaOH), 암모니아(NH_4OH) 또는 염화암모늄(NH_4Cl) 등이 있다. 초기에는 가격이 저렴한 황산을 침출제로 사용하는 방법에 대한 연구들이 많았으나, 침출 잔사 중에 유해 중금속인 납이 황산납($PbSO_4$)으로 잔류하며, 황산아연 용액의 전해 공정에서 잔류 염소에 의한 염소 가스 발생 및 심각한 양극 부식 등의 문제가 발생하여 상용화되지 못하였다.

[표 7.7] 전기로 제강 분진의 습식 처리법 비교

Type of solvent		Reaction	Final Product	Process	Pb
Acid	H_2SO_4	$ZnO+2H^+ \rightarrow Zn^{2+}+H_2O$	Zn	E.W.*	remain in rsd.•
	HCl	$ZnO+2H^+ \rightarrow Zn^{2+}+H_2O$	Zn	E.W.	dissolve to sol.••
Alkaline	NaOH	$ZnO+2OH^- \rightarrow ZnO_2^{2-}+H_2O$	Zn (powder)	E.W.	dissolve to sol.
	NH_3	$ZnO+2NH_4^++2NH_3 \rightarrow Zn(NH_3)_4^{2+}+H_2O$	ZnO	T.D.**	dissolve to sol.

*E.W.: electrowinning, **T.D.: thermal decomposition, •rsd.: residue, ••sol.: solution

알칼리 침출법은 다량의 철 성분이 불용성 잔사로 남는 장점이 있다. 특히 가성소다를 침출제로 사용하는 경우 아연을 분말상으로 전해채취하는 것이 가능하다. 이탈리아의 Engitec Impianti사에서는 NH_4Cl-NaCl 용액으로 제강 분진을 직접 침출한 후 전해채취법으로 금속 아연을 회수하는 EZINEX 공정을 개발하여 상용화하였다. 그러나 알칼리 침출법의 경우 분진 중의 불용성 zinc ferrite($ZnO \cdot Fe_2O_3$)로 인한 낮은 Zn 회수율과 침출 잔사의 처리가 단점으로 지적되고 있다.[44]

최근 들어 건식 및 습식제련 공정의 단점들을 상호 보완하는 대안으로서 건·습식 공정을 조합한 제강 분진 처리 기술이 제시되고 있다. 건·습식 처리 기술은 제강 분진에 함유되어 있는 아연과 유해원소들을 고온에서 환원·휘발시켜 회수 또는 제거하는 건식 공정과, 회수된 조산화 아연을 산업원료용 금속 아연 또는 아연화합물로 정제하는 습식정제 공정으로 구성되어 있다. 그림 7.24에는 EZINEX의 건·습식 복합처리 공정도를 나타내었다. 제강 분진을 전해액으로 직접 침출하거나, 유도로에서 조산화 아연과 용선(pig iron), 슬래그를 분리하고, 조산화 아연만 침출한다. 그리고 침출액을 여과하고 정제한 후에 아연을 전해채취하고 있다.

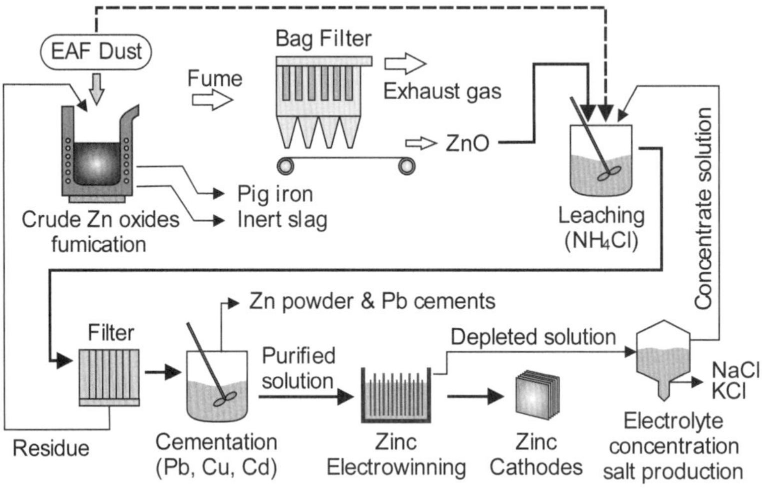

그림 7.24 EZINEX의 제강 분진 건·습식 복합처리 공정도

7.5.4 습식 아연 제련 잔사의 처리

아연 황화광(ZnS+FeS)을 배소하면 ZnO와 함께 zinc-ferrite($ZnO \cdot Fe_2O_3$)도 생성된다. 이러한 소광을 황산으로 침출하면 zinc-ferrite는 미용해 잔사로 남게 된다. 이러한 침출 공정의 미용해 잔사 중에는 상당한 수준의 아연을 포함한 유가 금속이 함유되어 있다. 따라서 대부분의 아연 제련소에서는 여러 가지 방법으로 아연을 포함한 유가 금속을 회수하고, 철분은 슬래그로 만들어 처분한다.

그림 7.25에는 석포제련소에서 TSL법으로 아연 제련 잔사를 처리하는 공정도를 나타내었다.[45] 석포제련소와 고려아연에서는 Smelting로와 Cleaning로의 2기를 연결하여 연속

조업을 하고 있다. 다양한 원료를 smelting로에 장입하면, 그림과 같이 잔사 중의 ZnO가 환원되어 Zn 증기가 된 후 다시 ZnO로 재산화된다. ZnO는 폐열 보일러, 정전기 집진기에서 회수한다. Smelting로에서 생성된 슬래그는 연속적으로 Cleaning로에 공급된다. 여기에는 환원제인 석탄만 공급하며, 생성된 산화물은 정전기 집진기에서 회수한다.

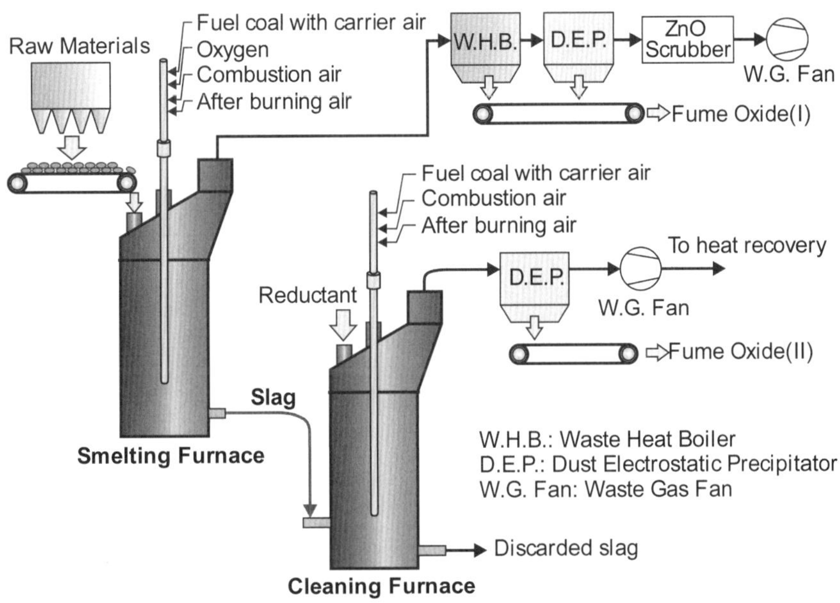

그림 7.25 영풍 석포제련소의 TSL 공정도

7.6 폐건전지의 리사이클링

7.6.1 아연 함유 건전지

아연을 사용하는 건전지에는 망간 건전지와 알칼리 건전지가 있으며, 알칼리 건전지에는 알칼리망간(AlMn) 건전지, 산화은 전지, 수은 전지, 공기아연 전지 등이 있다. 이러한 각 전지의 구성을 표 7.8에 나타내었다. 망간 건전지는 전해액이 산성이며, 양극으로 이산화망간을 사용한다. 알칼리 건전지는 전해액이 강알칼리이며, 양극 활성물질의 종류에 따라 각각의 명칭을 붙여서 사용하고 있다. 이러한 건전지의 음극 활성물질은 전부 아연으로 구성되어 있다. 표 7.9에는 대표적인 아연 함유 건전지의 금속 농도를 나타내었다. 따라서 건전지를 리사이클링하면 아연과 망간, 철, 은 등을 회수할 수 있다. 한편 그림 7.26에 대표적인 알칼리 건전지와 망간 건전지인 Zn-C 건전지의 구조를 모식적으로 나타내었다.[46]

[표 7.8] 아연을 사용하는 건전지 종류와 구성

Battery type		Voltage (V)	Active materials		Electrolyte
			Cathode	Anode	
Zinc-C		1.5	MnO_2	Zn	NH_4Cl and/or $ZnCl_2$
Alkaline battery	AlMn	1.5	MnO_2	Zn	KOH
	Silver	1.55	Ag_2O	Zn	KOH or NaOH
	Mercury	1.35	HgO	Zn	KOH or NaOH
	Zinc-air	1.55	O_2 from air	Zn	KOH

[표 7.9] 아연 함유 건전지 종류별 금속 농도

Battery type	Elemental composition of batteries(wt%)				
	Zn	Mn	Ag	Fe	Hg
Zn-C	20	20	-	25	-
AlMn*	15	30	-	25	-
Silver	10	-	30	40	0.5

* AlMn: alkaline-manganese battery

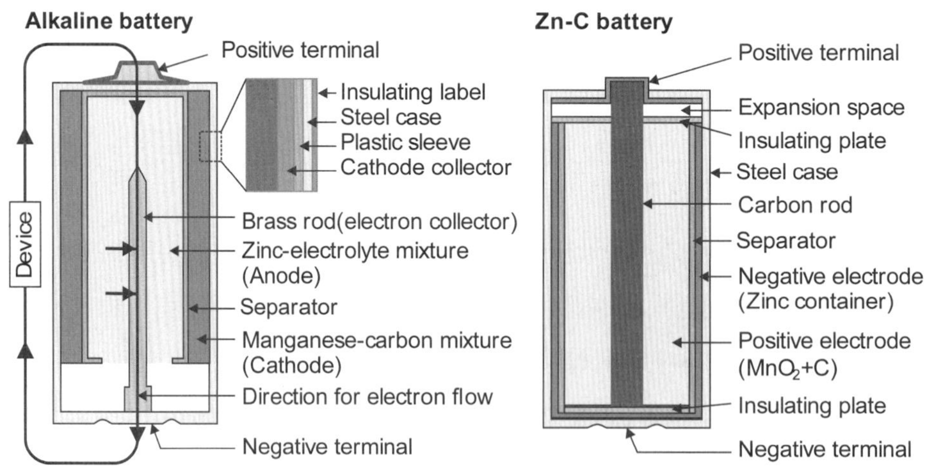

그림 7.26 알칼리 건전지와 망간 건전지인 Zn-C 건전지의 구조

7.6.2 폐건전지의 건식 처리 기술

폐건전지(AlMn, ZnC, ZnO 건전지)를 리사이클링하기 위해서는 전처리로 해체-파쇄-선별 공정을 거쳐야 하며, 이후에 건식법이나 습식법으로 리사이클링하고 있다. 건식 처리법에는 Batrec법(스위스), Citron법(프랑스), Valdi법(프랑스) 등이 있으며, 그림 7.27에 각 건식법의 공정도를 비교하여 나타내었다.[47]

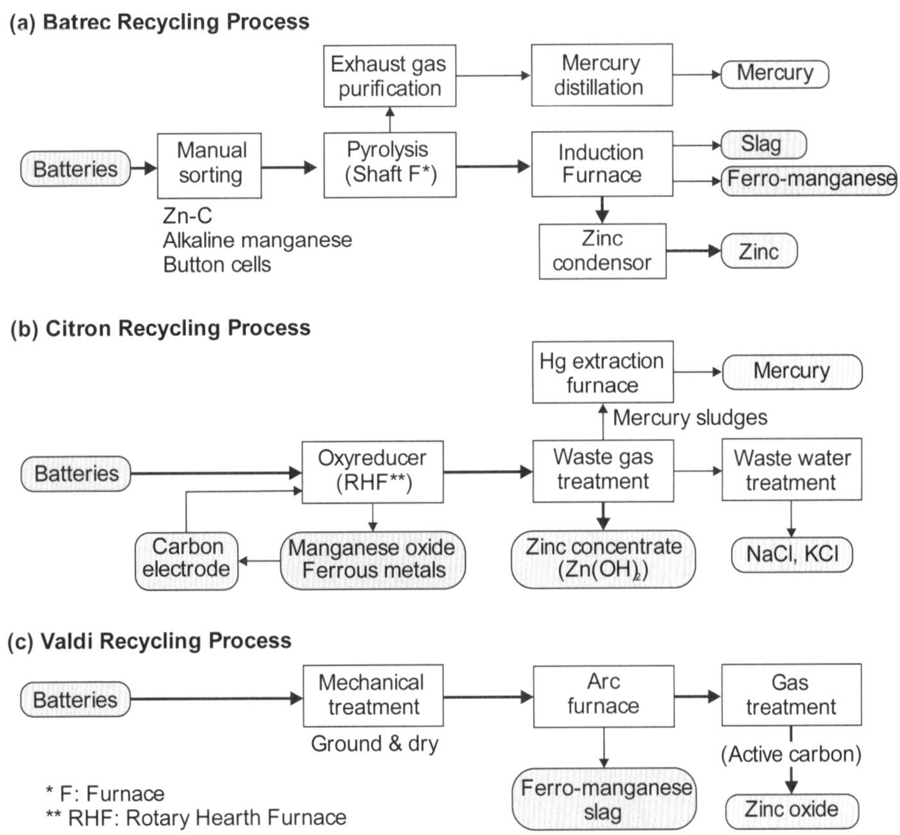

그림 7.27 폐건전지의 건식 처리 공정도 비교

Batrec법(그림 7.27(a))은 수선별한 폐건전지(AlMn, ZnC, ZnO 건전지)를 700 ℃의 샤프트로에서 열분해(pyrolysis)하여 유기물과 수은 등을 증발시킨 다음 가스 정화 장치로 보낸다. 가스 정화 장치에서는 도입된 가스를 순환수로 세척하여 수은을 응축시켜 회수한다. 그리고 열분해 공정에서 잔류한 고체는 1,500 ℃의 유도로에서 환원정련을 한다. 이 공정에서 Fe와 Mn은 액상으로 남아 합금철(페로망가니즈)이 만들어진다. 또 아연은 증발되어 응축기에서 액상으로 회수된다.

Citron법(그림 7.27(b))은 폐건전지(AlMn, ZnC, ZnO 건전지), ASR, 수산화물 슬러지, 절삭 슬러지, 폐촉매 등의 다양한 2차 자원을 원료로 사용한다. 선별한 폐건전지를 RHF(Rotary Hearth Furnace, OxyreducerTM)에 투입하여 Zn, Hg, 유기물, 그리고 염들을 증발시킨다. 원료 중의 종이, 플라스틱 등의 유기물은 RHF에서 완전히 산화되어 열원으로 회수되며, $Zn(OH)_2$ 등의 건조에 사용한다. RHF에서 나온 배가스는 가스 처리 장치로 보내어 침강실에서 Zn를 $Zn(OH)_2$ 상태로 침강시켜 회수한다. 그리고 수은이 함유된 배가스를 수세하여 응축시켜 수은을 함유하는 슬러지 상태로 회수한다. 이 슬러지는 다시 수은 추출로에서 증발·응축에 의해 회수한다. 그리고 증발한 염류도 수세하여 NaCl, KCl 등으로 회수한다. RHF에 잔류하는 Fe, Mn, 탄소전극은 배출시켜 체거름으로 MnO_2와 Fe를 회수 후 판매한다. 탄소전극은 RHF에 재투입하여 환원재로 사용한다.

Valdi법(그림 7.27(c))은 아크로에서 정련하기 전에 건전지를 분쇄하고 건조하는 전처리 공정을 거치고, 고온의 아크로에서 페로망가니즈를 제조하는 것을 특징으로 하는 방법이다. 그리고 아크로에서 발생하는 가스 중의 Zn는 활성탄소를 이용하여 ZnO 더스트로 회수한다.

7.6.3 폐건전지의 습식 처리 기술

폐건전지의 습식 처리는 파쇄, 분쇄 등의 기계적 처리와 침출, 전해 등의 화학적 처리로 구성되어 있다. 폐건전지의 기계적 처리에서는 건전지를 슈레딩하여 금속, 종이, 플라스틱, 분말(black mass, Zn, Mn, C 혼합물)로 분리한다. 그리고 분말은 화학적 처리에서 용액으로 만들고 전해 등의 처리를 하여 용액 중에 용해되어 있는 금속 성분을 추출한다. 이러한 습식 처리법에는 RECUPYL법, REVABAT법, BATENUS법, RECYTEC법 등이 있다.

그림 7.28에 나타낸 RECUPYL법에서는 건전지를 크기별로 선별한 다음 슈레딩한다.[48] 그 후에 자력 선별에 의해 철강과 종이, 플라스틱, 그리고 분말(black mass)을 분리한다. 분말은 산으로 침출하여 Zn/Mn 용액과 수은, 기타 비철금속을 분리한다. 정제한 용액은 전해채취에 의해 금속 아연을 추출하고, Mn은 산화물로 회수한다. 다른 방법으로는 Zn와 Mn을 각각 염으로 만들어 회수하고 있다.

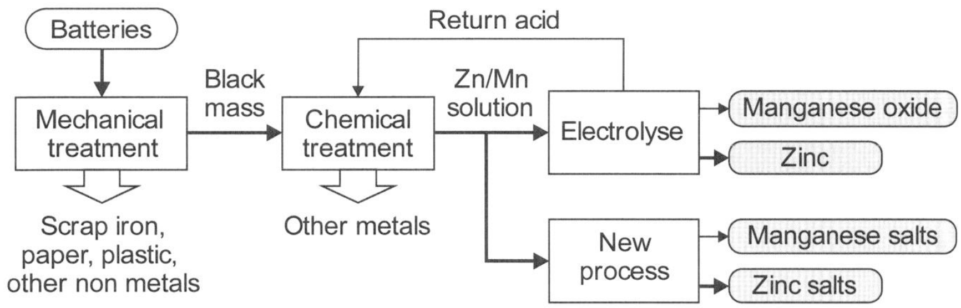

그림 7.28 폐건전지를 습식으로 처리하는 RECUPYL법의 공정도

REVABAT법은 REVATECH사에서 개발한 것으로, 폐건전지를 파·분쇄한 다음 입도 분리를 통해 전지 케이스와 전지 내 분말을 회수한다. 전지 케이스는 자력 선별에 의해 Fe를 회수하고, 분말은 황산을 사용하여 침출한 후에 황산아연 및 황산망간, 또는 ZnO, MnO_2를 제조한다.[49]

BATENUS법에서도 폐건전지를 파·분쇄하여 Fe를 자력 선별로 분리한다. 비철금속은 입도 분리하여 분말 형태로 회수하고, 약산으로 침출하여 고액분리한다. 침출 잔사의 대부분은 MnO_2이므로 세척하여 판매한다. 침출 여과액 중의 Zn는 용매추출한 후에 전해채취하여 Zn를 회수하고 있다.

RECYTEC법은 물리적 전처리를 거친 후 Fe를 회수하고, Zn와 Mn이 함유된 분말은 황산으로 침출한다. Zn/Mn 용액을 곧바로 전해하여 Zn는 금속상으로 회수하고, Mn은 산화물(MnO_2)로 회수한다.

7.7 종합

본 장에서는 아연을 함유하는 순환자원으로부터 아연을 리사이클링하기 위해 필요한 아연 제련 공정과 아연을 함유하는 금속계 스크랩, 제강 분진, 건전지 등의 리사이클링 공정에 대해 알아보았다. 아연은 인류가 여덟 번째로 사용한 금속이며, 합금으로는 기원전 4000년경부터 사용하여 온 매우 친숙한 금속이다. 아연의 주된 용도가 철강재의 부식 방지를 위한 도금이므로 철강 생산량의 급증에 따라 2018년에는 1300만 톤 이상을 생산하였다. 그러나 아연 용도상 라이프 사이클이 길고 단독으로 사용되는 경우가 적어 2차 지금 생산량은 전 세계 아연 생산량의 약 25 % 수준에 불과하다.

광석으로부터 아연을 생산하는 1차 제련 공정의 대부분은 황화광을 산화 배소한 후에 침출-전해채취하는 습식제련법이며, 배소광을 소결한 후에 코크스 등으로 환원하는 건식제련법도 적용하고 있다. 아연 2차 자원 중에서 금속계 스크랩은 재용해하여 리사이클링되지만, 황동 등의 Cu계 합금은 구리 제련소 등에서 처리한다.

전기로 제강 분진의 대부분은 로터리 킬른 등을 이용하는 건식법으로 처리하고 있지만, 습식으로 처리하는 경우도 있으며, 최근에는 건·습식 복합처리에 대해서도 많은 관심이 쏠리고 있다. 그리고 아연을 함유된 건전지(1차 전지)는 건식법으로 처리하는 경우가 많으며, 습식 처리법에 대해서도 기술적으로는 정립이 되어 있으나 규모의 경제를 이루는 것이 시급한 과제이다. 향후 아연 자원의 효율적인 리사이클링을 위해 아연 함유량이 적은 자원이라도 경제적으로 회수할 수 있는 건식, 습식, 건·습식 복합처리 공정에 관한 연구 개발은 물론, 2차 자원으로부터 보다 고부가가치의 ZnO 등을 만드는 기술 개발이 필요할 것이다.

아연 이야기

아연은 금속으로 추출되기 훨씬 전인 기원전 4000년경부터 구리 합금인 황동(Cu-Zn합금)으로 사용되어 왔지만, 금속상의 아연은 13세기 인도에서 처음으로 만들어졌다. 이 기술은 후일 중국으로 건너갔으며, 1637년에 지어진 송응성(宋應星)의 『천공개물(天工開物)』에 제련 방법에 대한 설명이 그림과 함께 실려 있다. 그러나 이 책을 비롯해 당시 중국이나 우리나라에서는 아연을 '왜연(倭鉛)', '왜연철(倭鉛鐵)'이라 불렀으며, 어떤 기록에도 '아연(亞鉛)'이란 표현은 등장하지 않는다.(현재도 중국에서는 아연을 zinc와 발음이 비슷한 '신(锌)'으로 표기하고 있다.) 송응성의 『천공개물』에 의하면 아연의 성질이 고약하여 당시의 한반도와 중국 연안을 침범했던 왜구에 빗대 왜연(倭鉛)이라 불렀다고 한다. '아연(亞鉛)'이란 표현은 1713년 일본에서 데라시마 료안(寺島良安)이 편집하여 출판한 백과사전격 도서 『왜한삼재도회(倭漢三才図会)』에 처음으로 등장한다.

이처럼 아연은 그 성질이 납과 비슷하고 연소되는 성질이 고약하여 왜연 등으로 불리기도 했지만, 인체에 유해한 납(鉛)과는 비교할 수 없을 정도로 유익한 원소이다. 아연으로서는 굴욕적인 이름일 수밖에 없다. 1869년에 Raulin이 'Aspergillus niger'의 성장에 아연이 필요하다는 것을 발견하면서 아연은 생물의 필수 영양소로 자리매김했다.[50] 아연은 생체에 '철' 다음으로 많이 함유되어 있는 필수 미량원소이며, 체중이 70 kg인 사람의 경우 평균 2.3 g의 아연이 체내에 함유되어 있다고 한다.

1 손호상, 2019: 자원리사이클링공학, p. 14, 경북대학교출판부.

2 Christopher P. Thornton, 2007: Of brass and bronze in prehistoric Southwest Asia, Metals and Mines: Studies in Archaeo metallurgy, Ed. by S. La Niece, D. Hook, P. Craddock, pp. 123-135, Archetype Publications, London.

3 A. D. McMahon, C. H. Cotterill, J. T. Dunham, and W. L. Rice, 1974: The U.S. Zinc Industry: A Historical Perspective, p. 41, Bureau of Mines Information Circular, Washington U.S.

4 Fathi Habashi, 2002: Discovering the 8th Metal - A History of Zinc, International Zinc Association (IZA), Brussels.

5 PRAPHULLA CHANDRA RAY D, Sc., 1903: A History of Hindu Chemistry, Vol. 1 2nd Ed., p. 71, 88, 156, The Bengal Chemical & Pharmaceutical Works, Ltd., Calcutta.

6 장수비, 조남철, 강형태, 2015: 조선시대 상평통보의 성분 조성과 미세조직을 통한 재료학적 특성 연구, 보존과학회지 31(3), pp. 319-330.

7 한국민족문화대백과사전, http://encykorea.aks.ac.kr/

8 김연덕, 김유일, 김오윤, 백기섭, 1965: 아연제련 시운전 조업에 대하여, 대한금속학회지 3(4), pp. 155-158.

9 Terry Norgate, 2013: Metal recycling: The need for a life cycle approach, EP135565, p. 2, CSIRO, Australia.

10 Bureau of International Recycling, 2008: Report on the Environmental Benefits of Recycling, p. 26.

11 C. A. DiFrancesco, J. Plachy, P. N. Gabby, D. I. Bleiwas, and A. C. Tolcin, 2017: ZINC STATISTICS, Historical statistics for mineral and material commodities in the United States: U.S. Geological Survey Data Series 140. at https://minerals.usgs.gov/minerals/pubs/historical-statistics/

12 International Lead and Zinc Study Group, 2019: REVIEW OF TRENDS IN 2018 ZINC, PRESS RELEASE, ILZS, http://www.ilzsg.org/

13 International Zinc Association(IZA), www.zinc.org

14 International Zinc Association, 2015: Zinc Environmental Profile - 2015 Update Life Cycle Assessment, p. 4, IZA, www.zinc.org

15 International Zinc Association, 2015: Zinc Recycling Closing the Loop, IZA, www.zinc.org

16 Fathi Habashi, 2012: Retorts in the production of metals - a historical survey, METAL 66(4), pp. 149-155.

17 宋應星(송응성) 저(1637), 임동석 역, 2015: 천공개물(天工開物), p. 770, 동서문화사.

18 손호상, 2019: 자원리사이클링공학, p. 224, 경북대학교출판부.

19 손호상, 2019: 자원리사이클링공학, p. 228, 경북대학교출판부.

20 손호상, 2019: 자원리사이클링공학, p. 210, 경북대학교출판부.

21 Takeshi Azakami, 1997: Physical Chemistry of Zinc Pyrometallurgy; Materia Japan 36(4), pp. 317-332.

22 T. Azakami and Y. Awakura, 1999: Extractive Metallurgy, p. 83, JIM, Sendai, Japan.

23 Amir Moezzi, Andrew M. McDonagh, and Michael B. Cortie, 2012: Zinc oxide particles: Synthesis, properties and applications, Chemical Engineering Journal 185-186, pp. 1-22.

24 손호상, 2018: 제강분진의 건식 처리기술 현황, 자원리싸이클링 27(2), pp. 68-76.

25 Natália Luptáková et al., 2013: THE STUDY OF MOLTEN ZINC INTERACTION ON THE SURFACE OF REFRACTORIES IN THE PRODUCTION OF ZINC OXIDE, Materials Engineering 20, pp. 91-97.

26 Sue Grimes, John Donaldson, and Gabriel Cebrian Gomez, 2008: Report on the Environmental Benefits of Recycling, p. 27, Bureau of International Recycling, Brussels, Belgium.

27 Jarmila Trpcevska et al., 2018: Leaching of Zinc Ash with Hydrochloric Acid Solutions, Pol. J. Environ. Stud. 27(4), pp. 1765-1771.

28 Shu Yamaguchi, 1996: Recycling Processes of Zinc, Materia Japan 35(12), pp. 1298-1302.

29 손호상, 2019: 자원리사이클링공학, p. 172, 경북대학교출판부.

30 남궁성, 허보영, 2001: 용융아연도금욕 중 드로스의 특성 및 거동연구, 한국표면공학회지 34(4), pp. 313-320.

31 A. G. Guezennec, J. C. Huber, F. Patisson, P. Sessiecq, J. P. Birat, and D. Ablitzer, 2005: Dust formation in Electric Arc Furnace: Birth of the particles, Powder Technology 157, pp. 2-11.

32 Amir Moezzi, Andrew M. McDonagh, and Michael B. Cortie, 2012: Zinc oxide particles: Synthesis, properties and applications, Chemical Engineering Journal 185-186(3), pp. 1-22.

33 James, S. E, 1990: Recycling Lead and Cadmium, as well as Zinc, from EAF Dust, in Mackey, T. S. and Prengaman, R. D. eds.: Lead-Zinc '90, pp. 477-495, TMS.

34 Nagai, K., Matsumoto, Y., and Watanabe, H., 2007: EAF Dust Treatment Practice at the Shisaka Works, J. MMIJ 123(12), pp. 726-729.

35 M. Takewaki and Y. Ojima, 1993: Recent Operation of EAF Dust Treatment at Sumitomo Shisaka Works, Shigen-to-Sozai 109(12), pp. 1112-1117.

36 www.befesa-steel.com/web/en/nuestra_tecnologia/detalle/The-SDHL-Waelz-Process/

37 John M. Floyd, Kok T. Wong, and Ian L. Chard, 1994: TOP SUBMERGABLE LANCE, U.S. Patent 5,308,043.

38 Noda, Shinji, 2007: Recent improvement of Process Technology for the MF, J. MMIJ 123(12), pp. 730-733.

39 Popovici, Vlad, 2009: By-Products from EAF Dust Recycling and Their Valorisation, 5th Global Slag Conference, Brussels, 23-24 November 2009.

40 Chen, Wei-Sheng, Chou, Wei-Shan, and Tsai, Min-Shing, 2011: Status of EAF Dust Management in Taiwan, J. of Korean Inst. of Resources Recycling 20(1), pp. 3-13.

41 Oda, H., Ibaraki, T., and Abe Y., 2006: Dust Recycling System by the Rotary Hearth Furnace, Nippon Steel Technical Report 94, pp. 147-152.

42 Lin, Xiaolong, 2017: Pyrometallurgical recycling of electric arc furnace dust, J. Cleaner Production 149, pp. 1079-1100.

43 T. Nakamura et al., 2008: Basic Consideration on EAF Dust Treatment Using Hydrometallurgical Processes, Resources Processing 55, pp. 144-148.

44 김민석 등, 2004: 실험계획법을 적용한 ZnO의 NH_4Cl 침출 연구, 한국지구시스템공학회지 41(5) pp. 354-363.

45 Kim, Byung-Su et al., 2012: Behaviors of Lead and Zinc in Top Submerged Lance (TSL) Plant at Sukpo Zinc Refinery, Materials Transactions 53(5), pp. 985-990.

46 Ellinore Skogstad and Louise Örnfeldt, 2017: Recycling Zinc from Alkaline batteries, Recovering Zinc from 1.5V AA alkaline batteries through hydrometallurgical techniques, p. 3, Bachelor's thesis, Chalmers University of Technology, Gothenburg, Sweden.

47 Karen Fisher et al., 2006: Battery Waste Management Life Cycle Assessment, p. 22, 24, 25, ENVIRONMENTAL RESOURCES MANAGEMENT Lim., Brussels, Belgium.

48 Karen Fisher et al., 2006: Battery Waste Management Life Cycle Assessment, p. 20, ENVIRONMENTAL RESOURCES MANAGEMENT Lim., Brussels, Belgium.

49 신선명, 2014: 제2절 폐전지의 재활용, p. 257, 2014 리싸이클링백서, (사)한국자원리싸이클링학회, S&M미디어(주).

50 冨田寛, 2001: 亜鉛研究の歴史と展開, Vitamin(Japan) 75(12), pp. 565-568.

제8장 납의 리사이클링
Recycling of Lead

8.1 서론

82번 원소인 납(鉛, Pb, lead)은 연간 1100만 톤 이상을 생산하여 현대산업에서 범용적으로 사용되는 비철금속이다. 납은 히브리어로는 opheret, 고대 그리스어로는 molybdos로 불렸으며, 원소기호인 Pb는 라틴어인 plumbum에서 유래하였다. 납은 지금의 터키 중부에 있는 차탈휘크(Catalhoyuk)의 신석기 유적지(기원전 6400년경)에서 납으로 제작된 구슬(bead)이 발견되어, 인류가 구리에 이어 두 번째로 사용한 고대금속으로 기록되었다.[1] 또 고대 이집트(기원전 4000~3000)에서는 납을 장신구, 어망의 추, 귀걸이 등으로 사용하였으며, 납 광석인 방연광(方鉛鑛, galena, PbS)은 분쇄하여 아이섀도(eye shadow) 등의 화장품으로 사용하기도 했다.[2] 현재는 인체에 유해하여 사용상 제약이 있지만, 백색안료인 호분(胡粉, 염기성 탄산염, $2PbCO_3 \cdot Pb(OH)_2$) 또는 연백(鉛白)은 기원전 4세기경부터 사용되었으며, 16세기에 쓰여진 송응성의 『천공개물』에도 소분(韶粉), 황단(黃丹)과 함께 그 제조법이 실려 있다. 그림 8.1에는 고대 그리스 시대의 납 탄환을 나타내었다.[2]

한편 납판은 바빌론의 공중정원(Hanging Gardens)*에서도 방수와 수분 유지를 위해 사용된 것으로 알려져 있다. 이처럼 납은 로마 제국의 수도관을 비롯하여 다양한 용도로

* 바빌론의 네부카드네자르 2세(재위: 기원전 604~기원전 562)의 궁정에 부속된 유적이다. 왕이 메디아 출신인 왕비 아미티스를 위하여 만들었다고 하며, 산을 모방한 일종의 옥상정원으로 가까운 샘과 연결해 물을 공급하였다고 한다. '세계 7대 불가사의' 중의 하나다.(『미술대사전』)

그림 8.1 그림과 글자가 새겨진 고대 그리스의 탄환(4th century BC, Source: Marie-Lan Nguyen, 2011, public domain, Wikipedia, a winged thunderbolt molded on one side and the inscription "ΔΕΞΑΙ"("take that" or "catch") on the other side)

사용되어 왔는데, 이는 납이 무르고 전성이 풍부하며, 비교적 제련이 용이하여 쉽게 구할 수 있고, 사용하기도 쉬웠기 때문이다. 특히 납을 가죽 등에 문지르면 글씨를 쓸 수 있었기 때문에 고대 로마인들은 양피지에 납으로 선을 긋거나 문자를 썼으며, 이것이 연필(鉛筆, lead pencil)이란 명칭의 기원이 되었다고도 한다.

우리나라에서는 언제부터 납 제련을 하였는지 잘 알려져 있지 않으나, 『연산군일기』(1503년)에 회취법(灰吹法)인 '단천연은법'이 실려 있는 것으로 보아 그 이전부터 납을 추출한 것으로 추정된다.* 또 임진왜란 이후 조총의 탄환으로 사용된 납탄(연환, 鉛丸) 수요가 많았던 것으로 보아 납 제련이 성행했을 것으로 추정하고 있다. 특히 우리나라에서는 방연석에 포함된 은을 채취하기 위한 납 광업이나 제련 기술이 발달하여, 납은 다른 금속보다 비교적 개발이 늦었던 것으로 보인다.

납의 지각 중 원소 존재도는 36위(1.4×10^{-3} %)로 풍부하지 못한 금속이지만,[3] 철, 알루미늄, 구리, 아연에 이어 다섯 번째로 대량 생산 및 사용되는 범용금속이다. 그러나 납은 언어장애, 두통, 복통, 빈혈 등의 중독을 일으키는 것으로도 알려지면서 납축전지를 제외하면 점점 사용량이 줄고 있다. 또한 오래전부터 사용하여 온 납을 리사이클링하지 않고 폐기한다면 심각한 환경 오염을 불러올 것이다. 다행이 납은 가장 활발하게 리사이클링되고 있는 금속으로, 전 세계 납 생산량 중 2차 지금(地金)의 생산 비율이 약 60 %에 이른다.

---

* 『연산군일기』, 연산군 9년(1503) 5월 18일 자. 납 광석에서 은을 분리·제련하는 기술을 '회취법(灰吹法)'이라고 부른다. 후일 이 기술이 왜국으로 유출되어 임진왜란의 단초를 제공했다고도 한다.

우리나라의 경우도 2019년 기준으로 약 49 %의 납은 리사이클링에 의해 생산되고 있다. 납은 다른 금속과 마찬가지로 리사이클링하는 경우 1차 지금 생산에 소비되는 에너지의 약 60~65 %를 절약할 수 있다.[4] 또 Cu, Al 등의 다른 금속들과 마찬가지로 품질의 저하 없이 무한정 리사이클링할 수 있는 금속재료이다.

표 8.1에는 이러한 납의 물리·화학적 성질을 나타내었다. 납의 원자량은 207.19 g/mol이며, 비중은 11.34 g/cm^{3}으로, 순수한 납은 광택이 있는 청백색을 띤다. 그러나 습기가 있으면 표면에 산화물 피막이 생성되어 광택은 사라지고 청회색이 된다. 이 피막이 내부의 납을 보호하여 수중에서도 녹슬지 않아 수도관 등으로 널리 사용되었다.

[표 8.1] 납의 물리·화학적 성질

원소기호/원자번호		Pb/82
원자량		207.19 g/mol
녹는점		327.46 ℃(600.61 K)
끓는점		1,749 ℃(2,022 K)
밀도	상온	11.34 g/cm^3
	액체(at m.p.)	10.66 g/cm^3
몰비열 C_P(at 293 K)		26.650 J/(mol·K)
열팽창률		28.9 μm/(m·K)(25 °C)
열전도도		35.3 W/(m·K)
전기저항도(at 20 ℃)		208 n Ω·m(25 °C)
영률		16 GPa
모스 굳기계		1.5
브리넬 굳기		38.3 MPa
결정구조		fcc(face-centered cubic)

납의 용도로는 축전지용이 80 % 이상을 차지하고 있으므로, 납의 리사이클링 기술은 납축전지의 리사이클링 기술이라고도 할 수 있다. 따라서 본 장에서는 납의 1차 지금 생산을 위한 제련 기술과 납의 생산량, 용도를 알아보고, 납축전지의 리사이클링 기술을 위주로 납 리사이클링 기술에 대해 설명한다.

8.2 납의 생산량과 용도

납은 구리에 이어 인류가 두 번째로 사용한 고대 금속으로, 로마 제국에서는 납관을 수도관으로 사용하기도 하였다. 로마인들의 유골에서 다량의 납 성분이 검출되어 로마가 납 중독에 의해 멸망하였다는 설이 생겨났을 정도로 로마인들에게 사랑받아 온 금속이다. 특히 로마인들은 납으로 만든 냄비에 포도주를 끓여 만든 아세트산 납(lead acetate)을 감미료로 사용하였다고도 한다.[5]

그림 8.2에는 약 5500년간 전 세계 납 생산량의 변화를 나타내었다.[2,6] 로마 제국의 전성기에는 약 8만 톤까지 생산하였으나, 로마 제국의 쇠퇴와 함께 급격하게 감소하여 중세에는 생산량이 수천 톤에 불과하였다. 이후 중유럽에서 납과 은광이 발견되면서 생산량은 다시 증가하였고, 1950년대에 들어 연간 100만 톤을 초과하였다.

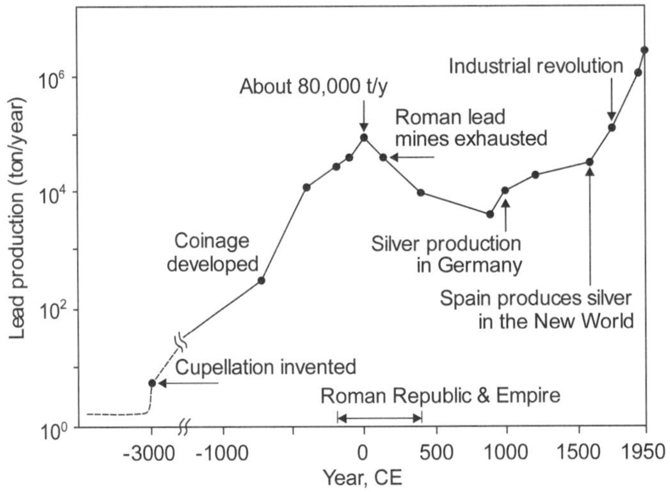

그림 8.2 과거 5500년간 전 세계 납 생산량의 변화

그림 8.3에는 1970년부터 2018년까지 전 세계 납 생산량의 추이를 나타내었다.[7,8] 1970년에는 약 460만 톤을 생산하였으며, 2차 지금(secondary lead) 생산 비율은 약 26 % 수준이었으나, 꾸준히 증가하여 1995년부터는 50 %를 초과하는 300만 톤 이상을 생산하였다. 2차 지금 생산량은 지속적으로 증가하여, 2018년에는 전 세계 납 생산량의 60 %인 약 700만 톤의 납을 리사이클링에 의해 생산하였다. 향후에도 이러한 경향은 지속될 것으로 예상된다.

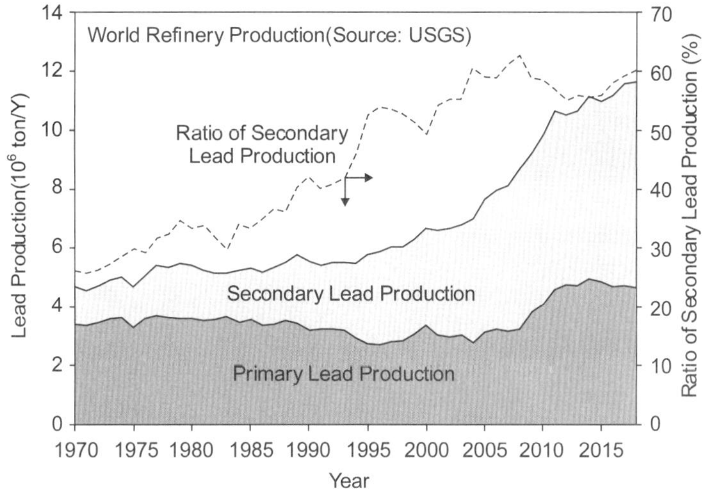

그림 8.3 전 세계 납 생산량의 변화(1970~2018)

그림 8.4에는 1965부터 2017년까지 우리나라의 납 생산량(통계청 자료)과 2차 지금 생산량을 비교하여 나타내었다. 1986년 고려아연에서 연산 3만 5000 ton 규모의 납 제련을 시작하면서 생산량이 증가하기 시작하였으며, 1992년에 13만 5000 ton 생산 체제를 갖추면서 급격하게 증가하여 2019년에는 41만 3000 ton을 생산하였다. 그리고 2009년부터 2차 지금 생산량이 급증하면서 납 생산량이 현저하게 증가하였다. 2019년 기준의 2차 지금 생산 비율은 약 49 %(39만 ton) 정도이며, 전 세계 2차 지금 생산 비율인 60 %(2018년 기준)보다는 낮은 수준이다.

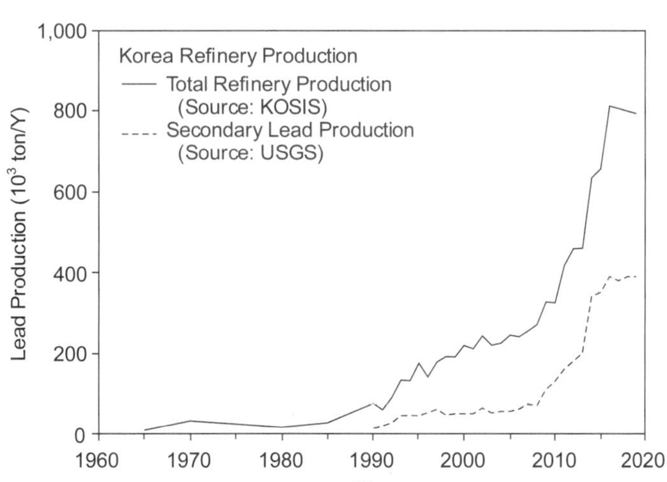

그림 8.4 한국의 납 생산량 변화(1965~2017)

그림 8.5에는 나라별 납 생산량 비율과 소비량 비율을 나타내었다. 생산량 및 소비량 모두 중국이 가장 많은 비율을 차지한다. 우리나라는 전 세계 생산량의 7 % 정도를 생산하지만, 소비량은 5 % 수준이다.

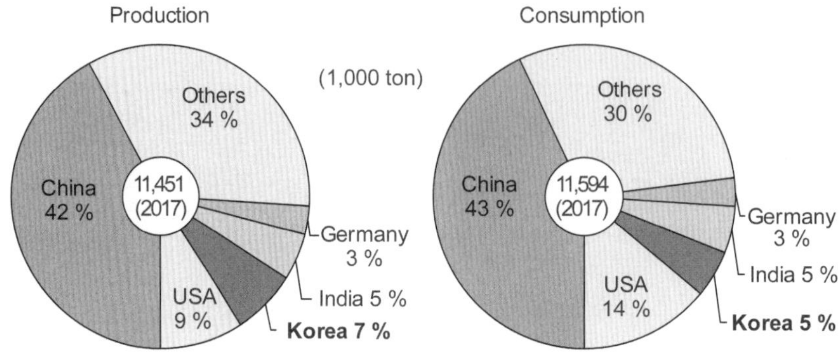

그림 8.5 2017년 기준 나라별 납 생산 및 소비량 비율

한편 1859년 프랑스의 Gaston Planté*가 세계 최초의 2차 전지인 납전지를 발명한 이래 납은 실용적인 2차 전지로서 가장 많이 사용되고 있으며, 현재도 납의 주된 용도는 납축전지이다. 특히 납축전지는 1900년에 등장한 전기 자동차의 전원으로도 사용되었으며, 1910년경부터는 내연기관을 사용하는 자동차용의 SLI(starting, lighting, ignition)용 축전지에도 사용되기 시작하여 오늘에 이르고 있다. 또 납은 로마 시대부터 수도관 등으로도 사용되어 왔으나, 연수에 의해 납이 용출되는 문제점이 있어 납관의 대부분은 화학장치 등에만 사용하고 있다. 또한 납은 방사선 흡수 능력이 있어 의료, 원자력 분야에서 사용되고 있으며, 차음 효과가 있어서 차음 재료로도 활용되고 있다.

표 8.2에는 이러한 납의 용도별 사용 비율 변화를 나타내었으며,[6,9] 표 8.3에는 납과 관련된 제품과 부산물의 특징 및 용도를 나타내었다.[10] 납의 주된 용도가 축전지인 것을 알 수 있으며, 이러한 경향은 내연기관 자동차의 생산량에 따라 증가하여 현재는 전체 납 생산량의 85 %가 납축전지용으로 사용되고 있다. 그리고 납축전지를 제외하면 판재, 전선 피복용, 땜납용(Pb-Sn 합금) 등이 있으며, 이러한 것은 순Pb는 물론 합금 상태로 소비되고 있다.

---

* Gaston Planté(1834~1889): 프랑스의 물리학자로 1859년 세계 최초로 납축전지를 발명.
https://batterycouncil.org/resource/resmgr/gaston.pdf

화합물로서의 납은 산화물 형태로 염화비닐 안정제나 안료로 사용되지만, 표 8.2에 나타낸 바와 같이 그 사용 비율은 그다지 높지 않다. 이러한 납산화물은 리사이클링 대상이 되지 못하지만, 부적절한 방법으로 처리하면 환경에 심각한 영향을 미칠 수도 있다. 다만 PbO_2 중 대량으로 사용되는 납축전지의 그리드(grid)는 대부분 리사이클링되고 있다.

[표 8.2] 납 용도의 변화(%)

Lead Uses	1992	1997	2012
Batteries	65	73	85.1
Pigments & other Compounds	13	11	5.5
Rolled & Extruded Products	7	6	3.6
Cable Sheathing	4	2	0.9
Shot/Ammunition	3	2	1.4
Alloys	3	2	1.3
Miscellaneous	5	4	2.1

[표 8.3] 납과 관련된 제품(부산물 및 중간 제품 포함)의 품위와 용도

<table>
<tr><th colspan="2">Name</th><th>Characteristics</th><th>Main uses</th></tr>
<tr><td>Pure lead</td><td>Refined lead (commercially pure lead/high purity lead)</td><td>99.9 %~99.99 % lead normally cast into ingots</td><td>Battery manufacturing, other industrial uses</td></tr>
<tr><td rowspan="3">Lead alloys</td><td>Calcium lead</td><td>Lead-calcium (tin) alloy</td><td>Manufacturing of low maintenance batteries</td></tr>
<tr><td>Antimony (or hard) lead</td><td>Lead alloyed with antimony and arsenic</td><td>Battery manufacturing</td></tr>
<tr><td>Corroding lead</td><td>Lead alloyed with copper</td><td>Cable production</td></tr>
<tr><td rowspan="5">Intermediate products</td><td>Lead bullion</td><td>Lead with 90~98 % purity</td><td>Refining</td></tr>
<tr><td>Matte</td><td>Sulphidic product from smelting (containing Fe, Pb, Cu, S)</td><td>Selling to copper plants for copper recovery</td></tr>
<tr><td>Speiss</td><td>Fraction containing Fe, Cu, Ni, As, Sb and precious metals</td><td>Sold to special refiners</td></tr>
<tr><td>Dross</td><td>Fraction with different compositions depending on purification step</td><td>Internal or external treatment</td></tr>
<tr><td>Flue dusts</td><td>Dust containing mainly lead, chloride, cadmium</td><td>Internal or external treatment</td></tr>
<tr><td>By-products</td><td>Slag</td><td>Iron-calcium silicates</td><td>Road construction</td></tr>
</table>

8.3 납 제련의 개요

고대의 납 제련은 황화광석을 공기 중에서 산화 배소하여 PbO나 $PbSO_4$로 만든 후 석회석과 코크스를 첨가하여 용융환원으로 조연을 만들었다. 이러한 제련 방법이 지금의 건식제련법으로 발전하였다.

납 광석에는 방연광(方鉛鑛, galena, PbS), 황산연광(黃酸鉛鑛, anglesite, $PbSO_4$), 백연광(白鉛鑛, cerussite, $PbCO_3$), 녹연광(綠鉛鑛, pyromorphite, $Pb_5Cl(PO_4)_3$) 등이 있다. 납 제련은 주로 방연광을 사용하며, 수백 ppm 정도의 Ag를 함유하고 있으므로 Ag의 분리회수도 중요하다. 또 Ag 외에도 Au, Bi, Sb, Te 등을 미량 함유하고 있다. 특히 방연광은 섬아연광(sphalerite, zinc blende, ZnS), 황철광, 황동광과 공존하는 경우가 많다. 따라서 부유선광법으로 Pb 정광(Pb 60 % 전후)과 Zn 정광(Zn 50 % 전후)으로 선별한다. 그림 8.6에는 Pb 정광을 배소/소결, 환원, 정련하여 납을 만드는 건식제련 공정도를 나타내었다.[11]

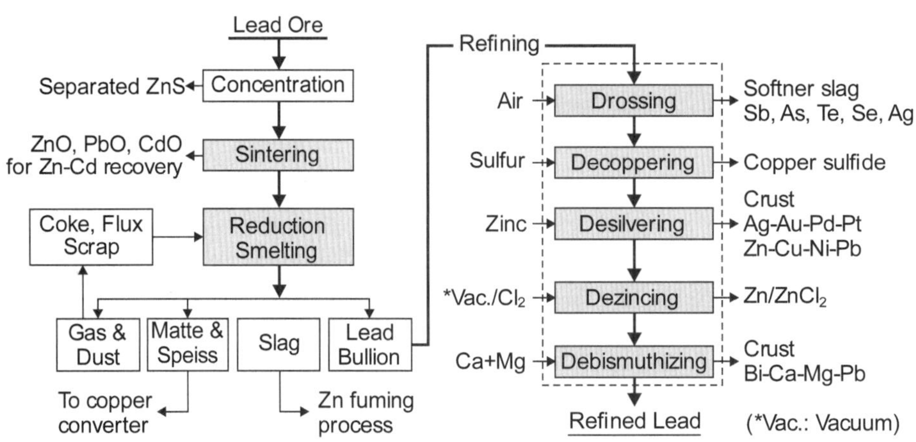

그림 8.6 납 건식제련의 개요

8.3.1 용광로에 의한 납 제련

고품위(Pb 70 % 이상)의 Pb 정광은 산화 배소-소결-환원이나 철 환원법, 직접 용련법 등으로 처리한다. 그림 8.7에는 용광로법의 개요를 나타내었다.[12] 용광로 제련 프로세스는 PbO를 조연으로 환원하는 방법이므로, 예비처리에서 Pb 정광(대부분 PbS)을 아래 식과 같이 산화 배소하여 PbO의 소결괴로 만든다.

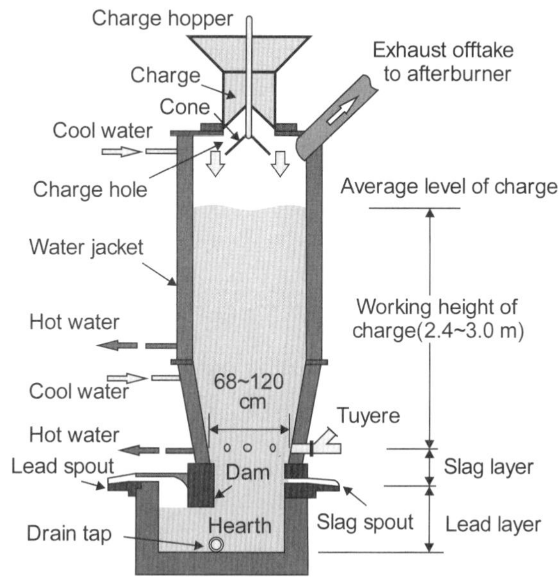

그림 8.7 납 제련용 용광로의 모식도

$$\frac{2}{3}PbS(s)+O_2=\frac{2}{3}PbO(s)+\frac{2}{3}SO_2,\quad \Delta G^0=-279,480+56.87T\ (J) \tag{8.1}$$

일정 입도 이상의 소결광(Pb 40~45 %)을 코크스와 함께 용광로에 장입하여 용련하면 조연(粗鉛, lead bullion)과 슬래그, Cu가 많을 때는 조연-매트-슬래그의 3상이 생긴다. PbO의 CO환원은 500 K 근처에서 시작하며 반응식은 다음과 같다.

$$PbO(s)+CO=Pb(l)+CO_2,\quad \Delta G^0=-98,140+16.23T\ (J) \tag{8.2}$$

특히 저융점 슬래그(1,350 K 정도)가 생성되도록 생석회, 실리카 등의 플럭스를 첨가하여 $FeO-SiO_2-CaO$계를 주성분으로 하는 슬래그를 만든다. Pb 및 그 화합물은 휘발하기 쉬우므로 과도한 고온은 피하고, 저융점이면서 Pb의 농도가 낮은 슬래그를 얻기 위해 적당량의 CaO(10~15 % 전후)를 첨가한다.

한편, Pb 정광 중에는 항상 Fe가 존재하며, 리사이클링 공정에서도 Fe를 환원제로 사용하므로 Fe의 거동에도 주의하여야 한다.[13] 우선 PbO의 환원 반응인 식 (8.2)에서 1,473 K에서의 평형상수는 다음과 같으며, 생성된 금속상은 순 Pb이므로 a_{Pb}=1이다.

$$K_{1473}=\frac{(a_{Pb}\cdot p_{CO_2})}{(a_{PbO}\cdot p_{CO})}=\left(\frac{1}{\gamma_{PbO}\cdot x_{PbO}}\right)\cdot\left(\frac{p_{CO_2}}{p_{CO}}\right)=428 \tag{8.3}$$

따라서 슬래그 중의 PbO 농도는 다음과 같이 나타낼 수 있다.

$$x_{PbO} = \left(\frac{1}{K \cdot \gamma_{PbO}}\right)\left(\frac{p_{CO_2}}{p_{CO}}\right) \tag{8.4}$$

슬래그는 FeO-SiO_2-CaO계이며, PbO는 강한 염기성 산화물로서 규산염 슬래그 중에서의 활동도 계수는 γ_{PbO}=0.3 정도이다. 따라서 (p_{CO2}/p_{CO})가 작을수록 x_{PbO}가 감소하여 슬래그 중으로의 Pb 손실이 감소하며, (p_{CO2}/p_{CO})=0.156일 경우 x_{PbO}=0.0012(0.38 wt%)이다.

한편 원료 중에 공존하는 FeO의 CO에 의한 환원 반응은 다음과 같다.

$$FeO(l) + CO = Fe(\gamma) + CO_2, \quad \Delta G^0 = -43{,}800 + 37.48T \text{ (J)} \tag{8.5}$$

$$K_{1473} = \frac{a_{Fe}}{a_{FeO}} \cdot \frac{p_{CO_2}}{p_{CO}} = 0.39, \quad \therefore\ a_{Fe} = (K \cdot a_{FeO})\left(\frac{p_{CO}}{p_{CO_2}}\right) \tag{8.6}$$

철규산염 슬래그 중 FeO는 이상용액으로 가정할 수 있으며, $a_{FeO} \fallingdotseq x_{FeO}$=0.4로 가정한다. 100 g의 슬래그 구성 산화물의 전체 몰수는 1.5(MOx형으로 생각하면 평균 분자량은 67 g) 전후이므로 (p_{CO2}/p_{CO})에 따른 슬래그로의 Pb 손실량과 a_{Fe}는 아래 표와 같다. w_{Pb}는 슬래그 중 Pb의 농도(wt%)이다.

p_{CO2}/p_{CO}	10	4	1.56	1	0.31	0.156
x_{PbO}		0.031		0.0078		0.0012
w_{Pb}(wt%)		9.7		2.4		0.38
a_{Fe}	0.0156	0.039	0.1	0.156	0.5	1

따라서 일반적으로 (p_{CO2}/p_{CO})가 적은 강환원성 분위기에서는 슬래그로의 Pb 손실이 적지만, $(p_{CO2}/p_{CO}) < 0.156$과 같이 강환원성 분위기에서는 고체 철이 별도의 상으로 석출하여 용융 제련을 방해하게 된다.* 따라서 어느 정도 슬래그로의 Pb 손실을 감수하고 Fe의 석출을 방지할 수 있는 조건인 (p_{CO2}/p_{CO})=1에서 환원하는 것이 에너지 면에서도 유리한 방법이다.

* Pb 제련에서는 Pb-Fe계가 전혀 융합되지 않으므로 금속납(Pb) 중의 Fe는 항상 0이다.

그리고 정광 중에 Zn 함유량이 많은 경우, Zn는 CO에 의해 환원되어 그림 8.8에 나타낸 ISP(Imperial Smelting Process)법과 같이 배가스와 함께 배출되고 용융 Pb에 의해 액상으로 응축된다. 용광로법에 의해 만들어진 조연은 건식정련이나 전해정련을 거쳐 고순도의 납으로 만들어진다.

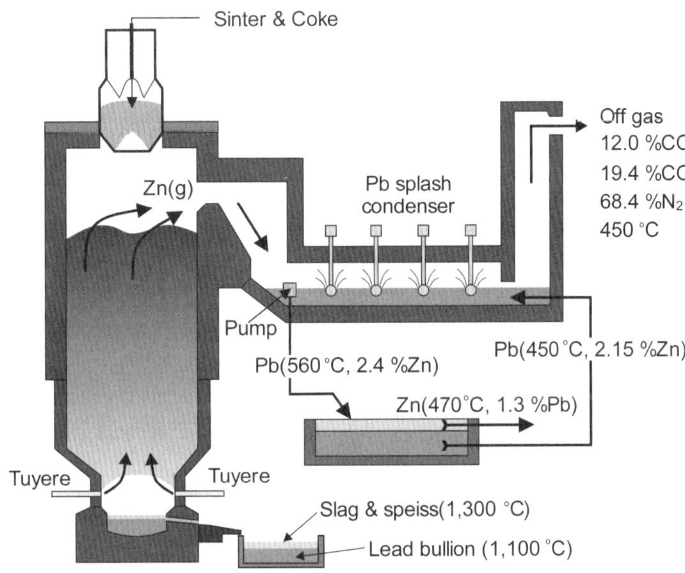

그림 8.8 ISP법의 모식도

8.3.2 직접 제련법

Pb 정광(PbS)으로부터 직접 납을 얻는 방법으로, QSL(Queunean Schumann Lurgi)법, TSL(Top Submerged Lance)법, Kivcet법, SKS(Shui Kou Shan)법, LOFS(Lead Oxygen-enriched Flash Smelting)법 등이 있다.

(1) QSL(Queunean Schumann Lurgi)법

그림 8.9에는 고려아연에서 가동 중인 QSL의 모식도를 나타내었다.[14] QSL은 90°까지 회전할 수 있는 원통형의 수평로이며, 내부는 산화 반응과 환원 반응이 같은 노 내에서 일어날 수 있도록 격벽으로 분리되어 있다. 또 조연의 출탕구 쪽으로 0.5 % 정도 경사져 있다. 장입원료로는 정광을 비롯하여 축전지의 페이스트와 같은 2차 원료도 사용할 수 있으며, 정광과 2차 원료의 비율은 2:1 정도이다.[15]

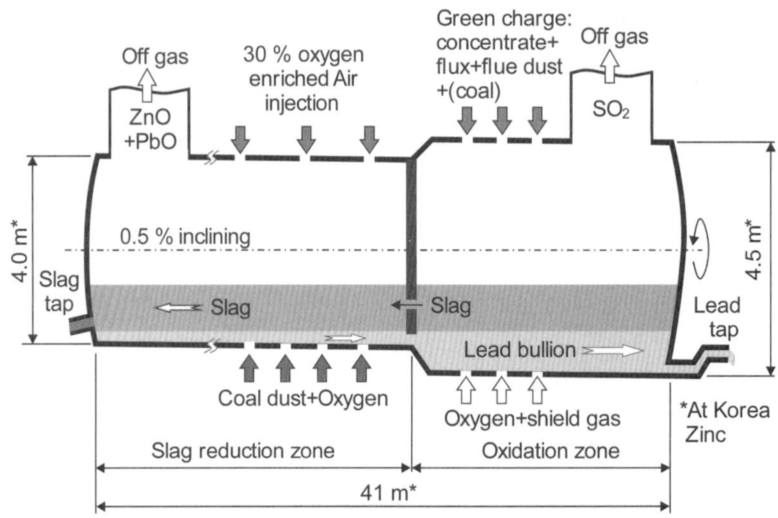

그림 8.9 QSL(Queunean Schumann Lurgi)법의 모식도

노 내의 산화대(oxidation zone)에 연속적으로 공급된 원료는 취입된 산소에 의해 산화되면서 조연, SO_2 가스, 슬래그를 생성하며, 노 내에서의 총괄 반응은 다음과 같다.

$$PbS + O_2 = Pb + SO_2 \tag{8.7}$$

Pb 정광 등의 원료는 산화대 상부에서 용융 슬래그-조연층에 연속적으로 취입되고, 원료 중의 황화물들은 노 바닥에서 공급되는 산소에 의해 산화되어 Pb, Fe, Zn의 산화물을 만들어 슬래그를 형성한다. PbS의 산화 반응은 아래와 같다.

$$\frac{2}{3}PbS + O_2 = \frac{2}{3}PbO + \frac{2}{3}SO_2 \tag{8.8}$$

$$PbS + 2O_2 = PbSO_4 \tag{8.9}$$

이러한 반응에 의해 생성된 PbO와 $PbSO_4$ 등은 슬래그층에 넓게 분포되어 아래 반응식과 같이 PbS를 탈황한다.

$$2PbO + PbS = 3Pb + SO_2 \tag{8.10}$$

$$PbSO_4 + PbS = 2Pb + 2SO_2 \tag{8.11}$$

한편 PbO와 PbS는 증기압이 비교적 높으므로 온도에 따라서는 증발하여 배가스를 통해 흄(fume)으로 배출되기도 한다.

산화대에서는 1차 조연과 1차 슬래그(30~40 %Pb), SO_2 가스, 분진이 생성된다. 1차 슬래그($PbO-ZnO-Fe_3O_4$)는 격벽에 있는 통로를 통해 환원대(reduction zone)로 흘러가서 산소에 의한 미분탄의 연소로 생성된 CO 가스에 의해 환원되며, 반응식은 다음과 같다.

$$2C + O_2 = 2CO \tag{8.12}$$

$$PbO + CO = Pb + CO_2 \tag{8.13}$$

환원대에서 환원된 2차 조연은 다시 격벽 아래를 통해 산화대로 흘러가서 1차 조연과 합쳐져 사이펀에 의해 출탕된다. 그리고 원료 중에 함유되어 있던 Zn 성분은 흄의 형태로 배가스와 함께 배출되며, 슬래그 중의 Fe_3O_4는 FeO로 환원되어 나머지 슬래그 성분과 함께 환원대의 배출구를 통해 배출된다.

(2) TSL(Top Submerged Lance)법

TSL법에는 AUSMELT법과 ISAMELT법이 있으나, 노의 형상은 수직 원통형으로 유사하며, 랜스를 용탕 중에 침지하여 정련하는 방법이다. 그림 8.10에 AUSMELT, ISAMELT[16]와 TSL 구조의 사진을 나타내었다.* TSL법은 여러 가지 비철금속의 제련이나 2차 원료의 처리에 활용하고 있다. 특히 우리나라의 경우 고려아연, 영풍, 지알엠 등에서 이 방법을 도입하여 제련 부산물을 포함한 2차 원료를 정련하고 있다.

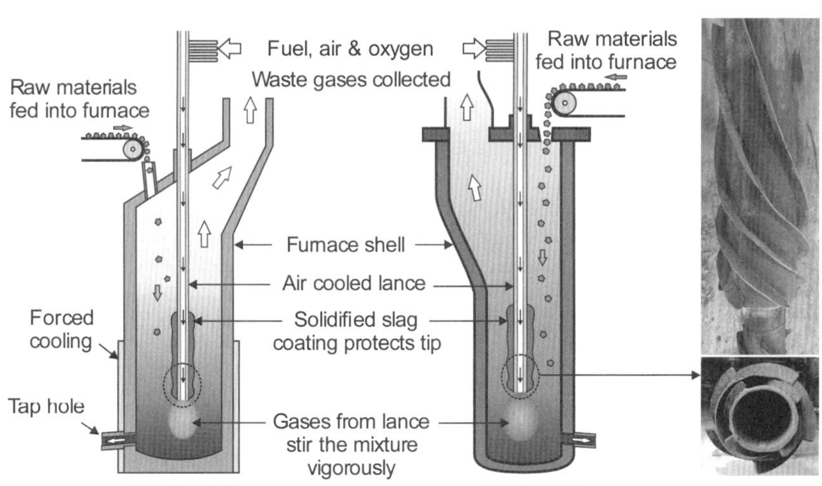

그림 8.10 AUSMELT로와 ISAMELT로의 모식도 및 TSL(랜스)의 내부 사진

* 제7장 「아연의 리사이클링」의 그림 7.12 참조.

(3) Kivcet법

Kivcet법은 자용로와 전기로를 결합한 것으로 그림 8.11과 같다. 기본적으로는 순산소와 납 함유 원료를 연속적으로 공급하는 자용로법이며, PbO가 함유된 슬래그를 전기로에서 탄소로 환원하는 방법이다.[17] Portovesme에서는 1차 원료(정광)와 2차 원료의 비율은 약 3.5:1인 것으로 알려져 있으나, TeckCominco에서는 1:2로 2차 원료의 비율이 더 높은 경우도 있다. 다만 자용로법이므로 장입 원료 중의 수분을 1 % 이하로 하여야 한다.

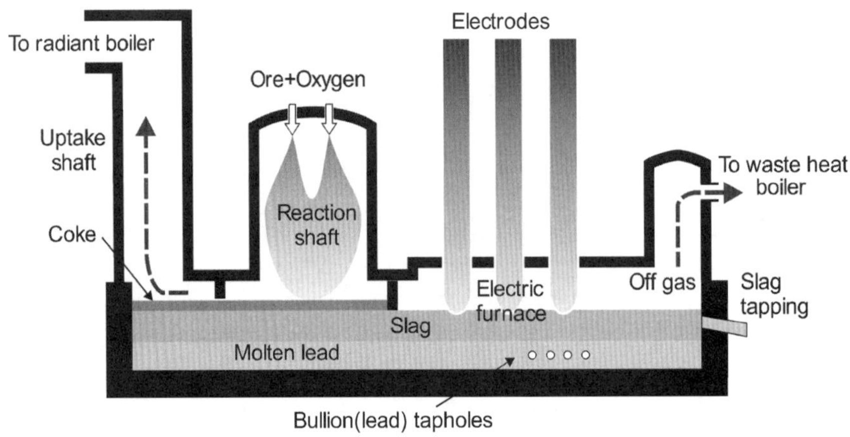

그림 8.11 Kivcet로의 모식도

(4) LOFS(Lead Oxygen-enriched Flash Smelting)법

그림 8.12에는 LOFS법에 의한 납 제련의 흐름도를 재구성하여 나타내었다.[18] Kivcet로에서는 자용로 내부에 전극봉이 장착되어 있으나, LOFS에서는 구리의 자용로와 유사하게 자용로와 전기로가 별도로 설치되어 있다. 특히 LOFS에서는 납의 농도가 25 % 이하인 원료도 처리할 수 있는 것으로 알려져 있어서, 정광은 물론 2차 원료까지 처리하고 있다. 자용로 내에서 납의 1차 환원율은 85~92 % 정도인 것으로 알려져 있다. 자용로에서 배출되는 슬래그에는 납, 아연, 구리 등이 함유되어 있으나, 자용로와 연결되어 있는 전기로에서 2차 환원에 의해 회수하고 있다. 최종 슬래그 중의 납과 아연 농도는 1 % 미만인 것으로 알려져 있다.[19]

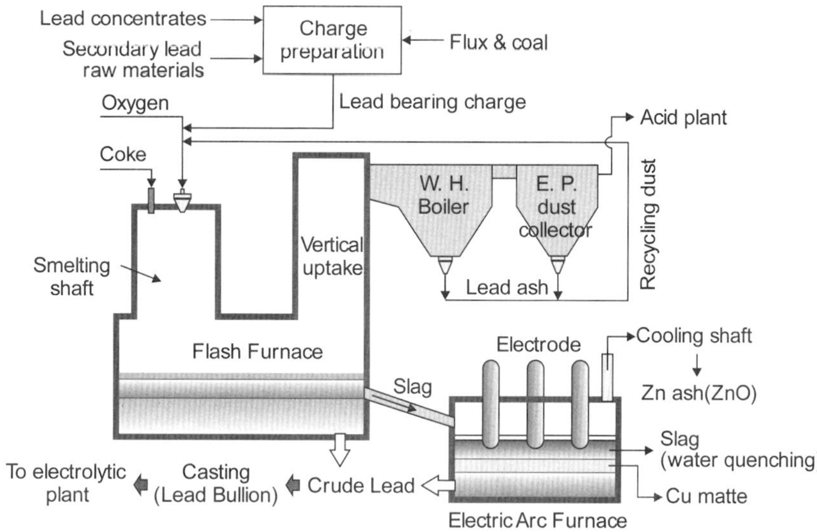

그림 8.12 LOFS법의 조업 모식도

(5) SKS(Shui Kou Shan)법

SKS법은 Noranda 프로세스를 기본으로 하여 중국에서 개발된 것으로 구리 제련이나 납 제련에 적용하고 있다. 그림 8.13에는 납 제련용인 SKS로의 모식도를 나타내었다. 수평 원통형 노의 바닥에서 산소 가스를 취입하여 용련하고, 조연은 사이펀에 의해 출탕한다. 중국에서는 20기 이상의 납 제련용 SKS로를 가동하여 연간 250만 톤 이상의 납을 생산하고 있는 것으로 알려져 있다.[20]

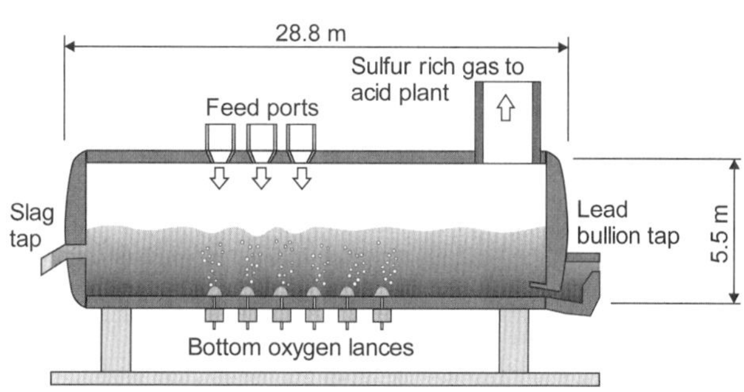

그림 8.13 중국에서 개발한 SKS로의 모식도

8.3.3 납의 건식정제

납(조연, lead bullion)의 정제에는 건식정제와 전해정제가 있다. 납의 건식정제법은 비철금속의 건식정제에 이용하는 대부분의 원리를 적용하여 납 중에 함유되어 있는 Cu, Sn,

As, Sb 등의 불순물을 제거한다. 이러한 불순물을 제거하는 방법으로는 용리법, 황화법, 산화법, Harris법, Parkes법, Kroll-Betterton법, 휘발법 등이 이용되고 있으며, 그림 8.6의 정련(refining) 부분에 해당된다. 건식정련은 일반적으로 정련용 케틀(refining kettle)에서 이루어지며, 그림 8.14에 100톤 기준의 케틀을 모식적으로 나타내었다.[21]

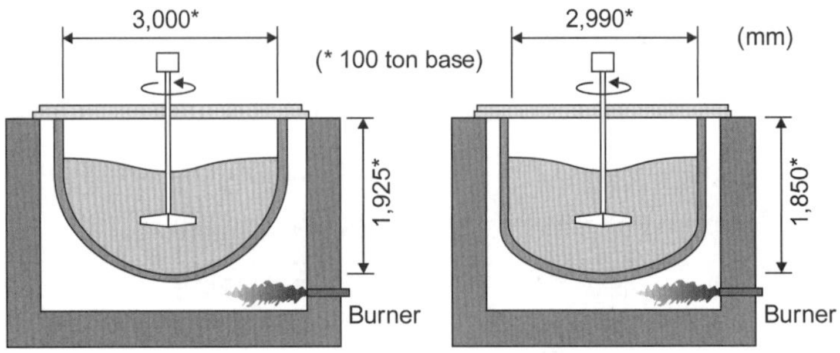

그림 8.14 납 정련용 kettle의 모식도와 치수(100톤 기준)

그림 8.15에는 납 정련법의 순서를 나타내었다. 납의 리사이클링에서도 동일한 건식정제법을 많이 적용하지만, 회수한 납에는 광석과 달리 특정한 불순물만 함유되어 있으므로 필요한 공정만 선택하여 적용하고 있다.

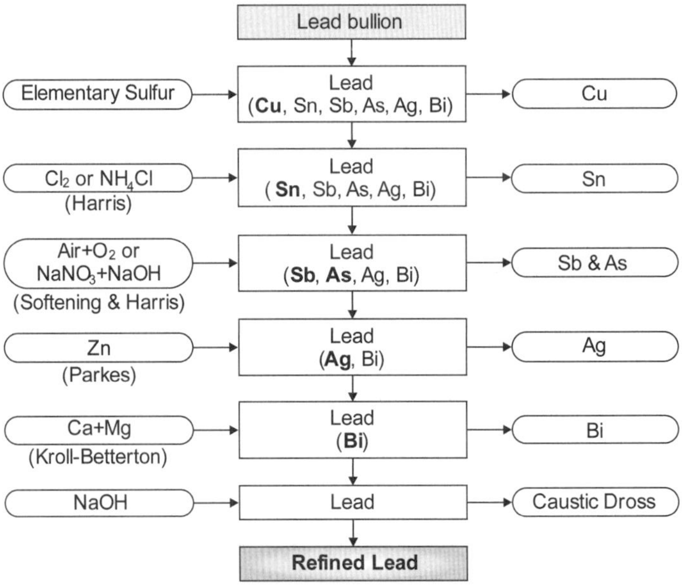

그림 8.15 납의 건식정련 순서도

(1) Cu의 제거

조연 중의 Cu 제거는 용리(liquation)와 황화 반응을 조합한 방법을 사용한다. 그림 8.16에 나타낸 Pb-Cu 상태도를 보자. 0.06 wt% 이상의 Cu를 불순물로 함유하는 조연의 온도를 서서히 내려 599 K의 공정온도 직상에서 유지하면 Cu를 0.06 wt% 가까이까지 낮출 수 있다. Cu는 드로스(dross)로 분리된다.[22]

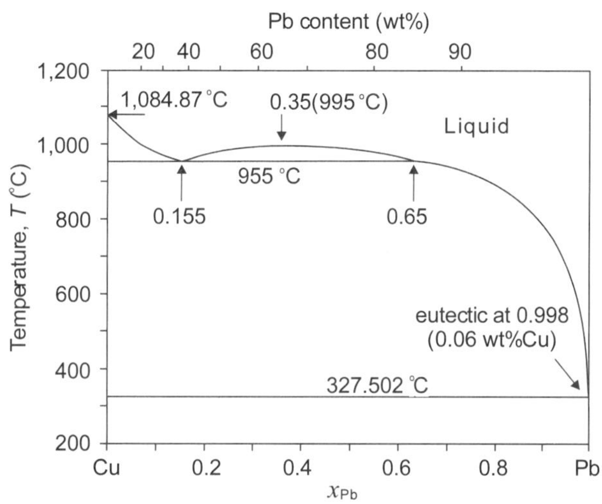

그림 8.16 Cu-Pb의 상태도

Cu를 더 제거하고자 할 때는 Cu가 Pb보다 S와의 친화력이 큰 것을 이용한다. 즉, 조연 중에 S나 PbS를 첨가하여 아래와 같은 반응으로 잔류한 Cu를 Cu_2S로 부상·분리하며, Parkes법의 전단계로 활용하기도 한다.

$$2Cu(s) + PbS(s) = Pb(l) + Cu_2S(s), \quad \Delta G^0 = 30,910 - 56.88T \text{ (J)} \tag{8.14}$$

820 ℃에서 이 방법에 의한 Cu의 제거한계는 다음과 같이 구한다.[23] 우선 820 ℃(1,093 K)에서의 자유에너지 변화는 다음과 같다.

$$\Delta G^0_{1093} = -RT\ln K = -RT\ln\left(\frac{a_{Cu_2S(s)} \cdot a_{Pb(l)}}{a^2_{Cu(s)} \cdot a_{PbS(s)}}\right) = -31,260 \text{ J} \tag{8.15}$$

2개의 고체 황화물은 상호 용해도가 없으므로, $a_{Cu_2S} = a_{PbS} = 1$이다.

$$\log\frac{a_{Pb(l)}}{a^2_{Cu(s)}} = 1.49 \qquad \therefore \frac{a_{Pb(l)}}{a^2_{Cu(s)}} = 30.90 \tag{8.16}$$

820 ℃에서 Cu의 용해도 x_{Cu}=0.12이다. 따라서 순고체 Cu를 표준상태로 한 Cu의 활동도 $a_{Cu(s)}$는 다음과 같다.

$$a_{Cu(s)} = 1, \quad 0.12 < x_{Cu} < 1$$

따라서 Cu는 Henry의 법칙을 따르므로

$$a_{Cu(s)} = \gamma^0_{Cu} \cdot 0.12 = 1 \quad \therefore \gamma^0_{Cu} = 8.33$$

또, Cu가 Henry의 법칙을 따른다면 용매인 Pb는 Raoult의 법칙을 따르므로

$$a_{Pb} = 1 - x_{Cu}$$

$$\therefore \frac{a_{Pb(l)}}{a^2_{Cu(s)}} = \frac{1 - x_{Cu}}{(8.33 \times x_{Cu})^2} = 30.90 \tag{8.17}$$

$$2144x^2_{Cu} + x_{Cu} - 1 = 0 \quad \therefore x_{Cu} = 0.0214^*$$

이 결과에 따르면 x_{Cu}=0.0214까지 제거 가능하다고 할 수 있다.

열역학적 계산에 의하면 제거한계는 600 K에서 0.051 wt%Cu이다. 실제로 Pb 용광로에서 나온 조연에는 약 0.8 wt%의 Cu가 함유되어 있으나, 용리탈동 공정을 거치면 약 0.1 wt%까지 감소하고, S 첨가에 의한 탈동 공정을 거치면 약 0.01 wt%까지 감소한다. 그리고 탈은 및 탈아연 공정까지 거친 후에는 0.0001 wt%Cu까지 정제되는 것으로 알려져 있다. 특히 Ag, Sn 등이 공존하면 탈동 반응이 더욱 촉진된다.

(2) Sb, Sn, As, Te의 제거(유연법과 Harris법)

조연 중의 Sb, Sn, As, Te 등을 제거하는 방법으로 유연법(softening)과 Harris법이 있다. 유연법은 조연 중에 700~900 ℃로 가열한 공기를 취입하거나 PbO를 첨가하여 산화정제하는 방법이다. 이 경우 상기한 불순물들이 PbO가 주성분인 슬래그 중에 TeO_2, As_2O_3, SnO_2, Sb_2O_3 등의 산화물을 형성하여 분리된다. 예를 들어 Pb-Sb의 2원계에서 Sb를 제거하는 경우의 반응식은 다음과 같다.

$$\frac{3}{2}PbO(l) + Sb(l) = SbO_{1.5} + \frac{3}{2}Pb(l), \quad \Delta G^0 = -42,170 + 2.32T \ (J) \tag{8.18}$$

800 ℃(1,073 K)에서의 평형상수는 약 150이므로 x_{Sb}는 다음과 같다.

---

* $ax^2 + bx + c = 0, \ x = \left(-b \pm \sqrt{b^2 - 4ac}\right)/(2a)$

$$K_{1073} = \frac{a_{SbO_{1.5}}}{a_{PbO}^{1.5} \cdot a_{Sb}} = 150, \quad \therefore x_{Sb} = \frac{a_{SbO_{1.5}}}{150\gamma_{Sb} \cdot a_{PbO}^{1.5}} \tag{8.19}$$

여기서 $a_{PbO} \fallingdotseq 1$, $\gamma_{Sb} = 0.8$로 둘 수 있다. 그리고 $a_{SbO_{1.5}}/a_{PbO}^{1.5} = 0.1$로 가정하면 x_{Sb}는 0.00083이 된다. 즉, Pb 중의 Sb는 0.049 wt%가 된다. 그러나 실제에서는 슬래그를 긁어내는 작업을 반복하면 0.0028 wt%Sb까지 제거되는 것으로 알려져 있다. Kim 등은 용융 Bi-Pb-Sb계에 공기를 취입하여 Sb를 산화물로 만들어 휘발·제거하였으며, 이 경우 산소 이용 효율은 거의 100 %를 나타내었다.[24] 이러한 공정을 거친 납은 매우 유연하므로 이 정제법을 유연법이라 하며, 이 납을 유연(softened lead)이라 부른다.[25]

Harris법은 500~600 ℃에서 알칼리 혼합염(NaOH, $NaNO_3$ 및 NaCl)을 이용하여 용융 조연 중의 As, Sn, Sb 등을 산화시켜 Na_3AsO_4, Na_2SnO_3, $NaSbO_3$ 등으로 만들어 제거하는 방법이다. 특히 이 방법은 O와의 친화력 차이만으로는 불순물을 충분히 제거할 수 없는 경우에 적용하는 방법이며, 알칼리 혹은 알칼리토류 금속과 보다 안정한 복합 산화물을 생성시켜 불순물을 제거하는 정제법이다. 예를 들어 조연 중의 As와 Sn을 제거하는 반응은 다음 식과 같다.

$$3Na(l) + As(s) + 2O_2 = Na_3AsO_4 \tag{8.20}$$

$$3Na_2O + SnO_2 = Na_2SnO_3 \tag{8.21}$$

As의 제거 반응인 식 (8.20)의 평형상수는 다음과 같다.

$$K = \frac{a_{Na3AsO4}}{a_{Na}^3 \cdot a_{As} \cdot p_{O2}^2} = 1.24 \times 10^{80} \text{ (at 800 K)}, \; 8.25 \times 10^{68} \text{ (at 900 K)} \tag{8.22}$$

이와 같이 평형상수 값이 매우 크다는 것은 복합 산화물인 Na_3AsO_4가 열역학적으로 매우 안정하다는 것을 나타낸다. 그리고 산소분압이 클수록 Pb 중의 Na과 As을 보다 낮은 농도까지 제거할 수 있다는 것을 의미한다. 또 Na_3AsO_4가 다른 산화물과 용체를 형성하는 경우에는 더욱더 낮은 농도까지 제거할 수 있다.

(3) 귀금속의 제거(Parkes법)

용융 Pb 중에 Zn를 첨가하여 Pb 중의 Ag를 Zn상으로 분배시켜 제거하고 회수하는 방법을 Parkes법이라 한다. 이 방법은 목적금속과의 상호 용해도가 없으며, 밀도 차이가 있는 별도의 금속을 첨가하여 불순물을 첨가한 금속 중으로 많이 분배시켜 목적금속 중의 불순물을 제거하는 것으로, Ag의 Pb/Ag 2상간 분배율 차이를 이용한 정제법이다. Zn 대신에 Pb와 2액상으로 분리되는 Al을 첨가하여 Al-Ag 융체를 만들어 Ag를 분리할 수 있다. 한편 Parkes법으로 탈은할 때 Zn의 소모를 줄이기 위해 S를 첨가하여 조연 중의 Cu를 식 (8.14)와 같이 Cu_2S로 미리 제거해 두는 것이 필요하다.

용광로 등에서 얻어진 조연 중에는 미량의 Au, Ag와 약 0.2~0.8 wt%의 Cu 등이 불순물로 함유되어 있다. 이러한 용융 조연 중에 Zn를 첨가하면 Au, Ag, Cu를 함유하는 Zn 크러스트(crusts)가 생성되어 부상한다. 특히 Pb-Zn 합금은 700 ℃ 이상에서 2액상으로 분리되며, Pb 중의 Ag나 Au는 Zn 중으로 용해되어 들어간다.(Zn 중 Ag의 용해도는 Pb의 3000배 정도인 것으로 알려져 있다.) 320 ℃ 정도까지 온도를 낮추면 Ag를 함유한 Zn가 고상으로 석출되어 탈은을 할 수 있다. Zn 크러스트(Pb 30~70 %, Zn 20~40 %, Ag 6~15 %)로부터 환원·휘발에 의해 Zn를 제거한 후 분은 공정에서 회취법으로 Au, Ag를 회수한다. 실제 조업에서는 630 ℃에서 Pb 중에 Zn를 첨가하고 온도를 내리면서 Ag를 함유하는 드로스를 만들어 제거하는 조작을 반복한다. 초기 드로스 중의 Ag는 20 % 정도이지만 Ag양이 적어지면 수 % 정도까지 낮아진다. 이 방법으로 조연 중의 Cu, Ag는 수 ppm 이하까지 낮출 수 있다.

(4) Kroll-Betterton법(조연 중 Bi 제거)

조연 중에 소량 함유되어 있는 Bi(0.2~0.3 wt%)는 2 wt%Ca-Pb 합금의 형태로 금속 Ca을 첨가하면 고융점의 금속간화합물인 Bi_2Ca_3(융점 928 ℃)가 만들어진다. Pb 용탕을 냉각할 때 이 금속간화합물을 표면으로 부상시켜 제거하는 방법이다. 이 방법은 첨가제와 불순물의 화학적 결합력이 강하고, 고융점의 금속간화합물을 생성시키는 원리를 이용한 정제법이다. 또 Ca 단독보다는 Mg과 함께 첨가하면 고융점의 Bi_2CaMg_2(융점 1,060 ℃)를 생성하여 용해도를 감소시키므로 Ca 단독의 경우보다 탈 Bi에 보다 효과적이다.

(5) 증류에 의한 정제(조연 중 Zn의 휘발·제거)

Parkes법으로 처리한 후의 Pb에는 Zn(0.6~0.7 %)가 함유되어 있다. Zn는 상대적으로 증기압이 높으므로 쉽게 제거될 수 있으나, Pb 중에 소량(<1 wt%)으로 함유되어 있는 Zn의 증기압은 10^{-3} atm 수준이다. 따라서 대기압하에서는 증류·제거할 수 없고, 진공증류

로 제거한다. 계산 예를 살펴보면 다음과 같다.[26] 우선 873 K에서 용융 Pb 중에 0.6 wt% 함유되어 있는 Zn를 제거하고자 할 때, Pb와 Zn의 증기압을 계산해 본다. 이때 Pb-Zn 용액 중 γ_{Zn}=8.9이며, 순수 상태에서 각각의 증기압은 다음과 같다.

$$\log p^0_{Pb} = -10130T^{-1} - 0.985\log T + 11.16 \text{ (mmHg)} \quad (8.23)$$

$$\log p^0_{Zn} = -6620T^{-1} - 1.255\log T + 12.34 \text{ (mmHg)} \quad (8.24)$$

따라서 873 K에서 순수한 Pb의 증기압은 다음과 같다.

$$p^0_{Pb} = 4.56\times10^{-4} \text{ mmHg 또는 } p^0_{Pb} - 6.0\times10^{-7} \text{ atm}$$

Pb가 용매이므로 Pb-Zn(<1 wt%) 합금에서는 $p_{Pb} \approx p^0_{Pb}$가 된다.

$$p_{Pb} = a_{Pb}\cdot p^0_{Pb} = 1\times6.0\times10^{-7} = 6\times10^{-7}\text{atm} \quad (8.25)$$

한편 이 조건에서 Zn의 증기압은 다음과 같이 계산한다. 우선 순수한 Zn의 증기압은 위의 식에 온도를 대입하여 계산하면 다음과 같다.

$$p^0_{Zn} = 11.641 \text{ mmHg 또는 } p^0_{Zn} = 0.0153 \text{ atm}$$

Pb 용액 중 Zn의 몰분율은 다음과 같다.

$$x_{Zn} = \frac{n_{Zn}}{n_{Pb}+n_{Zn}} = \frac{0.6/65.4}{99.4/207.2+0.6/65.4} = 0.019 \quad (8.26)$$

따라서 Pb-Zn 중 Zn의 증기압은 다음과 같다.

$$p_{Zn} = a_{Zn}\cdot p^0_{Zn} = \gamma_{Zn}\cdot x_{Zn}\cdot p^0_{Zn} = 8.9\times0.019\times0.0153 = 2.6\times10^{-3}\text{atm} \quad (8.27)$$

계산 결과 $p_{Zn} \gg p_{Pb}$이므로 Zn의 우선 휘발·제거가 가능하지만, 상압에서는 휘발물질의 분압이 0.1 atm 이상이어야 유효한 휘발을 기대할 수 있으므로 진공에서 처리하여야 한다. 7.0×10^{-5} atm 정도의 진공하에서 처리하면 Zn을 0.6 %에서 0.06 %까지 제거할 수 있다.

8.3.4 조연의 전해정제

용광로 등에서 만들어진 조연은 Betts법을 적용하여 전해정제를 하기도 한다. Betts법은 Cu를 제거한 조연을 양극으로 주조하여 H_2SiF_6와 $PbSiF_6$로 구성된 전해액에서 전해하여 얇은 고순도의 납 종판(mother plate)인 음극에 석출시켜 정제하는 방법이다. 전해조는 콘크리트조에 아스팔트나 경질의 염화비닐을 내장(lining)하여 사용한다. 전해액은 $PbSiF_6$+H_2SiF_6이며, 전해조 내에서의 반응은 다음과 같다.

$$\text{Anode: } H_2O + 2e^- = 2H^+ + \frac{1}{2}O_2(g) \tag{8.28}$$

$$\text{Cathode: } PbSiF_6 + 2H^+ + 2e^- = Pb + H_2SiF_6 \tag{8.29}$$

$$\text{Total: } PbSiF_6 + H_2O = H_2SiF_6 + Pb + \frac{1}{2}O_2(g) \tag{8.30}$$

전해정제 과정에서 Pb보다 전기화학적으로 귀(noble)한 Cu, Sb, Bi, Ag, Au 등은 전해 슬라임(slime)으로 제거되며, Pb보다 비(base)한 Zn 등은 전해액 중에 용해된다. 전기화학적 표준 전극 전위가 Pb(-0.13 V)와 유사한 Sn(-0.14 V)은 Pb와 같이 음극에 석출하므로, Sn이 함유된 조연은 건식정제 공정에서 Harris법 등으로 사전에 제거하여야 한다. 전해 슬라임은 양극에 부착되어 있어야 하며, 용액 중으로 탈락되면 음극에 혼입되어 불순물이 된다. 이러한 양극의 탈부착은 전해액 중의 Sb 농도에 의존하므로 적절한 수준을 유지하여야 한다.[27]

양극 슬라임은 침전물 용융로에서 용융한 후 회취법으로 산화시켜 Sb를 우선적으로 휘발·제거한다. 이후 산화를 계속하면 Bi는 PbO 슬래그 중에 농축되고, Au-Ag 합금이 얻어진다. 이것을 전해하여 순차적으로 Ag, Au를 얻는다. Bi를 함유한 PbO 슬래그는 전기로에서 환원하여 조Bi를 만들고 양극으로 주조하여 $Bi_2(SiF_6)_3$+H_2SiF_6 전해액에서 음극판(구리판이나 스테인리스판) 위에 Bi를 석출시킨다.[28]

8.4 납축전지의 리사이클링 기술

그림 8.17에는 납 제품의 수명과 라이프 사이클을 나타내었다.[29] 납 함유 스크랩이나 2차 자원으로부터 1차 및 2차 제련소에서 만들어진 납은 납축전지를 비롯한 표 8.2와 8.3의 여러 제품으로 만들어진다. 이러한 다양한 제품 중에서 사용량이 가장 많은 자동차용 납축전지의 수명은 약 4~5년이며, 산업용 납축전지는 약 10년이므로 비교적 라이프 사이클이 짧은 금속에 속한다. 특히 납축전지는 환경적인 측면에서 회수 시스템이 비교적 잘 갖추어져 있으므로 향후에도 납축전지로부터의 2차 지금 생산량은 증가할 것으로 예상된다. 따라서 납의 리사이클링은 곧 납축전지의 리사이클링으로 간주할 수 있다.

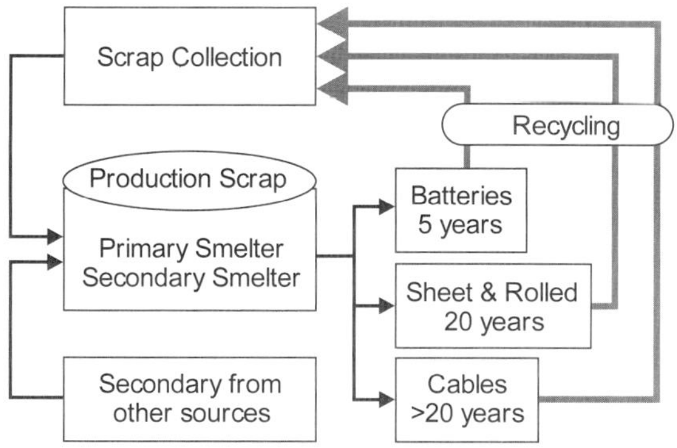

그림 8.17 납의 이상적인 EoL(End of Life) cycle

8.4.1 국내의 납축전지 리사이클링 현황

납의 주된 용도가 납축전지이므로 국내의 납축전지 재활용 현황에 대해 알아본다.[30] 우선 국내에서 생산되는 납축전지의 90 % 이상은 자동차용이며, 일부 주문에 따라 산업용을 생산하기도 한다. 국내에서 생산된 납축전지의 50 % 이상은 해외로 수출되고 있다. 자동차 생산 대수의 증가에 따른 신차용 납축전지와 A/S용(교체용) 납축전지, 산업용 납축전지 등의 수요 증가로 매년 꾸준한 성장률을 보이고 있다. 따라서 사용 후 폐기되는 납축전지의 양도 매년 증가하고 있다.

국내에서 발생된 폐납축전지는 배출자(카센터, 폐차장, 공공기관, 기업체, 기타-고물상, 수집상 등)가 한국환경공단 Allbaro-System*에 폐기물 배출 현황을 전산입력(신고 코드: 02-01-02, 02-01-03, 폐산, 황산, 그 밖의 폐산)한 후, 지정폐기물 수집/운반업체를 통하여 폐납축전지 재활용업체로 위탁판매한다. 2014년 기준 국내의 폐납축전지 재활용 사업자는 23개이다. 2015년 기준 사륜차 및 이륜차의 국내 등록 차량은 2300만 대이며 계속 증가하고 있다. 따라서 국내의 자동차용 납축전지도 2300만 개 이상이 될 것이다. 자동차 가이드라인 기준의 납축전지 교환 시기를 적용하면 연간 약 800만 개의 폐납축전지가 발생하는 것으로 추정된다. 그리고 매년 70만 대 이상이 폐차되고 있으므로 70만 개 이상의 폐납축전지도 발생되고 있다. 여기에 더하여 2016년 기준 44만 7000톤의 폐납축전지를

* Allbaro시스템: 사업장폐기물의 배출에서 운반·최종처리까지의 전 과정을 인터넷 또는 RFID 기술을 통해 투명하게 관리하는 시스템으로 폐기물의 발생 억제, 재활용, 적정처리의 전 생애 관리를 하나로 통합한 IT 기반 폐기물종합관리시스템임.(한국환경공단)

재활용을 위해 수입하였다.

국내에서 발생된 폐납축전지는 전량 재활용 사업장으로 유통되어 주요 금속인 납을 재생하고 있다. 재생된 납은 전체 생산량의 30 % 이상이 국외로 수출되고 있다. 나머지 70 %는 국내 납축전지 제조사나 납을 사용하는 산업에 공급되어 다양하게 사용된다. 폐납축전지에서 납을 재생하면서 발생되는 2차 부산물인 전해질(폐황산)과 납축전지 케이스(폴리프로필렌, polypropylene)는 2차 재활용 사업장으로 유통되어 재활용되고 있다. 전해질 용액은 대부분 수처리제로 재활용되며, 납축전지 케이스는 플라스틱 펠릿(pellet)으로 재생되어 자동차용 플라스틱 내장재나 화물용 팔레트(pallet) 등을 생산하는 사업장에서 플라스틱 원료로 사용되고 있다.

8.4.2 납축전지의 구조와 구성성분

그림 8.18에는 자동차용 납축전지의 구조를 나타내었다. 납축전지는 납 합금으로 되어 있는 격자상의 전극에 활성물질인 페이스트를 충진하고 건조, 화성 처리하여 제조한 전극과 전해질(묽은 황산), 격리판(합성수지+유리섬유)을 내식성과 내열성이 있는 플라스틱(polycarbonate, polypropylene, or polystyrene) 케이스에 장착한 구조이다. 폐납축전지의 일반적인 구성 성분은 표 8.4에 나타내었다.[31]

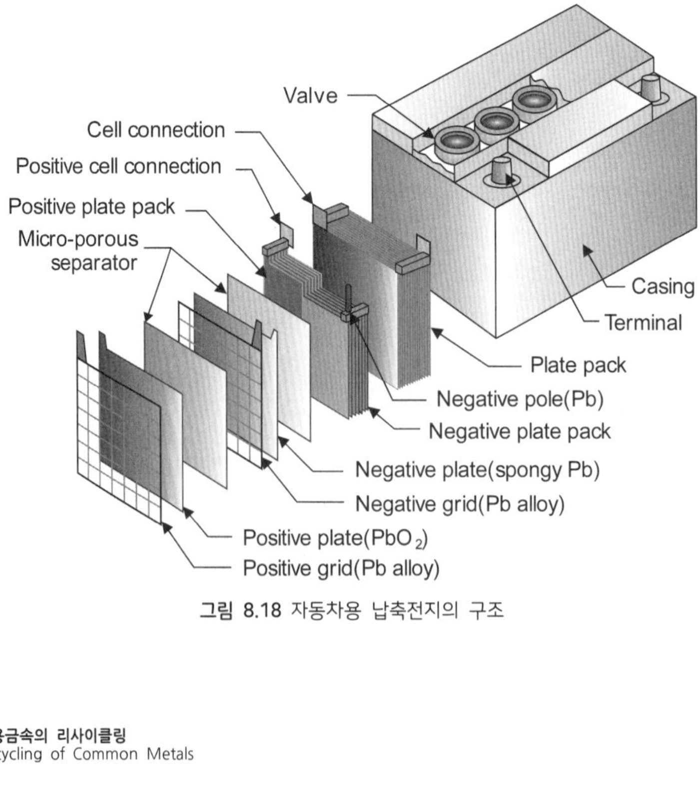

그림 8.18 자동차용 납축전지의 구조

[표 8.4] 납축전지의 구성 성분

Component	wt%
Lead (alloy) components(grid, poles)	25~30
Electrode paste(fine particles of Lead oxide and Lead sulphate)	35~45
Sulphuric acid(10~20 % H_2SO_4)	10~15
Polypropylene	5~8
Other plastics(PVC, PE, etc.)	4~7
Ebonite	1~3
Others materials(glass, etc.)	<0.5

한편 납축전지의 각 전극에서의 반응식은 다음과 같다.[32]

$$(+):\ Pb \underset{recharge}{\overset{discharge}{\rightleftarrows}} Pb^{2+} + 2e^-,\quad Pb^{2+} + SO_4^{2-} \rightleftarrows PbSO_4 \tag{8.31}$$

$$(-):\ PbO_2 + 4H^+ + SO_4^{2-} \underset{recharge}{\overset{discharge}{\rightleftarrows}} PbSO_4 + 2H_2O \tag{8.32}$$

따라서 전체적인 반응은 다음과 같다.

$$Pb + PbO_2 + 2H_2SO_4 \underset{recharge}{\overset{discharge}{\rightleftarrows}} 2PbSO_4 + 2H_2O \tag{8.33}$$

납축전지의 경우, 양극, 음극 모두 방전은 황산납($PbSO_4$)의 생성 반응이므로 폐축전지에는 상당한 양의 황산납이 함유되어 있다. 표 8.5에는 격자부(grid)의 조성을 나타내었다. (+)극의 Pb-Sb 합금에는 As와 Cu가 함유되어 있으며, (-)극인 Pb-Ca 합금에는 Sn이 함유되어 있다.[33] 이 외에도 성능 향상을 위해 많은 금속들이 조금씩 합금되어 있는 경우가 많다.

[표 8.5] 폐납축전지 전극의 조성

Grid	Sb	Ca	As	Sn	Cu
(+) Pb-Sb	2.0~5.0	-	0.2~0.3	0.01~0.02	0.02~0.05
(-) Pb-Ca	-	0.05~0.12	~	0.2~1.00	-

8.4.3 리사이클링을 위한 전처리

납축전지의 리사이클링 공정은 파쇄와 선별, 환원, 정련의 세 단계로 구분할 수 있다. 그림 8.19에는 Engitec Technologies사에서 폐납축전지를 파쇄하고 선별하는 전처리 공정의 예를 나타내었으며,[34] 국내에서도 유사한 방법으로 처리하고 있다.

회수업자 등에 의해 회수된 폐납축전지를 환원(건식이나 습식)하기 전에 전해액의 회수, 파쇄, 선별의 공정을 거치고 있다. 폐납축전지의 전해질을 배출하고, 해머 밀이나 롤 크러셔 등을 이용하여 파쇄한다. 다만 산업용인 대형 축전지는 수작업으로 해체하기도 한다. 이어서 침강/부유 선별 등으로 플라스틱류를 분리한다. 특히 폴리프로필렌제 케이스는 별도로 회수하여 판매하기도 하며, 전해질은 중화 처리를 한다.

그림 8.19에서 회수한 페이스트 슬러리 중에는 PbO와 $PbSO_4$가 함유되어 있으므로 그림 8.20과 같이 부분적으로 탈수한 후, 다음 반응과 같이 사전에 S를 제거하기도 한다.

$$PbSO_4(s) + Na_2CO_3(aq) = PbCO_3(s) + Na_2SO_4(aq) \tag{8.34}$$

$$PbSO_4(s) + 2NaOH(aq) = PbO(s) + Na_2SO_4(aq) + H_2O \tag{8.35}$$

$$H_2SO_4 + 2NaOH(aq) = Na_2SO_4(aq) + 2H_2O \tag{8.36}$$

탈황한 페이스트는 회전로(rotary furnace) 등으로 보내어 처리하거나, 결정화시켜 판매하기도 한다.

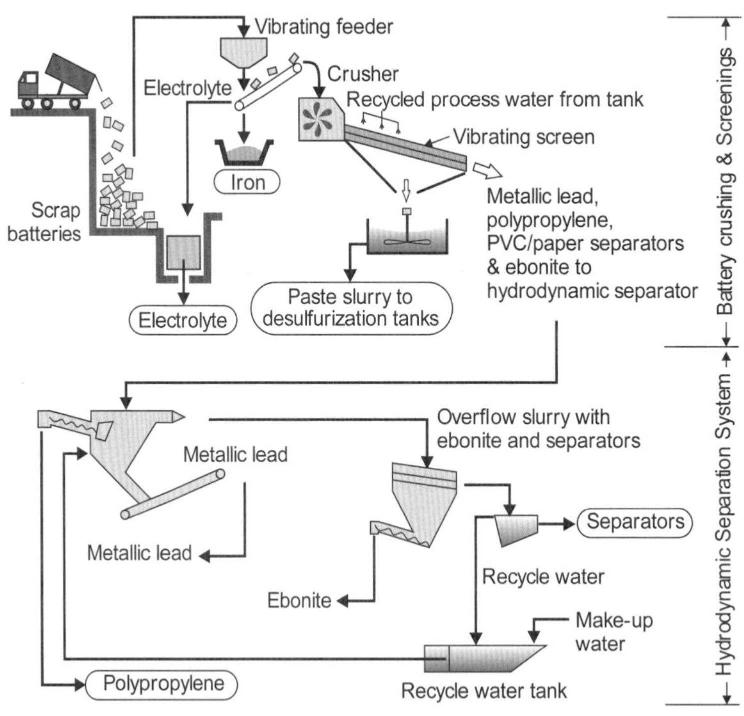

그림 8.19 폐납축전지 전해질 배출, 파쇄, 선별을 포함한 전처리 공정의 예

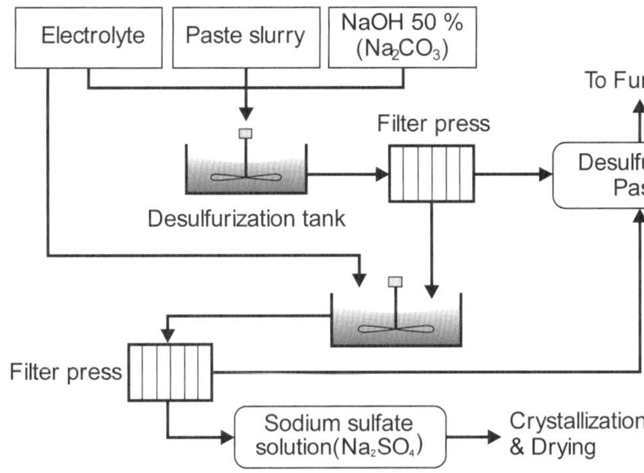

그림 8.20 페이스트 슬러리(paste slurry)의 탈황 공정 예

8.4.4 건식법에 의한 납의 회수

납축전지를 비롯한 2차 지금용 원료로부터 납의 2차 지금을 생산하는 제련소는 약 190곳이며, 주 공정에 따라 분류하면 표 8.6과 같다.[35] 2차 지금의 81 %는 샤프트로, 반사로, 회전로에서 처리하고 있다. 국내에서도 대부분은 회전로나 샤프트로를 사용하고 있다.

[표 8.6] 납의 2차 지금 제련소의 처리 방법과 용량

Number of smelters	Secondary lead smelting process	Capacities	
		10^3 ton	%
45	Conventional shaft-furnace smelting Shaft-furnace smelting for secondary lead Imperial Smelting Process	1,103	26.0
80	Rotary kilns	1,234	29.0
24	Reverberatory smelting Reverberatory smelting in combination with shaft-furnace or electric smelting	1,106	26.0
6	Isamelt / Ausmelt Electric smelting	388	9.1
35	No data	419	9.9
Total: 190		4,250	100

건식법은 격자부와 페이스트부(PbO_2, $PbSO_4$)를 조연으로 환원하는 공정과, Cu, Sb, As, Sn 등을 제거하는 정제 공정으로 나눌 수 있다. 전극과 페이스트를 동시에 처리하거나 전극과 페이스트를 분리하여 처리하기도 한다. 분리하여 처리하는 경우, 전극부는 용해-성분 조정 후 납으로 재생하고, 불순물이 적은 페이스트부는 환원하여 순연으로 재생하기도 한다. 2차 지금 회사에서는 대부분 전극부와 페이스트 부분을 동시에 처리한다.

전처리 공정에서 플라스틱과 묽은 황산을 분리하고 회수한 금속납 부분과 페이스트를 코크스, 고철, 규석과 함께 1,100~1,200 ℃의 환원로(샤프트로, 반사로, 회전로 등)에서 반응시켜 조연을 얻는다. 샤프트로의 경우 필요한 열원은 공기에 의한 코크스의 연소열을 이용한다. 경우에 따라서는 케이스 등의 플라스틱류를 샤프트로에 같이 장입하여 연소시키기도 한다. 장입원료는 샤프트로에서 하부로 침강되면서 온도가 상승하여 금속상의 납은 용융되어 노상(hearth)에 모이고, 다음 식과 같이 $PbSO_4$와 PbO의 분해와 환원이 일어난다.

$$Fe + PbSO_4 + 4CO = Pb + FeS + 4CO_2 \tag{8.37}$$

그림 8.21에는 회전로(rotary furnace)를 이용하여 폐납축전지의 페이스트와 그리드 등을 환원하고 정련하는 공정도를 나타내었다.[36] 회전로 작업은 회분식(batch)이며, 일반적으로 1대의 파쇄/선별기에 대해 2~4개의 노를 가동하고 있다. 노에는 납이 함유되어 있는 원료인 페이스트, 격자, 그리고 드로스/분진과 철 스크랩, 플럭스 등을 함께 장입한다. 철 스크랩은 샤프트로에서와 마찬가지로 S를 FeS로 제거하기 위한 것이다.

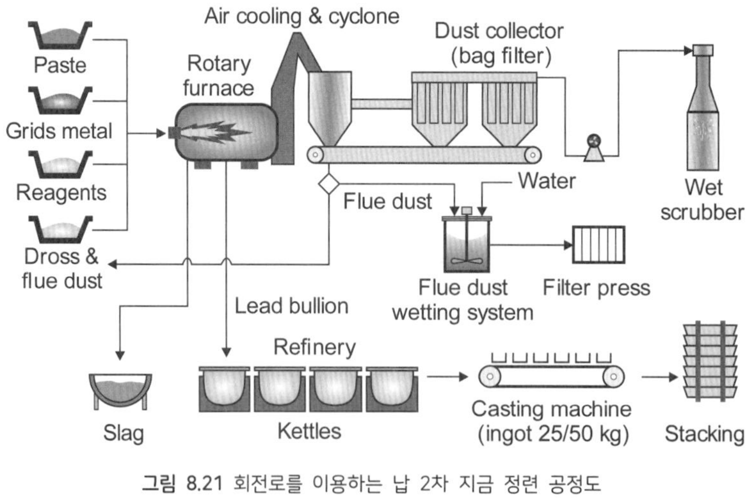

그림 8.21 회전로를 이용하는 납 2차 지금 정련 공정도

그림 8.22에는 BRM(Britannia Refined Metals, UK)의 ISASMELT TSL로와 회전로를 연결한 폐납축전지 처리 공정을 재구성하여 나타내었다.[37] 그림 중의 각 수치는 연간 30만 톤을 처리할 때의 물질수지를 나타낸 것이다. 기본적으로는 그림 8.19에 나타낸 Engitec의 CX process에 의해 배터리를 파쇄, 선별하고, 페이스트를 탈황한다. 배터리 페이스트와 그리드를 석탄과 함께 ISASMELT에 장입하여 soft bullion과 Pb-Sb 슬래그로 분리한다. 이 슬래그는 회전로에서 환원정련하여 Pb-Sb 합금과 최종 슬래그로 분리된다. 폐배터리 중에서 납의 87.2 %는 ISASMELT에서 조연으로 만들어지며, 12.8 %는 슬래그와 함께 회전로에 공급된다. 회전로에서는 8.4 %의 납이 Pb+Sb 합금으로 분배되고 나머지 4.4 %는 슬래그로 분배된다. 한편 MRI(Metal Reclamation Industries Sdn. Bhd.)에서는 그림 8.22와 동일하지만 ISASMELT TSL로 2기를 이용하여 환원과 정련을 하고 있다. 표 8.7에는 몇 가지 건식법에 의한 납축전지의 리사이클링 공정을 비교하여 나타내었다.[38]

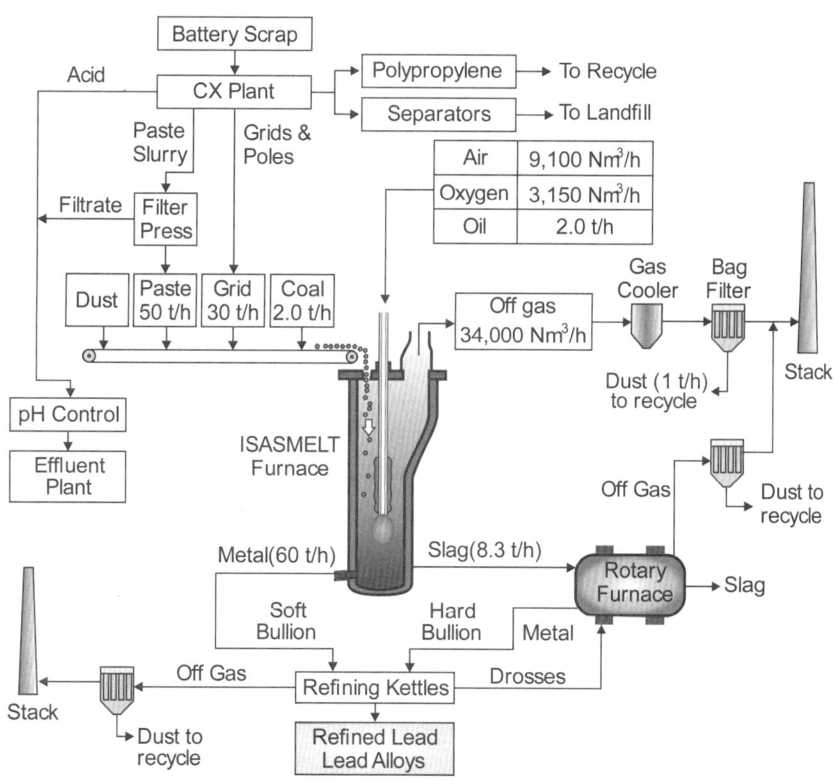

그림 8.22 BRM(Britannia Refined Metals, UK)의 ISASMELT와 회전로에 의한 폐배터리 처리 공정

[표 8.7] 건식법에 의한 납축전지 리사이클링법 비교

Process	Smelting /Mode	Features/Current Status
Blast Furnace	Shaft/ Continuous	· 다양한 2차 자원 처리에 사용할 수 있음 - 납 스크랩, 슬래그, 드로스, 분진 · 세계적으로 널리 사용되고 있음 · 실리카 농도가 높은 매트와 슬래그를 생성하는 환경적으로 불리한 기술
Reverberatory Furnace	Bath/ Continuous or Batch	· 주로 산화물이 많고 Sb을 함유한 원료에 사용 · 세계적으로 널리 사용되고 있음 · 환경 문제
Short Rotary Furnace	Bath/Batch	· 주로 금속 성분이 높은 원료에 사용 · 세계적으로 널리 사용되고 있음 · 폐기가 곤란한 활성 소다 슬래그를 생성
Top Blown Rotary Converter	Flash or Bath/Batch	· 파쇄하지 않은 배터리, 잔사, 스크랩의 정련에 사용 · 스웨덴에서는 2차 자원 처리에 사용
Electrothermic Furnace	Bath/Batch	· 금속이나 산화물 원료에 사용 · 러시아에서 개발되었으며, 설비비가 높음 · 상세 내용은 불명

8.4.5 습식 및 전해에 의한 납의 회수

폐축전지 스크랩으로부터 납을 전해채취하는 방법에는 RSR process, USBM(Bureau of Mines Process), Engitec Process(CX-EW), Ginatta Process, AAS Process(Ammoniacal Ammonium Sulfate), $PbSO_4$ Slurry Process, PLACID Process, Engitec의 CX-EWS(Chemical Extraction Electro Winning System)법 등이 있다. 표 8.8에는 이러한 몇 가지 전해법을 비교하여 나타내었다.[38]

이러한 방법에는 몇 가지 차이점이 있기는 하지만, 기본적으로는 아래와 같은 3단계의 공정을 포함하고 있다.[33]

① $PbSO_4$, PbO_2 등의 불용성 납화합물을 침출이 가능한 화합물인 $PbCO_3$, PbO, Pb(OH) 등으로 전환하는 공정

② H_2SiF_6나 HBF_4 수용액으로 침출하여 납 전해액을 만드는 공정

③ 산소를 발생하는 불용성 양극을 사용하여 납을 전해채취하는 공정

[표 8.8] 전해법에 의한 납 회수 공정의 비교[38]

Process	Electrolyte	Additives	Pb (g/L)	Cell type	Current (A/m^2)
RSR	Fluosilicic/ Fluoboric acid	>500 ppm As + boric acid	70~200	Simple	100~200
USBM	Fluosilicic acid	3~6 g/L H_3PO_4+ 0.05 g/L bone glue +4 g/L lignin sulfonate	25~150	Simple	150~250
Engitec*	Fluosilicic acid	Glues	50~100	Compositc anode****	320
AAS**	AAS	None	?	Cascaded	?
PLACID***	HCl Brine sol.	None	25	Ion-selective membrane	1,200

* Purification by cementation in CX-EWS. ** AAS: Ammonical Ammonium Sulfate leaching. *** Purification by cementation. **** CX-EWS process uses graphite anodes with additives to prevent formation of PbO_2.
- Fluosilicic acid(불화규소산): H_2SiF_6, Fluoboric acid(붕불화수소산): H_2OBF_4

$PbSO_4$를 $(NH_4)_2CO_3$, $LiCO_3$, Na_2CO_3, K_2CO_3, Na_4OH 등을 이용하여 가용성의 $PbCO_3$, $Pb(OH)_2$로 전환한다. 또 PbO_2를 침출 가능한 화합물로 전환하기 위해 PbO_2와 $PbSO_4$에 알칼리 아질산을 첨가하여 $PbCO_3$, $Pb(OH)_2$로 만들기도 한다. 그리고 슬러지를 563 K에서 가열하면 슬러지 중에 함유되어 있는 소량의 유기물이 환원제가 되어 PbO로 환원된다. 또 $PbSO_4$를 상기한 방법으로 $PbCO_3$로 전환하여 H_2SiF_6나 HBF_4로 침출하는 공정에서 분말상의 납을 첨가하여 PbO로 전환하기도 하며, H_2O_2를 환원제로 사용하는 방법도 시도되었다. 그리고 전해채취에서는 양극에서 PbO_2가 석출되는 것을 피하기 위해 As, P, Co, H_2O_2 등을 첨가하거나 고 전류밀도 전해를 한다.

그림 8.23에는 Ginatta process를 나타내었다.[39] Ginatta Process는 기본적으로 그림에서와 같이 bottom cutting, activation, dissolution, electrowinning의 네 단계로 구성되어 있다. $PbSO_4$는 암모니아성 황산암모늄(ammonium sulfate, $(NH_4)_2SO_4$) 용액으로 용해한다. 이때 PbO_2는 이 용액에 용해되지 않기 때문에 분리하여 353 K 이상의 고온에서 진한 황산을 사용하여 $PbSO_4$로 만들고, 이것을 암모니아성 황산 암모늄 용액의 침출에 공급하는 방법을 채택하고 있다.

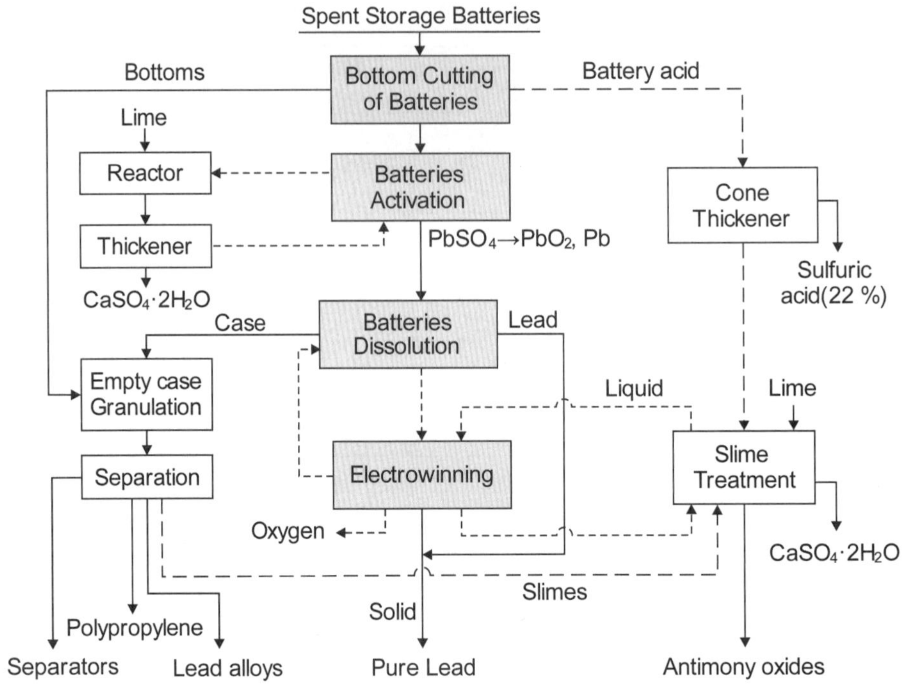

그림 8.23 Ginatta process의 공정도

그림 8.24에는 PLACID Process(PLomo+ACIDo)의 흐름도를 재구성하여 나타내었다.[40] PLACID Process는 알칼리 시약에 의한 탈황과 뒤이은 HBF_4나 H_2SiF_6 중으로의 침출과는 달리, PbO, $PbSO_4$, PbO_2를 함유하는 배터리 스크랩을 HCl이나 NaCl을 이용하여 다음 식과 같이 $PbCl_2$로 침출시키는 특징을 가지고 있다.[41]

$$PbO + 2HCl = PbCl_2 + H_2O \quad (8.38)$$

$$Pb + PbO_2 + 4HCl = 2PbCl_2 + 2H_2O \quad (8.39)$$

$$PbSO_4 + 2NaCl = PbCl_2 + Na_2SO_4 \quad (8.40)$$

$PbCl_2$ 용액은 정제한 후 전해채취에 의해 99.995 wt%Pb의 고순도 납으로 회수하고 있다. 실수율은 99.5 % 이상이지만, 에너지 소비가 약 1,300 kWh/ton-Pb인 것으로 알려져 있다. 그리고 PbO_2의 환원에 다량의 Pb가 필요하고, 염소에 의한 장치 부식의 문제가 있어서 큰 주목을 받지 못하였다.

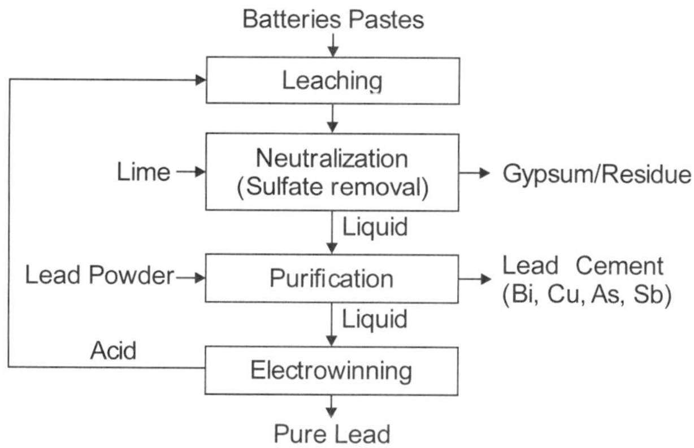

그림 8.24 PLACID process의 공정도

이러한 방법들을 적용하려면 불용성인 납 화합물 용해가 가능하도록 $PbSO_4$의 탈황과 $PbO_2 \rightarrow PbO$로의 부분 환원 등을 할 필요가 있으며, 또 양극에 PbO_2가 석출되는 것을 방지하여야 한다. 그리고 사용할 때 열화하지 않는 불용성 anode를 사용해야 하는 문제, 황산염의 회수와 처분 문제, 부식성 산과 알칼리 용액 모두에 견디는 재료의 사용 문제, 양극이나 음극에서 발생하는 가스나 미스트의 방지 문제, 또 침출 후의 불용성 슬러지 처리 문제 등 많은 문제점을 가지고 있다.

상기한 여러 방법의 개량법으로 나온 폐축전지의 페이스트나 금속 Pb를 습식 처리하는 CX-EWS의 공정도를 그림 8.25에 나타내었다.[42]

이 공정은 다음과 같이 구성되어 있다.

① 폐축전지의 파쇄에 의해 얻어진 납 페이스트를 $PbCO_3$, $Pb(OH)_2$로 만들지 않고, 황화소다나 황산용액과 반응시켜 페이스트 중의 모든 납 화합물을 황화납과 황산소다 용액으로 만든다.

$$PbSO_4 + Na_2S = PbS + Na_2SO_4 \tag{8.41}$$

$$PbO_2 + 2Na_2S + 2H_2SO_4 = PbS + S^0 + 2Na_2SO_4 + 2H_2O \tag{8.42}$$

특히 PbS의 용해도곱은 K=10^{-27}으로, $PbCO_3$(K=10^{-8})나 $Pb(OH)_2$(K=10^{-10})와 비교하여 매우 작은 값이므로, PbS로의 전환은 100 % 정도이다.

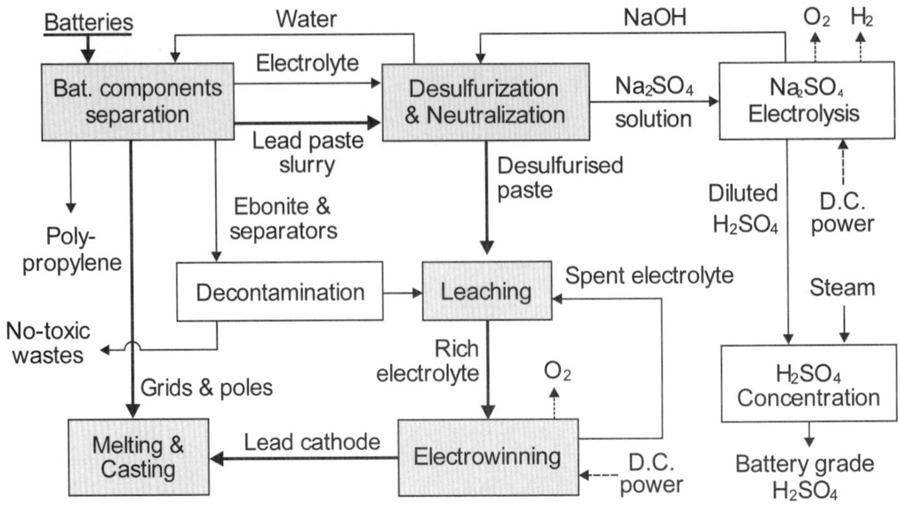

그림 8.25 CX-EWS(Chemical Extraction Electro Winning System) 공정도

② 황화납을 붕불화제2철($2Fe(BF_4)_3$) 전해액으로 침출하여 붕불화납-붕불화제1철 혼합 용액($Pb(BF_4)_2-Fe(BF_4)_2$)과 미용해 잔사인 단체 유황(S^o)을 얻는다.

$$PbS + 2Fe^{3+} = Pb^{2+} + 2Fe^{2+} + S^o \quad (8.43)$$

이 반응은 매우 빠르게 일어나며, 전환율은 거의 100 % 수준이다. 또 단체 유황(S^o)의 여과도 용이한 장점이 있다.

③ 격막이 있는 FLUBOR 전해조에서 붕불화납-붕불화제1철 용액을 전해하고, 음극실에서 전기납을 회수함과 동시에 납을 제거한 전해액을 양극실로 보내어 붕불화제2철($2Fe(BF_4)_3$)을 얻는다. 붕불화제2철은 PbS의 침출에 재이용된다. 이 전해조는 새롭게 고안된 것이지만 일반적인 개방형의 전해조와 같은 특징을 갖고 있다.

$$Pb^{2+} + 2Fe^{2+} = Pb + 2Fe^{3+} \quad (8.44)$$

이 반응은 양극 반응으로 제1철 이온이 제2철 이온으로 산화되는 것을 이용하는 것이다. 전해 공정은 양극 반응에서 산소가 발생하는 일반적인 전해 공정보다 약 1,000 mV 낮은 단자간 전압에서 진행하므로 경제적이다. 또 산소가 발생하지 않으므로 산 미스트도 발생하지 않는 장점이 있다. 일반적으로 불용성 양극으로는 그라파이트를 사용한다. 또 Fe^{2+}의 양극 산화전위가 PbO_2의 석출전위보다 훨씬 낮아서 PbO_2가 석출되는 문제도 없다.

④ 상기한 ①의 공정에서 생성되는 황산소다는 석탄을 사용한 가열 환원에 의해 황화소다로 전환한 후 납 페이스트의 처리에 재이용한다.

$$Na_2SO_4 + 2C = Na_2S + 2CO_2 \tag{8.45}$$

이 반응의 환원 온도는 1,173 K이며, 환원시간은 약 5.4 ks, 석탄의 첨가량은 Na_2SO_4의 약 25 % 정도이며, 이때의 전환율은 90 % 이상이다. 또 생성된 Na_2S는 액상이므로 배출도 쉽게 이루어진다.[43, 44]

그림 8.26에는 CX-EWS와 유사한 방법으로 스크랩은 물론 납 정광으로부터 습식 및 전해채취하여 납을 회수하는 FLUBOR법과 전해 셀을 나타내었다.[45] FLUBOR법은 Cu에 대해서도 동일하게 적용할 수 있으며, 침출 반응은 다음과 같다.

$$Me + 2Fe(BF_4)_3 = Me(BF_4)_2 + 2Fe(BF_4)_2 \quad (Me = Pb,\ Cu) \tag{8.46}$$

$$MeS + 2Fe(BF_4)_3 = Me(BF_4)_2 + 2Fe(BF_4)_2 + S^o \quad (Me = Pb,\ Cu) \tag{8.47}$$

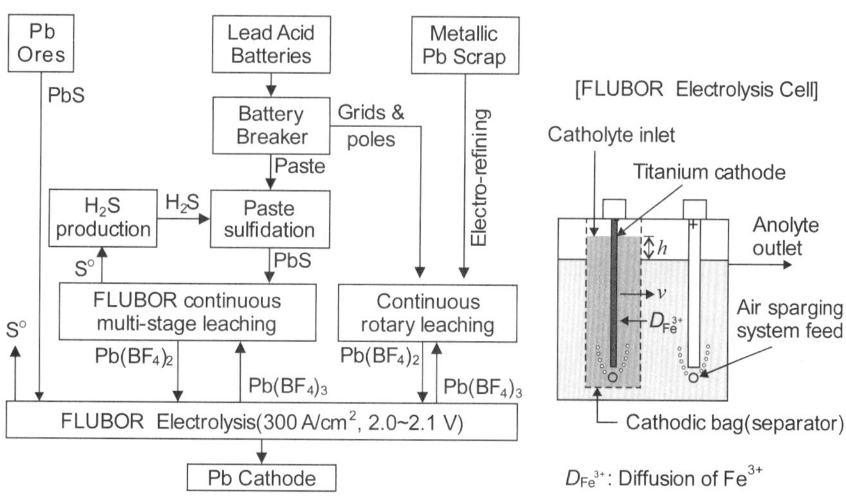

그림 8.26 FLUBOR법(광석이나 스크랩으로부터 납을 회수하는 공정)과 전해 셀

한편 그림 8.27에는 염화암모늄 용액을 사용하는 Engitec Technologies의 FAST Pb Process를 나타내었다.[45] 폐축전지를 파쇄하여 격자부와 전극부를 분리 후 별도 처리하고, 페이스트($PbSO_4$)만 습식으로 처리한다. 폐축전지에서 회수한 페이스트를 식 (8.34), (8.35)

와 같이 Na_2CO_3, NaOH, $(NH_4)_2CO_3$ 등으로 탈황하여 $PbCO_3$, $Pb(OH)_2$ 등의 산화물 페이스트로 만든다.

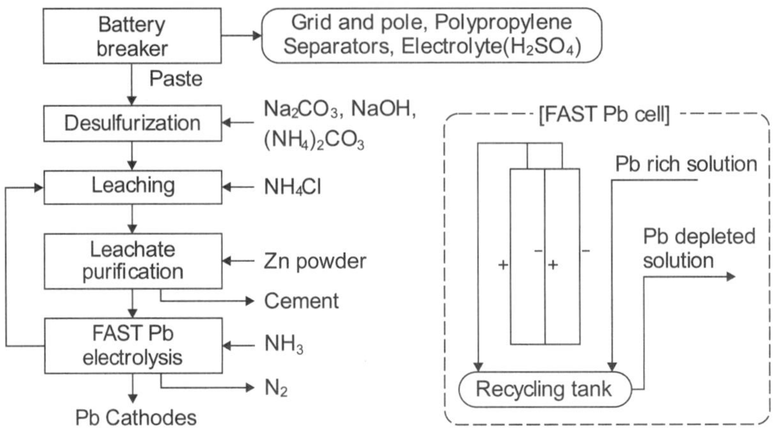

그림 8.27 납의 2차 자원을 사용하는 FAST Pb법의 공정도와 전해 셀

탈황한 산화물 페이스트는 NH_4Cl로 침출시켜 NH_3PbCl_3 용액으로 만들고, 아연분말 등으로 정제한다.

$$PbCO_3 + 3NH_4Cl = NH_3PbCl_3 + CO_2 + 2NH_3 + H_2O \quad (8.48)$$

$$PbO + 3NH_4Cl = NH_3PbCl_3 + 2NH_3 + H_2O \quad (8.49)$$

$$PbO_2 + 3NH_4Cl + H_2O_2 = NH_3PbCl_3 + 2NH_3 + 3H_2O \quad (8.50)$$

정제한 용액은 전해 공정에서 플레이크(flake)상으로 회수한다. 그러나 FLUBOR법이나 FAST Pb법은 아직 상용화되지는 못한 것으로 알려져 있다.

8.4.6 건식과 습식의 복합 공정

그림 8.28에는 건식 처리법을 병용하는 PLACID법의 공정도를 나타내었다.[40] 그림의 우측 공정은 PLACID법이며, 좌측 공정은 용융과 건식정련 공정이다. 용융이나 정련 공정에서 발생하는 흄, 드로스, 슬래그 등은 PLACID 공정에서 침출하여 처리한다. 그리고 정액 공정에서 발생하는 고형물(lead cement)은 용융로로 보내어 처리한다. 이와 같이 건식법과 습식법을 결합하여 환경친화적으로 납을 리사이클링할 수 있는 공정에 대해서도 많은 관심이 쏠리고 있다.

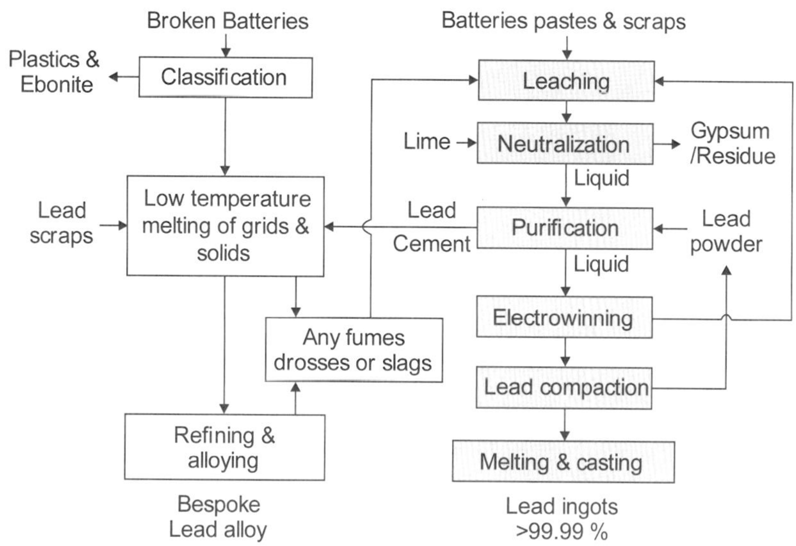

그림 8.28 건식법을 병용하는 PLACID법의 공정도

8.5 종합

본 장에서는 납을 함유하는 순환자원으로부터 납을 리사이클링하기 위해 필요한 납의 제련 공정과 주로 축전지로 쓰이는 납 스크랩 처리 공정에 대해 알아보았다. 납은 고대 7금속의 한 가지로 인류가 두 번째로 사용한 금속이며, 현대산업에서도 필수적인 역할을 담당하고 있다. 자동차 생산량의 증대에 따라 납의 사용량도 현저하게 증가하여 이미 연간 1100만 톤 이상의 납을 사용하고 있다.

한편, 납은 인체에 매우 유해한 원소이기도 하지만, 다행히 리사이클링 공정이 체계적으로 갖추어져서 전 세계 사용량의 약 60 %는 리사이클링으로부터 공급되고 있다. 광석으로부터 납을 생산하는 공정은 대부분이 황화광을 산화 배소-소결하여 용광로 등에서 처리하는 건식제련법을 적용하고 있으나, 황화물을 직접 제련하는 제련법도 활발하게 적용되고 있다. 특히 직접 제련에서는 광석뿐만 아니라 2차 자원의 사용량도 증가하는 추세에 있다. 2차 제련의 대부분은 1차 제련과 유사한 방법으로 샤프트로나 회전로, 반사로 등에서 환원하지만, 전처리 공정이 필요하다. 납(lead bullion)의 정련은 1차 제련과 동일한 방법을 적용하고 있다.

납 축전지 등의 습식 처리는 황화물, 황산화물 등을 산화물로 만들어 침출-정액-전해채취 등의 공정을 적용하고 있으나 활성화되지는 못하고 있다. 향후 납의 완전한 리사이클링을 위해서는 납축전지를 해체한 후 납을 제외한 나머지 재료를 재활용하는 것에 대해 검토해 볼 필요가 있으며, 건식법과 습식법을 결합한 새로운 공정의 개발이 필요할 것이다.

단천연은법(端川鍊銀法)

우리나라에서의 납 제련에 관한 기록은 찾아보기 힘들지만, 납으로 은을 제련한 기록은 남아 있다. 조선 시대의 기술서적인 『오주연문장전산고』와 『오주서종박물고변(五洲書種博物考辨)』에 의하면 우리나라에서 은 제련은 15세기 말 함경도 단천(端川)에서 납 광석을 사용하여 은을 제련, 분리하는 단천연은법에 의해 처음 실시되었다. 실제로 『연산군일기』(49권, 연산군 9년(1503) 5월 18일 계미 3조)에 다음과 같은 대목이 나온다.

> 良人金甘佛、掌隷院奴金儉同以鉛鐵鍊銀以進曰: "鉛一斤, 鍊得銀二錢。鉛是我國所産, 銀可足用。其鍊造之法, 於水鐵鑪鍋內, 用猛灰作圈, 片截鉛鐵塡其中, 因以破陶器, 四圍覆之, 熾炭上下以鑠之。" 傳曰: "其試之。"
>
> 양인 김감불과 장예원 종 김검동이, 납(연철, 鉛鐵)으로 은을 불리어 바치며 말하기를, "납 한 근으로 은 두 돈을 불릴 수 있는데, 납은 우리나라에서 나는 것이니, 은을 넉넉히 쓸 수 있게 되었습니다. 불리는 법은 무쇠 화로나 냄비 안에 매운 재(猛灰)를 둘러놓고, 납을 조각조각 끊어서 그 속에 채운 다음, 깨어진 질그릇으로 사방을 덮고, 숯을 위아래로 피워 녹입니다."라고 하니, 왕이 "시험해 보라." 하였다.

이는 납 광석에서 은을 분리·제련하는 고전적인 기술인 '회취법(灰吹法, cupellation)'이며, '단천연은법'이라 불린다.

단천연은법은 약 30년 후에 일본으로 건너갔다. 일본에서 최초로 연은분리법을 시도했다고 알려진 이와미 은광(石見銀山)에 전해지는 역사를 보면, 1526년 하카타 출신 상인 가미야 주테이(神屋寿禎)가 은광을 발견했고, 조선의 게이주(慶寿, 경수)와 소탄(宗丹, 종단)이라는 두 기술자로부터 연은분리법에 관한 기술이 전래되었으며, 1533년에 이와미 은광에서 회취법이 성공했다고 한다.(이와미 은광의 역사, 공식 홈페이지) 후일 도요토미 히데요시가 은광에서 추출한 은으로 조총을 사들여 임진왜란의 단초를 제공했다고도 한다.

1 Somobrata Acharya, 2013: Lead between the lines, Nature Chemistry 5(10), p. 894.
2 Mikhail Boldyrev et al., 2018: Lead: properties, history, and applications, WikiJournal of Science 1(2), pp. 1-23.
3 손호상, 2019: 자원리사이클링공학, p. 14, 경북대학교출판부.
4 Sue Grimes, John Donaldson, and Gabriel Cebrian Gomez, 2008: Report on the Environmental Benefits of Recycling, p. 19, Bureau of International Recycling, Brussels, Belgium.
5 김동환, 배석, 2015: 금속의 세계사, p. 54, 다산북스.
6 Hong, S. et al., 1994: Greenland ice evidence of hemispheric lead pollution two millennia ago by Greek and Roman Civilizations, Science 265(9), pp. 1841-1843.
7 International Lead Association, https://www.ila-lead.org/lead-facts/lead-production—statistics.
8 International Lead and Zinc Study Group, http://www.ilzsg.org/static/statistics.aspx?from=2.
9 Iain Thornton, Radu Rautiu, and Susan Brush, 2001: LEAD the facts, p. 68, IC Consultants Ltd London, UK.
10 O. Rentz, Stephan Hahre, and Frank Schultmann, 1999: Report on Best Available Techniques (BAT) in German Zinc and Lead Production, p. 19, DFIU, TH. Berlin, German.
11 K. Sahu and A. Agrawal, 2008: Lead Zinc Extraction Processes, pp. 57-70, Ed. N.G Gowswami et al., Train. Program. Extraction of Nonferrous Metals and their Recycling [NFTP-2008], Jamshedpur, India.
12 http://www.osha.gov/SLTC/etools/leadsmelter/smelting/blastfurnace.html
13 와세다 요시오 등, 손호상 역, 2017: A. Yazawa의 열역학 문제집, p. 228, 경북대학교출판부.
14 이용학, 최창영, 1995: QSL 연 제련에서 납과 불순물의 거동, 대한금속학회지 33(11), pp. 1438-1444.
15 Andreas Siegmund, 2003: Modern applied technologies for primary lead smelting at the beginning of the 21st century, Yazawa International Symposium: Metallurgical and Materials Processing: Principles and Techologies; High-Temperature Metal Production, pp. 43-62, TMS, San Diego, California.
16 John M. Floyd, Kok T. Wong, and Ian L. Chard, 1994: TOP SUBMERGABLE LANCE, U.S. Patent 5,308,043c
17 KIRAN B. CHAUDHURI and MICHAEL KOCH, 1980: The technical-scale realization of the Kivcet Process for lead, CIM BUlletin 80(5), pp. 146-150.
18 C. Wang, W. Gao, W. Yang, F. Yin, and B. Ma, 2014: DEVELOPMENT AND INDUSTRIAL APPLICATION OF AN IMPROVED LEAD OXYGEN- ENRICHED FLASH SMELTING PROCESS, 5th International Symposium on High-Temperature Metallurgical Processing, pp. 239-246, TMS (The Minerals, Metals & Materials Society), 2014.
19 B. Ma, C. Wang, Y. Chen, and P. Xing, 2018: An Innovative Oxygen-Enriched Flash Smelting Technology for Lead Smelting and Its Industrial Application, 9th International Symposium on High-Temperature Metallurgical Processing, pp. 31-42, TMS (The Minerals, Metals & Materials Society), 2018.
20 Wei Gao, Chengyan Wang, Fei Yin, Yongqiang Chen, and Weijiao Yang, 2012: Situation and Technology Progress of Lead Smelting in China, Advanced Materials Research 581-582, pp. 904-911.
21 BRANISLAV NIKOLIĆ, SVETLANA NIKOLIĆ, and VESNA VUJAČIĆ, 2014: The factors determining the service lenght of the lead refining kettles, ZAŠTITA MATERIJALA 55(4), pp. 447-449.
22 T. Azakami and Y. Awakura, 1999: Extractive Metallurgy, p. 89, JIM, Sendai, Japan.
23 손호상, 2019: 자원리사이클링공학, p. 183, 경북대학교출판부.
24 김세종, 손인준, 손호상, 2012: 용융 Bi-Pb-Sb계 합금의 산화에 의한 Sb과 Pb의 제거, 자원리싸이클링 21(4), pp. 53-59.
25 Yazawa Akira, 1980: Extractive Metallurgy of Non-Ferrous Metal, p. 135, JIM, Sendai, Japan.
26 손호상, 2019: 자원리사이클링공학, p. 188, 경북대학교출판부.
27 박평주 등, 1980: 비철제련공학, p. 347, 희중당.

28 T. Azakami and Y. Awakura, 1999: Extractive Metallurgy, p. 157, JIM, Sendai, Japan.

29 Stephen Hughes et al., 2008: Ausmelt Technology for Lead and Zinc Processing, Conference Proceedings Lead and Zinc 2008, 25-29th Feb. 2008, Ed. W. van der Merwe, pp. 147-162, South African Institute of Mining and Metallurgy (SAIMM), South Africa.

30 이희성, 조윤아, 황동건, 김용준, 신선경, 김기현, 2017: 폐납산배터리의 국내 재활용 현황 조사 연구, 한국폐기물자원순환학회지 34(6), pp. 596-607.

31 Sophie van den Berg, 2009: RECYCLING USED LEAD ACID BATTERIES, Practical Action, The Schumacher Centre for Technology and Development, Bourton on Dunsmore, Rugby, Warwickshire, CV23 9QZ, UK. http://practicalaction.org/practicalanswers/

32 Masao HIRANO and Fumitaka SAKURAI, 1997: Lead Recycling, Shigen-to-Sozai 113(12), pp. 972-975.

33 Toshio Oishi, 1996: Processes for Recovering Lead, Materia Japan 35(12), pp. 1303-1306.

34 K. Ramus and P. Hawkins, 1992: Lead/Acid Battery Recycling and The New Isamelt Process, Xstrata technology.

35 A. D. Besser and V. M. Paretsky, 2006: PROCESSING OF SPENT LEAD ACID BATTERIES - A BASIS FOR LEAD RECYCLING, Sohn International Symposium ADVANCED PROCESSING OF METALS AND MATERIALS VOLUME 5 - NEW, IMPROVED AND EXISTING TECHNOLOGIES: IRON AND STEEL and RECYCLING AND WASTE TREATMENT, pp. 291-298, Ed. by F. Kongoli and R.G. Reddy TMS.

36 Massimo Maccagni, 2013: The Integrated CX Process: The History of Lead-Acid Battery Recycling, Proceeding of 18th International Lead Conference, Prague, Czech Republic. 19-21 June 2013, pp. 145-154.

37 Bill Errington, Peter Hawkins, and Andrew Lim, 2010: IsasmeltTM For Lead Recycling, PbZn2010, pp. 709-721, Wiley.

38 R. KUMAR and A. BANDOPADHYAY, 2002: Clean Technologies in Nonferrous Metals Recycling, Clean Technologies for Metallurgical Industries (EWM-2002), pp. 174-188: Proceedings of The National Seminar Organised by the National Metallurgical Laboratory (CSIR), Jamshedpur, Allied Publishers Pvt. Ltd.

39 M. MAJA and N. PENAZZI, 1990: RECYCLING OF LEAD/ACID BATTERIES: THE GINATTA PROCESS, Journal of Power Sources 31, pp. 237-294.

40 D. Andrews, A. Raychaudhuri, and C. Frias, 2000: Environmentally sound technologies for recycling secondary lead, Journal of Power Sources 88, pp. 124-129.

41 Wei Zhang et al., 2016: A critical review on secondary lead recycling technology and its prospect, Renewable and Sustainable Energy Reviews 61, pp. 108-122.

42 Olper M. and Fracchia P., 1990: Hydrometallurgical process for recovering in pure metal form all the lead contained in the active mass of exhausted batteries. US patent 4,927,510.

43 Olper, M, 1995: CX-EWS: A new process for the electrochemical treatment of the spent lead acid batteries, Recycling Lead and Zinc into the 21th Century, pp. 63-72, International Lead and Zinc Study Group.

44 M. Olper and M. Maccagni, 2000: ELECTROWINNING OF LEAD BATTERY PASTE WITH THE PRODUCTION OF LEAD AND ELEMENTAL SULPHUR USING BIOPROCESS TECHNOLOGIES, Proceeding of Lead-Zinc 2000, Ed. by J.E. Dutrizac, J.A. Gonzalez, D.M. Henke, S.E. James, and A.H.-J Siegmund TMS (The Minerals, Metals & Materials Society).

45 Massimo Maccagni, 2014: New Approaches on Non Ferrous Metals Electrolysis, Chemical Engineering Trans. 41, pp. 61-66.

부록

부록 1 — 물질의 몰 비열

부록 2 — 물질의 표준생성열, 표준엔트로피, 융점, 끓는점

부록 3 — 화합물의 표준생성 자유에너지

부록 4 — 298 K에서 수용액의 표준 전극 전위

부록 5 — 수용액계에서의 열역학 Data

부록 6 — SI Units

부록 1 물질의 몰 비열

$C_P = a + bT + cT^{-2} + dT^2$ (J · mol^{-1} · K^{-1})

물질	a	$b \times 10^3$	$c \times 10^{-5}$	$d \times 10^6$	온도범위/K
Ag(s)	21.3	8.54	1.51	-	298-m.p.
Ag(l)	30.5	-	-	-	m.p.-1600
Al(s)	20.7	12.4	-	-	298-m.p.
Al(l)	31.8	-	-	-	m.p.-2400
Al_2O_3(s)	106.6	17.8	-28.5	-	298-1800
AlN(s)	34.4	16.9	-8.37	-	298-1500
C(黑鉛)	0.109	38.94	-1.48	-17.38	298-1100
CO(g)	28.4	4.1	-0.46	-	298-2500
CO_2(g)	44.14	9.04	-8.54	-	298-2500
Ca(α)	25.37	-7.263	-	23.7	298-720
Ca(l)	29.3	-	-	-	m.p.-1757
CaO(s)	49.62	4.52	-6.95	-	298-1177
CaS(s)	45.2	7.74	-	-	298-2000
Cr(s)	24.4	9.87	-3.7	-	298-m.p.
Cr(l)	39.3	-	-	-	m.p.
Cr_2O_3(s)	119.4	9.20	-15.6	-	350-1800
Cu(s)	22.6	6.28	-	-	298-m.p.
Cu(l)	31.4	-	-	-	m.p.-1600
Cu_2O(s)	62.34	23.8	-	-	298-1200
CuO(s)	38.8	20.1	-	-	298-1250
Cu_2S(α)	81.59	-	-	-	298-376
Cu_2S(β)	97.28	-	-	-	376-623
Fe(α,δ)	37.12	6.167	-	-	298-1809
Fe(γ)	24.5	8.45	-	-	1187-1674
Fe(l)	41.8	-	-	-	m.p.-1873
FeO(s)	51.80	6.78	-1.59	-	298-1200
Fe_3O_4(α)	91.55	202	-	-	298-900
Fe_3O_4(β)	200.8	-	-	-	900-1800
Fe_2O_3(α)	98.28	77.8	-14.9	-	298-950
Fe_2O_3(β)	151.0	-	-	-	950-1050
Fe_2O_3(γ)	132.6	7.36	-	-	1050-1750
FeS(α)	21.7	110.5	-	-	298-411
FeS(β)	72.80	-	-	-	411-598
H_2(g)	27.3	3.3	0.50	-	298-3000
H_2O(g)	30.0	10.7	0.33	-	298-2500
H_2S(g)	32.7	12.4	-1.9	-	298-2000

부록 1 물질의 몰 비열

물질	a	$b\times 10^{3}$	$c\times 10^{-5}$	$d\times 10^{6}$	온도범위/K
Mg(s)	22.3	10.3	-0.431	-	298-m.p.
Mg(l)	32.6	-	-	-	m.p.-1150
$MgCl_2$(s)	79.08	5.94	-8.62	-	298-m.p.
$MgCl_2$(l)	92.47	-	-	-	m.p.-1500
MgO(s)	48.99	3.14	-11.7	-	298-3098
Mn(α)	23.8	14.1	-1.57	-	298-990
Mn(β)	34.9	2.8	-	-	990-1360
Mn(γ)	25.2	14.9	-1.85	-	298-1410
Mn(δ)	46.44	-	-	-	1410-1517
Mn(l)	46.0	-	-	-	m.p.-b.p.
MnO(s)	46.48	8.12	-3.7	-	298-1800
MnS(s)	47.70	7.53	-	-	298-1803
Mo(s)	5.18	1.66	-	-	-
Mo(l)	41.8	-	-	-	-
N_2(g)	27.9	4.27	-	-	298-2500
Ni(α)	17.0	29.5	-	-	298-633
Ni(l)	38.5	-	-	-	m.p.-2000
NiO(α)	-20.9	157.2	16.3	-	298-525
NiO(β)	58.07	-	-	-	525-565
NiS(s)	38.9	26.8	-	-	298-670
O_2(g)	30.0	4.2	-1.7	-	298-3000
Pb(s)	23.6	9.75	-	-	298-m.p.
Pb(l)	32.4	-3.10	-	-	m.p.-1200
PbS(s)	44.60	16.4	-	-	298-900
S_2(g)	36.5	0.67	-3.8	-	298-3000
Si(s)	23.9	2.5	-4.1	-	298-m.p.
Si(l)	25.6	-	-	-	m.p.-1873
SiO_2(α)	17.9	88.12	-	-	298-523
SiO_2(β)	72.76	1.30	-41.4	-	523-1995
Sn(白)	21.6	18.2	-	-	298-m.p.
Sn(l)	34.7	-9.2	-	-	510-810
V(s)	20.5	10.8	0.8	-	298-m.p.
V_2O_3(s)	122.8	19.9	-22.7	-	298-1800
Zn(s)	22.4	10.0	-	-	298-m.p.
Zn(l)	31.4	-	-	-	m.p.-1200
ZnO(s)	48.99	5.10	-9.12	-	298-1600

부록 2 물질의 표준생성열, 표준엔트로피, 융점, 끓는점

물질	ΔH^0_{298}/kJ·mol^{-1}	ΔS^0_{298}/J·mol^{-1}·K^{-1}	m.p./K	b.p./K
Ag(s)	0	42.68±0.21	1234	2473
Al(s)	0	28.33±0.21	933	2793
Al(g)	+329.3±2.1	164.4±0.4	-	-
Al_2O_3(s)	-1677.4±6.3	51.0±0.4	2323	-
AlN(s)	-318.4±2.1	20.17±0.1	-	-
C(黑鉛)	0	5.740±0.021	-	-
CO(g)	-110.54±0.21	197.57±0.04	-	-
CO_2(g)	-393.50±0.13	213.68±0.04	-	
Ca(s)	0	41.63±0.4	1112	1757
Ca(g)	+178.24±1.7	154.77	-	-
CaO(s)	-634.3±1.7	39.7±0.8	-	-
CaS(s)	-476.1±10.0	56.5±1.3	-	-
Cr(s)	0	23.64±0.21	2130	2945
Cr(g)	+397.5±4.2	174.18	-	-
Cr_2O_3(s)	-1129.7±10	81.2±0.8	-	-
Cu(s)	0	33.14±0.21	1356	2833
Cu(g)	+336.8±1.3	166.27±0.08	-	-
Cu_2O(s)	-167.4±2.9	93.09±0.4	-	-
CuO(s)	-155.2±3.3	42.7±0.21	-	-
Cu_2S(s)	-79.5±1.3	120.9±2.1	-	-
Fe(s)	0	27.28±0.13	1809	3133
Fe(g)	+415.5±1.3	180.37	-	-
$FeCl_2$(s)	-342.3±0.8	117.99±2.1	-	-
$Fe_{0.95}O$(s)	-264.4±1.3	58.79±0.8	1651	-
Fe_3O_4(s)	-1116.7±4.2	151.46±2.5	1870	-
Fe_2O_3(s)	-821.3±3.3	87.4±0.4	1867	-
FeS(s)	-100.4±2.5	60.29±0.21	1468	-
H_2(g)	0	130.58±0.08	-	-
H_2O(g)	-241.81	188.72± -	-	-
H_2S(g)	-20.5±0.4	205.64±0.4	-	-
Mg(s)	0	32.68±0.08	922	1363
Mg(g)	+146.4±1.3	148.53	-	-
$MgCl_2$(s)	-641.4±0.8	89.62±0.8	987	1691

부록2 물질의 표준생성열, 표준엔트로피, 융점, 끓는점

물질	ΔH_{298}^0/kJ·mol^{-1}	ΔS_{298}^0/J·mol^{-1}·K^{-1}	m.p./K	b.p./K
$MgO(s)$	-601.24±0.8	26.94±0.4	-	-
$MgS(s)$	-351.5±3.3	50.33±0.8	-	-
$Mn(s)$	0	32.01±0.08	1517	-
$Mn(g)$	+283.26±4.2	173.59	-	-
$MnO(s)$	-384.9±2.1	59.8±0.04	-	-
$MnS(s)$	-213.4±2.1	80.3±0.8	1803	-
$Mo(s)$	0	28.66±0.21	2893	4873
$Mo(g)$	+658.1±5.4	181.84	-	-
$MoO_2(s)$	-587.9±1.7	50.00±1.3	-	-
$MoS_2(s)$	-275.31±5.9	62.59±1.05	-	-
$N_2(g)$	0	191.50±0.08	-	-
$Ni(s)$	0	29.87±0.21	1726	3183
$Ni(g)$	+430.1±2.1	182.09	-	-
$NiO(s)$	-240.6±2.1	38.1±0.4	2228	-
$NiS(s)$	-94.14±3.8	52.93±0.8	-	-
$O_2(g)$	0	205.0±0.04	-	-
$Pb(s)$	0	65.06±0.4	600	2023
$Pb(g)$	+61.17±1.3	175.27± -	-	-
PbO(赤)	-219.41±0.8	66.32±0.8	1159	-
$PbS(s)$	-98.3±2.5	91.34±1.7	1386	-
S(斜方)	0	31.88±0.21	-	-
$S_2(g)$	+128.66±0.4	228.03	-	-
$SO_2(g)$	-296.81±0.21	248.11	-	-
$Si(s)$	0	18.8±0.21	1685	3553
$Si(g)$	+455.6±5.0	167.86	-	-
$SiO_2(s)$	-910.44±3.3	41.46±0.21	1995	-
Sn(白)	0	51.21±0.4	505	2878
$Sn(g)$	+301.2±2.1	168.36	-	-
$SnO_2(s)$	-580.7±2.1	52.3±1.3	-	-
$V(s)$	0	28.95±0.4	2175	3623
$V(g)$	+515.5±7.9	182.17±0.8	-	-
$V_2O_3(s)$	-1218.8±6.3	98.07±1.3	-	-
$Zn(s)$	0	41.63±0.21	693	1180
$Zn(g)$	+130.42	160.87	-	-
$ZnO(s)$	-350.6±0.4	43.64±0.4	-	-

부록3 화합물의 표준생성 자유에너지

반응식	$\Delta G^0/J = A + BT\log T + CT$			온도범위 (K)
	A	B	C	
$2Ag(s)+Cl_2(g)=2AgCl(s)$	-246230		97.61	298-730
$2Ag(s)+Cl_2(g)=2AgCl(l)$	-206180		44.02	730-1235
$2Ag_2O(s)+4NO_2(g)+O_2(g)$ $=4AgNO_3(s)$	-564440		830.29	298-460
$4Ag(s)+O_2(g)=2Ag_2O(s)$	-61530		134.05	298-460
$4Ag(s)+S_2(g)=2Ag_2S(s)$	-170160		68.91	451-1115
$4Ag(s)+S_2(g)=2Ag_2S(l)$	-151080		51.80	1115-1235
$4Ag(l)+S_2(g)=2Ag_2S(l)$	-192810		85.61	1235-1500
$2Ag(s)+SO_2(g)+O_2(g)=Ag_2SO_4(l)$	-404340	-127.57	679.65	930-1234
$2Al(s)+Cl_2(g)=2AlCl(g)$	-109190		-162.10	298-933
$2Al(l)+Cl_2(g)=2AlCl(g)$	-146220		-123.17	933-2000
$2/3Al(s)+Cl_2(g)=2/3AlCl_3(g)$	-390490		34.03	298-933
$2/3Al(l)+Cl_2(g)=2/3AlCl_3(g)$	-400070		44.17	933-2000
$2/3Al(s)+F_2(g)=2/3AlF_3(s)$	-1003480		170.35	298-933
$2/3Al(l)+F_2(g)=2/3AlF_3(s)$	-1004480		171.43	933-1548
$2/3Al(l)+F_2(g)=2/3AlF_3(g)$	-819700		52.09	1548-2000
$2Al(s)+N_2(g)=2AlN(s)$	-637980		211.32	298-933
$2Al(l)+N_2(g)=2AlN(s)$	-659280		234.15	933-2500
$4Al(l)+O_2(g)=2Al_2O(g)$	-371820		-90.57	933-2000
$4/3Al(s)+O_2(g)=2/3Al_2O_3(s)$	-1116200		207.31	298-933
$4/3Al(l)+O_2(g)=2/3Al_2O_3(s)$	-1126890		218.81	933-2327
$1/3Al_2O_3(s)+SO_3(g)$ $=1/3Al_2(SO_4)_3(s)$	-197020	-38.70	307.57	600-1100
$9/2Al_2O_3(s)+B_2O_3(s)$ $=1/2(9Al_2O_3\cdot 2B_2O_3)(s)$	-63730		-39.06	298-723
$2Al_2O_3(s)+B_2O_3(s)$ $=2Al_2O_3\cdot B_2O_3(s)$	-68190		1.58	298-723
$2Al_2O_3(s)+B_2O_3(l)$ $=2Al_2O_3\cdot B_2O_3(s)$	-99080		44.19	723-1308
$4Al(s)+3C(s)=Al_4C_3(s)$	-209730		42.60	298-933
$4Al(l)+3C(s)=Al_4C_3(s)$	-258690		94.86	933-1800
$2Al(s)+As_2(g)=2AlAs(s)$	-422480		173.80	298-933
$2Al(l)+As_2(g)=2AlAs(s)$	-442580		195.43	933-2013
$2Al(s)+P_2(g)=2AlP(s)$	-473340		180.71	298-933
$2Al(l)+P_2(g)=2AlP(s)$	-499130		208.24	933-1800
$2Al(s)+Sb_2(g)=2AlSb(s)$	-284410		228.31	298-933

부록3 화합물의 표준생성 자유에너지

반응식	ΔG^0/J= $A+BT\log T+CT$			온도범위 (K)
	A	B	C	
$2Al(l)+Sb_2(g)=2AlSb(s)$	-305320		250.72	933-1333
$2Al(l)+Sb_2(g)=2AlSb(l)$	-228650		193.24	1333-1800
$2As(s)=As(g)$	187530		-160.33	298-875
$2/3As(s)+Cl_2(g)=2/3AsCl_3(g)$	-173760		28.74	403-875
$4/3As(s)+O_2(g)=2/3As_2O_3(s)$	-436110		175.38	298-582
$4/3As(s)+O_2(g)=2/3As_2O_3(l)$	-424410		155.28	582-670
$4/3As(s)+O_2(g)=1/3As_4O_6(g)$	-396130		112.76	670-875
$4/5As(s)+O_2(g)=2/5As_2O_5(g)$	-369850		191.26	298-875
$2As(s)+S_2(g)=2AsS(s)$	-269790		169.22	298-580
$2As(s)+S_2(g)=2AsS(l)$	-248270		131.99	580-844
$4/3As(s)+S_2(g)=2/3As_2S_3(s)$	-239150		163.27	298-585
$4/3As(s)+S_2(g)=2/3As_2S_3(l)$	-211370		155.61	585-875
$2B(s)+N_2(g)=2BN(s)$	-500950		165.42	298-2000
$4/3B(s)+O_2(g)=2/3B_2O_3(l)$	-823170		143.45	723-2329
$4B(s)+C(s)=B_4C(s)$	-64280.		5.03	298-2000
$Ba(s)+Cl_2(g)=BaCl_2(s)$	-856430		156.51	298-1002
$Ba(l)+Cl_2(g)=BaCl_2(s)$	-859780		159.93	1002-1235
$Ba(l)+Cl_2(g)=BaCl_2(l)$	-816240		124.61	1235-2000
$2Ba(s)+O_2(g)=2BaO(s)$	-1097760		188.52	298-1002
$2Ba(l)+O_2(g)=2BaO(s)$	-1114860		205.67	1002-2286
$2Ba(s)+S_2(g)=2BaS(s)$	-1050730		201.67	298-1001
$2Ba(l)+S_2(g)=2BaS(s)$	-1077630		228.03	1001-2000
$BaO(s)+CO_2(g)=BaCO_3(g)$	-289440	-131.01	597.21	298-1646
$BaO(s)+H_2O(g)=Ba(OH)_2(s)$	-153200		143.32	298-681
$BaO(s)+H_2O(g)=Ba(OH)_2(l)$	-118050		91.18	681-1305
$BaO(s)+SO_3(g)=BaSO_4(s)$	-530420	-14.94	238.55	298-1623
$2Be(s)+O_2(g)=2BeO(s)$	-1220000		203.57	298-1560
$2Be(l)+O_2(g)=2BeO(s)$	-1237290		207.82	1560-2742
$2/3Bi(l)+Cl_2(l)=2/3BiCl_3(l)$	-235150		106.28	545-712

부록 3 화합물의 표준생성 자유에너지

반응식	$\Delta G^0/\mathrm{J}=A+BT\log T+CT$			온도범위 (K)
	A	B	C	
$2/3Bi(l)+Cl_2(g)=2/3BiCl_3(g)$	-185540		36.54	712-1835
$4/3Bi(l)+O_2(g)=2/3Bi_2O_3(s)$	-390740		193.99	545-1098
$4/3Bi(l)+O_2(g)=2/3Bi_2O_3(l)$	-314130		123.10	1098-1835
$4/3Bi(l)+S_2(g)=2/3Bi_2S_3(s)$	-272840		186.24	545-1048
$1/3Bi_2O_3(s)+SO_3(g)=1/3Bi_2(SO_4)_3$	-261120		207.46	298-1098
$1/2C(s)+Cl_2(g)=1/2CCl_4(g)$	-53120	-11.70	105.33	349-800
$1/2C(s)+H_2(g)=1/2CH_4(g)$	-34560	25.63	-32.68	298-1200
$2C(s)+O_2(g)=2CO(g)$	-221840		-178.01	298-3000
$C(s)+O_2(g)=CO_2(g)$	-393500		-2.99	298-3000
$2CO(g)+O_2(g)=2CO_2(g)$	-565160		172.03	298-3000
$C(s)+S_2(g)=CS_2(g)$	-10530		-7.22	319-2000
$2CO(g)+S_2(g)=2COS(g)$	-182480		156.98	298-2000
$Ca(s)+Cl_2(g)=CaCl_2(s)$	-799110		162.27	298-1045
$Ca(l)+Cl_2(g)=CaCl_2(l)$	-758550		115.42	1115-1774
$Ca(s)+F_2(g)=CaF_2(\alpha)$	-1232310	-22.91	242.41	298-1115
$Ca(l)+F_2(g)=CaF_2(\alpha)$	-1236520	-28.90	264.44	1115-1424
$Ca(l)+F_2(g)=CaF_2(\beta)$	-1206100		152.04	1424-1690
$2Ca(s)+O_2(g)=2CaO(s)$	-1267840		206.40	298-1115
$2Ca(l)+O_2(g)=2CaO(s)$	-1285360		222.20	1115-1774
$2Ca(g)+O_2(g)=2CaO(s)$	-1576180		386.12	1774-3200
$CaO(s)+CO_2(g)=CaCO_3(s)$	-175930		150.69	298-1127
$CaO(s)+H_2O(g)=Ca(OH)_2(s)$	-106740		135.64	298-793
$1/2CaO(s)+Al_2O_3(s)$ $=1/2(CaO\cdot 2Al_2O_3)(s)$	-8290		-14.83	298-2038
$3CaO(s)+Al_2O_3(s)=3CaO\cdot Al_2O_3(s)$	-11890		-33.32	298-1808
$CaO(s)+Al_2O_3(s)=CaO\cdot Al_2O_3(s)$	-18260		-18.07	298-1873
$2CaO(s)+Fe_2O_3(s)=2CaO\cdot Fe_2O_3(s)$	-38490		-9.75	873-1708
$CaO(s)+Fe_2O_3(s)=CaO\cdot Fe_2O_3(s)$	-37610		1.98	950-1489
$CaO(s)+SiO_2(s)=CaSiO_3(\alpha)$	-89120		0.50	298-1483
$CaO(s)+SiO_2(s)=CaSiO_3(\beta)$	-83260		-3.43	1483-1816
$2CaO(s)+SiO_2(s)=Ca_2SiO_3(s)$	-126360		-5.02	298-1673
$CaO(s)+SO_3(g)=CaSO_4(s)$	-477600	-174.10	776.59	1100-1638

부록 3 화합물의 표준생성 자유에너지

반응식	$\Delta G^0/J = A + BT\log T + CT$			온도범위 (K)
	A	B	C	
$2Ca(s)+S_2(g)=2CaS(s)$	-1073150		192.57	673-1115
$2Ca(l)+S_2(g)=2CaS(s)$	-1091530		209.08	1115-1774
$1/2Ca(s)+C(s)=1/2CaC_2(s)$	-27160		-15.40	298-1115
$1/2Ca(l)+C(s)=1/2CaC_2(s)$	-30670		-12.35	1115-1774
$Cd(l)+Cl_2(g)=CdCl_2(s)$	-391380		156.53	594-842
$Cd(l)+Cl_2(g)=CdCl_2(l)$	-346710		103.52	842-1039
$Cd(g)+Cl_2(g)=CdCl_2(g)$	-436640		190.11	1039-1236
$2Cd(l)+O_2(g)=2CdO(s)$	-524250		210.00	594-1039
$2Cd(g)+O_2(g)=2CdO(s)$	-712290		391.10	1039-1755
$2Cd(l)+S_2(g)=2CdS(s)$	-444450		191.97	594-1039
$2Cd(g)+S_2(g)=2CdS(s)$	-634710		375.09	1039-1633
$3CdO(s)+SO_3(g)=CdSO_4\cdot 2CdO(s)$	-497690		359.66	1100-1273
$1/2(CdSO_4\cdot 2CdO(s))+SO_3(g)$ $=3/2CdSO_4(s)$	-161920		92.05	1100-1273
$2/3Ce(s)+Br_2(g)=2/3CeBr_3(s)$	-597840		143.29	298-1005
$2/3Ce(l)+Br_2(g)=2/3CeBr_3(l)$	-560060		106.31	1071-1730
$2/3Ce(s)+Cl_2(g)=2/3CeCl_3(s)$	-697970		157.56	298-1071
$2/3Ce(l)+Cl_2(g)=2/3CeCl_3(l)$	-651550		113.64	1080-1997
$2/3Ce(s)+F_2(g)=2/3CeF_3(s)$	-1122680		163.35	298-1071
$2/3Ce(l)+F_2(g)=2/3CeF_3(s)$	-1113640		154.86	1071-1710
$2/3Ce(l)+F_2(g)=2/3CeF_3(l)$	-1046090		115.30	1710-2000
$2/3Ce(s)+I_2(g)=2/3CeI_3(s)$	-491520		144.76	298-1033
$2/3Ce(l)+I_2(g)=2/3CeI_3(l)$	-456020		109.98	1071-1780
$4/3Ce(s)+O_2(g)=2/3Ce_2O_3(s)$	-1195540		187.47	298-1071
$4/3Ce(l)+O_2(g)=2/3Ce_2O_3(s)$	-1194340		186.26	1071-2450
$Ce(s)+O_2(g)=CeO_2(s)$	-1087910		205.87	298-1071
$Ce(l)+O_2(g)=CeO_2(s)$	-1085520		203.68	1071-2500
$4/3Ce(s)+S_2(g)=2/3Ce_2S_3(s)$	-917200		190.65	298-1071
$4/3Ce(l)+S_2(g)=2/3Ce_2S_3(s)$	-921690		194.80	1071-2163
$Ce(l)+S_2(g)=CeS_2(s)$	-745030		192.55	298-1071

부록 3 화합물의 표준생성 자유에너지

반응식	$\Delta G^0/J = A + BT\log T + CT$			온도범위 (K)
	A	B	C	
$Co(s)+Cl_2(g)=CoCl_2(s)$	-318120	-43.58	270.38	298-994
$Co(s)+Cl_2(g)=CoCl_2(l)$	-273430	-39.72	214.12	994-1354
$Co(s)+Cl_2(g)=CoCl_2(g)$	-166040	-84.55	275.20	1354-1768
$2Co(s)+O_2(g)=2CoO(s)$	-468200		140.98	298-1768
$3/2Co(s)+O_2(g)=1/2Co_3O_4(s)$	-458360		193.73	298-1226
$CoO(s)+SO_3(g)=CoSO_4(s)$	-289660	-115.60	573.96	890-1250
$9/4Co(s)+S_2(g)=1/4Co_9O_8(s)$	-331540		166.57	298-1048
$3/2Co(s)+S_2(g)=1/2Co_3O_4(s)$	-305600		172.34	298-953
$Co(s)+S_2(g)=CoS_2(s)$	-279780		182.67	298-1100
$Cr(s)+Cl_2(g)=CrCl_2(s)$	-390150		119.56	298-1088
$Cr(s)+Cl_2(g)=CrCl_2(l)$	-333910		67.19	1088-1576
$2/3Cr(s)+Cl_2(g)=2/3CrCl_3(s)$	-365400		143.64	298-1088
$4/3Cr(s)+O_2(g)=2/3Cr_2O_3(s)$	-754900		170.00	298-2000
$Cu(s)+Cl_2(g)=CuCl_2(s)$	-222920	-36.19	253.93	298-862
$2Cu(s)+Cl_2(g)=2CuCl(l)$	-225340		39.22	709-1357
$2Cu(s)+Cl_2(g)=2CuCl(g)$	175230		-169.12	298-1357
$2Cu(s)+Cl_2(g)=2/3Cu_3Cl_3(g)$	-176800		5.03	298-1357
$4Cu(s)+O_2(g)=2Cu_2O(s)$	-338300		146.63	298-1357
$4Cu(l)+O_2(g)=2Cu_2O(s)$	-380110		177.35	1357-1517
$4Cu(l)+O_2(g)=2Cu_2O(l)$	-243390		87.34	1517-2000
$2Cu(s)+O_2(g)=2CuO(s)$	-306220		173.30	298-1357
$4Cu(s)+S_2(g)=2Cu_2S(s)$	-262400		61.00	298-1357
$4Cu(l)+S_2(g)=2Cu_2S(s)$	-235480		41.26	1357-1400
$4Cu(l)+S_2(g)=2Cu_2S(l)$	-282000		74.52	1400-1600
$2Cu(s)+S_2(g)=2CuS(s)$	-234070		154.88	298-774
$Cu_2O(s)+Fe_2O_3(s)=2CuFeO_2(s)$	-42710		16.38	1091-1470
$CuO(s)+Fe_2O_3(s)=2CuFe_2O_4(s)$	19400	3.50	-37.52	700-1400
$2CuO(s)+SO_3(g)=CuO\cdot CuSO_4(s)$	-217690	-21.59	240.96	800-1200
$CuO\cdot CuSO_4(s)+SO_3(g)=2CuSO_4(s)$	-216650	-21.59	253.55	700-1100
$2Cu_2S(s)+4FeS(s)+S_2(g)$ $=4CuFeS_2(s)$	-436560	-248.80	1055.84	298-830

부록 3 화합물의 표준생성 자유에너지

반응식	$\Delta G^0/J = A + BT\log T + CT$			온도범위 (K)
	A	B	C	
$2/3Dy(s)+Cl_2(g)=2/3DyCl_3(s)$	-662900		163.58	298-924
$2/3Dy(s)+Cl_2(g)=2/3DyCl_3(l)$	-616300		113.77	924-1682
$2/3Dy(l)+Cl_2(g)=2/3DyCl_3(l)$	-600670		104.15	1682-1810
$2/3Dy(s)+F_2(g)=2/3DyF_3(s)$	-1123600		158.74	298-1430
$2/3Dy(s)+F_2(g)=2/3DyF_3(l)$	-1071880		122.53	1430-1682
$2/3Dy(l)+F_2(g)=2/3DyF_3(l)$	-1072850		123.10	1682-2000
$4/3Dy(s)+O_2(g)=2/3Dy_2O_3(s)$	-1235650		190.14	298-1682
$4/3Dy(l)+O_2(g)=2/3Dy_2O_3(s)$	-1243600		194.38	1682-2000
$2/3Er(s)+Cl_2(g)=2/3ErCl_3(s)$	-660030		158.66	298-1049
$2/3Er(s)+Cl_2(g)=2/3ErCl_3(l)$	-613830		114.64	1049-1795
$2/3Er(s)+F_2(g)=2/3ErF_3(s)$	-1121210		160.29	298-1419
$2/3Er(s)+F_2(g)=2/3ErF_3(l)$	-1060170		116.87	1419-1795
$2/3Er(l)+F_2(g)=2/3ErF_3(l)$	-1070410		122.59	1795-2000
$Eu(s)+Br_2(g)=EuBr_2(s)$	-746730		173.66	298-956
$Eu(l)+Br_2(g)=EuBr_2(l)$	-702690		130.06	1090-1797
$2/3Eu(s)+Br_2(g)=2/3EuBr_3(s)$	-530580		167.36	298-663
$2/3Eu(s)+Cl_2(g)=2/3EuCl_3(s)$	-620450		167.17	298-897
$2/3Eu(s)+Cl_2(g)=2/3EuCl_3(l)$	-570530		110.98	897-1090
$2/3Eu(l)+Cl_2(g)=2/3EuCl_3(l)$	-574210		114.44	1090-1300
$2/3Eu(s)+F_2(g)=2/3EuF_3(s)$	-1051880		169.37	298-1090
$2/3Eu(l)+F_2(g)=2/3EuF_3(s)$	-1029330		148.03	1090-1650
$4/3Eu(s)+O_2(g)=2/3Eu_2O_3(s)$	-1102730		200.05	298-1090
$4/3Eu(l)+O_2(g)=2/3Eu_2O_3(s)$	-1098910		195.86	1090-1350
$1/5Fe(s)+CO(g)=1/5Fe(CO)_5(g)$	-34240		112.63	298-800
$Fe(s)+Cl_2(g)=FeCl_2(s)$	-338480		121.93	298-950
$Fe(s)+Cl_2(g)=FeCl_2(l)$	-287640		68.33	950-1293
$Fe(s)+Cl_2(g)=FeCl_2(g)$	-160330		-29.43	1293-1809
$2/3Fe(s)+Cl_2(g)=2/3FeCl_3(s)$	-264830		138.28	298-577
$2/3Fe(s)+Cl_2(g)=1/3Fe_2Cl_6(g)$	-221730		61.73	604-1809
$2Fe(s)+O_2(g)=2'FeO'(s)$	-528860		129.46	298-1650
$2Fe(s)+O_2(g)=2'FeO'(l)$	-477560		97.06	1650-1809

부록 3 화합물의 표준생성 자유에너지

반응식	$\Delta G^0/J = A + BT\log T + CT$			온도범위 (K)
	A	B	C	
$3/2Fe(s)+O_2(g)=1/2Fe_3O_4(s)$	-543240		149.00	880-1809
$4/3Fe(s)+O_2(g)=2/3Fe_2O_3(s)$	-541430		166.92	298-1809
$2'FeO'(s)+SiO_2(s)=Fe_2SiO_4(s)$	-33260		15.27	298-1490
$2'FeO'(l)+SiO_2(s)=Fe_2SiO_4(l)$	24480		-21.59	1500-1700
$'FeO'(s)+Al_2O_3(s)=FeAl_2O_4(s)$	-33140		6.11	298-1644
$FeO(s)+SO_3(g)=FeSO_4(s)$	-266060	-31.00	290.03	298-944
$1/3Fe_2O_3(s)+SO_3(g)=1/3Fe_2(SO_4)_3(s)$	-203300	-34.10	297.19	700-1000
$2Fe(s)+S_2(g)=2FeS(s)$	-312470		118.41	598-1461
$2Fe(s)+S_2(g)=2FeS(l)$	-240670		69.16	1461-1809
$2Fe(l)+S_2(g)=2FeS(l)$	-265370		82.82	1809-2000
$2'FeS'(s)+S_2(g)=2'FeS_2'(s)$	-362750		376.56	600-1100
$3Fe(s)+C(s)=Fe_3C(s)$	13780		-12.31	1000-1410
$4/3Ga(l)+O_2(g)=2/3Ga_2O_3(s)$	-729080		218.56	303-1998
$2Ga(l)+As_2(g)=2GaAs(s)$	-346080		223.11	303-1511
$2Ga(l)+P_2(g)=2GaP(s)$	-356680		225.45	303-1740
$2Ga(l)+Sb_2(g)=2GaSb(s)$	-327070		213.15	303-985
$2/3Gd(s)+Br_2(g)=2/3GdBr_3(s)$	-581180		156.41	298-1058
$2/3Gd(s)+Br_2(g)=2/3GdBr_3(l)$	-535620		113.28	1058-1585
$2/3Gd(s)+Cl_2(g)=2/3GdCl_3(s)$	-670060		160.14	298-875
$2/3Gd(s)+Cl_2(g)=2/3GdCl_3(l)$	-627730		111.57	875-1585
$2/3Gd(l)+Cl_2(g)=2/3GdCl_3(l)$	-614390		102.78	1585-1919
$2/3Gd(s)+F_2(g)=2/3GdF_3(s)$	-1127520		159.16	298-1505
$2/3Gd(l)+F_2(g)=2/3GdF_3(l)$	-1079840		126.53	1585-2000
$2/3Gd(s)+I_2(g)=2/3GdI_3(s)$	-454290		144.43	298-1204
$2/3Gd(s)+I_2(g)=2/3GdI_3(l)$	-399080		98.43	1204-1585
$4/3Gd(s)+O_2(g)=2/3Gd_2O_3(s)$	-1214540		187.64	298-1550
$Ge(s)+O_2(g)=GeO_2(s)$	-554000		173.01	298-1210
$Ge(l)+O_2(g)=GeO_2(s)$	-575460		190.43	1210-1409
$Ge(l)+O_2(g)=GeO_2(l)$	-556160		176.86	1409-1993

부록 3 화합물의 표준생성 자유에너지

반응식	ΔG^0/J= $A+BT\log T+CT$			온도범위 (K)
	A	B	C	
$H_2(g)+Cl_2(g)=2HCl(g)$	-188270		-12.10	298-2000
$H_2(g)+F_2(g)=2HF(g)$	-548600		-6.72	298-2000
$2H_2(g)+O_2(g)=2H_2O(g)$	-493070		109.88	298-3000
$2H_2(g)+S_2(g)=2H_2S(g)$	-177760		96.75	298-2000
$2Hg(l)+Cl_2(g)=2HgCl(g)$	161180		-141.69	298-629
$2Hg(g)+Cl_2(g)=2HgCl(g)$	36770		56.40	629-2000
$2Hg(l)+O_2(g)=2HgO(s)$	-180930		213.99	298-629
$2Hg(l)+S_2(g)=2HgS(s)$	-234540		212.61	298-629
$HgO(s)+SO_3(g)=HgSO_4(s)$	-225760	-32.71	284.25	298-720
$Hg(l)+Se(l)=HgSe(s)$	-60260		26.22	493-629
$2Hg(g)+Se_2(g)=2HgSe(s)$	-352120		354.82	629-969
$4/3In(l)+O_2(g)=2/3In_2O_3(s)$	-616030		210.37	430-2183
$2In(l)+S_2(g)=2InS(s)$	-397480		207.87	430-953
$4/3In(s)+S_2(g)=2/3In_2S_3(s)$	-362730		189.75	430-1371
$2In(l)+As_2(g)=2InAs(s)$	-309300		207.80	430-1216
$2In(l)+P_2(g)=2InP(s)$	-323050		218.60	430-1344
$2In(l)+Sb_2(g)=2InSb(s)$	-294910		201.61	430-798
$2In(l)+Sb_2(g)=2InSb(l)$	-191760		72.17	798-1200
$2K(l)+Cl_2(g)=2KCl(s)$	-873990		191.88	336-1036
$2K(g)+Cl_2(g)=2KCl(l)$	-949300		264.85	1044-1710
$4K(l)+O_2(g)=2K_2O(s)$	-723520		280.56	336-980
$4K(g)+O_2(g)=2K_2O(l)$	-919220		469.44	1031-1325
$4K(l)+S_2(g)=2K_2S(s)$	-885880		278.08	336-1036
$K_2O(s)+CO_2(g)=K_2CO_3(s)$	-395880		152.77	298-1154
$K_2O(s)+H_2O(g)=2KOH(s)$	-241660		110.69	298-679
$K_2O(s)+H_2O(g)=2KOH(l)$	-201190		49.67	679-1154
$2/3La(s)+Br_2(g)=2/3LaBr_3(s)$	-629960		150.69	298-1061
$2/3La(l)+Br_2(g)=2/3LaBr_3(l)$	-588190		112.33	1193-1980
$2/3La(s)+Cl_2(g)=2/3LaCl_3(s)$	-708490		155.50	298-1131
$2/3La(l)+Cl_2(g)=2/3LaCl_3(l)$	-646910		101.45	1193-2000

부록 3 화합물의 표준생성 자유에너지

반응식	$\Delta G^0/J = A + BT\log T + CT$			온도범위 (K)
	A	B	C	
$2/3La(s)+F_2(g)=2/3LaBr_3(s)$	-1129460		160.12	298-1193
$2/3La(l)+F_2(g)=2/3LaBr_3(s)$	-1118830		150.72	1193-1766
$2/3La(l)+F_2(g)=2/3LaBr_3(l)$	-1066980		121.24	1766-2000
$2/3La(s)+I_2(g)=2/3LaI_3(s)$	-503820		145.31	298-1051
$2/3La(l)+I_2(g)=2/3LaI_3(l)$	-459550		103.74	1193-1925
$4/3La(s)+O_2(g)=2/3La_2O_3(s)$	-1192800		186.49	298-1193
$4/3La(l)+O_2(g)=2/3La_2O_3(s)$	-1195950		189.19	1193-2000
$4/3La(s)+S_2(g)=2/3La_2S_3(s)$	-928650		185.48	298-1193
$4/3La(l)+S_2(g)=2/3La_2S_3(s)$	-935100		190.93	1193-2000
$2Li(l)+Cl_2(g)=2LiCl(s)$	-819100		166.37	454-883
$2Li(l)+Cl_2(g)=2LiCl(l)$	-771120		111.79	883-1605
$4Li(l)+O_2(g)=2Li_2O(s)$	-1207370		273.37	454-1605
$Li_2O(s)+CO_2(g)=Li_2CO_3(s)$	-222110		154.93	298-993
$Li_2O(s)+CO_2(g)=Li_2CO_3(l)$	-153750		85.87	993-1300
$Li_2O(s)+H_2O(g)=2LiOH(s)$	-127630		132.69	298-744
$Li_2O(s)+H_2O(g)=2LiOH(l)$	-66480		51.33	744-1312
$Mg(s)+Cl_2(g)=MgCl_2(s)$	-641490		156.88	298-923
$Mg(l)+Cl_2(g)=MgCl_2(l)$	-599670		114.21	980-1366
$Mg(g)+Cl_2(g)=MgCl_2(l)$	-717580		200.49	1366-1691
$2Mg(s)+O_2(g)=2MgO(s)$	-1202700		214.28	298-923
$2Mg(l)+O_2(g)=2MgO(s)$	-1217280		230.08	923-1366
$2Mg(g)+O_2(g)=2MgO(s)$	-1461830		410.87	1366-3098
$MgO(s)+CO_2(g)=MgCO_3(s)$	-99970		173.02	298-812
$MgO(s)+H_2O(g)=Mg(OH)_2(s)$	-79740		146.85	298-700
$MgO(s)+SiO_2(s)=MgSiO_3(s)$	-41390		7.72	298-1850
$2MgO(s)+SiO_2(s)=Mg_2SiO_4(s)$	-67310	-69.37	6.02	298-2171
$MgO(s)+SO_3(g)=MgSO_4(s)$	-328700		421.29	1000-1428
$2Mg(s)+S_2(g)=2MgS(s)$	-816730		185.59	298-923
$2Mg(l)+S_2(g)=2MgS(s)$	-833260		203.48	923-1366
$2Mg(g)+S_2(g)=2MgS(s)$	-1080470		384.53	1366-2000
$Mn(s)+Cl_2(g)=MnCl_2(s)$	-478660		128.10	298-923
$Mn(s)+Cl_2(g)=MnCl_2(l)$	-432790		78.42	923-1500

부록3 화합물의 표준생성 자유에너지

반응식	$\Delta G^0/J = A + BT\log T + CT$			온도범위 (K)
	A	B	C	
$2Mn(s)+O_2(g)=2MnO(s)$	-765060		148.96	298-1519
$2Mn(l)+O_2(g)=2MnO(s)$	-801100		173.02	1519-2083
$MnO(s)+SiO_2(s)=MnSiO_3(s)$	-27960		2.42	298-1564
$3/2Mn(s)+O_2(g)=1/2Mn_3O_4(s)$	-692000		172.42	298-1519
$3/2Mn(l)+O_2(g)=1/2Mn_3O_4(s)$	-704250		180.46	1519-1835
$Mn(s)+O_2(g)=MnO_2(s)$	-521430		181.94	298-803
$MnO(s)+SO_3(g)=MnSO_4(s)$	-292720	-38.31	318.00	298-973
$2Mn(s)+S_2(g)=2MnS(s)$	-554100		127.28	298-1519
$2Mn(l)+S_2(g)=2MnS(s)$	-593390		153.17	1519-1803
$2Mn(l)+S_2(g)=2MnS(l)$	-541680		124.49	1803-2000
$Mo(s)+O_2(g)=MoO_2(s)$	-570230		164.94	298-2000
$2/3Mo(s)+O_2(g)=2/3MoO_3(s)$	-494660		165.71	298-1074
$4/3Mo(s)+S_2(g)=2/3Mo_2S_3(s)$	-392570		174.01	298-2050
$1/3N_2(g)+H_2(g)=2/3NH_3(g)$	-28720	19.46	11.32	298-1500
$N_2(g)+O_2(g)=2NO(g)$	180490		-24.90	298-2000
$1/2N_2(g)+O_2(g)=NO_2(g)$	32010		63.71	298-2000
$2Na(l)+Cl_2(g)=2NaCl(s)$	-819120		172.80	371-1074
$2Na(g)+Cl_2(g)=2NaCl(l)$	-927890		258.82	1154-1738
$2Na(l)+F_2(g)=2NaF(s)$	-1149130		207.93	371-1154
$2Na(g)+F_2(g)=2NaF(l)$	-1240810		291.27	1269-2063
$Na(l)+1/3Al(l)+F_2(g)$ $=1/3Na_3AlF_6(l)$	-1125490		206.50	1285-2273
$4Na(l)+O_2(g)=2Na_2O(s)$	-835060		277.03	371-1154
$4Na(g)+O_2(g)=2Na_2O(s)$	-1157660		553.90	1154-1405
$4Na(g)+O_2(g)=2Na_2O(l)$	-1041780		472.32	1405-2000
$4Na(l)+S_2(g)=2Na_2S(s)$	-880740		263.18	371-1154
$4Na(g)+S_2(g)=2Na_2S(l)$	-1257720		580.74	1192-1600
$Na_2O(s)+SiO_2(s)=Na_2SiO_3(s)$	-234740		9.02	298-1362
$Na_2O(s)+CO_2(s)=Na_2CO_3(s)$	-310570		131.76	723-1123
$Na_2O(s)+CO_2(s)=Na_2CO_3(l)$	-278200		102.80	1123-1405
$Na_2O(l)+CO_2(s)=Na_2CO_3(l)$	-318130		131.37	1405-2000
$Na_2O(s)+SO_3(s)=Na_2SO_4(s)$	-575870	-50.09	315.01	600-1157

부록 3 화합물의 표준생성 자유에너지

반응식	$\Delta G^0/J = A + BT\log T + CT$			온도범위 (K)
	A	B	C	
$4/5Nb(s)+O_2(g)=2/5Nb_2O_5(s)$	-754030		166.99	298-1783
$4/5Nb(s)+O_2(g)=2/5Nb_2O_5(l)$	-687010		128.88	1783-2000
$2/3Nd(s)+Br_2(g)=2/3NdBr_3(s)$	-610380		154.40	298-955
$2/3Nd(s)+Br_2(g)=2/3NdBr_3(l)$	-575690		117.97	955-1289
$2/3Nd(l)+Br_2(g)=2/3NdBr_3(l)$	-567630		111.81	1289-1859
$2/3Nd(s)+Cl_2(g)=2/3NdCl_3(s)$	-691490		157.94	298-1032
$2/3Nd(s)+Cl_2(g)=2/3NdCl_3(l)$	-640240		107.84	1032-1289
$2/3Nd(l)+Cl_2(g)=2/3NdCl_3(l)$	-642500		109.59	1289-1976
$2/3Nd(s)+F_2(g)=2/3NdF_3(s)$	-1115350		158.36	298-1289
$2/3Nd(l)+F_2(g)=2/3NdF_3(s)$	-1108590		152.67	1289-1650
$2/3Nd(l)+F_2(g)=2/3NdF_3(l)$	-1064280		125.88	1650-2000
$2/3Nd(s)+I_2(g)=2/3NdI_3(s)$	-477360		151.55	298-1060
$2/3Nd(s)+I_2(g)=2/3NdI_3(l)$	-428520		105.47	1060-1289
$2/3Nd(l)+I_2(g)=2/3NdI_3(l)$	-430830		107.56	1289-1777
$4/3Nd(s)+O_2(g)=2/3Nd_2O_3(s)$	-1201760		185.00	298-1289
$4/3Nd(l)+O_2(g)=2/3Nd_2O_3(s)$	-1208130		189.78	1289-2000
$4/3Nd(s)+S_2(g)=2/3Nd_2S_3(s)$	-876800		193.28	298-1289
$4/3Nd(l)+S_2(g)=2/3Nd_2S_3(s)$	-895780		208.05	1289-2000
$Ni(s)+Cl_2(g)=NiCl_2(s)$	-301710		146.36	298-1128
$1/4Ni(s)+CO(g)=1/4Ni(CO)_4(g)$	-39550		100.16	298-1728
$2Ni(s)+O_2(g)=2NiO(s)$	-468580		169.44	298-1728
$2Ni(l)+O_2(g)=2NiO(s)$	-494910		184.68	1728-2228
$NiO(s)+Fe_2O_3(s)=NiO \cdot Fe_2O_3(s)$	-17730		-5.33	855-1500
$2Ni(s)+S_2(g)=2NiS(s)$	-287480		153.91	670-850
$3Ni(s)+S_2(g)=Ni_3S_2(s)$	-277150		100.12	828-1079
$3Ni(s)+S_2(g)=Ni_3S_2(l)$	-241460		66.94	1079-1700
$NiO(s)+SO_3(g)=NiSO_4(s)$	-248070		198.82	900-1200
$3Ni(s)+Ti(s)=Ni_3Ti(s)$	-143140		-8.05	298-1653
$Ni(s)+Ti(s)=NiTi(s)$	-68040		11.33	298-1583
$1/2Ni(s)+Ti(s)=1/2NiTi_2(s)$	-42710		6.03	298-1257
$2P(s, red)=P_2(g)$	176900		-165.80	298-703

부록3 화합물의 표준생성 자유에너지

반응식	$\Delta G^0/\mathrm{J}=A+BT\log T+CT$			온도범위 (K)
	A	B	C	
$2P(l,\ white)=P_2(g)$	140220		-124.17	317-552
$2/5P_2(g)+O_2(g)=1/5P_4O_{10}(g)$	-631620		201.20	552-1973
$Pb(l)+Cl_2(g)=PbCl_2(l)$	-324340		102.74	774-1223
$Pb(l)+Cl_2(g)=PbCl_2(g)$	-189480		-7.63	1223-2020
$2Pb(s)+O_2(g)=2PbO(s)$	-438340		198.17	298-601
$2Pb(l)+O_2(g)=2PbO(s)$	-439340		200.40	601-1159
$2Pb(l)+O_2(g)=2PbO(l)$	-368880		139.58	1159-1897
$2Pb(l)+S_2(g)=2PbS(s)$	-324220		174.76	601-1387
$2Pb(l)+S_2(g)=2PbS(l)$	-277040		140.65	1387-1587
$PbO(l)+SiO_2(s)=PbO\cdot SiO_2(l)$	-2930		-9.25	1159-1800
$5PbO(l)+SO_3(g)=PbSO_4\cdot 4PbO(s)$	-304890		128.45	800-1108
$3/2(PbSO_4\cdot 4PbO(s))+SO_3(g)$ $=5/2(PbSO_4\cdot 2PbO(s))$	-298650	-70.33	357.61	889-1168 889-1223
$2(PbSO_4\cdot 2PbO(s))+SO_3(g)$ $=3(PbSO_4\cdot PbO(s))$	-367860	-70.33	435.47	800-1139
$PbSO_4\cdot PbO(s)+SO_3(g)=2PbSO_4(s)$	-309620	-70.33	407.52	298-966
				966-1204
$2/3Pr(s)+Br_2(g)=2/3PrBr_3(s)$	-620590		154.56	1204-1909
$2/3Pr(s)+Br_2(g)=2/3PrBr_3(l)$	-482110		31.55	298-1059
$2/3Pr(l)+Br_2(g)=2/3PrBr_3(l)$	-577530		111.34	1059-1204
$2/3Pr(s)+Cl_2(g)=2/3PrCl_3(s)$	-699000		155.87	1204-1982
$2/3Pr(s)+Cl_2(g)=2/3PrCl_3(l)$	-653090		112.33	298-1204
$2/3Pr(l)+Cl_2(g)=2/3PrCl_3(l)$	-651240		111.18	1204-1672
$2/3Pr(s)+F_2(g)=2/3PrF_3(s)$	-1121250		158.74	1672-2000
$2/3Pr(l)+F_2(g)=2/3PrF_3(s)$	-1114450		152.99	298-1011
$2/3Pr(l)+F_2(g)=2/3PrF_3(l)$	-1057720		119.10	1011-1204
$2/3Pr(s)+I_2(g)=2/3PrI_3(s)$	-493610		144.49	1204-1803
$2/3Pr(s)+I_2(g)=2/3PrI_3(l)$	-459880		111.14	298-1204
$2/3Pr(l)+I_2(g)=2/3PrI_3(l)$	-454930		107.34	1204-2000
$4/3Pr(s)+O_2(g)=2/3Pr_2O_3(s)$	-1202730		190.22	298-1184
$4/3Pr(l)+O_2(g)=2/3Pr_2O_3(s)$	-1210970		197.12	298-500
$7/6Pr(s)+O_2(g)=1/6Pr_7O_{12}(s)$	-1108530		208.73	
$Pr(s)+O_2(g)=PrO_2(s)$	-972800		193.64	

부록 3 화합물의 표준생성 자유에너지

반응식	ΔG^0/J= $A+BT\log T+CT$			온도범위 (K)
	A	B	C	
$Pr(s)+S_2(g)=2PrS(s)$	-1028810		210.46	298-1204
$Pr(l)+S_2(g)=2PrS(s)$	-1049700		227.72	1204-2000
$3/2Pr(s)+S_2(g)=1/2Pr_3S_4(s)$	-902700		202.45	298-1204
$3/2Pr(l)+S_2(g)=1/2Pr_3S_4(s)$	-917610		214.77	1204-2000
$Pt(s)+O_2(g)=PtO_2(s)$	168330		1.41	298-2000
$2S(l)=S_2(g)$	115350		-132.59	388-717
$2S(g)=S_2(g)$	-430790		119.85	298-2000
$3/2S_2(g)=S_3(g)$	-53750		72.21	298-1300
$2S_2(g)=S_4(g)$	-110210		142.63	400-2000
$3S_2(g)=S_6(g)$	-277600		311.58	298-1200
$4S_2(g)=S_8(g)$	-402300		451.44	298-1200
$S_2(g)+O_2(g)=2SO(g)$	-117180		-14.06	298-2000
$1/2S_2(g)+O_2(g)=SO_2(g)$	-361660		72.48	298-2000
$1/3S_2(g)+O_2(g)=2/3SO_3(g)$	-306080		108.96	298-2000
$2Sb(s)=Sb_2(g)$	226740		-151.99	298-904
$2Sb(l)=Sb_2(g)$	171570		-91.38	904-1858
$4/3Sb(s)+O_2(g)=2/3Sb_2O_3(s)$	-469720		177.50	298-904
$4/3Sb(s)+O_2(g)=1/3Sb_4O_6(g)$	-430150		144.50	928-1858
$4/3Sb(s)+O_2(g)=2/5Sb_2O_5(s)$	-397600		191.91	298-798
$4/3Sb(s)+S_2(g)=2/3Sb_2S_3(s)$	-262470		158.16	298-823
$4/3Sb(s)+S_2(g)=2/3Sb_2S_3(l)$	-219710		106.21	823-904
$4/3Sb(l)+S_2(g)=2/3Sb_2S_3(l)$	-243470		132.61	904-1273
$2/3Sc(s)+F_2(g)=2/3ScF_3(s)$	-1069530		148.80	298-1812
$2/3Sc(s)+Cl_2(g)=2/3ScCl_3(s)$	-608230		154.18	298-1240
$2/3Sc(s)+Br_2(g)=2/3ScBr_3(s)$	-500950		146.28	298-1202
$4/3Sc(s)+O_2(g)=2/3Sc_2O_3(s)$	-1270590		196.36	298-1812
$Se(s)+O_2(g)=SeO_2(s)$	-224870		179.94	298-493
$Se(l)+O_2(g)=SeO_2(s)$	-229470		189.15	493-601
$Se(l)+O_2(g)=SeO_2(g)$	-119810		6.49	601-957

부록 3 화합물의 표준생성 자유에너지

반응식	ΔG^0/J= $A+BT\log T+CT$			온도범위 (K)
	A	B	C	
$1/2Si(s)+Cl_2(g)=1/2SiCl_4(g)$	-332800		67.23	330-1685
$3/2Si(s)+N_2(g)=1/2Si_3N_4(s)$	-373100		166.16	298-1685
$3/2Si(l)+N_2(g)=1/2Si_3N_4(s)$	-435760		203.12	1685-2146
$2Si(s)+O_2(g)=2SiO(g)$	-204060		-164.43	298-1685
$Si(s)+O_2(g)=SiO_2(s)$	-904180		172.37	298-1685
$Si(l)+O_2(g)=SiO_2(s)$	-943040		195.31	1685-2001
$2Si(s)+S_2(g)=2SiS(g)$	97600		-166.13	298-1685
$Si(l)+C(s)=SiC(s)$	-72760		7.04	298-1685
$2/3Sm(s)+Cl_2(g)=2/3SmCl_3(s)$	-680780		162.36	298-950
$2/3Sm(s)+Cl_2(g)=2/3SmCl_3(l)$	-640810		120.38	950-1345
$2/3Sm(s)+F_2(g)=2/3SmF_3(s)$	-1107180		159.30	298-1348
$2/3Sm(l)+F_2(g)=2/3SmF_3(s)$	-1098480		152.64	1345-1572
$2/3Sm(l)+F_2(g)=2/3SmF_3(l)$	-1066170		132.07	1572-2000
$4/3Sm(s)+O_2(g)=2/3Sm_2O_3(s)$	-1216100		195.47	298-1345
$4/3Sm(l)+O_2(g)=2/3Sm_2O_3(s)$	-1228520		204.70	1345-2000
$Sn(l)+Cl_2(g)=SnCl_2(l)$	-305770		97.80	520-885
$1/2Sn(l)+Cl_2(g)=1/2SnCl_4(g)$	-238520		71.63	505-2000
$Sn(l)+O_2(g)=SnO_2(l)$	-579810		204.09	505-2140
$2Sn(l)+O_2(g)=2SnO(l)$	-516390		154.16	1250-1500
$2Sn(l)+O_2(g)=2SnO(g)$	13170		-100.42	505-2000
$2Sn(l)+S_2(g)=2SnS(s)$	-353280		195.78	505-1153
$2Sn(l)+S_2(g)=2SnS(l)$	-273520		126.56	1153-1477
$2Sn(l)+S_2(g)=2SnS(g)$	46850		-90.51	1477-2000
$2Sr(s)+O_2(g)=2SrO(s)$	-1180730		196.47	298-1050
$2Sr(l)+O_2(g)=2SrO(s)$	-1190200		205.41	1050-1685
$SrO(s)+CO_2(g)=SrCO_3(s)$	-264960	-68.96	394.47	298-1513
$SrO(s)+H_2O(g)=Sr(OH)_2(g)$	-133250		143.34	298-783
$4/5Ta(s)+O_2(g)=2/5Ta_2O_5(s)$	-810480		164.49	298-2058
$2/3Tb(s)+Cl_2(g)=2/3TbCl_3(s)$	-660990		159.85	298-855

부록 3 화합물의 표준생성 자유에너지

반응식	ΔG^0/J= $A+BT\log T+CT$			온도범위 (K)
	A	B	C	
$2/3Tb(s)+Cl_2(g)=2/3TbCl_3(l)$	-617760		109.50	855-1630
$2/3Tb(s)+F_2(g)=2/3TbF_3(s)$	-1132200		158.70	298-1450
$2/3Tb(s)+F_2(g)=2/3TbF_3(l)$	-1071330		116.24	1450-1630
$2/3Tb(l)+F_2(g)=2/3TbF_3(l)$	-1082590		123.31	1630-2000
$2/3Tb(s)+I_2(g)=2/3TbI_3(s)$	-462180		144.48	298-1228
$2/3Tb(s)+I_2(g)=2/3TbI_3(l)$	-405270		98.02	1228-1625
$4/3Tb(s)+O_2(g)=2/3Tb_2O_3(s)$	-1237600		183.90	298-1630
$7/6Tb(s)+O_2(g)=1/6Tb_7O_{12}(s)$	-1099200		177.19	298-1385
$Te(l)+O_2(g)=TeO_2(s)$	-335480		194.58	723-1006
$Te(l)+O_2(g)=TeO_2(l)$	-301040		160.46	1006-1267
$1/2Th(s)+F_2(g)=1/2ThF_4(s)$	-1043550		146.24	298-1383
$Th(s)+O_2(g)=ThO_2(s)$	-1220540		180.67	298-2023
$1/2Ti(s)+Cl_2(g)=1/2TiCl_4(g)$	-381050		59.80	409-1939
$2Ti(s)+O_2(g)=2TiO(s)$	-1100130	-60.03	387.26	600-1939
$4/3Ti(s)+O_2(g)=2/3Ti_2O_3(s)$	-993860		166.20	298-1939
$6/5Ti(s)+O_2(g)=2/5Ti_3O_5(s)$	-967300		162.94	298-1939
$Ti(s)+O_2(g)=TiO_2(s)$	-936550		173.33	298-1939
$2Ti(\alpha)+N_2(g)=2TiN(s)$	-673320		186.84	298-1166
$2Ti(\beta)+N_2(g)=2TiN(s)$	-669070		183.14	1166-1939
$Ti(\alpha)+C(s)=2TiC(s)$	-183850		10.26	298-1166
$Ti(\beta)+C(s)=2TiC(s)$	-186670		12.64	1166-2000
$1/2U(s)+F_2(g)=1/2UF_4(s)$	-1594760	-1904.66	6566.56	298-1309
$1/2U(l)+F_2(g)=1/2UF_4(l)$	-915720		113.59	1405-1730
$1/3U(s)+F_2(g)=1/3UF_6(g)$	-714760		90.95	329-1405
$2U(s)+N_2(g)=2UN(s)$	-561410	52.85	-17.23	298-1405
$U(s)+O_2(g)=UO_2(s)$	-1081240		169.75	298-1405
$U(l)+O_2(g)=UO_2(s)$	-1084060		171.86	1405-3115
$3/4U(s)+O_2(g)=1/4U_3O_8(s)$	-891100		163.55	298-1405
$2/3U(s)+O_2(g)=2/3UO_3(s)$	-816300		168.34	298-1050
$U(s)+C(s)=UC(s)$	-96630		-8.00	298-1405
$U(l)+C(s)=UC(s)$	-111930		2.87	1405-2000

부록 3 화합물의 표준생성 자유에너지

반응식	ΔG^0/J= $A+BT\log T+CT$			온도범위 (K)
	A	B	C	
$4/3V(s)+O_2(g)=2/3V_2O_3(s)$	-800190		164.60	298-2190
$4/5V(s)+O_2(g)=2/5V_2O_5(s)$	-618730		171.60	298-943
$4/5V(s)+O_2(g)=2/5V_2O_5(l)$	-581050		131.84	943-1290
$W(s)+O_2(g)=WO_2(s)$	-583790		174.78	298-1803
$2/3W(s)+O_2(g)=2/3WO_3(s)$	-555270		162.24	298-1745
$W(s)+C(s)=WC(s)$	-39100		0.33	298-2000
$2/3Y(s)+Cl_2(g)=2/3YCl_3(s)$	-663260		150.22	298-994
$2/3Y(s)+Cl_2(g)=2/3YCl_3(l)$	-623300		110.31	994-1757
$2/3Y(s)+F_2(g)=2/3YF_3(s)$	-1139790		151.71	298-1428
$2/3Y(s)+F_2(g)=2/3YF_3(l)$	-1078310		108.11	1428-1799
$2/3Y(s)+I_2(g)=2/3YI_3(s)$	-469060		140.72	298-1273
$2/3Y(s)+I_2(g)=2/3YI_3(l)$	-415400		98.08	1273-1580
$4/3Y(s)+O_2(g)=2/3Y_2O_3(s)$	-1265920		188.20	298-1799
$Zn(l)+Cl_2(g)=ZnCl_2(l)$	-399740		124.71	693-1004
$Zn(g)+Cl_2(g)=ZnCl_2(g)$	-394070		102.03	1179-2000
$Zn(g)+F_2(g)=ZnF_2(l)$	-811530		210.10	1223-1776
$2Zn(l)+O_2(g)=2ZnO(s)$	-712540		215.91	693-1179
$2Zn(g)+O_2(g)=2ZnO(s)$	-929500		399.96	1179-2243
$2Zn(l)+S_2(g)=2ZnS(s)$	-548500		207.68	693-1179
$2Zn(g)+S_2(g)=2ZnS(s)$	-745870		375.25	1179-1907
$ZnO(s)+CO_2(g)=ZnCO_3(s)$	-73620		174.50	298-422
$2ZnO(s)+SiO_2(s)=Zn_2SiO_4(s)$	-36540		2.43	298-1300
$3/2ZnO(s)+SO_3(g)$ $=1/2(ZnO\cdot 2ZnSO_4(s))$	-239280	-31.80	274.60	800-1200
$ZnO\cdot 2ZnSO_4(s)+SO_3(g)$ $=3ZnSO_4(\alpha)$	-224810		189.16	800-1007
$ZnO\cdot 2ZnSO_4(s)+SO_3(g)$ $=3ZnSO_4(\beta)$	-164350		129.16	1007-1200
$1/2Zr(s)+Cl_2(g)=1/2ZrCl_4(g)$	-435950		58.11	609-2000
$Zr(s)+O_2(g)=ZrO_2(s)$	-1090960		180.14	298-2125

부록 4 298 K에서 수용액의 표준 전극 전위

전 극 반 응	$E°/V$
산성용액 ($a_{H^+}=1$)	
$F_2(g)+2e^-=Co^{2+}$	+2.87
$Co^{3+}+e^-=Co^{2+}$	+1.83
$H_2O_2+2H^++2e^-=2H_2O$	+1.77
$Au^++e^-=Au$	+1.69
$MnO_4^-+8H^++5e^-=Mn^{2+}+4H_2O$	+1.51
$Cl_2+2e^-=2Cl^-$	+1.3592
$Tl^{3+}+2e^-=Tl^-$	+1.252
$O_2+4H^++4e^-=2H_2O$	+1.229
$Br_2+2e^-=2Br^-$	+1.065
$Ag^++e^-=Ag$	+0.7989
$Fe^{3+}+e^-=Fe^{2+}$	+0.771
$O_2+2H^++2e^-=2H_2O_2$	+0.682
$I_3^-+2e^-=3I^-$	+0.536
$Cu^{2+}+2e^-=Cu$	+0.337
$Hg_2Cl_2+2e^-=2Hg+2Cl^-$	+0.2674
$AgCl+e^-=Ag+Cl^-$	+0.2223
$Cu^{2+}+e^-=Cu^+$	+0.153
$CuCl(aq)+e^-=Cu+Cl^-$	+0.137
$AgBr+e^-=Ag+Br^-$	+0.0711
$2H^++2e^-=H_2$	0.0000
$Pb^{2+}+2e^-=Pb$	-0.126
$AgI+e^-=Ag+I^-$	-0.1516
$CuI+e^-=Cu+I^-$	-0.1850
$Ni^{2+}+2e^-=Ni$	-0.23
$Co^{2+}+2e^-=Co$	-0.28
$PbSO_4+2e^-=Pb+SO_4^{2-}$	-0.3586
$Ti^{3+}+e^-=Ti^{2+}$	-0.369
$Cd^{2+}+2e^-=Cd$	-0.403
$Cr^{3+}+e^-=Cr^{2+}$	-0.407
$Fe^{2+}+2e^-=Fe$	-0.4400
$Cr^{3+}+e^-=Cr^{2+}$	-0.744
$Zn^{2+}+2e^-=Zn$	-0.7626
$Hg_2^{2+}+2e^-=2Hg$	-0.792
$2Hg^{2+}+2e^-=Hg_2^{2+}$	-0.907
$Cr^{2+}+2e^-=Cr$	-0.913
$Mn^{2+}+2e^-=Mn$	-1.180
$Al^{3+}+3e^-=Al$	-1.662
$Mg^{2+}+2e^-=Mg$	-2.363
$Na^++e^-=Na$	-2.714
$Ca^{2+}+2e^-=Ca$	-2.866
$K^++e^-=K$	-2.925
$Li^++e^-=Li$	-3.045

부록 4 298 K에서 수용액의 표준 전극 전위

전극 반응	$E°/V$
염기성용액($a_{OH^-}=1$)	
$MnO_4^- + 2H_2O + 3e^- = MnO_2 + 4OH^-$	+0.588
$O_2 + 2H_2O + 4e^- = 4OH^-$	+0.401
$S + 2e^- = S2^-$	-0.447
$2H_2O + 2e^- = H_2 + 2OH^-$	-0.8278
$SO_4^{2-} + H_2O + 2e^- = SO_3^- + 2OH^-$	-0.93

부록 5 수용액계에서의 열역학 Data

화 학 식	상태	$\Delta G^0_{298\,K}$ (kJ/mol)	$\Delta H^0_{298\,K}$ (kJ/mol)	$\Delta S^0_{298\,K}$ (J/(mol·K))
H^+	aq	0	0	0
H_2	g	0	0	130.574
O_2	g	0	0	205.028
H_2O	l	-237.178	-285.830	69.91
OH^-	aq	-157.298	-229.994	-10.75
Al	c	0	0	28.32
Al^{3+}	aq	-485	-531	-321.7
$Al(OH)_3$	c	-1138	-1276	(71)
$Al_2O_3 \cdot H_2O$(boehmite)	c	-1825.5	-1974.8	96.86
$Al_2O_3 \cdot H_2O$(diaspore)	c	-1841	-2000	70.54
$Al_2O_3 \cdot 3H_2O$(gibbsite)	c	-2287.4	-2562.7	140.21
$H_2AlO_3^-$	aq	-1067.7	—	—
AlO_2^-	aq	-823.4	-918.8	-21
$Al(OH)_4^-$	aq	-1297.9	-1490.3	117
Ag	c	0	0	42.70
Ag^+	aq	77.124	105.579	72.68
Ag_2O	c	-11.21	-31.05	121.3
$Ag_2S(\alpha)$	c	-40.67	-32.59	144.01
AgCl	c	-109.805	-127.068	96.2
AgCN	c	156.9	146.0	107.19
$Ag(CN)_2^-$	aq	305.4	270.3	192
$Ag(NH_3)_2^+$	aq	-17.24	-111.29	245.2
Au	c	0	0	47.7
Au^{+*}	aq	163.2	—	—
Au^{3+}	aq	433.5	—	—
$Au(CN)_2^-$	aq	285.8	242.3	172
$AuCl_4^-$	aq	-235.1	-325.5	61
CO_2	g	-394.383	-393.51	213.639
HCO_3^-	aq	-587.06	-691.11	94.9
H_2CO_3	aq	-623.42	-698.7	191.11
CO_3^{2-}	aq	-528.10	-676.26	-53.1
CH_3COO^-	aq	-372.46	-488.87	—
CH_3COOH	aq	-95.51	-488.45	—
Ca	c	0	0	41.6
Ca^{2+}	aq	-553.54	-542.83	-53.1
$Ca(OH)_2$	c	-898.56	-986.08	83.39
CaO	c	-604.04	-635.09	39.75
CaS	c	-477.4	-482.4	56.5

부록 5 수용액계에서의 열역학 Data

화 학 식	상태	$\Delta G^0_{298\,K}$ (kJ/mol)	$\Delta H^0_{298\,K}$ (kJ/mol)	$\Delta S^0_{298\,K}$ (J/(mol·K))
Cd	c	0	0	55.6
Cd^{2+}	aq	-77.580	-75.90	-73.2
$Cd(OH)_2$	c	-473.6	-560.7	96
$HCdO_2^-$	aq	-361.9	—	—
CdO	c	-228.4	-258.2	54.8
CdS	c	-156.5	-161.9	64.9
Cl_2	g	0	0	222.95
Cl^-	aq	-131.168	-167.456	55.2
Co	c	0	0	28.5
Co^{2+}	aq	-54.4	-58.2	-113
Co^{3+}	aq	120.9	—	
$Co(OH)_2$	c	-454.4	-539.7	79
$HCoO_2^-$	aq	-347.1	—	
$Co(OH)_3$	c	-596.6	-730.5	(84)
CoO	c	-214.22	-237.94	52.97
CoS*	c	-82.8	-80.8	67.4
HCN	aq	119.7	—	—
CN^-	aq	172.4	150.6	94.1
Cr	c	0	0	23.8
Cr^{2+}	aq	-175.8	—	—
$Cr(OH)_2$	c	-587.8	—	—
Cr^{3+}	aq	-215.5	—	-307.5
$Cr(OH)_2^{2+}$	aq	-431.0	-474.9	-68.6
$Cr(OH)_3$	c	-900.8	-1033.8	80.3
H_2CrO_4	aq	-777.9	—	—
$HCrO_4^-$	aq	-773.6	-921.3	69.0
CrO_4^{2-}	aq	-736.8	-894.3	38.5
CrO_2^-	aq	-535.6	—	—
$Cr_2O_7^{2-}$	aq	-1319.6	-1522.9	213.8
Cr_2O_3	c	-1046.8	-1128.4	81.2
Cu	c	0	0	33.3
Cu^+	aq	50.00	71.67	40.6
Cu^{2+}	aq	65.52	64.77	-99.6
$Cu(OH)_2$	c	-356.9	-443.9	(79)
$HCuO_2^-$	aq	-257.0	—	—
CuO_2^{2-}	aq	-182.0	—	—
Cu_2O	c	-146.0	-168.6	93.14
CuO	c	-129.7	-157.3	42.64
Cu_2S	c	-86.2	-79.5	120.9
CuS	c	-53.6	-53.1	66.5

부록 5 수용액계에서의 열역학 Data

화 학 식	상태	ΔG^0_{298K} (kJ/mol)	ΔH^0_{298K} (kJ/mol)	ΔS^0_{298K} (J/(mol·K))
$CuSO_4$	c	-661.9	-771.36	109
$CuFeS_2$	c	-190.58	-190.4	124.98
$Cu(NH3)_2^{2+}$	aq	-65.3	-151.0	263.6
$Cu(NH3)_4^{2+}$	aq	-111.29	-348.5	273.6
Fe	c	0	0	14.6
Fe^{2+}	aq	-78.87	-89.1	-137.7
$Fe(OH)_2$	c	-486.6	-569.0	88
$HFeO_2^-$	aq	-379.2	—	—
Fe^{3+}	aq	-4.6	-48.5	-315.9
$FeOH^{2+}$	aq	-233.9	-282.0	-97.1
$Fe(OH)_3$	c	-696.6	-823.0	106.7
Fe_2O_3	c	-742.2	-824.2	87.40
Fe_3O_4	c	-1015.5	-1118.4	146.4
FeS	c	-100.4	-100.0	60.29
FeS_2	c	-166.9	-178.2	52.93
Fe_7S_8	c	-748.5	-736.4	485.8
Mg	c	0	0	32.5
Mg^{2+}	aq	-454.8	-466.85	-138.1
$Mg(OH)_2$	c	-833.58	-924.54	63.18
MnO(periclase)	c	-569.44	-601.70	26.94
MnS	c	-341.8	-346.0	50.33
Mn	c	0	0	31.8
Mn^{2+}	aq	-228.0	-220.75	-73.6
$Mn(OH)_2$	c	-615.0	-695.4	99.2
$HMnO_2^-$	aq	-505.8	—	—
MnO_4^{2-}	aq	-503.8	—	—
MnO_4^-	aq	-449.4	-542.7	190.0
MnS	c	-218.4	-214.2	78.2
MnO_2	c	-465.18	-520.03	53.05
NH_3	aq	-26.57	-80.29	111.3
NH_4^+	aq	-79.37	-132.51	113.4
Ni	c	0	0	30.1
Ni^{2+}	aq	-45.6	-54.0	-128.9
$Ni(OH)_2$	c	-447.3	-529.7	88
$HNiO_2^-$	aq	-349.2	—	—
$Ni(OH)_3$	c	-541.8	-678.2	(81.6)
NiO	c	-211.7	-239.7	37.99
NiS	c	-79.5	-82.0	52.97
Ni_3O_2	c	-197.1	-202.9	133.9
$Ni(NH_3)_6^{2+}$	aq	-250.1	-630.1	394.6

부록5 수용액계에서의 열역학 Data

화 학 식	상태	$\Delta G^0_{298\,K}$ (kJ/mol)	$\Delta H^0_{298\,K}$ (kJ/mol)	$\Delta S^0_{298\,K}$ (J/(mol·K))
Pb	c	0	0	64.9
Pb^{2+}	aq	-24.39	-1.7	10.46
$Pb(OH)_2$	c	-452.3	-515.9	—
$HPbO_2^-$	aq	-338.82	—	—
PbO(yellow)	c	-187.90	-217.32	68.7
PbO(red)	c	-188.95	-218.99	66.5
PbS	c	-98.7	-100.4	91.2
$PbSO_4$	c	-813.20	-919.94	148.57
PbO_2	c	-217.36	-277.4	68.6
H_2S	g	-33.56	-20.63	205.69
H_2S	aq	-27.86	-39.7	121
HS^-	aq	-12.05	-17.6	62.8
S^{2-}	aq	85.8	33.1	-14.6
SO_4^{2-}	aq	-744.63	-909.27	20.1
HSO_4^-	aq	-756.01	-887.34	131.8
SO_2	aq	-300.70	-322.980	161.9
HSO_3^-	aq	-527.81	-626.22	139.7
SO_3^{2-}	aq	-486.6	-635.5	-29
Sn	c	0	0	51.5
Sn^{2+}(aqHCl)	aq	-27.2	-8.8	-17
Sn^{4+}(aqHCl)	aq	2.5	30.5	-117
$Sn(OH)_2$	c	-491.6	-561.1	155
$HSnO_2^-$	aq	-410	—	—
$Sn(OH)_6^{2-}$	aq	-1299	—	—
SnO	c	-256.9	-285.8	56.5
SnO_2	c	-519.7	-580.7	52.3
SnS	c	-98.3	-100	77
U	c	0	0	50.32
U^{3+}	aq	-520.37	-514.51	-125
U^{4+}	aq	-578.93	-613.45	-327
UO_2	c	-1031.5	—	—
UO_2^+	aq	-993.88	-1034.9	50
UO_2^{2+}	aq	-988.86	-1047.4	-71
UO_3	c	-1141.9	—	—
$UO_3 \cdot H_2O$	c	-1434.77	-1570.30	138
$U(OH)^{3+}$	aq	-809.41	-853.14	-125
$U(OH)_3$	c	-1100.97	—	—
$U(OH)_4$	c	-1470.74	—	—
UO_2SO_4	c	-1730.51	-1954.72	-54
$UO_2(CO_3)_3^{4-}$	aq	-2677.12	—	—
$UO_2(CO_3)_2(H_2O)_2^{2-}$	aq	-2601.83	—	—
UO_2CO_3	c	-1576.99	—	—

부록 5 수용액계에서의 열역학 Data

화 학 식	상태	ΔG^0_{298K} (kJ/mol)	ΔH^0_{298K} (kJ/mol)	ΔS^0_{298K} (J/(mol · K))
$UO_2(OH)_2 \cdot H_2O$	c	-1827.97	—	—
Zn	c	0	0	41.6
Zn^{2+}	aq	-147.03	-153.89	-112.1
$Zn(OH)_2$	c	-553.58	-641.91	81.2
$HZnO_2^-$	aq	-464.0	—	—
ZnO_2^{2-}	aq	-389.2	—	—
ZnO	c	-318.32	-348.28	43.64
ZnS(sphalerite)	c	-201.29	-205.98	57.7
$ZnSO_4$	c	-874.5	-982.8	119.7
$Zn(NH_3)_4^{2+}$	aq	-307.5	—	—

c: 고상 화학종, aq: 액상 화학종, g: 기상 화학종

부록6 SI Units*

Table 1. SI base units

Base quantity	SI base unit	
	Name	Symbol
length	meter	m
mass	kilogram	kg
time	second	s
electric current	ampere	A
thermodynamic temperature	kelvin	K
amount of substance	mole	mol
luminous intensity	candela	cd

Table 2. Examples of SI derived units expressed in terms of SI base units

Derived quantity	SI base unit	
	Name	Symbol
area	square meter	m^2
volume	cubic meter	m^3
speed, velocity	meter per second	m/s
acceleration	meter per second squared	m/s^2
wave number	reciprocal meter	m^{-1}
mass density (density)	kilogram per cubic meter	kg/m^3
specific volume	cubic meter per kilogram	m^3/kg
current density	ampere per square meter	A/m^2
magnetic field strength	ampere per meter	A/m
amount-of-substance concentration (concentration)	mole per cubic meter	mol/m^3
luminance	candela per square meter	cd/m^2

* Barry N. Taylor: "Guide for the Use of the International System of Units(SI)", NIST Special Publication 811, 1995 Edition.

Table 3. Value of selected physical constants

상 수	기호	값	단위
Faraday 상수	F	9.6485309×10^{4}	$C \cdot mol^{-1}$
Avogadro 수	N_A	6.0221367×10^{23}	mol^{-1}
기체상수	R	8.3145101	$J \cdot K^{-1} \cdot mol^{-1}$
기체상수	R	1.9872	$cal \cdot K^{-1} \cdot mol^{-1}$
기체상수	R	0.0820578	$L \cdot atm \cdot K^{-1} \cdot mol^{-1}$
Boltzmann 상수	k_B	1.380658×10^{-23}	$J \cdot K^{-1}$
중력가속도	g	980.665	$cm \cdot s^{-2}$
표준상태의 이상기체부피	-	22.41409	$L \cdot mol^{-1}$
Planck 상수	h	$6.6260755 \times 10^{-34}$	$J \cdot s$

Table 4. SI prefixes

Fraction	Prefix	Symbol	Fraction	Prefix	Symbol
10^{-1}	deci	d	10	deca	da
10^{-2}	centi	e	10^{2}	hecto	h
10^{-3}	milli	m	10^{3}	kilo	k
10^{-6}	micro	μ	10^{6}	mega	M
10^{-9}	nano	n	10^{9}	giga	G
10^{-12}	pico	p	10^{12}	tera	T
10^{-15}	femto	f	10^{15}	peta	P
10^{-18}	atto	a	10^{18}	exa	E

Table 5. Conversion table for units

Units	Symbol	Value
Length		
meter(SI unit)	m	
centimeter	cm	$=10^{-2}$ m
angstrom	A	$=10^{-10}$ m
micron	μ	$=10^{-6}$ m
Volume		
cubic meter(SI unit)	m^3	
liter	L	$=dm^3=10^{-3}$ m^3
Mass		
kilogram(SI unit)	kg	
gram	g	$=10^{-3}$ kg
Energy		
joule(SI unit)	J	
erg	erg	$=10^{-7}$ J
rydberg	Ry	$=2.17987\times10^{-18}$ J
electron volt	eV	$=1.60218\times10^{-19}$ J
inverse centimeter	cm^{-1}	$=1.98645\times10^{-23}$ J
calorie(thermochemical)	cal	$=4.184$ J
liter atmosphere	1 atm	$=101.325$ J
Pressure		
pascal(SI unit)	Pa	
atmosphere	atm	$=101325$ Pa
bar	bar	$=10^5$ Pa
torr	Torr	$=133.322$ Pa
pounds pre square inch	psi	$=6.894757\times10^3$ Pa
Power		
watt(SI unit)	W	
horsepower	hp	$=745.7$ W
Angle		
radian(SI unit)	rad	
degree	o	$=\frac{2\pi}{360}\text{rad}=\left(\frac{1}{57.29578}\right)\text{rad}$